# 미 분 적 분 학

성열욱 · 서창호 · 한근희 · 김찬수 지음

敎 友 社

# 머리말

최근 과학기술의 발달로 여러 가지 현상들을 체계적이고 논리적으로 연구하기 위해서는 그 현상들에 내재되어 있는 법칙들을 추상화하여 처리해나가는 능력이 요구되는데, 미분적분학은 이러한 역할을 충족시킬 수 있는 도구과목으로써, 순수수학뿐만 아니라 자연과학 및 공학을 전공하는데 필요한 기본과목이다.

본 교재의 내용은 미분적분학의 기초적 개념을 중심으로 충분한 예제와 연습문제들을 직접 다룸으로써 학생 스스로 교과내용을 깊이 있게 학습할 수 있도록 구성되어 있다. 분량은 대학교 1학년 학생들을 대상으로 주당 4시간씩의 강의를 통하여 두 학기 동안에 내용을 다룰 수 있도록 안배하였다.

아무쪼록 이 책이 여러 학생들에게 미분적분학의 실력을 향상시키는데 조금이라도 도움이 될 수 있기를 바라며 어려운 여건임에도 불구하고 책이 출판되어 나올 수 있도록 기꺼이 맡아주신 교우사 여러분께 감사드린다.

저자 씀

# 차 례

CHAPTER

# 1 함수와 극한

1.1 집　　합

1.2 함　　수

1.3 함수의 극한

1.4 함수의 연속

## 1.1 집　　합

집합론은 19세기 후반 독일의 수학자 George Cantor(1845～1918)에 의하여 처음으로 수학에 도입되었으며 무한의 개념을 명확하게 정의함으로써 광범위하고도 새로운 사실들이 많이 밝혀지게 되었다. 현재에 이르러서는 집합론은 수학의 모든 분야와 연관되어 있을 뿐 아니라 집합론의 지식 없이는 현대수학을 이해할 수 없을 정도이다. 그러나 집합을 엄밀하게 정의한다는 것은 힘든 일이므로 여기서는 직관적인 입장에서 살펴보기로 한다.

집합(set)이란 특정한 성질을 만족하는 서로 다른 대상들의 모임이다. 다시 말하면, 어떤 사물이 그 모임의 구성원인가 아닌가를 판단할 수 있는 기준이 명확히 제시되어 있는 모임을 뜻한다.

한 집합을 구성하는 대상의 낱낱을 그 집합의 원소(element) 또는 요소(member)라고 한다. 일반적으로 집합은 대문자로, 원소는 소문자로 나타내고, $x$가 집합 $A$의 원소일 때 즉, $x$가 $A$에 속할 때

$$x \in A \qquad (\text{또는 } A \ni x)$$

로 나타내고, $x$가 $A$의 원소가 아니면

$$x \notin A \qquad (\text{또는 } A \not\ni x)$$

로 나타낸다.

집합을 표시하는 방법으로는 그 원소를 일일이 나열하여

$$A = \{a,\ e,\ i,\ o,\ u\}$$
$$B = \{1,\ 2,\ 3,\ 4,\ 5,\ \cdots\}$$

등과 같이 원소들을 순서에 관계 없이 모두 나열하는 **원소나열법**과

$$\{x \mid x\text{는 10보다 작은 소수}\}$$

와 같이 $\{x \mid P(x)\}$형인 **조건제시법**으로 나타낸다.

원소를 하나도 갖지 않는 모임도 하나의 집합으로 정의하며, 이러한 집합을 **공집합**(empty set)이라고 하고 기호 $\varnothing$로 표시한다. 또 유한개의 원소를 가지고 있

을 때 **유한집합**(finite set)이라 말하고, 유한집합이 아닌 집합을 **무한집합**(infinite set)이라고 한다.

〈정의 1.1〉

(1) 집합 $A$의 각 원소가 모두 집합 $B$에 속할 때 $A$를 $B$의 **부분집합**(subset)이라 하고 $A \subset B$와 같이 나타낸다. 즉,

$$x \in A \text{이면 } x \in B$$

(2) 집합 $A$, $B$가 $A \subset B$인 동시에 $B \subset A$인 관계에 있으면 $A$와 $B$는 **상등하다고** 하며 $A = B$로 나타낸다. 즉,

$$A = B \Longleftrightarrow A \subset B \text{ 이고 } B \subset A$$

(3) 집합 $A$는 집합 $B$의 부분집합이고 $B$는 $A$의 부분집합이 아닐 때 $A$를 $B$의 **진부분집합**(proper subset)이라 하고, $A \subsetneq B$와 같이 나타낸다. 즉,

$$A \subsetneq B \Longleftrightarrow A \subset B \text{ 이고 } A \neq B$$

〈정의 1.2〉

두 집합 $A$, $B$에 대하여

$$A \cup B = \{x \mid x \in A \text{ 또는 } x \in B\}$$
$$A \cap B = \{x \mid x \in A \text{ 이고 } x \in B\}$$
$$A - B = \{x \mid x \in A \text{ 이고 } x \notin B\}$$

를 각각 $A$와 $B$의 **합집합**(union), $A$와 $B$의 **교집합**(intersection), $A$와 $B$의 **차집합**(difference)이라고 한다.

특히, $A \cap B = \varnothing$이면 $A$와 $B$는 **서로 소**(disjoint) 또는 서로 만나지 않는다고 말한다.

집합들간의 어떤 연산을 할 때 주어진 집합들이 어떤 고정된 집합의 부분집합

일 경우가 많다. 이와 같은 경우에 고정된 집합을 전체집합(universal set)이라고 하고 $U$나 $X$로 표시한다.

**정리 1.1** $U$의 부분집합 $A$, $B$, $C$에 대하여 다음이 성립한다.

(1) 항등률(identity laws)

$$A \cup \varnothing = A$$
$$A \cap U = A$$

(2) 멱등률(idempotent laws)

$$A \cup A = A$$
$$A \cap A = A$$

(3) 교환법칙(commutative laws)

$$A \cup B = B \cup A$$
$$A \cap B = B \cap A$$

(4) 결합법칙(associative laws)

$$A \cup (B \cup C) = (A \cup B) \cup C$$
$$A \cap (B \cap C) = (A \cap B) \cap C$$

(5) 분배법칙(distributive laws)

$$A \cap (B \cup C) = (A \cap B) \cup (A \cap C)$$
$$A \cup (B \cap C) = (A \cup B) \cap (A \cup C)$$

**증명** (5)의 첫번째 식만 증명한다.

$$
\begin{aligned}
x \in A \cap (B \cup C) &\Longleftrightarrow x \in A \text{이고 } x \in B \cup C \\
&\Longleftrightarrow x \in A \text{이고 } (x \in B \text{ 또는 } x \in C) \\
&\Longleftrightarrow (x \in A \text{이고 } x \in B) \text{ 또는 } (x \in A \text{ 이고 } x \in C) \\
&\Longleftrightarrow x \in A \cap B \text{ 또는 } x \in A \cap C
\end{aligned}
$$

$$\Longleftrightarrow x \in (A \cap B) \cup (A \cap C)$$

그러므로

$$A \cap (B \cup C) = (A \cap B) \cup (A \cap C)$$

이다. ■

〈정의 1.3〉

$U$가 전체집합이고 $A \subset U$일 때 $U-A$를 $A$의 **여집합**(complement)이라 하고 $A^C$로 나타낸다. 즉,

$$A^C = \{x \mid x \in U \text{ 이고 } x \notin A\}$$

**예제 1.1** $U = \{1, 2, 3, \cdots, 10\}$이고, $A = \{1, 3, 5, 7, 9\}$이면 $A^C = \{2, 4, 6, 8, 10\}$이다.

**예제 1.2** $A-B = A \cap B^C$임을 증명하여라.

**풀이** $B^C = \{x \mid x \in U\text{이고 } x \notin B\}$이고 $A-B = \{x \mid x \in A\text{이고 } x \notin B\}$이므로

$$\begin{aligned} A-B &= \{x \mid x \in U,\ x \in A\text{이고 } x \notin B\} \\ &= A \cap B^C \end{aligned}$$

이다. ■

**예제 1.3** 임의의 집합 $A$, $B$에 대해서 $A \subset B$이면

$$A \cup (B-A) = B$$

**풀이** 
$$\begin{aligned} A \cup (B-A) &= A \cup (B \cap A^C) \\ &= (A \cup B) \cap (A \cup A^C) \\ &= B \cap U \\ &= B \end{aligned}$$
■

**정리 1.2**

(1) $(A^C)^C = A$

(2) $\phi^C = U,\ U^C = \phi$

(3) $A \cap A^C = \phi,\ A \cup A^C = U$

(4) $A \subset B \Longleftrightarrow B^C \subset A^C$

**증명** (1) $x \in A \Longleftrightarrow x \notin A^C \Longleftrightarrow x \in (A^C)^C$

$$\therefore\ A \subset (A^C)^C$$

또, $x \in (A^C)^C \Longleftrightarrow x \notin A^C \Longleftrightarrow x \in A$

$$\therefore\ (A^C)^C \subset A$$

따라서

$$(A^C)^C = A$$

이다.

(2), (3) : 생략

(4) $A \subset B$을 가정하면

$$x \in B^C \Longleftrightarrow x \notin B \Longleftrightarrow x \notin A \Longleftrightarrow x \in A^C$$
$$\therefore\ B^C \subset A^C$$

역으로 $B^C \subset A^C$을 가정하면

$$x \in A \Longleftrightarrow x \notin A^C \Longleftrightarrow x \notin B^C \Longleftrightarrow x \in B$$
$$\therefore\ A \subset B$$

■

**정리 1.3** (De Morgan's Laws)　　$U$의 부분집합 $A$, $B$에 대하여 다음이 성립한다.

(1) $(A \cup B)^C = A^C \cap B^C$

(2) $(A \cap B)^C = A^C \cup B^C$

증명 (1) $x \in (A \cup B)^C \Longleftrightarrow x \notin A \cup B$

$\Longleftrightarrow x \notin A$ 그리고 $x \notin B$

$\Longleftrightarrow x \in A^C$ 그리고 $x \in B^C$

$\Longleftrightarrow x \in A^C \cap B^C$

그러므로

$$(A \cup B)^C = A^C \cap B^C$$

(2)번도 같은 방법으로 증명된다. ■

> **정리 1.4** $A$, $B$, $C$가 $U$의 부분집합이면 다음이 성립한다.
> (1) $A-(B \cup C)=(A-B) \cap (A-C)$
> (2) $A-(B \cap C)=(A-B) \cup (A-C)$

증명 (1) $x \in A-(B \cup C) \Longleftrightarrow x \in A$ 그리고 $x \notin B \cup C$

$\Longleftrightarrow x \in A$ 그리고 ($x \notin B$ 이고 $x \notin C$)

$\Longleftrightarrow$ ($x \in A$이고 $x \notin B$) 그리고 ($x \in A$이고 $x \notin C$)

$\Longleftrightarrow x \in A-B$ 그리고 $x \in A-C$

$\Longleftrightarrow x \in (A-B) \cap (A-C)$

그러므로

$$A-(B \cup C)=(A-B) \cap (A-C)$$

(2)는 연습문제로 남겨둔다. ■

> **〈정의 1.4〉**
> 두 집합 $A$와 $B$에 대해 $A$의 원소 $a$와 $B$의 원소 $b$로 이루어진 **순서쌍**(ordered pair) $(a, b)$로 이루어진 집합을 $A$와 $B$의 **카티션곱**(Cartesian product)이라고 하고 $A \times B$와 같이 나타낸다. 즉,
>
> $$A \times B = \{(a, b) \mid a \in A, b \in B\}$$

$A=B$인 경우는 $A\times A$라고 쓰는 대신에 $A^2$으로 표시하기로 한다.

**예제 1.4** $A=\{a,\ b,\ c\}$, $B=\{1,\ 2\}$일 때 $A\times B$와 $B\times A$를 구하여라.

**풀이** $A\times B=\{(a,\ 1),\ (a,\ 2),\ (b,\ 1),\ (b,\ 2),\ (c,\ 1),\ (c,\ 2)\}$

$B\times A=\{(1,\ a),\ (1,\ b),\ (1,\ c),\ (2,\ a),\ (2,\ b),\ (2,\ c)\}$ ■

**정리 1.5** 집합 $A$, $B$, $C$에 대하여 다음이 성립한다.

(1) $A\times(B\cap C)=(A\times B)\cap(A\times C)$

(2) $A\times(B\cup C)=(A\times B)\cup(A\times C)$

(3) $(A\times B)\cap(C\times D)=(A\cap C)\times(B\cap D)$

**증명** (1)
$$\begin{aligned}(a,\ b)\in A\times(B\cap C) &\Longleftrightarrow a\in A \text{ 그리고 } b\in B\cap C\\ &\Longleftrightarrow a\in A \text{ 그리고 } (b\in B \text{ 그리고 } b\in C)\\ &\Longleftrightarrow (a,\ b)\subset A\times B \text{ 그리고 } (a,\ b)\in A\times C\\ &\Longleftrightarrow (a,\ b)\in(A\times B)\cap(A\times C)\end{aligned}$$

(2)
$$\begin{aligned}(a,\ b)\in A\times(B\cup C) &\Longleftrightarrow a\in A \text{ 그리고 } b\in B\cup C\\ &\Longleftrightarrow a\in A \text{ 그리고 } (b\in B \text{ 또는 } b\in C)\\ &\Longleftrightarrow (a\in A \text{ 그리고 } b\in B) \text{ 또는 } (a\in A \text{ 그리고 } b\in C)\\ &\Longleftrightarrow (a,\ b)\in A\times B \text{ 또는 } (a,\ b)\in A\times C\\ &\Longleftrightarrow (a,\ b)\in(A\times B)\cup(A\times C)\end{aligned}$$

(3)
$$\begin{aligned}(a,\ b)\in(A\times B)\cap(C\times D) &\Longleftrightarrow (a,\ b)\in A\times B \text{ 그리고 } (a,\ b)\in C\times D\\ &\Longleftrightarrow (a\in A\text{이고 } b\in B) \text{ 그리고 } (a\in C\text{이고 } b\in D)\\ &\Longleftrightarrow a\in A\cap C \text{ 그리고 } b\in B\cap D\\ &\Longleftrightarrow (a,\ b)\in(A\cap C)\times(B\cap D)\end{aligned}$$ ■

## 연습문제 1.1

**1.** 다음을 증명하여라.

(1) $A \subset B \Longleftrightarrow A \cup B = B$ (2) $A \subset B \Longleftrightarrow A \cap B = A$

(3) $A \subset C,\ B \subset C \Longleftrightarrow A \cup B \subset C$ (4) $A-(B \cap C)=(A-B) \cup (A-C)$

**2.** 두 집합 $A$, $B$에 대하여 $A \triangle B$를 다음과 같이 정의하자.

$$A \triangle B=(A-B) \cup (B-A)$$

이때 다음을 증명하여라.

$$A \cap (B \triangle C)=(A \cap B) \triangle (A \cap C)$$

## 1.2 함 수

함수란 용어는 독일의 수학자 라이프니츠(Leibniz, 1646~1716)가 처음 사용하였으며 그는 함수란 말을 특수한 수학공식을 지칭하는데 사용했다. 그후 오일러(Euler), 코시(Cauchy) 등에 의하여 함수란 말의 의미는 점차 일반화되었으며 오늘날 함수의 의미는 다음과 같이 두 집합 사이의 대응으로 생각하기에 이르렀다.

〈정의 1.5〉

집합 $X$의 각 원소에 집합 $Y$의 단 하나의 원소가 어떤 방법으로 대응되어 있을 때 이러한 대응을 함수라고 한다. 이 대응을 $f$로 나타낸다면

$$f : X \longrightarrow Y$$

라고 쓰고 $f$는 $X$에서 $Y$로의 **함수**라고 한다.

$f : X \longrightarrow Y$일 때 집합 $X$를 함수 $f$의 **정의역**(domain), $Y$를 $f$의 **공변역**(codomain)이라고 한다. $x \in X$일 때 $x$에 대응하는 $Y$의 원소를 $x$의 상(image)이라고 하고 $f(x)$로 나타낸다. $X$에 있는 모든 원소의 상의 집합 $\{f(x) | x \in X\}$는 $Y$의

부분집합으로, 함수 $f$의 치역(range)이라 하고 $f(X)$로 나타낸다. 관습상 정의역 $X$의 원소 $x$를 **독립변수**, 치역의 원소 $y$를 **종속변수**라 하고 이들의 대응관계를 $y=f(x)$로 나타내기도 한다. 함수의 정의에 따르면 한 $x \in X$에 대하여 단 하나의 상 $y \in Y$가 대응되는데 여러 개의 상이 대응될 경우도 종래의 관습에 따라 함수로 불린다. 이때 전자는 **일가함수**, 후자는 **다가함수**라 한다. 다가함수는 일가함수가 여러 개 모인 것으로 생각하면 된다.

**예제 1.5** 실수 전체의 집합을 $R$이라 할 때 함수 $f: R \to R$가 $f(x)=x^2$으로 정의되어 있으면 $f$의 정의역은 $R$이고 치역은 양의 실수와 0으로 된 집합이다.

**예제 1.6** $f=\{(x, y) \mid y^2=x\}$는 이가함수로써 두 일가함수 $f_1=\{(x, y) \mid y=\sqrt{x}\}$와 $f_2=\{(x, y) \mid y=-\sqrt{x}\}$의 모임이다.

〈정의 1.6〉

$f: X \to Y$가 함수이고 $A$가 $X$의 부분집합, $B$가 $Y$의 부분집합일 때

$$f(A)=\{f(x) \mid x \subset A\}$$
$$f^{-1}(B)=\{x \in x \mid f(x) \in B\}$$

이 때 $f(A)$를 $f$에 의한 $A$의 상(image)이라 하고 $f^{-1}(B)$를 $f$에 의한 $B$의 역상(inverse image)이라고 한다.

$f$를 $X$에서 $Y$로의 함수라 하자. 함수 $f$의 **그래프** $G_f$는 $x \in X$를 첫째 좌표로 하고 그 상 $f(x)$를 둘째 좌표로 하는 모든 순서쌍의 집합이다. 즉 $G_f=\{(x, f(x) \mid x \in X\}$이다.

**예제 1.7** $f: R \to R$, $f(x)=x^2+1$의 그래프를 구하여라.

**풀이** $G_f=\{(x, y) \mid y=x^2+1, x \in R\}$ 또는 $\{(x, x^2+1) \mid x \in R\}$ ■

**예제 1.8** 함수 $f : R \to R$가 $f(x)=3x+4$로 정의되었을 때

$A=\{x \in R \mid -1 \leq x \leq 2\}$일 때

$f(A)=\{y \in R \mid 1 \leq y \leq 10\}$이고,

$B=\{y \in R \mid -2 \leq y \leq 7\}$일 때

$f^{-1}(B)=\{x \in B \mid -2 \leq x \leq 1\}$이다.

〈정의 1.7〉

주어진 두 함수 $f, g$에 대해서 합, 차, 곱, 몫을 각각 다음과 같이 정의한다.

$$(f+g)(x)=f(x)+g(x)$$
$$(f-g)(x)=f(x)-g(x)$$
$$(f \cdot g)(x)=f(x)g(x)$$
$$\left(\frac{f}{g}\right)(x)=\frac{f(x)}{g(x)} \qquad (\text{단, } g(x) \neq 0)$$

**예제 1.9** $f(x)=\sqrt{x+1}$, $g(x)=\sqrt{x-4}$일 때 다음을 구하여라.

(1) $(f+g)(x)$ (2) $(f-g)(x)$

(3) $(f \cdot g)(x)$ (4) $\left(\frac{f}{g}\right)(x)$

**풀이** (1) $(f+g)(x)=\sqrt{x+1}+\sqrt{x-4}$

(2) $(f-g)(x)=\sqrt{x+1}-\sqrt{x-4}$

(3) $(f \cdot g)(x)=\sqrt{x+1}\sqrt{x-4}$

(4) $\left(\frac{f}{g}\right)(x)=\frac{\sqrt{x-1}}{\sqrt{x-4}} \qquad (x \neq 4)$ ■

〈정의 1.8〉

두 함수 $f : X \to Y$, $g : Y \to Z$에 대하여 $h(x)=g(f(x))$로 정해지는 함수 $h : X \to Z$를 $f$와 $g$의 **합성함수**라 하고 $h$를 $g \circ f$로 표시한다.

다음 예제에서 보듯이 일반적으로 합성함수에 대한 교환법칙은 성립하지 않으

나 결합법칙은 성립한다.

**예제 1.10** 두 함수 $f$, $g : R \to R$을 각각 $f(x)=x+1$, $g(x)=x^2$로 정의하면

$$\begin{aligned}(g \circ f)(x) &= g(f(x)) \\ &= g(x+1) \\ &= (x+1)^2 \\ &= x^2+2x+1 \\ (f \circ g)(x) &= f(g(x)) \\ &= f(x^2) \\ &= x^2+1\end{aligned}$$

**예제 1.11** $X$, $Y$, $Z$, $W$를 집합이라 하고 $f : X \to Y$, $g : Y \to Z$, $h : Z \to W$를 함수라 할 때 $(h \circ g) \circ f = h \circ (g \circ f)$이다.

**풀이** $X$의 임의의 원소 $x$에 대하여

$$((h \circ g) \circ f)(x) = (h \circ (g \circ f))(x)$$

가 성립하는 것을 밝히면 된다.

$$((h \circ g) \circ f)(x)) = (h \circ g)(f(x)) = h(g(f(x)))$$
$$(h \circ (g \circ f))(x) = h(g \circ f)(x) = h(g(f(x)))$$

그러므로 $(h \circ g) \circ f = h \circ (g \circ f)$이다. ■

〈정의 1.9〉

함수 $f : X \to Y$에서 $X$의 서로 다른 원소들은 동일한 상을 갖지 않을 때 즉, $a \neq b$일 때 $f(a) \neq f(b)$이면 $f$를 **단사함수**(injective function)라 하고, $f(X) = Y$인 함수를 **전사함수**(surjective function)라 한다. 전사함수이고 단사함수이면 **전단사함수**(bijective function)라 한다.

**예제 1.12** 함수 $f: R \to R$, $g: R \to R$가

$$f(x)=2x+1, \quad g(x)=x^2$$

으로 정의된 함수이면 $f$는 전단사함수이고, $g$는 전사도 단사도 아닌 함수이다.

〈정의 1.10〉

함수 $f: X \to Y$가 전단사함수이면 임의의 $y \in Y$에 대하여 $f(x)=y$가 되는 $X$의 원소 $x$가 유일하게 하나 존재한다. 이때 $y$에 $x$를 대응시키는 함수를 $g$라고 하면 $g$는 $Y$에서 $X$로의 함수가 된다. 즉,

$$g: Y \longrightarrow X, \quad g(y)=x$$

이다. 이 새로운 함수 $g$를 $f$의 **역함수**(inverse function)라 하고, $f^{-1}$로 표시한다.

$f: X \to Y$가 역함수 $f^{-1}$을 가지면 $f^{-1} \circ f = I_X$, $f \circ f^{-1} = I_Y$가 되므로, $f$가 역함수를 가지면 $f^{-1}$도 역함수를 가지고 $(f^{-1})^{-1}=f$가 됨을 알 수 있다.

**예제 1.13** 함수 $f$, $g: R \to R$가 $f(x)=2x-1$, $g(x)=\frac{1}{2}(x+1)$로 정의되면

$$(f \circ g)(x)=f(g(x))=f\left(\frac{1}{2}(x+1)\right)=2\left[\frac{1}{2}(x+1)\right]-1=x$$

$$(g \circ f)(x)=g(f(x))=g(2x-1)=\frac{1}{2}[(2x-1)+1]=x$$

따라서 $g$는 $f$의 역함수이다.

**예제 1.14** $f(x)=2x+1$의 역함수는?

**풀이** $y=f(x)=2x+1$에서 $x$를 $y$에 관하여 풀면

$$x=\frac{1}{2}(y-1)$$

이고, $x$와 $y$를 맞바꾸면 역함수는

$$f^{-1}(x)=\frac{1}{2}(x-1)$$

이다.

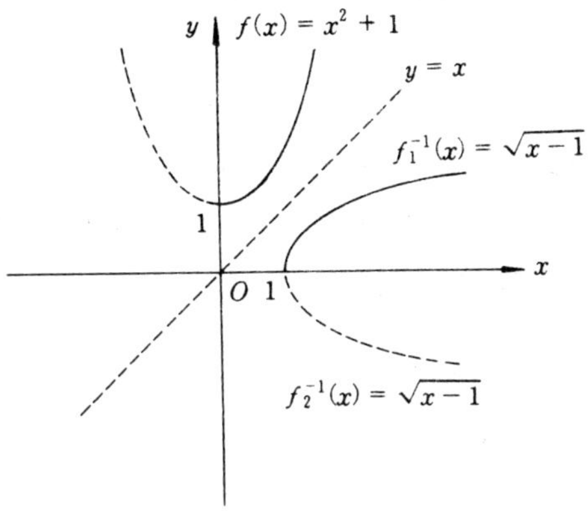


[그림 1.1]

## 연습문제 1.2

**1.** $X=\{-1, 1, 2\}$, $Y=\{1, 2, 3, 4\}$일 때, $X$의 임의의 원소 $x$에 대하여 다음과 같은 $X$에서 $Y$로의 대응을 생각하자. 이 중 함수인 것과 그 치역을 구하여라.

(1) $x \to x$　　(2) $x \to x+2$

(3) $x \to |x|$　　(4) $x \to x^2$

(5) $\begin{cases} x \geq 0\text{일 때 } x \to \text{짝수} \\ x < 0\text{일 때 } x \to \text{홀수} \end{cases}$　　(6) $\begin{cases} x \geq 0\text{일 때 } x \to 1 \\ x < 0\text{일 때 } x \to 0 \end{cases}$

**2.** 다음 함수의 정의역을 구하여라(실변수 함수에서 정의역이 표시되어 있지 않을 경우 함수가 실수값을 갖는 최대의 실수집합을 정의역으로 한다는 규칙이 있다).

(1) $f(x)=\sqrt{(3-x)(2x+4)}$　　(2) $f(x)=\sqrt{\sin 3x}$

(3) $f(x)=\ln_{10}(x^3-3x^2-4x+12)$　　(4) $f=\left\{(x,\ y)\,\middle|\,\dfrac{x^2}{a^2}+\dfrac{y^2}{b^2}=1\right\}$

**3.** 두 집합 $X=\{-1,\ 0,\ 1,\ 2\}$, $Y=\{-1,\ 0,\ 1,\ 2,\ 3\}$에 대하여 함수 $f$를 다음과 같이 정한다.

$$f : X \to Y,\quad x \to x^2-1$$

(1) 함수 $f$의 그래프를 집합을 써서 나타내어라.

(2) 함수 $f$의 그래프를 곱집합 $X\times Y$의 그림 위에 나타내어라.

(3) 함수 $f$의 치역을 구하여라.

**4.** $x$의 함수 $y$가 다음 식으로 주어질 때, 이것을 $y=f(x)$의 꼴로 나타내고 그 정의역과 치역을 구하여라.

$$x^2-xy+y^2=1$$

**5.** $f\left(\dfrac{x-1}{x+1}\right)=\dfrac{x-2}{x+2}$일 때 $f(2)$를 구하여라.

**6.** 다음 함수에 대하여 $F_1=f+g$, $F_2=f\cdot g$, $F_3=f\circ g$, $F_4=g\circ f$를 구하여라.

(1) $f(x)=\dfrac{x}{x-1}$,　　$g(x)=\dfrac{1}{x}$

(2) $f(x)=\sqrt{x-1}$,　　$g(x)=\dfrac{1}{x^2}$

(3) $f(x)=\dfrac{1}{x}$,　　$g(x)=\sin x$

**7.** $f(x)=\dfrac{1}{x-1}$, $g(x)=\dfrac{x}{x-2}$일 때 $(f\circ g)(x)=f(x)$를 만족하는 $x$를 구하여라.

**8.** $N=\{0,\ 1,\ 2,\ 3,\ \cdots\}$이라 하고 $a$를 주어진 $N$의 원소라 한다. 함수 $g : N\to N$을 $g(n)=n+a$로 정의하였을 때, 함수 $f : N\to N$이 $f(0)=0$, $f(n+1)=(g\circ f)(n)$을 만족하면 $f(n)$을 $n$과 $a$를 써서 나타내어라.

**9.** 다음 각 함수의 그림을 그려라.

(1) $f(x)=[x]$ (단, $[x]$는 $x$를 넘지 않는 최대 정수를 말한다)

(2) $f=\{(x,\ y)\,|\,x^2+2x+y^2=0\}$

(3) $f=\left\{(x,\ y)\,\middle|\,\frac{x^2}{a^2}-\frac{y^2}{b^2}=1\right\}$ (4) $y=2^{\frac{1}{x}}$

**10.** $f(x)=x-[x]$는 1을 주기로 하는 주기함수임을 증명하여라.
(단, $[x]$는 $x$를 넘지 않는 최대 정수를 말한다)

**11.** 다음 함수의 역함수를 구하여라.

(1) $y=\sqrt{x^2-1}$ (2) $y=\frac{ax+b}{cx+d}$ $(ad-bc\neq 0)$

## 1.3 함수의 극한

극한 개념을 설명하기 위하여 다음에 주어진 함수에 대하여 생각해 보자. 함수 $f(x)=\frac{x^3-1}{x-1}$은 $x=1$에서는 정의되지 않지만 $x$가 1에 가까워지면 아래 표 1과 같이 $f(x)$는 3에 가까워진다는 것을 알 수 있다

〈표 1〉

| $x$ | 0.75 | 0.9 | → | 1.00 | ← | 1.001 | 1.01 |
|---|---|---|---|---|---|---|---|
| $f(x)=\frac{x^3-1}{x-1}$ | 2.313 | 2.970 | → | ? | ← | 3.003 | 3.030 |

이런 사실에 의해 함수의 극한을 다음과 같이 정의한다.

〈정의 1.11〉

함수 $f$가 $a$를 포함하는 어느 구간 내의 모든 점에서 정의되어 있다고 하자($x=a$에서는 정의되어 있지 않아도 좋다). $x$가 $a$에 가까워질 때 함수

$f$의 값 $f(x)$가 상수 $A$에 가까워지면 $A$를 $x=a$에서 $f(x)$의 **극한값**이라 하고, $\lim_{x\to a} f(x)=A$ 또는 $x\to a$일 때 $f(x)\to A$로 표시한다.

이것을 $\epsilon$-$\delta$ 논법으로 정의해 보자.

임의의 $\epsilon>0$에 대하여 적당한 양수 $\delta$가 존재하여 $0<|x-a|<\delta$인 $x$에 대하여 $|f(x)-A|<\epsilon$이 성립하면

$$\lim_{x\to a} f(x)=A$$

라 한다.

주의 (1) 여기서 $\lim_{x\to a} f(x)$가 존재하기 위해서 함수가 $x=a$에서 정의될 필요는 없다.
(2) $\epsilon$-$\delta$논법에서 임의의 $\epsilon>0$에 대응하는 적당한 $\delta$는 여러 개 존재할 수 있다.

**예제 1.15** $\epsilon-\delta$식 정의로부터 $\lim_{x\to 1}(2x+1)=3$임을 보여라.

**풀이** 임의의 양수 $\epsilon$에 대하여, $\delta=\frac{\varepsilon}{2}$라 하면

$$0<|x-1|<\delta$$

일 때

$$|(2x+1)-3|=2|x-1|<2\delta=\epsilon$$

따라서 $\lim_{x\to 1}(2x+1)=3$

**예제 1.16** $\lim_{x\to 3}(3x+5)=14$임을 증명하시오.

**풀이** 임의의 양수 $\epsilon$에 대하여, $\delta=\frac{\varepsilon}{3}$라 하면

$$0<|x-3|<\delta$$

일 때

$$|(3x+5)-14|=3|x-3|<3\delta=\epsilon$$

따라서 $\lim_{x \to 3}(3x+5)=14$ ∎

특히 임의의 $\epsilon>0$에 대하여 $\delta>0$가 정해져서

$$a-\delta<x<a\text{이면} \qquad |f(x)-A|<\epsilon$$

일 때 $A$를 $x=a$에서 $f(x)$의 **좌극한**이라 하고

$$\lim_{x \to a^-} f(x)=A$$

로 표시한다. 이것은 $x$가 $a$보다 작은 값을 취하면서 $a$에 접근할 때 $f(x)$의 극한값이 $A$가 됨을 말한다. 같은 방법으로

$$a<x<a+\delta\text{이면} \qquad |f(x)-A|<\epsilon$$

일 때는

$$\lim_{x \to a^+} f(x)=A$$

라 쓰고 $A$를 $x=a$에서 $f(x)$의 **우극한**이라 한다. 이것은 $x$가 $a$보다 큰 값을 취하면서 $a$에 접근할 때 $f(x)$의 극한값이 $A$가 됨을 말한다.

주의 $x=a$에서 $f(x)$의 좌극한과 우극한이 같을 때, 즉

$$\lim_{x \to a^-} f(x)=\lim_{x \to a^+} f(x)=A\text{일 때}$$

$f(x)$는 $x=a$에서 극한값 $A$를 가진다고 하고 $\lim_{x \to a} f(x)=A$로 나타낸다.

**예제 1.17** $y=\frac{|x|}{x}$의 $x=0$에서의 좌, 우 극한을 구하시오.

**풀이** $\lim_{x \to 0^+}\frac{|x|}{x}=\lim_{x \to 0^+}\frac{x}{x}=1, \quad \lim_{x \to 0^-}\frac{|x|}{x}=\lim_{x \to 0^-}\frac{-x}{x}=-1$ ∎

〈정의 1.12〉

함수 $f(x)$에서 $x$가 $a$에 가까워질 때 $f(x)$의 값이 한없이 증가하거나 또는 감소하는 경우도 있다. 이것을

$$\lim_{x\to a} f(x)=\infty \qquad 또는 \qquad \lim_{x\to a} f(x)=-\infty$$

라 한다. 이것은 바꾸어 말하면 임의의 $M>0$이 주어졌을 때 $\delta>0$가 정해져서 $0<|x-a|<\delta$이면 $f(x)>M$일 때

$$\lim_{x\to a} f(x)=\infty$$

라 하고 $0<|x-a|<\delta$이면, $f(x)<-M$일 때

$$\lim_{x\to a} f(x)=-\infty$$

라 한다.

그리고 함수 $f(x)$에서 $x$의 값이 한없이 증가(감소)할 때 $f(x)$의 값이 일정한 수 $A$에 가까워지면

$$\lim_{x\to\infty} f(x)=A \quad (\lim_{x\to-\infty} f(x)=A)$$

라 한다. 이것은 바꾸어 말하면 임의의 $\epsilon>0$에 대하여 충분히 큰 상수 $M$을 선택하면 $x>M$ $(x<-M)$인 모든 $x$에 대하여
$|f(x)-A|<\epsilon$일 때

$$\lim_{x\to\infty} f(x)=A \quad (\lim_{x\to-\infty} f(x)=A)$$

라 한다.

**예제 1.18** $\lim \frac{1}{x}=0$, $\lim_{x\to-\infty} \frac{1}{x}=0$임을 증명하여라.

**풀이** 임의의 양의 $\epsilon$에 대하여, $M=\frac{1}{\varepsilon}$로 두자. $x>M$이라면

$$\left|\frac{1}{x}-0\right|=\left|\frac{1}{x}\right|<\frac{1}{M}=\epsilon$$

따라서 $\lim_{x\to\infty}\frac{1}{x}=0$이고, $x\to M$이라면

$$\left|\frac{1}{x}-0\right|=\left|\frac{1}{x}\right|=-\frac{1}{x}<\frac{1}{M}=\epsilon$$

따라서,

$$\lim_{x\to-\infty}\frac{1}{x}=0$$

함수의 극한에 관한 정리들을 소개하고 예를 들어 보도록 하자.

〈정의 1.13〉

$m$, $b$가 임의의 상수이면

$$\lim_{x\to a}(mx+b)=ma+b$$

이다.

**예제 1.19** $\lim_{x\to 2}(3x+5)=3\cdot 2+5=11$

정리 1.6 $\lim_{x\to a}f(x)=A$이고 $\lim_{x\to a}g(x)=B$이면

(1) $\lim_{x\to a}\{f(x)\pm g(x)\}=\lim_{x\to a}f(x)\pm\lim_{x\to a}g(x)=A\pm B$

(2) $\lim_{x\to a}f(x)g(x)=\lim_{x\to a}f(x)\lim_{x\to a}g(x)=AB$

(3) $\lim_{x\to a}\frac{f(x)}{g(x)}=\frac{\lim_{x\to a}f(x)}{\lim_{x\to a}g(x)}=\frac{A}{B}$ (단, $B\neq 0$)

〈따름정리 1.7〉

$\lim_{x \to a} f(x)$가 존재하면 임의의 양의 정수 $n$에 대하여

(i) $\lim_{x \to a} \{kf(x)\} = k\lim_{x \to a} f(x)$ ($k$ : 상수)

(ii) $\lim_{x \to a} \{f(x)\}^n = \{\lim_{x \to a} f(x)\}^n$

(iii) $\lim_{x \to a} \sqrt[n]{f(x)} = \sqrt[n]{\lim_{x \to a} f(x)}$ (특히, $n$이 짝수인 경우는 $\lim_{x \to a} f(x) \geq 0$)

**예제 1.20** (1) $\lim_{x \to 1} (3x^2 + 2x + 1)$ (2) $\lim_{x \to 3} \frac{\sqrt{x+1}}{2x^2+1}$

(3) $\lim_{x \to \infty} (2x^3 - 3x^2 - 2x + 2)$ (4) $\lim_{x \to 0} \frac{1-\sqrt{1-x}}{x}$

**풀이** (1) 정리 3.2의 (1)과 따름정리 (i), (ii)에 의해서

$$
\begin{aligned}
\lim_{x \to 1} (3x^2 + 2x + 1) &= \lim_{x \to 1} 3x^2 + \lim_{x \to 1} 2x + \lim_{x \to 1} 1 \\
&= 3\lim_{x \to 1} x^2 + 2\lim_{x \to 1} x + \lim_{x \to 1} 1 \\
&= 3(\lim_{x \to 1} x)^2 + 2\lim_{x \to 1} x + \lim_{x \to 1} 1 \\
&= 3 \cdot 1^2 + 2 \cdot 1 + 1 \\
&= 3 + 2 + 1 \\
&= 6
\end{aligned}
$$

(2) 정리 3.2의 (1)~(3)과 따름정리 (i)~(iii)에 의해서

$$
\begin{aligned}
\lim_{x \to 3} \frac{\sqrt{x+1}}{2x^2-1} &= \frac{\lim_{x \to 3} \sqrt{x+1}}{\lim_{x \to 3} (2x^2+1)} \\
&= \frac{\sqrt{\lim_{x \to 3} (x+1)}}{\lim_{x \to 3} 2x^2 + \lim_{x \to 3} 1} \\
&= \frac{\sqrt{4}}{2 \cdot 3^2 + 1} \\
&= \frac{2}{19}
\end{aligned}
$$

(3) $\lim_{x\to\infty}(2x^3-3x^2-2x+2)=\lim_{x\to\infty}x^3\left(2-\frac{3}{x}-\frac{2}{x^2}+\frac{2}{x^3}\right)$

$=\lim_{x\to\infty}x^3\left(\lim_{x\to\infty}2-\lim_{x\to\infty}\frac{3}{x}-\lim_{x\to\infty}\frac{2}{x^2}+\lim_{x\to\infty}\frac{2}{x^3}\right)$

$=\lim_{x\to\infty}x^3\cdot 2$

$=\infty$

(4) $\lim_{x\to 0}\frac{1-\sqrt{1+x}}{x}=\lim_{x\to 0}\frac{x}{x(1+\sqrt{1-x})}$

$=\lim_{x\to 0}\frac{1}{1+\sqrt{1-x}}$

$=\frac{1}{2}$ ■

수학의 응용부분에서는 $e^x$과 $e^{-x}$의 결합함수가 자주 나타나므로 삼각함수 $\cos x=\frac{e^{ix}-e^{-ix}}{2}$, $\sin x=\frac{e^{ix}-e^{-ix}}{2}$에 대응되는 쌍곡선 함수를 소개한다.

〈정의 1.14〉

다음과 같이 정의되는 실변수함수를 **쌍곡선함수**(hyperbolic function)라 하고 $\sinh x$, $\cosh x$, $\tanh x$, $\coth x$, $\mathrm{sech}\,x$, $\mathrm{csch}\,x$로 나타낸다.

(i) $\sinh x=\frac{e^x-e^{-x}}{2}$ (hyperbolic sine$x$)

(ii) $\cosh x=\frac{e^x+e^{-x}}{2}$ (hyperbolic cosine$x$)

(iii) $\tanh x=\frac{\sinh x}{\cosh x}=\frac{e^x-e^{-x}}{e^x+e^{-x}}$ (hyperbolic tangent$x$)

(iv) $\coth x=\frac{1}{\tanh x}=\frac{e^x+e^{-x}}{e^x-e^{-x}}$ (hyperbolic cotangent$x$)

(v) $\mathrm{sech}\,x=\frac{1}{\cosh x}=\frac{2}{e^x+e^{-x}}$ (hyperbolic secant$x$)

(vi) $\mathrm{csch}\,x=\frac{1}{\sinh x}=\frac{2}{e^x-e^{-x}}$ (hyperbolic cosecant$x$)

쌍곡선 함수에 대응되는 삼각함수는 주기함수이나 쌍곡선 함수는 주기함수가 아니며 위 정의로부터 다음과 같은 성질들을 얻을 수 있다.

**정리 1.8**

(i) $\cosh^2 x - \sinh^2 x = 1$

(ii) $1 - \tanh^2 x = \operatorname{sech}^2 x$

(iii) $\coth^2 x - 1 = \operatorname{csch}^2 x$

(iv) $\sinh(x+y) = \sinh x \cdot \cosh y + \cosh x \cdot \sinh y$

(v) $\cosh(x+y) = \cosh x \cdot \cosh y + \sinh x \cdot \sinh y$

**정리 1.9** 쌍곡선함수의 역함수인 **역쌍곡선함수**(inverse hyperbolic function)는 다음과 같다.

(i) $\sinh^{-1} x = \ln(x + \sqrt{x^2+1}) \qquad (-\infty < x < \infty)$

(ii) $\cosh^{-1} x = \ln(x \pm \sqrt{x^2-1}) \qquad (x \geq 1)$

(iii) $\tanh^{-1} x = \frac{1}{2} \ln \frac{1+x}{1-x} \qquad (-1 < x < 1)$

(iv) $\coth^{-1} x = \frac{1}{2} \ln \frac{x+1}{x-1} \qquad (|x| > 1)$

(v) $\operatorname{sech}^{-1} x = \ln\left(\frac{1}{x} \pm \sqrt{\frac{1}{x^2} - 1}\right) \qquad (0 < x \leq 1)$

(vi) $\operatorname{csch}^{-1} x = \ln\left(\frac{1}{x} + \sqrt{\frac{1}{x^2} + 1}\right) \qquad (|x| > 0)$

**증명** (i) $y = \frac{e^x - e^{-x}}{2}$에서 $(e^x)^2 - 2y(e^x) - 1 = 0$이므로

$e^x = y \pm \sqrt{y^2+1}$ 이고 여기서 $e^x > 0$이므로 $e^x = y + \sqrt{y^2+1}$ 이다.

즉 $x = \ln(y + \sqrt{y^2+1})$이므로 $y = \sinh x$의 역함수 $\sinh^{-1} x$는 다음과 같다.

$$\sinh^{-1} x = \ln(x + \sqrt{x^2+1}) \qquad (-\infty < x < \infty)$$

(ii) $y = \frac{e^x + e^{-x}}{2}$에서 $(e^x)^2 - 2y(e^x) + 1 = 0$이므로 $e^x = y \pm \sqrt{y^2-1}$ $(y \geq 1)$이다.

$x \geq 0$이면, $e^x \geq 1$이므로 $e^x = y + \sqrt{y^2-1}$이 되어 $x = \ln(y+\sqrt{y^2-1})$이고
$x < 0$이면, $e^x < 1$이므로 $e^x = y - \sqrt{y^2-1}$이 되어 $x = \ln(y-\sqrt{y^2-1})$이다.
따라서 $y = \cosh x$의 역함수는 다음과 같다.

$$\cosh^{-1}x = \ln(x \pm \sqrt{x^2-1}) \qquad (x \geq 1)$$

(iii) $y = \dfrac{e^x - e^{-x}}{e^x + e^{-x}} = \dfrac{e^{2x}-1}{e^{2x}+1}$ 이므로 $e^{2x} = \dfrac{1+y}{1-y}$ $(|y|<1)$이다.

따라서 $x = \dfrac{1}{2}\ln\dfrac{1+y}{1-y}$이므로 $y = \tanh x$의 역함수는 다음과 같다.

$$\tanh^{-1}x = \frac{1}{2}\ln\frac{1+x}{1-x} \qquad (|x|<1)$$

(iv) $y = \dfrac{e^x + e^{-x}}{e^x - e^{-x}} = \dfrac{e^{2x}+1}{e^{2x}-1}$이므로 $e^{2x} = \dfrac{y+1}{y-1}$ $(|y|>1)$이다.

따라서 $x = \dfrac{1}{2}\ln\dfrac{y+1}{y-1}$이므로 $y = \coth x$의 역함수는 다음과 같다.

$$\coth^{-1}x = \frac{1}{2}\ln\frac{x+1}{x-1} \qquad (|x|>1)$$

(v) $y = \dfrac{2}{e^x + e^{-x}} = \dfrac{2 \cdot e^x}{(e^x)^2+1}$이므로 $y(e^x)^2 - 2(e^x) + y = 0$이다.

위 식을 $e^x$에 관하여 풀면 $e^x = \dfrac{1 \pm \sqrt{1-y^2}}{y}$이므로 $x = \ln\dfrac{1\pm\sqrt{1-y^2}}{y}$이다.
한편 여기서 $y$의 범위는 $\dfrac{e^x + e^{-x}}{2} \geq 1$이고 $e^x$, $e^{-x} > 0$이므로 $0 < y \leq 1$이다.
따라서 $y = \operatorname{sech} x$의 역함수 $\operatorname{sech}^{-1}x$는 다음과 같다.

$$\operatorname{sech}^{-1}x = \ln\frac{1\pm\sqrt{1-x^2}}{x} \qquad (0 < x \leq 1)$$

(vi) $y = \dfrac{2}{e^x - e^{-x}} = \dfrac{2 \cdot e^x}{(e^x)^2-1}$이므로 $y(e^x)^2 - 2e^x - y = 0$이다.

위 식을 $e^x$에 대해 풀면 $e^x = \dfrac{1\pm\sqrt{1+y^2}}{y}$이다.

그런데 $e^x > 0$이므로 $e^x = \dfrac{1+\sqrt{1+y^2}}{y}$ $(|y|>0)$ 즉, $x = \ln\dfrac{1+\sqrt{1+y^2}}{y}$

이므로 $y = \operatorname{csch} x$의 역함수는 다음과 같다.

$$\operatorname{csch}^{-1}x = \ln\frac{1+\sqrt{1+x^2}}{x} \qquad (|x|>0)$$

주의 (1) 쌍곡선함수에 나타나는 $e$를 Napier의 상수라 하며 $e=2.7182818\cdots$인 초월수임이 밝혀졌다.

**정리 1.10**

$$\lim_{x\to 0}\frac{\sin x}{x}=1$$

증명 (i) $x>0$일 때 중심각이 $x$ 라디안이고 반지름이 $r$인 부채꼴 $\triangledown OAB$의 $A$에서의 접선과 $OB$의 연장과의 교점을 $T$라 하면

$$\triangle OAB\text{의 면적} < \triangledown OAB\text{의 면적} < \triangle OAT\text{의 면적}$$

이므로 $\frac{1}{2}r^2\sin x<\frac{1}{2}r^2x<\frac{1}{2}r^2\tan x$이다. $\sin x<x<\tan x$에서 양변을 $\sin x(>0)$로 나누면 $1<\frac{x}{\sin x}<\frac{1}{\cos x}$이므로 $1>\frac{\sin x}{x}>\cos x$이다. 여기서 $\lim_{x\to 0^+}\cos x=1$이므로 $\lim_{x\to 0^+}\frac{\sin x}{x}=1$이다.

(ii) $x<0$인 경우에는 $x=-\theta$ $(\theta>0)$라 하면, $x\to 0^-$일 때 $\theta\to 0^+$가 된다.

$$\lim_{x\to 0^-}\frac{\sin x}{x}=\lim_{\theta\to 0^+}\frac{\sin(-\theta)}{-\theta}=\lim_{\theta\to 0^+}\frac{\sin\theta}{\theta}=1$$

(i) (ii)에서 $\lim_{x\to 0}\frac{\sin x}{x}=1$이다. ■

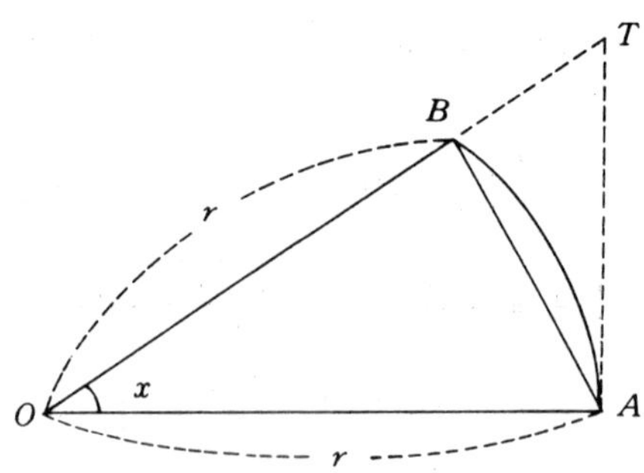


[그림 1.2]

**예제 1.21** $\lim_{x\to 0}\frac{\sin 3x}{\sin 4x}$를 구하여라.

**풀이** $x\neq 0$이면

$$\frac{\sin 3x}{\sin 4x}=\frac{3\left(\frac{\sin 3x}{3x}\right)}{4\left(\frac{\sin 4x}{4x}\right)}$$

이고 $x\to 0$이면 $3x\to 0,\ 4x\to 0$이므로

$$\lim_{x\to 0}\frac{\sin 3x}{\sin 4x}=\frac{3\lim_{x\to 0}\left(\frac{\sin 3x}{3x}\right)}{5\lim_{x\to 0}\left(\frac{\sin 5x}{5x}\right)}=\frac{3\cdot 1}{4\cdot 1}=\frac{3}{4}$$

**예제 1.22** 다음 극한값을 구하여라.

(1) $\lim_{x\to 0}\frac{\tan x}{x}$

(2) $\lim_{x\to 0}\frac{1-\cos x}{x^2}$

(3) $\lim_{x\to 0}\frac{\sin(\sin x)}{x}$

(4) $\lim_{x\to 0}\frac{1-\cos kx}{x^2}\quad (k\neq 0)$

(5) $\lim_{x\to 0}\frac{1-\cos 2ax}{x\sin bx}$

(6) $\lim_{x\to 1}\frac{\cos\frac{\pi}{2}x}{1-x^2}$

**풀이** (1) $\lim_{x\to 0}\frac{\tan x}{x}=\lim_{x\to 0}\left(\frac{\sin x}{x}\cdot\frac{1}{\cos x}\right)$

$=1\cdot 1=1$

(2) $$\lim_{x\to 0}\frac{1-\cos x}{x^2}=\lim_{x\to 0}\frac{1-\cos^2 x}{x^2(1+\cos x)}$$

$$=\lim_{x\to 0}\left\{\left(\frac{\sin x}{x}\right)^2\cdot\frac{1}{1+\cos x}\right\}$$

$$=\lim_{x\to 0}\left(\frac{\sin x}{x}\right)^2\cdot\lim_{x\to 0}\frac{1}{1+\cos x}$$

$$=1^2\cdot\frac{1}{1+1}=\frac{1}{2}$$

(3) $\lim_{x\to0}\frac{\sin(\sin x)}{x}=\lim_{x\to0}\frac{\sin(\sin x)}{\sin x}\cdot\frac{\sin x}{x}$

$\sin x=t$라 하면 $x\to0$일 때 $t\to0$이므로

$\lim_{x\to0}\frac{\sin(\sin x)}{\sin x}=\lim_{t\to0}\frac{\sin t}{t}=1$이다. 그러므로

$$\lim_{x\to0}\frac{\sin(\sin x)}{\sin x}=1\cdot1=1$$

(4) $$\lim_{x\to0}\frac{1-\cos kx}{x^2}=\lim_{x\to0}\frac{1-\cos^2 kx}{x^2(1+\cos kx)}$$
$$=\lim_{x\to0}\frac{\sin^2 kx}{x^2(1+\cos kx)}$$
$$=\lim_{x\to0}\left(\frac{\sin kx}{kx}\right)^2\cdot\frac{1}{1+\cos kx}\cdot k^2$$
$$=1\cdot\frac{1}{2}k^2=\frac{k^2}{2}$$

(5) $$\lim_{x\to0}\frac{1-\cos 2ax}{x\sin bx}=\lim_{x\to0}\frac{2\sin^2 ax}{x\sin bx}$$
$$=\lim_{x\to0}\frac{2a^2\left(\frac{\sin ax}{ax}\right)^2}{b\left(\frac{\sin bx}{bx}\right)}$$
$$=\frac{2a^2}{b}$$

(6) $x-1=\theta$라 하면, $x\to1$일 때 $\theta\to0$이므로

$$\lim_{x\to1}\frac{\cos\frac{\pi}{2}x}{1-x^2}=\lim_{\theta\to0}\frac{\cos\left(\frac{\pi}{2}\theta+\frac{\pi}{2}\right)}{1-(\theta+1)^2}$$
$$=\lim_{\theta\to0}\frac{\sin\frac{\pi}{2}\theta}{\theta(\theta+2)}$$
$$=\lim_{\theta\to0}\frac{\sin\frac{\pi}{2}\theta}{\frac{\pi}{2}\theta}\cdot\frac{1}{\theta+2}\cdot\frac{\pi}{2}$$
$$=\frac{\pi}{4}$$

**예제 1.23** 다음 극한값을 구하여라.

(1) $\lim_{x\to\frac{\pi}{2}}(\pi-2x)\cdot\tan x$ (2) $\lim_{x\to 0}\dfrac{\sin^{-1}x}{\tan x}$

(3) $\lim_{x\to\infty} x\cdot\sin\dfrac{m}{x}$

**풀이** (1) $\lim_{x\to\frac{\pi}{2}}(\pi-2x)\cdot\tan x=2\lim_{x\to\frac{\pi}{2}}\left(\dfrac{\pi}{2}-x\right)\dfrac{\sin x}{\cos x}$

$$=2\lim_{x\to\frac{\pi}{2}}\left(\frac{\pi}{2}-x\right)\frac{\sin x}{\sin\left(\frac{\pi}{2}-x\right)}=2\lim_{x\to\frac{\pi}{2}}\frac{\frac{\pi}{2}-x}{\sin\left(\frac{\pi}{2}-x\right)}\cdot\sin x$$

$$=2\lim_{x\to\frac{\pi}{2}}\frac{\frac{\pi}{2}-x}{\sin\left(\frac{\pi}{2}-x\right)}\cdot\lim_{x\to\frac{\pi}{2}}\sin x=2\cdot 1\cdot 1=2$$

(2) $\sin^{-1}x=\theta$라 하면, $\sin\theta=x$에서 $x\to 0$일 때 $\theta\to 0$이 된다.

$$\text{준식}=\lim_{x\to 0}\frac{\sin^{-1}x}{x}\cdot\frac{x}{\tan x}=\lim_{\theta\to 0}\frac{\theta}{\sin\theta}\lim_{x\to 0}\frac{x}{\tan x}=1\cdot 1=1$$

(3) $\dfrac{1}{x}=\theta$라 하면, $x\to\infty$일 때 $\theta\to 0$이 된다.

$$\text{준식}=\lim_{\theta\to 0}\frac{1}{\theta}\cdot\sin m\theta=\lim_{\theta\to 0}m\cdot\frac{\sin m\theta}{m\theta}=m$$

**정리 1.11**

극한값 $\lim_{x\to\pm\infty}\left(1+\dfrac{1}{x}\right)^x=e$는 존재한다.

**증명** (i) $x$가 자연수인 경우

$x=n$(자연수)이라 두면

$$\left(1+\frac{1}{x}\right)^x=\left(1+\frac{1}{n}\right)^n=\sum_{r=0}^{n}{}_nC_r\left(\frac{1}{n}\right)^r$$

$$= {}_nC_0\left(\frac{1}{n}\right)^0 + {}_nC_1\left(\frac{1}{n}\right)^1 + {}_nC_2\left(\frac{1}{n}\right)^2 + \cdots + {}_nC_r\left(\frac{1}{n}\right)^r + \cdots + {}_nC_n\left(\frac{1}{n}\right)^n$$

$$= 1 + n\frac{1}{n} + \frac{n(n-1)}{2!}\frac{1}{n^2} + \cdots + \frac{n(n-1)\cdots(n-r+1)}{r!}\frac{1}{n^r}$$

$$+ \cdots + \frac{1}{n^n} = 1 + 1 + \frac{1}{2!}\left(1-\frac{1}{n}\right) + \cdots + \frac{1}{r!}\left(1-\frac{1}{n}\right)\left(1-\frac{2}{n}\right)\cdots$$

$$\left(1-\frac{r-1}{n}\right) + \cdots + \frac{1}{n!}\left(1-\frac{1}{n}\right)\left(1-\frac{2}{n}\right)\cdots\left(1-\frac{r-1}{n}\right) \tag{1}$$

여기서 $n>1$이면 (1)식으로부터

$$\left(1+\frac{1}{n}\right)^n < 1 + 1 + \frac{1}{2!} + \cdots + \frac{1}{n!}$$

이고 $3! > 2^2$, $4! > 2^3$, $\cdots$, $n! > 2^{n-1}$이므로

$$\left(1+\frac{1}{n}\right)^n < 1 + \frac{1}{1} + \frac{1}{2} + \frac{1}{2^2} + \cdots + \frac{1}{2^{n-1}} = 1 + \frac{1-\frac{1}{2^n}}{1-\frac{1}{2}} = 3 - \frac{1}{2^{n-1}} < 3$$

$$\therefore \lim_{n\to\infty}\left(1+\frac{1}{n}\right)^n < \lim_{n\to\infty}\left(3-\frac{1}{2^{n-1}}\right) = 3$$

지금 이 극한값을 $e$로 나타내면

$$\lim_{x\to\infty}\left(1+\frac{1}{x}\right)^x = e \qquad (e<3)$$

(ii) $x$가 양의 실수일 때

자연수 $n$을 적당히 취하면(즉, $x$의 정수부 $[x]$를 $n$이라 하면 된다)

$$n \leq x < n+1 \tag{2}$$

라 하면 $\frac{1}{n} \geq \frac{1}{x} > \frac{1}{n+1}$이므로

$$1 + \frac{1}{n} \geq 1 + \frac{1}{x} < 1 + \frac{1}{n+1} \tag{3}$$

이다. (2), (3)에서

$$\left(1+\frac{1}{n}\right)^{n+1}>\left(1+\frac{1}{x}\right)^{x}>\left(1+\frac{1}{n+1}\right)^{n}$$

이므로

$$\lim_{x\to\infty}\left(1+\frac{1}{n}\right)^{n+1}\geq\lim_{x\to\infty}\left(1+\frac{1}{x}\right)^{x}\geq\lim_{x\to\infty}\left(1+\frac{1}{n+1}\right)^{n}$$

이다. 한편 $x\to\infty$이면 $n\to\infty$, $n+1\to\infty$이므로

$$\lim_{x\to\infty}\left(1+\frac{1}{n}\right)^{n+1}=\lim_{n\to\infty}\left(1+\frac{1}{n}\right)^{n+1}=\lim_{n\to\infty}\left(1+\frac{1}{n}\right)^{n}\left(1+\frac{1}{n}\right)=e\cdot 1=e$$

이고

$$\lim_{n\to\infty}\left(1+\frac{1}{n+1}\right)^{n}=\lim_{(n+1)\to\infty}\left(1+\frac{1}{n+1}\right)^{n+1}\left(1+\frac{1}{n+1}\right)^{-1}=e\cdot 1=e$$

이므로

$$\lim_{x\to\infty}\left(1+\frac{1}{x}\right)^{x}=e$$

(iii) $x$가 음의 실수일 때

$x=-z$($z$는 양의 실수)라 하면, $x\to-\infty$일 때 $z\to\infty$이다.

$$\left(1+\frac{1}{x}\right)^{x}=\left(1-\frac{1}{z}\right)^{-z}=\frac{1}{\left(1-\frac{1}{z}\right)^{z}}=\left(\frac{z}{z-1}\right)^{z}$$

$$=\left(1+\frac{1}{z-1}\right)^{z}=\left(1+\frac{1}{z-1}\right)^{z-1}\left(1+\frac{1}{z-1}\right)$$

$$\therefore\ \lim_{x\to-\infty}\left(1+\frac{1}{x}\right)^{x}=\lim_{z\to\infty}\left(1+\frac{1}{z-1}\right)^{z-1}\left(1+\frac{1}{z-1}\right)=e\cdot 1=e$$

따라서 (i), (ii), (iii)에 의하여

$$\lim_{x\to\pm\infty}\left(1+\frac{1}{x}\right)^{x}=e$$

이다. ∎

〈따름정리 1.2〉

$$\lim_{x \to 0} (1+x)^{\frac{1}{x}} = e$$

증명 $x=\frac{1}{z}$이라 하면, $x \to 0$일 때 $z \to \pm\infty$이므로

$$\lim_{x \to 0} (1+x)^{\frac{1}{x}} = \lim_{z \to \pm\infty} \left(1+\frac{1}{z}\right)^{z} = e$$

이다. ■

**예제 1.24** 다음 등식이 성립함을 증명하여라.

(1) $\displaystyle\lim_{x \to 0} \frac{\ln(1+x)}{x} = 1$

(2) $\displaystyle\lim_{x \to 0} \frac{e^x - 1}{x} = 1$

(3) $\displaystyle\lim_{x \to 1} x^{\frac{1}{1-x}} = \frac{1}{e}$

(4) $\displaystyle\lim_{x \to 0} (1+ax)^{\frac{1}{x}} = e^a$

(5) $\displaystyle\lim_{x \to \pm\infty} \left(1+\frac{a}{x}\right)^{x} = e^a \quad (a \neq 0)$

**풀이** (1) 준식$\displaystyle=\lim_{x \to 0} \frac{1}{x} \ln(1+x) = \lim_{x \to 0} \ln(1+x)^{\frac{1}{x}} = \ln e = 1$

(2) $e^x - 1 = t$라 두면 $x = \ln(1+t)$이고, $x \to 0$일 때 $t \to 0$이 된다.

$$준식=\lim_{t \to 0} \frac{t}{\ln(1+t)} = \lim_{t \to 0} \frac{1}{\frac{1}{t}\ln(1+t)} = \lim_{t \to 0} \frac{1}{\ln(1+t)^{\frac{1}{t}}}$$

$$= \frac{1}{\ln e} = 1$$

(3) 여기서 $1-x=-t$라 하면, $x \to 1$일 때 $t \to 0$이므로

$$준식=\lim_{t \to 0} (1+t)^{-\frac{1}{t}} = \left\{\lim_{t \to 0} (1+t)^{-\frac{1}{t}}\right\}^{-1} = e^{-1} = \frac{1}{e}$$

(4) $ax=z$라 하면, $x \to 0$일 때 $z \to 0$이 된다.

$$준식=\lim_{x \to 0} (1+ax)^{x} = \lim_{z \to 0} (1+z)^{\frac{a}{z}} = \lim_{z \to 0} \left\{(1+z)^{\frac{1}{z}}\right\}^{a}$$

$=e^a$

(5) $\frac{x}{a}=z$라 하면, $x\to\pm\infty$일 때 $z\to\pm\infty$가 된다.

$$준식=\lim_{z\to\pm\infty}\left(1+\frac{1}{z}\right)^{az}=\lim_{z\to\pm\infty}\left\{\left(1+\frac{1}{z}\right)^{z}\right\}^{a}=\left\{\lim_{z\to\pm\infty}\left(1+\frac{1}{z}\right)^{z}\right\}^{a}$$
$$=e^a$$

**예제 1.25** 다음 극한값을 구하여라.

(1) $\lim_{x\to 0}\frac{1}{1+2^{\frac{1}{x}}}$ (2) $\lim_{x\to 0}\frac{a^x-1}{x}$ $(a>0)$

(3) $\lim_{x\to 0}\frac{e^{-ax}-e^{-bx}}{x}$

**풀이** (1) $\lim_{x\to 0^+}\frac{1}{1+2^{\frac{1}{x}}}=0,\ \lim_{x\to 0^-}\frac{1}{1+2^{\frac{1}{x}}}=\lim_{x\to 0^-}\frac{1}{1+\left(\frac{1}{2}\right)^{-\frac{1}{x}}}=1$

이므로 극한값은 존재하지 않는다.

(2) $a^x=e^t$이라 두면 $x\ln a=t$이므로 $x=\frac{t}{\ln a}$이다.

또 $x\to 0$일 때 $t\to 0$이므로

$$준식=\lim_{t\to 0}\frac{e^t-1}{\frac{t}{\ln a}}=\lim_{t\to 0}(\ln a)\cdot\frac{e^t-1}{t}=(\ln a)\cdot 1=\ln a$$

(3) $\lim_{x\to 0}\frac{e^x-1}{x}=1$을 이용하면

$$\lim_{x\to 0}\frac{e^{-ax}-e^{-bx}}{x}=\lim_{x\to 0}\frac{e^{-ax}-1-e^{-bx}+1}{x}$$
$$=\lim_{x\to 0}\frac{e^{-ax}-1}{x}=\lim_{x\to 0}\frac{e^{-bx}-1}{x}$$

한편 $\lim_{x\to 0}\frac{e^{-ax}-1}{x}$에서 $-ax=t$라고 놓으면 $x\to 0$일 때 $t\to 0$이므로

$$\lim_{x\to 0}\frac{e^{-ax}-1}{x}=\lim_{x\to 0}\frac{e^{-ax}-1}{-ax}\cdot(-a)=-a\lim_{t\to 0}\frac{e^{t}-1}{t}=-a$$

같은 방법으로 $\lim_{x\to 0}\frac{e^{-bx}-1}{x}=-b$이므로

$$\lim_{x\to 0}\frac{e^{-ax}-e^{-bx}}{x}=-a-(-b)=b-a$$

이다. ■

## 연습문제 1.3

**1.** $\lim_{x\to 0}\frac{1}{1+|x|}=1$임을 $\epsilon$-$\delta$ 방법으로 증명하여라.

**2.** 다음 극한값을 구하여라.

(1) $\lim_{x\to 0}\frac{3x^2-4x}{x^2-2x}$

(2) $\lim_{x\to 2}\frac{x-2}{x^2-3x+2}$

(3) $\lim_{h\to 0}\frac{(a+h)^2-a^2}{h}$

(4) $\lim_{h\to 0}\frac{\sqrt{x+h}-\sqrt{x}}{h}$

(5) $\lim_{h\to 0}\frac{1}{h}\left(\frac{1}{a+h}-\frac{1}{a}\right)$

(6) $\lim_{x\to 0}\frac{2-\sqrt{4-x}}{x}$

(7) $\lim_{x\to\infty}(\sqrt{x^2+x+1}-x+1)$

(8) $\lim_{x\to\infty}\frac{x^2-2x+5}{2x^2-7}$

(9) $\lim_{x\to 1^-}(x-[x])$

(10) $\lim_{x\to 0^+}\frac{|x|}{x}$

(11) $\lim_{x\to 0}\frac{\sin x}{\sqrt{x}}$

(12) $\lim_{x\to 0}\left(\frac{2}{\sin^2 x}-\frac{1}{1-\cos x}\right)$

(13) $\lim_{x\to 0}\frac{\cos ax-\cos bx}{x\sin x}\quad(a\neq b)$

(14) $\lim_{x\to\infty}x\left\{\sin\frac{\pi}{3}-\sin\left(\frac{\pi}{3}+\frac{1}{x}\right)\right\}$

(15) $\lim_{x\to\frac{\pi}{2}}\frac{\cos(1-\sin x)-1}{\sin^4(\cos x)}$

(16) $\lim_{x\to 0}\frac{\sin(n\tan^{-1}mx)}{\tan(m\sin^{-1}nx)}$

(17) $\lim\limits_{x\to\infty}(a^x+b^x)^{\frac{1}{x}}\quad(0<a<b)$

(18) $\lim\limits_{x\to 0}\dfrac{\ln(1+ax)}{x}$

**3**. $0<|x-2|<\delta$인 $x$에 대하여 $|x^2-4|<\epsilon$이 되는 최대의 $\delta$를 다음 경우에 각각 구하여라.

(1) $\epsilon=1$

(2) $\epsilon=0.1$

**4**. 다음 식을 만족하는 상수 $a$, $b$, $c$를 구하여라.

(1) $\lim\limits_{x\to 1}\dfrac{a\sqrt{x+1}-b}{x-1}=\sqrt{2}$

(2) $\lim\limits_{x\to 1}\dfrac{\sqrt{1+\sin x+\sin^2 x}-(a+b\sin x)}{\sin^2 x}=c$

**5**. 다음 세 식을 만족하는 정식 $f(x)$ 중 최저 차수의 것을 구하여라.

$$\lim_{x\to 0}\frac{f(x)\cdot\sin x}{x}=1,\qquad \lim_{x\to 1}\frac{f(x)\cdot\sin x}{x-1}=0,\qquad \lim_{x\to 2}\frac{f(x)\cdot\sin x}{x-2}=2$$

**6**. 일직선상의 세 점 $O$, $A$, $B$를 이 순서로 잡아, $\overline{OA}=1$, $\overline{AB}=2$라 하자. $O$를 지나 $\overline{OA}$에 수직인 직선상의 동점을 $P$라 하고 $\overline{OP}=h$, $\angle OPA=\alpha$, $\angle APB=\beta$라 할 때 $\lim\limits_{h\to\infty}\dfrac{\alpha}{\beta}$를 구하여라.

## 1.4 함수의 연속

〈정의 1.15〉

함수 $f(x)$가 다음 세 조건을 모두 만족하면 $f(x)$는 $\boldsymbol{x=a}$에서 **연속**(continuous at $a$)이라 한다.

(1) $f(a)$가 정의되고

(2) $f(x)$가 존재하며

(3) $f(a)=\lim\limits_{x\to a}f(x)$

또 $f(x)$가 $[a, b]$에 속하는 모든 점에서 연속일 때 $f(x)$를 $[a, b]$에서 연속이라 하고, $f(x)$가 $(-\infty, \infty)$에 속하는 모든 $x$에 대하여 연속이면 $f(x)$를

연속함수(continuous function)라 한다. $f(x)$가 $x=a$에서 연속이 아닐 때는 $f(x)$는 $\boldsymbol{x=a}$에서 **불연속**(discontinuous at $a$)이라 한다.

이 연속의 정의를 엄밀히 하여 $\epsilon$-$\delta$ 논법으로 말하면 다음과 같다. 즉, 함수 $f(x)$가 $a$와 그 근방에서 정의되어 있을 때

임의의 양수 $\epsilon$을 주더라도 적당한 양수 $\delta$가 존재하여
$|x-a|<\delta$인 모든 $x$에 대해 $|f(x)-f(a)|<\epsilon$

이 성립하면 $f(x)$는 $x=a$에서 연속이라고 한다.

일반적으로 $\lim\limits_{x\to a} f(x)$가 존재하더라도 $f(a)$가 정의되지 않을 때가 있다. 예를 들면 $f(x)=\dfrac{x^2-1}{x-1}$에 대해서는 $\lim\limits_{x\to 1} f(x)$는 존재하지만 $f(1)$은 정의되지 않는다. 또한 $f(a)$가 정의되어 있다 하더라도 $\lim\limits_{x\to a} f(x)$가 존재하지 않는 경우가 있다. 예를 들면 $f(x)=[x]$에 대해서는 $f(1)=1$이지만 $\lim\limits_{x\to 1} f(x)$는 존재하지 않는다.

**예제 1.26** 함수 $f(x)=x^2$은 실수의 집합 $R$에서 연속임을 보여라.

**증명** 임의의 실수 $a$에 대하여

$$\lim_{x\to a} x^2=a^2=f(a)$$

따라서, $f(x)=x^2$은 $R$에서 연속이다. ■

**예제 1.27** 함수 $f(x)=\dfrac{x^3-1}{x-1}$은 $x=1$에서 불연속임을 보이고, $x=1$에서 연속이 되도록 함수값 $f(1)$을 정의하여라.

**풀이** $f(x)$는 $x=1$에서 정의되지 않으므로 불연속이다. 이때

$$f(1)=\lim_{x\to 1} f(x)=\lim_{x\to 1}(x^2+x+1)=3$$

으로 정의하면,

$f(x)=\dfrac{x^3-1}{x-1}$은 $x=1$에서 연속이다. ■

**예제 1.28** 함수 $f(x)=x^2+\dfrac{x^2}{1+x^2}+\dfrac{x^2}{(1+x^2)^2}+\cdots$은 $x=0$에서 연속인가?

**풀이** $f(x)$는 공비 $r=\dfrac{1}{1+x^2}$인 무한등비급수이므로

$$f(x)=\begin{cases}1+x^2 & (x\neq 0)\\ 0 & (x=0)\end{cases}$$

이다. 이때 $\lim_{x\to 0} f(x)=\lim_{x\to 0}(1+x^2)=1\neq f(0)=0$이므로 불연속이다. ■

**예제 1.29** 항등함수 $f: R\to R$, $f(x)=x$가 연속임을 증명하여라.

**증명** $\epsilon$-$\delta$ 논법을 사용하여 $f$가 임의의 점 $x_0$에서 연속임을 밝힌다. $\epsilon>0$에 대해 $\delta=\epsilon$으로 잡으면

$$|x-x_0|<\delta \Longleftrightarrow |f(x)-f(x_0)|=|x-x_0|<\delta=\epsilon$$

이다. 따라서 $f$는 연속이다. ■

> **정리 1.12** 두 함수 $f(x)$, $g(x)$가 각각 $x=a$에서 연속이면
> (i) $f(x)+g(x)$, $f(x)-g(x)$도 점 $x=a$에서 연속이다.
> (ii) $kf(x)$와 $f(x)\cdot g(x)$도 점 $x=a$에서 연속이다($k$는 상수).
> (iii) 점 $x=a$와 $x$의 근방에서 $g(x)\neq 0$이면, $\dfrac{f(x)}{g(x)}$도 $x=a$에서 연속이다.

**증명** (i) 극한의 기본정리와 함수의 연속성 정의에 의하여 $h(x)=f(x)+g(x)$라 하면

$$\begin{aligned}\lim_{x\to a} h(x)&=\lim_{x\to a}\{f(x)+g(x)\}=\lim_{x\to a}f(x)+\lim_{x\to a}g(x)=f(a)+g(a)\\&=h(a)\end{aligned}$$

(ii), (iii)도 같은 방법으로 증명된다. ■

> **정리 1.13** 함수 $g$가 $x=a$에서 연속이고, $f(x)$가 $g(a)$에서 연속이면 합성함수 $f\circ g$는 점 $x=a$에서 연속이다.

**증명** $f(x)$는 $g(a)$에서 연속이므로 $\lim_{g(x)\to g(a)} f(g(x))=f(g(a))$이고 $g$는 $a$에서 연속이므로 $\lim_{x\to a} g(x)=g(a)$이다. 그러므로

$$\lim_{x\to a}(f\circ g)(x)=\lim_{x\to a}f(g(x))=f(\lim_{x\to a}g(x))=f(g(a))=(f\circ g)(a)$$ ■

**예제 1.30** $f(x)=\dfrac{2x^3+1}{x^2+1}$, $g(x)=|x|$일 때 $g\circ f$는 $R$의 모든 점에서 연속이다.

**풀이** 예제 1.26과 정리 1.12의 (iii)에 의해 $f$는 $R$의 모든 점에서 연속이고 $g$는 예제 1.27에 의해 연속함수임을 알 수 있다. 그러므로 정리 1.13에 의해

$$(g\circ f)(x)=g(f(x))=\left|\frac{2x^3+1}{x^2+1}\right|$$

도 $R$의 모든 점에서 연속이다. ■

> **〈따름정리 1.14〉**
>
> 함수 $f(u)$가 $u=A$에서 연속이고 $\lim_{x\to a} g(x)=A$이면
>
> $$\lim_{x\to a} f\{g(x)\}=f\{\lim_{x\to a} g(x)\}=f(A)$$
>
> 이다.

**예제 1.31** $\lim_{x\to 1}\sin\left(\dfrac{x^2-1}{x-1}\right)$, $\lim_{x\to\pi}\sqrt{1-\cos x}$를 구하여라.

**풀이** $$\lim_{x\to 1}\sin\left(\frac{x^2-1}{x-1}\right)=\sin\left(\lim_{x\to 1}\frac{x^2-1}{x-1}\right)=\sin 2$$

$$\lim_{x\to\pi}\sqrt{1-\cos x}=\sqrt{\lim_{x\to\pi}(1-\cos x)}=\sqrt{1-\cos(\lim_{x\to\pi}x)}$$
$$=\sqrt{1-\cos\pi}=\sqrt{2}$$ ■

**정리 1.15** (중간값 정리)

(i) 함수 $f(x)$가 $[a, b]$에서 연속이고, $f(a)$와 $f(b)$가 다른 부호이면, $f(c)=0$이 되는 점 $x=c$가 $a$와 $b$ 사이에 적어도 하나 존재한다.

(ii) $f(x)$가 $[a, b]$에서 연속이고 $f(a)<f(b)$이면, $f(a)<k<f(b)$인 임의의 실수 $k$에 대하여 $f(c)=k$되는 점 $x=c$가 $a$와 $b$ 사이에 적어도 하나 존재한다.

**예제 1.32** 중간값의 정리를 이용하여 구간(3, 5)에서 방정식 $x^2-3x-4=0$이 실근을 가짐을 보여라.

**풀이** $f(x)=x^2-3x-4$라 하면

$$f(3)=-4,\ f(5)=6$$

이므로 중간값의 정리에 의하여 $f(k)=0$을 만족하는 $k$가 (3, 5)사이에 존재한다. 이때 $x=k$는 방정식 $x^2-3x-4=0$의 해이다. ■

**예제 1.33** 함수 $f(x)$가 $[-1, 1]$에서

$$f(x)=\begin{cases}0 & (x<0)\\ 1 & (x\geq 0)\end{cases}$$

일 때, 이 함수는 $f(-1)<\frac{1}{2}<f(1)$인 $\frac{1}{2}$에 대하여 중간값 정리를 만족시키는 점이 존재하지 않는다. 왜냐하면 함수 $f(x)$는 $[-1, 1]$에서 불연속이기 때문이다.

**정리 1.16** 함수 $f(x)$가 폐구간 $[a, b]$에서 연속이면, $f(x)$는 $[a, b]$에서 최대값, 최소값을 반드시 갖는다.

# 연습문제 1.4

**1.** 다음 각 함수는 $x$의 어떠한 값에서 불연속이 되는가?

(1) $y=\dfrac{x}{x^2-1}$ (2) $y=1+\dfrac{\cos x}{\sin x}$

(3) $y=\dfrac{[x]}{x}$ (4) $y=x\tan x$

**2.** 다음 함수 $y=f(x)$의 연속성을 조사하여라.

(1) $y=\dfrac{x-1}{|x-1|}\cdot x^2$ (2) $y=\dfrac{1}{x^2-3x+2}$

(3) $y=\begin{cases}\dfrac{x^2-4}{x-2} & (x\neq 2)\\ 4 & (x=2)\end{cases}$ (4) $y=\begin{cases}\dfrac{x^2-4}{x-2} & (x\neq 2)\\ 0 & (x=2)\end{cases}$

(5) $y=\dfrac{x^2-x+1}{x^2+x+1}$ (6) $y=\begin{cases}\sin\dfrac{1}{x} & (x\neq 0)\\ 0 & (x=0)\end{cases}$

(7) $y=\begin{cases}x\cdot\sin\dfrac{1}{x} & (x\neq 0)\\ 0 & (x=0)\end{cases}$ (8) $y=\begin{cases}e^{\frac{1}{x}} & (x\neq 0)\\ 1 & (x=0)\end{cases}$

**3.** 다음 함수의 연속성을 조사하여라.

(1) $f(x)=\lim\limits_{n\to\infty}\dfrac{1}{1+n\sin^2\pi x}$ (2) $f(x)=\lim\limits_{n\to\infty}\dfrac{(1+\sin\pi x)^n-1}{(1+\sin\pi x)^n+1}$

(3) $f(x)=\lim\limits_{n\to\infty}\dfrac{1}{x^n-x^{-n}}$ (4) $f(x)=\lim\limits_{n\to\infty}\left(1+\dfrac{3}{2+x^{2n+1}}\right)$

**4.** $f(x)=x^2+\dfrac{x^2}{1+x^2}+\dfrac{x^2}{(1+x^2)^2}+\cdots+\dfrac{x^2}{(1+x^2)^n}+\cdots$은 $x=0$에서 불연속임을 증명하여라.

**5.** $\sin x$는 $(-\infty,\ \infty)$에서 연속임을 $\epsilon$-$\delta$ 논법으로 증명하여라.

**6.** $f(x)=\lim\limits_{n\to\infty}\dfrac{x^{2n-1}+ax^2+bx}{x^{2n}+1}$일 때, $f(x)$가 모든 $x$의 값에 대하여 연속이 되도록 상수 $a$, $b$값을 정하여라.

**7.** 함수 $y=\lim_{n\to\infty}\dfrac{x^{n+1}+(x^2-1)\sin ax}{x^n+x^2-1}$가 모든 $x$에 대하여 연속이 되도록 할 때 양의 실수 $a$의 최소값을 구하여라.

**8.** 함수 $f(x)$, $g(x)$가 $[a, b]$에서 연속이고 $f(a)>g(a)$, $f(b)<g(b)$이면 두 그래프는 $(a, b)$ 위에서 반드시 공유점을 가짐을 증명하여라.

CHAPTER

# 2 미 분 법

2.1 미분계수 · 도함수

2.2 미분법의 기본 공식

2.3 초월함수의 미분법

2.4 고차도함수

## 2.1 미분계수 · 도함수

〈정의 2.1〉

함수 $f(x)$에 대하여 변수 $x$가 하나의 고정된 값 $a$로부터 다른 값 $a+h$로 변했을 때, $h$를 **$a$로부터의 $x$의 증분**(increment of $x$ from $a$)이라 하고, $f(a+h)-f(a)$를 $a$로부터의 $x$의 증분 $h$에 따르는 함수 **$f(x)$의 증분**(increment of $f(x)$)이라 하며 이 두 증분의 비

$$\frac{\Delta y}{\Delta x}=\frac{f(a+h)-f(a)}{h}=\frac{f(t)-f(a)}{t-a} \quad (\text{단, } t=a+h)$$

를 함수 $f(x)$의 $a$로부터 $a+h$까지의 **평균변화율**(average rate of change)이라고 한다.

주의 (1) $x$의 증분 $h$는 $h>0$ 또는 $h<0$이므로 $h\neq 0$이다.

**예제 2.1** $x$가 1에서 0.7로 변했을 때, 함수 $f(x)=x^2$의 1에서부터 0.7까지의 평균변화율을 구하여라.

**풀이** $\dfrac{f(0.7)-f(1)}{-0.3}=\dfrac{(0.7)^2-1^2}{-0.3}=1.7$

〈정의 2.2〉

함수 $y=f(x)$가 $x=a$를 품는 구간에서 정의되고 평균변화율에서 $h$가 0에 가까워질 때 극한값

$$\lim_{\Delta x\to 0}\frac{\Delta y}{\Delta x}=\lim_{h\to 0}\frac{f(a+h)-f(a)}{h}$$

가 존재하면, 이 값을 $x=a$에서의 함수 $f(x)$의 **미분계수**(differential coefficient) 또는 **순간변화율**이라 하고 $f'(a)$로 나타낸다.

만약 $f'(a)$가 존재하면 함수 $f(x)$는 $x=a$에서 **미분가능**(differentiable)이라 하고 $f(x)$가 개구간 $I$의 각 점에서 미분가능일 때 $f(x)$는 **구간 $I$에서 미분가능**하다라고 한다.

주의 (2) 함수 $f(x)$에서

$$f'_{+}(a)=\lim_{\Delta x\to 0^{+}}\frac{f(a+\Delta x)-f(a)}{\Delta x}$$

$$f'_{-}(a)=\lim_{\Delta x\to 0^{-}}\frac{f(a+\Delta x)-f(a)}{\Delta x}$$

가 존재할 때 $f'_{+}(a)$를 **우측미분계수**, $f'_{-}(a)$를 **좌측미분계수**라 한다.

주의 (3) 함수 $f(x)$가 $x=a$에서 미분가능하면 즉, $f'(a)$가 존재하기 위한 필요충분조건은 $f'_{+}(a)$와 $f'_{-}(a)$가 존재하고 일치할 때이다.

**예제 2.2** 다음 각 함수에서 $f'(2)$를 구하여라.

(1) $f(x)=x^3-x$　　　　(2) $f(x)=\sqrt{x}\quad(x\geq 0)$

**풀이** (1) $f'(2)=\lim_{h\to 0}\frac{\{(2+h)^3-(2+h)\}-(2^3-2)}{h}=\lim_{h\to 0}(11+6h+h^2)$

(2) $f'(2)=\lim_{h\to 0}\frac{\sqrt{2+h}-\sqrt{2}}{h}=\lim_{h\to 0}\frac{1}{\sqrt{2+h}+\sqrt{2}}=\frac{1}{2\sqrt{2}}$ ■

**예제 2.3** 함수 $f(x)$가

$$f(x)=\begin{cases} x\sin\dfrac{1}{x} & (x\neq 0) \\ 0 & (x=0) \end{cases}$$

으로 정의되었을 때, $x=0$에서 $f(x)$의 미분가능성을 조사하여라.

**풀이** $\frac{\Delta y}{\Delta x}=\frac{f(0+h)-f(0)}{h}=\frac{h\cdot\sin\frac{1}{h}}{h}=\sin\frac{1}{h}$

이지만 극한값 $\lim_{h\to 0}\sin\frac{1}{h}$이 존재하지 않으므로 $x=0$에서 **미분불가능**이다.

■

〈정의 2.3〉

함수 $y=f(x)$가 구간 $I$에서 미분가능할 때, $I$의 각 점 $x$에 $f(x)$의 미분계수를 대응시키는 함수를 $f(x)$의 **도함수**(derivative)라 하고

$$\frac{dy}{dx},\quad \frac{df(x)}{dx},\quad y',\quad f'(x)$$

등의 기호로 나타낸다. 즉,

$$\frac{dy}{dx}=\lim_{\Delta x\to 0}\frac{f(x+\Delta x)-f(x)}{\Delta x}$$

또, 함수 $y=f(x)$에서 그의 도함수를 구하는 것을 **미분한다**(differentiate)고 하며, 미분하는 과정을 **미분법**(differentiation)이라 한다.

주의 (4) 일반적으로 $f(x)$의 도함수 $f'(x)$의 정의역은 $f(x)$의 정의역의 부분집합이다.

**예제 2.4** 함수 $f(x)=\frac{1}{x}$ $(x>0)$의 $f'(x)$를 구하여라. 또, $f'(3)$과 $f'(x^2)$을 구하여라.

풀이 임의의 $x>0$에 대하여

$$\Delta y=f(x+\Delta x)-f(x)=\frac{1}{x+\Delta x}-\frac{1}{x}=\frac{-\Delta x}{x(x+\Delta x)}$$

이므로

$$f'(x)=\lim_{\Delta x\to 0}\frac{\Delta y}{\Delta x}=\lim_{\Delta x\to 0}\frac{-1}{x(x+\Delta x)}=-\frac{1}{x^2}$$

이고

$$f'(3)=-\frac{1}{3^2}=-\frac{1}{9},\quad f'(x^2)=-\frac{1}{(x^2)^2}=-\frac{1}{x^4}$$

이다. ■

> **정리 2.1** 함수 $y=f(x)$가 $x=a$에서 미분가능하면 그 점에서 $f(x)$는 연속이다.

증명 $x \neq a$에 대해서

$$f(x)=\frac{f(x)-f(a)}{x-a}(x-a)+f(a)$$

이므로 양변에 $x \to a$인 극한을 취하면

$$\lim_{x \to a} f(x)=\lim_{x \to a}\left\{\frac{f(x)-f(a)}{x-a}(x-a)+f(a)\right\}$$
$$=f'(a)\cdot 0+f(a)=f(a)$$

이다. 따라서 $f(x)$는 $x=a$에서 연속이다. ■

주의 (5) 아래 예제에서 위 정리의 역은 반드시 성립하지 않음을 볼 수 있다.

**예제 2.5** $f(x)=|x|$는 $x=0$에서 연속이지만 미분불가능임을 보여라.

**풀이** 예제 1.27에서 $f(x)$는 $x=0$에서 연속임을 보였다. 이제 $f(x)$의 미분가능성을 조사해 보자.

$$\frac{f(0+\Delta x)-f(0)}{\Delta x}=\frac{|0+\Delta x|-|0|}{\Delta x}=\frac{|\Delta x|}{\Delta x}$$

에서

$$f'_{+}(0)=\lim_{\Delta x \to 0^{+}}\frac{|\Delta x|}{\Delta x}=\lim_{x \to 0^{+}}\frac{\Delta x}{\Delta x}=1 \text{이고 } f'_{-}(0)=\lim_{x \to 0^{-}}\frac{-\Delta x}{\Delta x}=-1$$

이므로

$$f'_{+}(0) \neq f'_{-}(0)$$

이다. 따라서 $f'(0)$가 존재하지 않는다. ■

**예제 2.6** 함수 $f(x)=\sqrt[3]{x^2}$은 $x=0$에서 연속이지만 미분불가능임을 증명하여라.

**풀이** $\lim_{x\to0} f(x)=\lim_{x\to0}\sqrt[3]{x^2}=0=f(0)$이므로 $f(x)$는 $x=0$에서 연속이다.

$$\lim_{x\to0^+}\frac{f(x)-f(0)}{x-0}=\lim_{x\to0^+}\frac{\sqrt[3]{x^2-0}}{x-0}=\lim_{x\to0^+}\frac{1}{\sqrt[3]{x}}=\infty$$

$$\lim_{x\to0^-}\frac{f(x)-f(0)}{x-0}=\lim_{x\to0^-}\frac{1}{\sqrt[3]{x}}=-\infty$$

이므로 $f'(0)$가 존재하지 않으므로 $f(x)$는 $x=0$에서 미분불능이다. ■

## 연습문제 2.1

**1.** 2차함수 $f(x)=px^2+qx+r$에 대하여

(1) $x$가 $a$에서 $b$까지 변할 때의 평균변화율을 구하여라.

(2) $x=c$에서의 미분계수를 구하여라.

(3) (1)의 평균변화율과 (2)의 미분계수가 같을 때 $a$, $b$, $c$ 사이의 관계를 구하여라.

**2.** $f(1)=a$, $f'(1)=b$인 함수 $f(x)$에 대해서 다음 극한값을 $a$, $b$로 나타내어라.

(1) $\lim_{x\to1}\frac{f(x^2)-f(1)}{x-1}$ (2) $\lim_{x\to1}\frac{x^2f(1)-f(x^2)}{x-1}$

**3.** $f(x)=\lim_{n\to\infty}\frac{x^n[x]+x^2}{x^n+1}$은 $x=1$에서 연속이지만 미분불가능임을 증명하여라.

**4.** 다음 함수의 $x=2$에서의 미분계수를 구하여라.

(1) $y=\sqrt{x^2-3}$ (2) $y=\frac{1}{1+x}$

**5.** 함수 $f(x)=\begin{cases} x\cdot\dfrac{e^{\frac{1}{x}}-e^{\frac{1}{x}}}{e^{\frac{1}{x}}+e^{\frac{1}{x}}} & (x\neq0) \\ 0 & (x=0) \end{cases}$

은 $x=0$에서 연속이지만 미분계수를 갖지 않음을 보여라.

**6.** 도함수의 정의에 의하여 $y=\sqrt{f(x)}$이면 $y'=\dfrac{f'(x)}{2\sqrt{f(x)}}$임을 보여라.

**7.** $f(0)=1$인 함수 $f(x)$ 및 $g(x)$가 임의의 실수 $x$, $y$에 대해서

$$g(x+y)=f(x)g(y)+g(x)f(y)$$
$$f'(x)=g(x)$$

인 관계를 만족할 때

(1) $f'(0)$를 구하여라.

(2) $g'(0)=a$ ($a$는 상수)이면 $g'(x)=af(x)$가 됨을 보여라.

## 2.2 미분법의 기본 공식

도함수 정의에 의해 함수의 도함수를 계산하는 과정은 다소 복잡하므로 자주 쓰이는 함수에 대해서는 정의에 의해 증명한 다음 그것을 미분의 기본 공식처럼 수식화한다.

**정리 2.2**

(i) $f(x)=c$이면 $f'(x)=0$ ($c$ : 상수)

(ii) $f(x)=x^n$이면 $f'(x)=nx^{n-1}$ ($n$ : 양의 정수)

(iii) $f(x)$가 미분가능이면 $\{cf(x)\}'=cf'(x)$ ($c$ : 상수)

$f(x)$, $g(x)$가 미분가능이면 아래의 식들이 성립한다.

(iv) $\{f(x)\pm g(x)\}'=f'(x)\pm g'(x)$ (복호동순)

(v) $\{f(x)g(x)\}'=f'(x)g(x)+f(x)g'(x)$

(vi) $\left\{\dfrac{f(x)}{g(x)}\right\}'=\dfrac{f'(x)g(x)-f(x)g'(x)}{\{g(x)\}^2}$ (단, $g(x)\neq 0$)

**증명** (i) $f'(x)=\lim\limits_{\Delta x\to 0}\dfrac{f(x+\Delta x)-f(x)}{\Delta x}=\lim\limits_{\Delta x\to 0}\dfrac{c-c}{\Delta x}=0$

(ii) $f'(x)=\lim_{\Delta x\to 0}\dfrac{(x+\Delta x)^n-x^n}{\Delta x}$

$$=\lim_{\Delta x\to 0}\frac{{}_nC_0x^n+{}_nC_1x^{n-1}(\Delta x)+{}_nC_2x^{n-2}(\Delta x)^2+\cdots+{}_nC_n(\Delta x)^n-x^n}{\Delta x}$$

$$=\lim_{\Delta x\to 0}\left\{nx^{n-1}+\frac{n(n-1)}{2!}x^{n-2}(\Delta x)+\cdots+(\Delta x)^{n-1}\right\}=nx^{n-1}$$

(iii) $\{cf(x)\}'=\lim_{\Delta x\to 0}\dfrac{cf(x+\Delta x)-cf(x)}{\Delta x}=c\lim_{\Delta x\to 0}\dfrac{f(x+\Delta x)-f(x)}{\Delta x}=cf'(x)$

(iv) $\{f(x)\pm g(x)\}'=\lim_{\Delta x\to 0}\dfrac{\{f(x+\Delta x)\pm g(x+\Delta x)\}-\{f(x)\pm g(x)\}}{\Delta x}$

$$=\lim_{\Delta x\to 0}\left\{\frac{f(x+\Delta x)-f(x)}{\Delta x}\pm\frac{g(x+\Delta x)-g(x)}{\Delta x}\right\}$$

$$=f'(x)\pm g'(x)$$

(v) $\{f(x)g(x)\}'=\lim_{\Delta x\to 0}\dfrac{f(x+\Delta x)g(x+\Delta x)-f(x)g(x)}{\Delta x}$

$$=\lim_{\Delta x\to 0}\frac{f(x+\Delta x)g(x+\Delta x)-f(x)g(x+\Delta x)+f(x)g(x+\Delta x)-f(x)g(x)}{\Delta x}$$

$$=\lim_{\Delta x\to 0}\frac{f(x+\Delta x)-f(x)}{\Delta x}g(x+\Delta x)+\lim_{\Delta x\to 0}\frac{g(x+\Delta x)-g(x)}{\Delta x}$$

$$=f'(x)g(x)+f(x)g'(x)$$

(vi) $\left\{\dfrac{f(x)}{g(x)}\right\}'=\lim_{\Delta x\to 0}\dfrac{\dfrac{f(x+\Delta x)}{g(x+\Delta x)}-\dfrac{f(x)}{g(x)}}{\Delta x}$

$$=\lim_{\Delta x\to 0}\frac{1}{g(x+\Delta x)g(x)}\frac{f(x+\Delta x)g(x)-f(x)g(x+\Delta x)}{\Delta x}$$

$$=\lim_{\Delta x\to 0}\frac{f(x+\Delta x)g(x)-f(x)g(x)+f(x)g(x)-f(x)g(x+\Delta x)}{g(x+\Delta x)g(x)\Delta x}$$

$$=\lim_{\Delta x\to 0}\frac{1}{g(x+\Delta x)g(x)}\left\{\frac{f(x+\Delta x)-f(x)}{\Delta x}g(x)-f(x)\frac{g(x+\Delta x)-g(x)}{\Delta x}\right\}$$

$$=\frac{f'(x)g(x)-f(x)g'(x)}{\{g(x)\}^2}$$

**예제 2.7** $y=(x^2+1)(x^3-x^2+1)$일 때 $\dfrac{dy}{dx}$를 구하여라.

**풀이** $\dfrac{dy}{dx}=(x^2+1)\dfrac{d}{dx}(x^3-x^2+1)+(x^3-x^2+1)\dfrac{d}{dx}(x^2+1)$

$$=(x^2+1)(3x^2-2x)+(x^3-x^2+1)(2x)$$
$$=5x^4-4x^3+3x^2$$ ■

**예제 2.8** $y=\dfrac{x^2-4}{x^2+1}$의 도함수를 구하여라.

**풀이** $$\frac{dy}{dx}=\frac{(x^2+1)\frac{d}{dx}(x^2-4)-(x^2-4)\frac{d}{dx}(x^2+1)}{(x^2+1)^2}$$
$$=\frac{(x^2+1)(2x)-(x^2-4)(2x)}{(x^2+1)^2}=\frac{10x}{(x^2+1)^2}$$ ■

**예제 2.9** $n$이 음의 정수일 때 $(x^n)'=nx^{n-1}$임을 증명하여라.

**풀이** $n=-m$이라 하면 $m$은 양의 정수이다.

$$(x^n)'=\left(\frac{1}{x^m}\right)'=\frac{(1)'x^m-1\times(x^m)'}{(x^m)^2}=\frac{-mx^{m-1}}{x^{2m}}$$
$$=(-m)x^{-m-1}=nx^{n-1}$$ ■

만일 $y$가 $z$의 함수이고 $z$가 $x$의 함수일 때 $y$는 $x$에 종속되며, 이런 경우 $y$를 $x$의 **합성함수**라 한다. $x$에 관한 $y$의 도함수는 소위 **합성함수의 도함수**라고 불리는 다음과 같은 미분법에 의해서 결정된다.

> **정리 2.3** (합성함수의 미분법 : chain rule) 함수 $y=f(z)$, $z=g(x)$가 각각 미분가능하면, 합성함수 $y=(f\circ g)(x)$는 미분가능이고 $\dfrac{dy}{dx}=\dfrac{dy}{dz}\dfrac{dz}{dx}$이다.

**증명** $\dfrac{dy}{dx}=\lim\limits_{\Delta x\to 0}\dfrac{f\{g(x+\Delta x)\}-f\{g(x)\}}{\Delta x}$이므로 여기서 $g(x+\Delta x)-g(x)=\Delta z$라 하면, $g(x)$는 미분가능하여 연속이므로 $\Delta x\to 0$일 때 $\Delta z\to 0$이다. 또, $g(x+\Delta x)=g(x)+\Delta z=z+\Delta z$이므로

$$\frac{dy}{dx}=\lim_{\Delta x\to 0}\frac{f(z+\Delta z)-f(z)}{\Delta x}=\lim_{\Delta x\to 0}\frac{f(z+\Delta z)-f(z)}{\Delta z}\frac{\Delta z}{\Delta x}$$

$$= \lim_{\Delta x \to 0} \frac{f(z+\Delta z)-f(z)}{\Delta z} \lim_{\Delta x \to 0} \frac{g(x+\Delta x)-g(x)}{\Delta x}$$

$$= f'(z)g'(x) = \frac{dy}{dz}\frac{dz}{dx}$$ ■

**예제 2.10** $y=\frac{u}{u+1}$, $u=\frac{x}{x+1}$일 때 $\frac{dy}{dx}$를 구하여라.

**풀이** $\frac{dy}{du}=\frac{1}{(u+1)^2}$, $\frac{du}{dx}=\frac{1}{(x+1)^2}$

$$\frac{dy}{dx}=\frac{dy}{du}\frac{du}{dx}=\frac{1}{(u+1)^2}\cdot\frac{1}{(x+1)^2}=\frac{1}{(2x+1)^2}$$ ■

**예제 2.11** 다음 각 함수의 도함수를 구하여라.

(1) $y=\sqrt{x}$  (2) $y=\sqrt{f(x)}$

(3) $y=(x^3+2x+1)^7$  (4) $y=\sqrt[4]{x^2-5x+2}$

(5) $y=\frac{\sqrt[4]{1+x^4}}{x}$

**풀이** (1) $y=\sqrt{x}$에서 $y=x^{\frac{1}{2}}$이므로 $y'=\frac{1}{2}x^{\frac{1}{2}-1}=\frac{1}{2\sqrt{x}}$

(2) $f(x)=z$라 하면 $y=\sqrt{z}$이므로

$$y'=\frac{dy}{dx}=\frac{dy}{dz}\cdot\frac{dz}{dx}=\frac{d}{dz}\sqrt{z}\cdot\frac{d}{dx}f(x)=\frac{1}{2\sqrt{z}}\cdot f'(x)$$
$$=\frac{f'(x)}{2\sqrt{f(x)}}$$

(3) $x^3+2x+1=z$라 하면 $y=z^7$이므로

$$y'=\frac{dy}{dx}=\frac{dy}{dz}\cdot\frac{dz}{dx}=\frac{d}{dz}(z^7)\cdot\frac{d}{dx}(x^3+2x+1)$$
$$=7z^6(3x^2+2)=7(3x^2+2)(x^3+2x+1)^6$$

(4) $x^2-5x+2=z$라 하면 $y=\sqrt[4]{z}=z^{\frac{1}{4}}$이므로

$$y'=\frac{dy}{dx}=\frac{dy}{dz}\cdot\frac{dz}{dx}=\frac{d}{dz}(z^{\frac{1}{4}})\frac{d}{dx}(x^2-5x+2)$$

$$=\frac{1}{4}z^{-\frac{3}{4}}(2x-5)=\frac{2x-5}{4\sqrt[4]{(x^2-5x+2)^3}}$$

(5) $$y'=\frac{\frac{1}{4}(1+x^4)^{-\frac{3}{4}}(4x^3)x-(1+x^4)^{\frac{1}{4}}}{x^2}=\frac{-1}{x^2\sqrt[4]{(1+x^4)^3}}$$ ■

**정리 2.4 (역함수의 미분법)** 미분가능한 함수 $y=f(x)$의 역함수가 존재하면

$$\frac{dx}{dy}=\frac{1}{\frac{dy}{dx}} \quad 즉, \quad \frac{dy}{dx}=\frac{1}{\frac{dx}{dy}}$$

이다.

**증명** $y=f(x)$의 역함수를 $x=g(y)$라 하면 $x=g\{f(x)\}$이다.

이 양변을 chain rule에 의해 $x$에 관하여 미분하면

$$1=\frac{d}{dx}g\{f(x)\}=\frac{d}{dx}g(y)=\frac{d}{dy}g(y)\frac{dy}{dx}=\frac{dx}{dy}\cdot\frac{dy}{dx}$$

$$\therefore\ \frac{dx}{dy}=\frac{1}{\frac{dy}{dx}}$$ ■

**예제 2.12** $x=y^5-y$일 때 $\frac{dy}{dx}$를 구하여라.

**풀이** 주어진 식의 양변을 $y$에 관해서 미분하면

$$\frac{dx}{dy}=5y^4-1$$

이므로 구하는 식은 다음과 같다.

$$\frac{dy}{dx}=\frac{1}{\frac{dx}{dy}}=\frac{1}{5y^4-1}$$ ■

**예제 2.13** $x=\sqrt[3]{y^3+3y}$에서 $\dfrac{dy}{dx}$를 구하여라.

**풀이** $x$는 $y$의 함수이므로 역함수의 미분법에 의하여

$$\frac{dy}{dx}=\frac{1}{\dfrac{dx}{dy}}=\frac{1}{\dfrac{d}{dy}\sqrt[3]{y^3+3y}}=\frac{1}{\dfrac{1}{3}(y^3+3y)^{-\frac{2}{3}}(3y^2+3)}$$
$$=\frac{\sqrt[3]{(y^3+3y)^2}}{y^2+1}$$

■

**예제 2.14** $y=\sqrt[n]{x}$ ($n$은 양의 정수)의 도함수를 구하여라.

**풀이** 주어진 식을 $n$제곱하여 $x$에 관해 풀면 $x=y^n$이므로 이것을 $y$에 관해서 미분하면

$$\frac{dx}{dy}=ny^{n-1}=n(\sqrt[n]{x})^{n-1}=nx^{1-\frac{1}{n}}$$
$$\therefore\ \frac{dy}{dx}=\frac{1}{\dfrac{dx}{dy}}=\frac{1}{nx^{1-\frac{1}{n}}}=\frac{1}{n}x^{\frac{1}{n}-1}$$

■

$y=f(x)$와 같은 방정식은 $x$의 어떤 정의역에 대하여 $y$를 $x$의 양의 함수로써 정의한다고 한다. 그러나 모든 $x$, $y$ 방정식이 꼭 이와 같은 양함수로 표시되지는 않는다. 예를 들면 $x^3+y^3=3xy$와 같은 방정식은 $y$를 $x$의 함수로 용이하게 표시할 수 없으며, 이와 같이 $x$, $y$의 함수꼴인 $f(x, y)=0$인 형태를 **음함수**라 한다. 그리고 함수 $f(x, y)$가 정의역 안의 모든 $x$에 대하여 존재하는 경우, $f(x, y)=0$은 음함수로 정의된다고 한다. 예로서 방정식 $x^2+y^2=1$은 $x$나 $y$의 음함수이지만 이 방정식을 $x$나 $y$에 대해서 푼다면 다음과 같은 양함수를 얻을 수 있다.

$$x=\pm\sqrt{1-y^2} \quad \text{또는} \quad y=\pm\sqrt{1-x^2}$$

그러나 두 함수 중에서 어느 한 함수의 도함수를 찾기가 쉽지 않거나 불가능할 때가 있다. 이러한 경우는 다음 예제와 같은 방법에 의하여 미분한다.

**예제 2.15** $x^3+y^3-3xy=0$에서

$$\frac{d}{dx}(x^3)+\frac{d}{dx}(y^3)-3\frac{d}{dx}(xy)=0$$

$$3x^2+3y^2\frac{dy}{dx}-3\left(y+x\frac{dy}{dx}\right)=0$$

$$3(y^2-x)\frac{dy}{dx}=3(y-x^2)$$

$$\therefore\ \frac{dy}{dx}=\frac{y-x^2}{y^2-x}\quad (y^2-x\neq 0)$$

> 정리 2.5 (매개함수의 미분법)　$x=f(t)$, $y=g(t)$가 각각 미분가능한 함수이고 $f'(t)\neq 0$이면
>
> $$\frac{dy}{dx}=\frac{\frac{dy}{dt}}{\frac{dx}{dt}}=\frac{g'(t)}{f'(t)}$$
>
> 이다.

**증명** 합성함수, 역함수의 미분법에서

$$\frac{dy}{dx}=\frac{d}{dx}g(t)=\frac{d}{dt}g(t)\cdot\frac{dt}{dx}=\frac{dy}{dt}\cdot\frac{dt}{dx}=\frac{\frac{dy}{dt}}{\frac{dx}{dt}}=\frac{g'(t)}{f'(t)}$$ ■

**예제 2.16** 다음 각 함수의 도함수 $\frac{dy}{dx}$를 구하여라.

(1) $x=\sqrt{t}$, $y=t^3-t^2+4t+5$　　(2) $x^2-xy+y^2=1$

**풀이** (1) 매개함수의 미분법에 의해

$$\frac{dy}{dx}=\frac{\frac{dy}{dt}}{\frac{dx}{dt}}=\frac{\frac{d}{dt}(t^3-t^2+4t+5)}{\frac{d}{dt}\sqrt{t}}=\frac{(3t^2-2t+4)}{\frac{1}{2\sqrt{t}}}$$

$$=2\sqrt{t}\,(3t^2-2t+4)$$

(2) $y$를 $x$의 함수로 보고 chain rule을 이용하여 양변을 $x$에 관해 미분하면

$$2x-y-x\cdot\frac{dy}{dx}+2y\cdot\frac{dy}{dx}=0$$

$$\therefore\ \frac{dy}{dx}=\frac{2x-y}{x-2y}$$ ■

## 연습문제 2.2

**1.** 다음 각 함수를 미분하여라.

(1) $y=2x^3-7x+1$

(2) $y=5x^{-2}+x^{-3}$

(3) $y=\sqrt{x}-\dfrac{1}{\sqrt{x}}$

(4) $y=\dfrac{3}{x}-\dfrac{5}{x^2}$

(5) $y=(x^2-1)(2x^2-3)$

(6) $y=\dfrac{x+1}{x+2}$

(7) $y-(1+x)^m(2-x)^n$

(8) $y=\dfrac{1}{x+1}-\dfrac{1}{x+2}$

(9) $y=x^2(a^2+x^2)\sqrt{a^2-x^2}$

(10) $y=\dfrac{x}{\sqrt{x^2+8}}$

(11) $y=\dfrac{x^3}{(1-x^2)^{\frac{3}{2}}}$

(12) $y=\dfrac{(2x+8)^3}{\sqrt{x}+\sqrt{3x}}$

(13) $y=\sqrt{\dfrac{1-\sqrt[3]{x}}{1+\sqrt[3]{x}}}$

(14) $y=\dfrac{x}{x+\sqrt{1-x^2}}$

**2.** 다음 각 함수에서 $\dfrac{dy}{dx}$를 구하여라.

(1) $\begin{cases} y=u^2+6u-2 \\ u=4x^2+8x+1 \end{cases}$

(2) $y=\sqrt{2x+3\sqrt{3x}}$

(3) $y=(3-2x)^2(x^2-2)$

(4) $x=\dfrac{1}{3}y^3+y$

(5) $y^2=4px$ (6) $x=\dfrac{1}{\sqrt{y^2-3}}$

(7) $x=\dfrac{1-t^2}{1+t^2},\quad y=\dfrac{2t}{1+t^2}$

**3.** 함수 $2x-3x^{-1}$의 미분계수가 14가 되는 $x$의 값을 구하여라.

**4.** $f(x)$가 $x$의 3차식이고 $f(1)=\dfrac{8}{3}$, $f(-1)=0$이며, $f(x)$가 $f'(x)$로 나누어질 때 $f(x)$를 구하여라.

**5.** 함수 $f(x)=(2\sqrt{x}-1)^3$에서 $\displaystyle\lim_{x\to 0}\frac{f(1+x)-f(1-x)}{x}$를 구하여라.

**6.** $f(x)=x^3+ax^2+bx$ ($a$, $b$는 상수)라 할 때

(1) $f'(x)$를 구하여라.

(2) $\displaystyle\lim_{x\to 1}\frac{f(x)}{x-1}=\alpha$ ($\alpha$는 상수)일 때 $f(1)$의 값을 구하여라.

(3) $\displaystyle\lim_{x\to 1}\frac{f(x)-(3+2a+b)(x-1)}{x-1}$의 값을 구하여라.

**7.** $\dfrac{dy}{dx}=\dfrac{1}{\dfrac{dx}{dy}}$를 이용하여 $\dfrac{d^2y}{dx^2}=\dfrac{\dfrac{d^2x}{dy^2}}{\left(\dfrac{dx}{dy}\right)^3}$를 증명하여라.

**8.** $f(x)=ax^2+2bx+c$가 $x$, $y$의 모든 실수값에 대하여 항상 $|f(x)-f(y)|\leq(x-y)^2$이 성립하도록 상수 $a$, $b$를 정하여라.

## 2.3 초월함수의 미분법

앞 절에서는 주로 대수적 함수에 대한 미분법을 다루었는데 이 절에서는 초월함수인 삼각함수, ln 함수, 지수함수 등의 미분법에 대해 알아본다.

**정리 2.6** (삼각함수의 미분법)

(i) $y=\sin x \Longrightarrow y'=\cos x$

(ii) $y=\cos x \Longrightarrow y'=-\sin x$

(iii) $y=\tan x \Longrightarrow y'=\sec^2 x$

(iv) $y=\cot x \Longrightarrow y'=-\csc^2 x$

(v) $y=\sec x \Longrightarrow y'=\sec x \tan x$

(vi) $y=\csc x \Longrightarrow y'=-\csc x \cot x$

**증명** (i) $$y'=\lim_{\Delta x\to 0}\frac{\sin(x+\Delta x)-\sin x}{\Delta x}=\lim_{\Delta x\to 0}\frac{2\cos\left(x+\frac{\Delta x}{2}\right)\sin\frac{\Delta x}{2}}{\Delta x}$$

$$=\lim_{\Delta x\to 0}\cos\left(x+\frac{\Delta x}{2}\right)\lim_{\Delta x\to 0}\frac{\sin\frac{\Delta x}{2}}{\frac{\Delta x}{2}}=\cos x$$

(ii) $$y'=\lim_{\Delta x\to 0}\frac{\cos(x+\Delta x)-\cos x}{\Delta x}=\lim_{\Delta x\to 0}\left\{-\sin\left(x+\frac{\Delta x}{2}\right)\frac{\sin\frac{\Delta x}{2}}{\frac{\Delta x}{2}}\right\}=-\sin x$$

또는 $$y'=(\cos x)'=\left\{\sin\left(x+\frac{\pi}{2}\right)\right\}'=\cos\left(x+\frac{\pi}{2}\right)=-\sin x$$

(iii) $$y'=\left(\frac{\sin x}{\cos x}\right)'=\frac{(\sin x)'\cos x-\sin x(\cos x)'}{\cos^2 x}=\frac{\cos^2 x+\sin^2 x}{\cos^2 x}$$

$$=\frac{1}{\cos^2 x}=\sec^2 x$$

(iv) $$y'=\left(\frac{\cos x}{\sin x}\right)'=\frac{-\sin x\sin x-\cos x\cos x}{\sin^2 x}=-\frac{1}{\sin^2 x}=-\csc^2 x$$

또는 $$y'=\left(\frac{1}{\tan x}\right)'=\frac{-\sec^2 x}{\tan^2 x}=-\frac{1}{\cos^2 x}\frac{\cos^2 x}{\sin^2 x}=-\csc^2 x$$

(v) $$y'=\left(\frac{1}{\cos x}\right)'=\frac{-(\cos x)'}{\cos^2 x}=\frac{\sin x}{\cos^2 x}=\sec x\tan x$$

(vi) $$y'=\left(\frac{1}{\sin x}\right)'=\frac{-(\sin x)'}{\sin^2 x}=-\frac{\cos x}{\sin^2 x}=-\csc x\cot x$$ ■

**예제 2.17** 다음 각 함수에서 $\dfrac{dy}{dx}$를 구하여라.

(1) $y=\tan^3 2x$ (2) $y=\sin 2x \sec x$

(3) $\sin x+\sin y=xy$

(4) $x=a(\theta-\sin\theta),\quad y=a(1-\cos\theta)\quad (a\neq 0)$

**풀이** (1) $\frac{dy}{dx}=3\tan^2 2x\frac{d}{dx}(\tan 2x)$

$=3\tan^2 2x\sec^2 2x\frac{d}{dx}(2x)=6\tan^2 2x\sec^2 2x$

(2) $y'=(2\cos 2x)\sec x+(\sin 2x)\sec x\tan x$

$=2\sec x(\cos^2 x-\sin^2 x)+2\sin x\cos x\sec x\tan x$

$=2\cos x$

(3) $y$를 $x$의 함수로 보고 chain rule을 쓰면

$\cos x+\cos y\frac{dy}{dx}=y+x\frac{dy}{dx}$이므로

$$\frac{dy}{dx}=\frac{\cos x-y}{x-\cos y}$$

이다.

(4) $\frac{dx}{d\theta}=a(1-\cos\theta),\quad \frac{dy}{d\theta}=a\sin\theta$이므로

$$\frac{dy}{dx}=\frac{dy}{d\theta}\frac{d\theta}{dx}=\frac{\sin\theta}{1-\cos\theta}$$

이다. ■

〈정의 2.4〉

일가함수인 삼각함수의 역함수를 **역삼각함수**(inverse trigonometric function)라 한다. 역삼각함수는 무한다가함수이므로 일가함수로 하기 위해 제한한 치역을 **주치**(principle value)라 한다.

기호로 나타내면 다음과 같다.

(i) $y=\sin^{-1}x$ (또는 $\arcsin x$) $\left(-\frac{\pi}{2}\leq y\leq\frac{\pi}{2},\quad -1\leq x\leq 1\right)$

(ii) $y=\cos^{-1}x$ (또는 $\arccos x$) $(0\leq y\leq\pi,\quad -1\leq x\leq 1)$

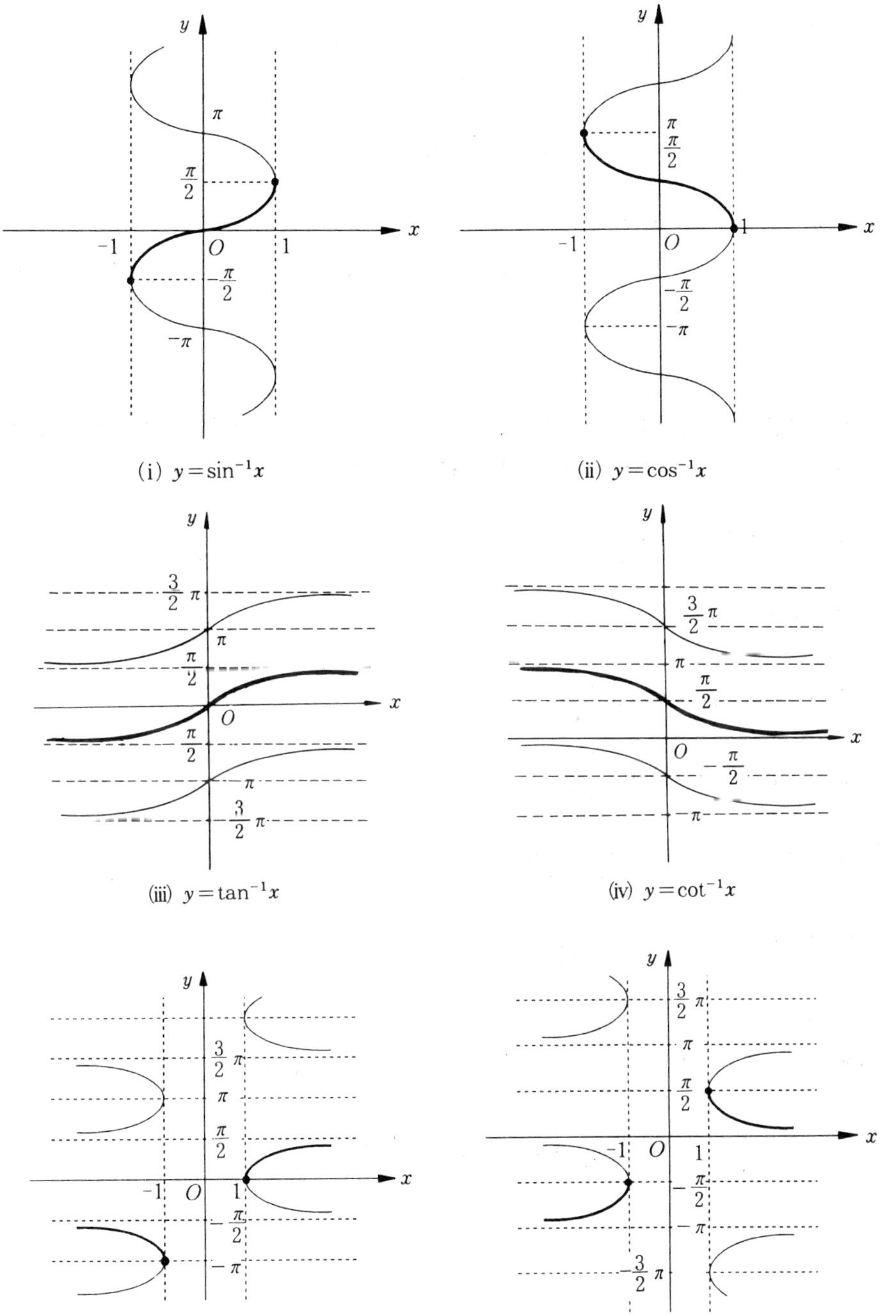


(i) $y=\sin^{-1}x$ (ii) $y=\cos^{-1}x$

(iii) $y=\tan^{-1}x$ (iv) $y=\cot^{-1}x$

(v) $y=\sec^{-1}x$ (vi) $y=\mathrm{cosec}^{-1}x$

[그림 2.1]

(iii) $y=\tan^{-1}x$ (또는 $\text{arc}\tan x$) $\left(-\frac{\pi}{2}<y<\frac{\pi}{2},\quad -\infty<x<\infty\right)$

(iv) $y=\cot^{-1}x$ (또는 $\text{arc}\cot x$) $(0<y<\pi,\quad -\infty<x<\infty)$

(v) $y=\sec^{-1}x$ (또는 $\text{arc}\sec x$) $\left(\frac{\pi}{2}<y\leq\pi,\ x\leq-1\right.$이고 $\left.0\leq y<\frac{\pi}{2},\ x\geq1\right)$

(vi) $y=\csc^{-1}x$ (또는 $\text{arc}\csc x$)

$\left(-\pi\leq y<-\frac{\pi}{2},\ x\leq-1\right.$이고 $\left.0<y\leq\frac{\pi}{2},\ x\geq1\right)$

**정리 2.7 (역삼각함수의 미분법)** 일가함수로 정의된 역삼각함수는 모두 미분가능한 함수이고 그들의 도함수는 다음과 같다.

(i) $y=\sin^{-1}x\Rightarrow y'=\dfrac{1}{\sqrt{1-x^2}}$

(ii) $y=\cos^{-1}x\Rightarrow y'=-\dfrac{1}{\sqrt{1-x^2}}$

(iii) $y=\tan^{-1}x\Rightarrow y'=\dfrac{1}{1+x^2}$

(iv) $y=\cot^{-1}x\Rightarrow y'=-\dfrac{1}{1+x^2}$

(v) $y=\sec^{-1}x\Rightarrow y'=\dfrac{1}{|x|\sqrt{x^2-1}}$

(vi) $y=\csc^{-1}x\Rightarrow y'=-\dfrac{-1}{|x|\sqrt{x^2-1}}$

**증명** (i) $y=\sin^{-1}x$에서 $x=\sin y$이므로 $\dfrac{dy}{dx}=\dfrac{1}{\frac{dx}{dy}}=\dfrac{1}{\cos y}$이고

$-\frac{\pi}{2}\leq y\leq\frac{\pi}{2}$이므로 $\cos y\geq0$이다. 여기서 $\cos y=\sqrt{1-\sin^2 y}=\sqrt{1-x^2}$이므로

$$\frac{dy}{dx}=\frac{1}{\sqrt{1-x^2}}$$

(ii) $y=\cos^{-1}x$에서 $x=\cos y$이므로 $\dfrac{dy}{dx}=-\dfrac{1}{\sin y}$이고

$0 \le y \le \pi$이므로 $\sin y \ge 0$이다. 또한 $\sin y = \sqrt{1-\cos^2 y} = \sqrt{1-x^2}$이므로

$$\frac{dy}{dx} = -\frac{1}{\sqrt{1-x^2}}$$

(iii) $y = \tan^{-1} x$에서 $x = \tan y$이므로

$$\frac{dy}{dx} = \frac{1}{\sec^2 y} = \frac{1}{1+\tan^2 y} = \frac{1}{1+x^2}$$

(iv) $x = \cot^{-1} x$에서 $x = \cot y$이므로

$$\frac{dy}{dx} = \frac{1}{-\csc^2 y} = \frac{-1}{1+\cot^2 y} = \frac{-1}{1+x^2}$$

(v) $y = \sec^{-1} x$에서 $x = \sec y$이므로 $\dfrac{dy}{dx} = \dfrac{1}{\sec y \tan y}$이고

$0 \le y \le \pi$, $y \ne \dfrac{\pi}{2}$이므로 $\sec y \tan y \ge 0$이다. 여기서 $\sec y \tan y = |x|\sqrt{x^2-1}$이므로

$$\frac{dy}{dx} = \frac{1}{|x|\sqrt{x^2-1}}$$

이다.

(vi) $y = \csc^{-1} x$에서 $x = \csc y$이므로 $\dfrac{dy}{dx} = \dfrac{1}{-\csc y \cot y}$이고

$-\dfrac{\pi}{2} \le y \le \dfrac{\pi}{2}$ $(y \ne 0)$이므로 $\csc y \cot y \ge 0$이다.

여기서 $\csc y \cot y = |x|\sqrt{x^2-1}$이므로

$$\frac{dy}{dx} = -\frac{1}{|x|\sqrt{x^2-1}}$$

이다. ■

**예제 2.18** 다음 각 함수에서 $\dfrac{dy}{dx}$를 구하여라.

(1) $y = \sin^{-1}\sqrt{x}$ (2) $y = \tan^{-1}\dfrac{2x}{1-x^2}$

(3) $y = \tan^{-1}\sqrt{ax+b}$ (4) $y = \cot^{-1}\sqrt{x^2-2x}$

(5) $y=\sec^{-1}\sqrt{1+x^2}$ (6) $y=\sqrt{a^2-x^2}-a\cos^{-1}\dfrac{x}{a}$

**풀이** (1) $u=\sqrt{x}$라 하면 $y=\sin^{-1}u$이므로 chain rule에 의해

$$\frac{dy}{dx}=\frac{dy}{du}\frac{du}{dx}=\frac{1}{\sqrt{1-u^2}}\frac{1}{2\sqrt{x}}=\frac{1}{2\sqrt{x}\sqrt{1-x}} \quad (0<x<1)$$

(2) $$\frac{dy}{dx}=\frac{1}{1+\left(\dfrac{2x}{1+x^2}\right)^2}\frac{2(1-x^2)-2x(-2x)}{(1-x^2)^2}=\frac{2}{1+x^2}$$

(3) $$y'=\frac{1}{1+(\sqrt{ax+b}\,)^2}\frac{d}{dx}\sqrt{ax+b}=\frac{a}{2(1+ax+b)\sqrt{ax+b}}$$

(4) $$y'=\frac{1}{1+(\sqrt{x^2+2x}\,)^2}\frac{d}{dx}\sqrt{x^2-2x}=-\frac{1}{(x-1)\sqrt{x^2-2x}}$$

(5) $$\frac{dy}{dx}=\frac{1}{\sqrt{1+x^2}\sqrt{(1+x^2)-1}}\frac{2x}{2\sqrt{1+x^2}}=\frac{1}{1+x^2} \qquad (x\geq 0)$$

(6) $$\frac{dy}{dx}=\frac{-2x}{2\sqrt{a^2-x^2}}-a\left(-\frac{1}{\sqrt{1-\left(\dfrac{x}{a}\right)^2}}\frac{1}{a}\right)=\sqrt{\frac{a-x}{a+x}} \qquad (0<x<a)$$ ■

> **정리 2.8** (지수함수와 로그함수의 미분법) 자연 대수함수와 자연 지수함수는 그들의 정의역에서 모두 미분가능하고 도함수는 다음과 같다.
>
> (i) $y=e^x \Rightarrow y'=e^x$
>
> (ii) $y=\ln|x| \Rightarrow y'=\dfrac{1}{x}$

**증명** (i) $$y'=\lim_{\Delta x\to 0}\frac{e^{x+\Delta x}-e^x}{\Delta x}=\lim_{\Delta x\to 0}\frac{e^x(e^{\Delta x}-1)}{\Delta x}=e^x\lim_{\Delta x\to 0}\frac{e^{\Delta x}-1}{\Delta x}=e^x$$

(ii) ① $x>0$일 때 $y=\ln x$이므로

$$y'=\lim_{\Delta x\to 0}\frac{\ln(x+\Delta x)-\ln x}{\Delta x}=\lim_{\Delta x\to 0}\frac{\ln\left(1+\dfrac{\Delta x}{x}\right)}{\Delta x}$$

$$=\lim_{\Delta x\to 0}\frac{\ln\left(1+\dfrac{\Delta x}{x}\right)}{\dfrac{\Delta x}{x}}\frac{1}{x}=\frac{1}{x}\lim_{\Delta x\to 0}\frac{\ln\left(1+\dfrac{\Delta x}{x}\right)}{\dfrac{\Delta x}{x}}=\frac{1}{x}$$

이다.

② $x<0$일 때 $x=-z$라 하면, $z>0$이고 $y=\ln z$이므로

$$\frac{dy}{dx}=\frac{dy}{dz}\frac{dz}{dx}=\frac{1}{z}(-1)=\frac{1}{-z}=\frac{1}{x}$$

이다. ■

**예제 2.19** 다음 각 함수에서 도함수를 구하여라.

(1) $y=a^x$　　　　(2) $y=\ln_a x$

**풀이** (1) $y=a^x$의 양변에 자연로그를 취하면

$$\ln y=x\ln a$$

이므로 양변을 $x$에 관하여 미분하면

$$\frac{1}{y}y'=\ln a \quad 즉,\ y'=a^x\ln a$$

(2) $y=\ln_a x=\frac{\ln x}{\ln a}$이므로 $y'=\frac{1}{\ln a}\frac{1}{x}=\frac{\ln_a e}{x}$ ■

**예제 2.20** $y=x^a$ ($a$는 실수이고 $x>0$)일 때 $y'=ax^{a-1}$임을 증명하여라.

**풀이** $y=x^a$의 양변에 자연로그를 취하면

$$\ln y=a\ln x$$

이고 양변을 $x$에 관하여 미분하면

$\frac{1}{y}y'=\frac{a}{x}$이므로 $y'=a\frac{y}{x}=ax^{n-1}$이다. ■

**예제 2.21** 다음 중 각 함수에서 $\frac{dy}{dx}$를 구하여라.

(1) $y=\ln(2x+1)$　　　　(2) $y=\ln\sin x$

(3) $y=x^x$ (4) $y=\ln\left(x^3\sqrt{\dfrac{x-1}{x+1}}\right)$

(5) $y=2^x\sin x$ (6) $y=\dfrac{x\sqrt{2x+1}}{\sqrt[3]{3x+1}}$

**풀이** (1) $\dfrac{dy}{dx}=\dfrac{1}{2x+1}\dfrac{d}{dx}(2x+1)=\dfrac{2}{2x+1}$

(2) $\dfrac{dy}{dx}=\dfrac{1}{\sin x}\dfrac{d}{dx}(\sin x)=\dfrac{\cos x}{\sin x}=\cot x$

(3) 양변에 로그를 취하면 $\ln y=x\ln x$이고

$\dfrac{1}{y}\dfrac{dy}{dx}=\ln x+x\dfrac{1}{x}$ 이므로 $\dfrac{dy}{dx}=x^x(1+\ln x)$이다.

(4) 로그의 성질에 의해 준식을 고쳐 쓰면

$$y=3\ln x+\frac{1}{2}\ln(x-1)-\frac{1}{2}\ln(x+1)$$

$$\therefore\ \frac{dy}{dx}=\frac{3}{x}+\frac{1}{2(x-1)}-\frac{1}{2(x+1)}=\frac{3x^2+x-3}{x(x^2-1)}$$

(5) $\dfrac{dy}{dx}=2^x(\ln 2)\sin x+2^x\cos x=2^x(\sin x\ln 2+\cos x)$

(6) 양변에 로그를 취하면

$\ln y=\ln x+\dfrac{1}{2}\ln(2x+1)-\dfrac{1}{3}\ln(3x+1)$이므로

$$\frac{1}{y}\frac{dy}{dx}=\frac{1}{x}+\frac{1}{2}\frac{2}{2x+1}-\frac{1}{3}\frac{3}{3x+1}$$

$$\therefore\ \frac{dy}{dx}=\frac{x\sqrt{2x+1}}{\sqrt[3]{3x+1}}\left(\frac{1}{x}+\frac{1}{2x+1}-\frac{1}{3x+1}\right)$$

■

**예제 2.22** $y=\sin^{-1}\dfrac{e^x-e^{-x}}{e^x+e^{-x}}$일 때 $\dfrac{dy}{dx}$를 구하여라.

**풀이** $u=\dfrac{e^x-e^{-x}}{e^x+e^{-x}}$으로 놓으면 $y=\sin^{-1}u$가 된다. 그러면

$$\frac{dy}{du}=\frac{1}{\sqrt{1-u^2}}=\frac{1}{\sqrt{1-\left(\dfrac{e^x-e^{-x}}{e^x+e^{-x}}\right)^2}}=\frac{e^x+e^{-x}}{2}$$

$$\frac{du}{dx}=\frac{(e^x+e^{-x})\frac{d}{dx}(e^x-e^{-x})-(e^x-e^{-x})\frac{d}{dx}(e^x+e^{-x})}{(e^x+e^{-x})^2}$$

$$=\frac{4}{(e^x+e^{-x})^2}$$

$$\therefore\ \frac{dy}{dx}=\frac{dy}{du}\frac{du}{dx}=\frac{e^x+e^{-x}}{2}\frac{4}{(e^x+e^{-x})^2}=\frac{2}{e^x+e^{-x}}$$ ■

**예제 2.23** $y=\frac{(x-1)^{\frac{3}{2}}(x-3)^{\frac{1}{2}}}{(x-2)^2}$일 때 $\frac{dy}{dx}$를 구하여라.

**풀이** 양 변에 자연로그를 취하면

$\ln y=\frac{3}{2}\ln(x-1)+\frac{1}{2}\ln(x-3)-2\ln(x-2)$이므로

$$\frac{1}{y}\frac{dy}{dx}=\frac{3}{2(x-1)}+\frac{1}{2(x-3)}-\frac{2}{x-2}$$

$$=\frac{3(x^2-5x+6)+(x^2-3x+2)-4(x^2-4x+3)}{2(x-1)(x-2)(x-3)}$$

$$=\frac{x-4}{(x-1)(x-2)(x-3)}$$

$$\therefore\ \frac{dy}{dx}=-\frac{(x-1)^{\frac{1}{2}}(x-4)}{(x-3)^{\frac{1}{2}}(x-2)^3}$$ ■

**정리 2.9** (쌍곡선함수의 미분법) 쌍곡선함수는 자연지수함수 $e^x$과 $e^{-x}$의 결합함수이므로 이들의 정의역에서 모두 미분가능하다.

(i) $y=\sinh x \Rightarrow y'=\cosh x$

(ii) $y=\cosh x \Rightarrow y'=\sinh x$

(iii) $y=\tanh x \Rightarrow y'=\mathrm{sech}^2 x$

(iv) $y=\coth x \Rightarrow y'=-\mathrm{csch}^2 x$

(v) $y=\mathrm{sech}\, x \Rightarrow y'=-\mathrm{sech}\, x \tanh x$

(vi) $y=\mathrm{csch}\, x \Rightarrow y'=-\mathrm{csch}\, x \coth x$

증명 (i) $y'=(\sinh x)'=\left(\dfrac{e^x-e^{-x}}{2}\right)'=\dfrac{e^x+e^{-x}}{2}=\cosh x$

(ii) $y'=(\cosh x)'=\left(\dfrac{e^x+e^{-x}}{2}\right)'=\dfrac{e^x-e^{-x}}{2}=\sinh x$

(iii) $y=(\tanh x)'=\left(\dfrac{e^x-e^{-x}}{e^x+e^{-x}}\right)'=\dfrac{(e^x+e^{-x})^2-(e^x-e^{-x})^2}{(e^x+e^{-x})^2}$

$$=\frac{4}{(e^x+e^{-x})^2}=\left(\frac{2}{e^x+e^{-x}}\right)^2=\operatorname{sech}^2 x$$

또는 $y'=\left(\dfrac{\sinh x}{\cosh x}\right)'=\dfrac{\cosh^2 x-\sinh^2 x}{\cosh^2 x}=\dfrac{1}{\cosh^2 x}=\operatorname{sech}^2 x$

(iv) $y'=(\coth x)'=\left(\dfrac{1}{\tanh x}\right)'=-\dfrac{\operatorname{sech}^2 x}{\tanh^2 x}$

$$=-\frac{1}{\cosh^2 x}\cdot\frac{\cosh^2 x}{\sinh^2 x}=-\frac{1}{\sinh^2 x}=-\operatorname{csch}^2 x$$

(v) $y'=(\operatorname{sech} x)'=\left(\dfrac{2}{e^x+e^{-x}}\right)'=-\dfrac{2(e^x-e^{-x})}{(e^x+e^{-x})^2}=-\dfrac{2}{e^x+e^{-x}}\cdot\dfrac{e^x-e^{-x}}{e^x+e^{-x}}$

$$=-\operatorname{sech} x\tanh x$$

(vi) $y'=(\operatorname{csch} x)'=\left(\dfrac{1}{\sinh x}\right)'=-\dfrac{\cosh x}{\sinh^2 x}=-\dfrac{1}{\sinh x}\cdot\dfrac{\cosh x}{\sinh x}$

$$=-\operatorname{csch} x\coth x$$ ■

**정리 2.10 (역쌍곡선 함수의 미분법)** 일가함수로써 정의된 역쌍곡선 함수는 아래의 정의역에서 각각 미분가능하며 그들의 도함수는 다음과 같다.

(i) $y=\sinh^{-1}x\Rightarrow y'=\dfrac{1}{\sqrt{x^2+1}}$ $(-\infty<x<\infty)$

(ii) $y=\cosh^{-1}x\Rightarrow y'=\dfrac{1}{\sqrt{x^2-1}}$ $(x\geq 1)$

(iii) $y=\tanh^{-1}x\Rightarrow y'=\dfrac{1}{1-x^2}$ $(-1<x<1)$

(iv) $y=\coth^{-1}x\Rightarrow y'=\dfrac{-1}{x^2-1}$ $(|x|>1)$

(v) $y=\operatorname{sech}^{-1}x\Rightarrow y'=\dfrac{-1}{x\sqrt{1-x^2}}$ $(0<x<1)$

(vi) $y=\operatorname{csch}^{-1}x\Rightarrow y'=\dfrac{-1}{x\sqrt{1+x^2}}$ $(|x|>0)$

증명 (i) $y'=(\sinh^{-1}x)'=\{\ln(x+\sqrt{x^2+1})\}'=\dfrac{1}{x+\sqrt{x^2+1}}\left(1+\dfrac{x}{\sqrt{x^2+1}}\right)$

$$=\frac{1}{\sqrt{x^2+1}}$$

(ii) $y'=(\cosh^{-1}x)'=\{\ln(x+\sqrt{x^2-1})\}'=\dfrac{1}{x+\sqrt{x^2-1}}\left(1+\dfrac{x}{\sqrt{x^2-1}}\right)$

$$=\frac{1}{\sqrt{x^2-1}}$$

(iii) $y'=(\tanh^{-1}x)'=\left(\dfrac{1}{2}\ln\dfrac{1+x}{1-x}\right)'=\dfrac{1}{2}\cdot\dfrac{1-x}{1+x}\cdot\dfrac{(1-x)+(1+x)}{(1-x)^2}=\dfrac{1}{1-x^2}$

(iv) $y'=(\coth^{-1}x)'=\left(\dfrac{1}{2}\ln\dfrac{x+1}{x-1}\right)'=\dfrac{1}{2}\cdot\dfrac{x-1}{x+1}\cdot\dfrac{(x-1)-(x+1)}{(x-1)^2}=\dfrac{-1}{x^2-1}$

(v) $y'=(\mathrm{sech}^{-1}x)'=\left(\ln\dfrac{1\pm\sqrt{1-x^2}}{x}\right)'$

$$=\frac{x}{1\pm\sqrt{1-x^2}}\,\frac{\pm\dfrac{-x^2}{\sqrt{1-x^2}}-(1\pm\sqrt{1-x^2})}{x^2}=\frac{-1}{x\sqrt{1-x^2}}$$

(vi) $y'=(\mathrm{csch}^{-1}x)'=\left(\ln\dfrac{1+\sqrt{1+x^2}}{x}\right)'$

$$=\frac{x}{1+\sqrt{1+x^2}}\,\frac{\dfrac{x^2}{\sqrt{1+x^2}}-(1+\sqrt{1+x^2})}{x^2}=\frac{-x}{x^2\sqrt{1+x^2}}$$

■

**예제 2.24** 다음 각 함수를 $x$에 관하여 미분하여라.

(1) $y=\sinh^2 x$　　(2) $y=e^x\sinh x$

(3) $y=\sinh^{-1}3x$　　(4) $y=\mathrm{csch}^{-1}(\tan x)$

풀이 (1) $y'=2\sinh x\cdot\cosh x=\sinh 2x$

(2) $y'=e^x\sinh x+e^x\cosh x=e^x(\sinh x+\cosh x)$

$$=e^x\left(\frac{e^x-e^{-x}}{2}+\frac{e^x+e^{-x}}{2}\right)=e^x\cdot e^x=e^{2x}$$

(3) $y'=\dfrac{1}{\sqrt{(3x)^2+1}}\cdot 3=\dfrac{3}{\sqrt{9x^2+1}}$

(4) $y'=\dfrac{-1}{\tan x\sqrt{1+\tan^2 x}}\sec^2 x=\dfrac{-\sec^2 x}{\tan x\sec x}=-\csc x$

■

## 연습문제 2.3

**1.** 다음 각 함수를 $x$에 관하여 미분하여라.

(1) $y=x\sin x+\left(1-\frac{1}{2}x^2\right)\cos x$

(2) $y=\sin^m x\cos^n x$

(3) $y=\sin mx\cos nx$

(4) $\sin(x+y)+\sin(x-y)=1$

(5) $x=\sec^2 y$

(6) $y=\sqrt{1+\sin x}+\sqrt{1-\sin x}$

(7) $y=(\sec x+\tan x)^5$

(8) $\sin x+\sin y=1$

(9) $y=\sin^2(2\pi x-a)$

(10) $y=x^{\sin x}$

(11) $y=e^x\log_2 x$

(12) $y=\ln\dfrac{a+b\tan kx}{a-b\tan kx}$

(13) $y=\ln\sqrt{\dfrac{\sqrt{1+x^2}+x}{\sqrt{1+x^2}-x}}$

(14) $y=\csc^{-1}\sqrt{x}$

(15) $y=(\sin^{-1}4x)^2$

(16) $y=\cos^{-1}(\sin x)$

(17) $y=\dfrac{x}{\sqrt{a^2-x^2}}-\sin^{-1}\dfrac{x}{a}$

(18) $y=\tan^{-1}\dfrac{x}{a-\sqrt{a^2-x^2}}$

(19) $\sqrt{x^2-y^2}+\sin^{-1}\dfrac{y}{x}=0$

(20) $y=(1+x)^{\frac{1}{x}}$

(21) $y=x^2$

(22) $y=\tan^{-1}\dfrac{a\sin x+b\cos x}{a\cos x-b\sin x}$

(23) $y=x^{\sin^{-1}x}$

(24) $y=\sin^{-1}\dfrac{1+2\cos x}{2+\cos x}$

(25) $y=\cot^{-1}\dfrac{\sqrt{x}+1}{\sqrt{x}-1}$

(26) $y=\cosh^{-1}(\sec x)$

(27) $y=\sinh(\ln x^2)$

(28) $y=\dfrac{3\sqrt{x^2-25}\sqrt{x+5}}{4\sqrt{x-5}}$

**2.** 다음 각 함수들의 $\dfrac{dy}{dx}$를 구하여라.

(1) $y=x^{10x}$

(2) $\ln y+x=10$

(3) $y\ln y+\cos x=0$

(4) $y=e^{\sin x}$

(5) $y=\ln\sin e^x$

(6) $y=x^{e^x}$

(7) $y=\dfrac{e^x}{x}$

(8) $y=\dfrac{\sqrt{x+1}}{\sqrt[3]{x+2}}$

(9) $y=e^{ax}(a\cos bx+b\sin bx)$

(10) $y=e^{3x}\ln 2x$

(11) $y=\sin(\ln x)$

(12) $y=\tan^{-1}(\ln x)$

(13) $y=\ln(\ln x)$

(14) $y=\tan e^x$

**3.** $a>0$이면 $\csc^{-1}a=\sin^{-1}\left(\dfrac{1}{a}\right)$, $\sec^{-1}a=\cos^{-1}\left(\dfrac{1}{a}\right)$, 그리고 $\cot^{-1}a=\tan^{-1}\left(\dfrac{1}{a}\right)$ 임을 증명하여라.

**4.** 다음 극한값을 구하여라.

(1) $\displaystyle\lim_{x\to 0}\frac{1}{x}\ln\frac{e^x+e^{2x}+e^{3x}+\cdots+e^{nx}}{n}$

(2) $f(x)=\ln x$일 때 $\displaystyle\lim_{h\to 0}\frac{f(e+h)-f(e-h)}{h}$

**5.** $f(x)$를 $0\le x\le 1$에서 정의된 다음과 같은 함수라 한다(단, $0<a<1$).

$0\le x\le a$일 때 $\quad f(x)=\sin x\sin(1-a)$

$a<x\le 1$일 때 $\quad f(x)=\sin a\sin(1-x)$

(1) $f(x)$의 $x=0$, $x=1$에서의 값을 구하여라.

(2) $x=a$에서 $f(x)$의 연속성을 판정하여라.

(3) $\displaystyle\lim_{x\to a^{+0}}f'(x)-\lim_{x\to a^{-0}}f'(x)$의 값을 구하여라.

**6.** 다음 식이 성립하도록 상수 $a$, $b$, $c$를 정하여라.

$$\frac{d}{dx}(-x+\cos 2x)=\frac{(a\sin bx+\cos cx)}{\cos x-\sin x}$$

**7.** 다음 방정식의 실근의 개수를 구하여라.

$$\tan^{-1}x=\frac{x}{1+x^2}+a \qquad (a\text{는 상수})$$

## 2.4 고차도함수

〈정의 2.5〉

함수 $y=f(x)$의 도함수 $f'(x)$가 미분가능하면 그 $f'(x)$의 도함수를 $f''(x)$로 나타내고, $f(x)$의 **제 2 차도함수**(derivative of second order)라 한다. 또 $f''(x)$가 미분가능할 때 $f''(x)$의 도함수를 $f(x)$의 **제 3 차도함수**라 하고 $f'''(x)$로 나타낸다.

이와 같이 하면, 일반적으로 **제 $n$ 차도함수**($n$-th derivative)를 정의할 수 있고, 이것을 $f^{(n)}(x)$로 나타낸다. 즉,

$$f^{(n)}(x)=\lim_{\Delta x\to 0}\frac{f^{(n-1)}(x+\Delta x)-f^{(n-1)}(x)}{\Delta x}$$

이다. $y=f(x)$라 하면 $f''(x)=\dfrac{d}{dx}\left(\dfrac{dy}{dx}\right)$이고, 이것을

$$\frac{d^2y}{dx^2},\quad y'',\quad \frac{d^2}{dx^2}f(x),\quad D^2y$$

등의 기호로 나타낸다. 일반적으로 $n$차도함수를

$$\frac{d^ny}{dx^n},\quad y^{(n)},\quad \frac{d^n}{dx^n}f(x)$$

등으로 나타낸다.

2차 이상의 도함수를 **고차도함수**라 하고 고차도함수에 대하여 $f'(x)$를 **제 1 차도함수**(first derivative)라 한다.

또 $n$차도함수 $f^{(n)}(x)$의 $x=a$에서의 값을 $x=a$에서의 **제 $n$ 차미분계수**($n$-th differential coefficient)라 하고

$$y^{(n)}_{x=a},\quad f^{(n)}(a),\quad \left(\frac{d^ny}{dx^n}\right)_{x=a}$$

등으로 나타낸다.

**예제 2.25** 다음 각 함수의 제 $n$차도함수를 구하여라.

(1) $y=x^n$ ($n$은 양의 정수) (2) $y=\sin x$

**풀이** (1) $y'=nx^{n-1}$, $y''=n(n-1)x^{n-2}$, $\cdots$, $y^{(n-1)}=n(n-1)\cdots 3\cdot 2\cdot x$,

$y^{(n)}=n!$, $y^{(n+1)}=0$

(2) $y'=\cos x=\sin\left(x+\frac{\pi}{2}\right)$, $y''=\cos\left(x+\frac{\pi}{2}\right)=\sin\left(x+2\cdot\frac{\pi}{2}\right)$,

$y'''=\cos(x+\pi)=\sin\left(x+\frac{3}{2}\pi\right)$, $\cdots$,

$y^{(n)}=\sin\left(x+\frac{n}{2}\pi\right)$

**예제 2.26** $y=\sin(\sin x)$일 때 $y''+y'\tan x+y\cos^2 x=0$을 증명하여라.

**풀이** $y'=\cos(\sin x)\cdot\cos x$

$y''=-\sin(\sin x)\cdot\cos^2 x-\cos(\sin x)\sin x$이므로

$$\begin{aligned} y''+y'\tan x+y\cos^2 x &= -\sin(\sin x)\cdot\cos^2 x-\cos(\sin x)\sin x \\ &\quad +\cos(\sin x)\cdot\cos x\cdot\tan x+\sin(\sin x)\cdot\cos^2 x \\ &= -\cos(\sin x)\sin x+\cos(\sin x)\sin x \\ &= 0 \end{aligned}$$

**정리 2.11** 함수 $f(x)$, $g(x)$가 어떤 구간에서 $n$회 미분가능하면 $f(x)\pm g(x)$도 그 구간에서 $n$회 미분가능하며

$$\{f(x)\pm g(x)\}^{(n)}=f^{(n)}(x)\pm g^{(n)}(x) \qquad \text{(복호동순)}$$

이다.

**증명** $\{f(x)\pm g(x)\}'=f'(x)\pm g'(x)$에서 명백하다.

**예제 2.27** $y=x^n+\sin ax$의 $n$차도함수를 구하여라.

**풀이** $f(x)=x^n$이라 하면 $f^{(n)}(x)=n!$

$g(x)=\sin ax$라 하면

$$g'(x)=a\cdot\cos ax=a\sin\left(ax+\frac{\pi}{2}\right)$$

$$g''(x)=a^2\cos\left(ax+\frac{\pi}{2}\right)=a^2\sin\left(ax+\frac{2}{2}\pi\right)$$

이므로

$$g^{(n)}(x)=a^n\sin\left(ax+\frac{n\pi}{2}\right)$$

$$\therefore\ y^{(n)}=n!+a^n\sin\left(ax+\frac{n}{2}\pi\right)$$

**정리 2.12** (Leibniz 정리) 함수 $f(x)$, $g(x)$가 어떤 구간에서 $n$회 미분가능하면 $f(x)g(x)$도 그 구간에서 $n$회 미분가능하며

$$\begin{aligned}\{f(x)g(x)\}^{(n)}&=f^{(n)}(x)g(x)+\frac{n}{1!}f^{(n-1)}(x)g'(x)\\&+\frac{n(n-1)}{2!}f^{(n-2)}(x)g''(x)+\cdots\\&+\frac{n(n-1)\cdots(n-r+1)}{r!}f^{(n-r)}(x)g^{(r)}(x)+\cdots+f(x)g^{(n)}(x)\\&=\sum_{r=0}^{n}{}_nC_rf^{(n-r)}(x)g^{(r)}(x)\end{aligned}$$

(단, $f^{(0)}(x)=f(x)$, $g^{(0)}(x)=g(x)$)

**증명** 수학적 귀납법에 의해 증명하자.

(i) $n=1$일 때

$$\{f(x)g(x)\}'=f'(x)g(x)+f(x)g'(x)$$

가 되므로 이 정리는 성립한다.

(ii) $n=k$ ($k$는 임의의 자연수)일 때 이 정리가 성립한다고 가정하자. 즉,

$\{f(x)g(x)\}^{(k)}$

$$=f^{(k)}(x)g(x)+\frac{k}{1!}f(x)^{(k-1)}g'(x)+\frac{k(k-1)}{2!}f(x)^{(k-2)}g''(x)$$

$$+\cdots+\frac{k(k-1)\cdots(k-r+1)}{r!}f^{(k-r)}(x)g^{(r)}(x)\cdots+f(x)g^{(k)}(x)$$

라 하자. 지금 $f(x)$, $g(x)$가 $(k+1)$회 미분가능하다고 하면, 위 식의 우좌변은 미분가능하므로 양변을 다시 미분할 수 있다.

$$\{f(x)g(x)\}^{(k+1)}$$

$$=\{f^{(k+1)}(x)g(x)+f^{(k)}(x)g'(x)\}+k\{f^{(k)}(x)g'(x)+f^{(k-1)}(x)g''(x)\}$$

$$+\frac{k(k-1)}{2!}\{f^{(k+1)}(x)g''(x)+f^{(k-2)}(x)g'''(x)\}+\cdots$$

$$+\frac{k(k-1)\cdots(k-r+1)}{r!}\{f^{(k-r+1)}(x)g^{(r)}(x)+f^{(k-r)}(x)g^{(r+1)}(x)\}$$

$$+\cdots+\{f'(x)g^{(k)}(x)+f(x)\cdot g^{(k+1)}(x)\}$$

$$=f^{(k+1)}(x)g(x)+\frac{(k+1)}{1!}+f^{(k)}(x)g'(x)$$

$$+\frac{(k+1)k}{2!}f^{(k-1)}(x)g''(x)+\cdots$$

$$+\frac{(k+1)k(k-1)\cdots(k-r+2)}{r!}f^{(k-r+1)}(x)g^{(r)}(x)+\cdots$$

$$+f(x)g^{(k+1)}(x)$$

따라서 위 식은 $n=k$일 때 성립하면 $n=k+1$일 때도 성립한다.

$\therefore$ 위 정리는 모든 자연수 $n$에 대하여 항상 성립한다.

**예제 2.28** $y=x^2e^{kx}$의 제$n$차도함수를 구하여라(단, $n\geq 3$).

**풀이** $f(x)=x^2$, $g(x)=e^{kx}$이라 하면

$$f'(x)=2x,\quad f''(x)=2,\quad f'''(x)=f^{(4)}(x)=\cdots=f^{(n)}(x)=0$$

$$g'(x)=ke^{kx},\quad g''(x)=k^2e^{kx},\ \cdots,\quad g^{(n)}(x)=k^ne^{kx}$$

$$\therefore\ y^{(n)}=0+0+\cdots+0+\frac{n(n-1)\cdots 4\cdot 3}{(n-2)!}2\cdot k^{n-2}\cdot e^{kx}$$

$$+\frac{n(n-1)\cdots 4\cdot 3\cdot 2}{(n-1)!}2x\cdot k^{n-1}e^{kx}+x^2k^n\cdot e^{kx}$$

$$=k^{n-2}e^{kx}\{n(n-1)+2nkx+k^2x^2\}$$

**예제 2.29** $f(x)=\sin^{-1}x$일 때 $f^{(2m)}(0)=0$, $f^{(2m+1)}(0)=1^2\cdot 3^2\cdots(2m-1)^2$임을 밝혀라.

**풀이** $y=\sin^{-1}x$라 하면

$$y'=\frac{1}{\sqrt{1-x^2}} \qquad \therefore\ y'\sqrt{1-x^2}=1$$

양변을 다시 미분하면

$$y''\sqrt{1-x^2}-\frac{y'x}{\sqrt{1-x^2}}=0 \qquad \therefore\ (1-x^2)y''=xy' \tag{1}$$

(1)의 양변을 Leibniz 정리에 의하여 $n$회 미분하면

$$(1-x^2)y^{(n+2)}-{}_nc_1 2x\cdot y^{(n+1)}-{}_nc_2 2\cdot y^{(n)}=xy^{(n+1)}+{}_nc_1 y^{(n)}$$
$$\therefore\ (1-x^2)y^{(n+2)}-(2n+1)xy^{(n+1)}-n^2y^{(n)}=0 \tag{2}$$

(2)식에서 $x=0$이라 두면

$$f^{(n+2)}(0)=n^2f^{(n)}(0) \tag{3}$$

$f(0)=0$, $f'(0)=1$이므로 (3)을 이용하면

$$f''(0)=0,\quad f'''(0)=1^2\cdot f'(0)=1^2,\ \cdots$$
$$\therefore\ f^{(2m)}(0)=0$$
$$f^{(2m+1)}(0)=(2m-1)^2f^{(2m-1)}(0)=1^2\cdot 3^2\cdot 5^2\cdots(2m-1)^2$$

## 연습문제 2.4

**1.** 다음 각 식에서 $\dfrac{d^2y}{dx^2}$를 구하여라.

(1) $y=x\sin x$

(2) $y=\sqrt{\dfrac{1-\cos 4x}{1+\cos 4x}}$

(3) $y=a\sec kx$

(4) $b^2x^2+a^2y^2=a^2b^2$ (단, $ab\neq 0$)

(5) $x=a(t-\sin t)$, $y=a(1-\cos t)$ (단, $a>0$, $0<t<2\pi$)

**2.** 다음 각 함수의 제$n$차도함수를 구하여라.

(1) $y=e^{ax}$ (2) $y=\ln x$

(3) $y=\cos ax$ (4) $y=a^x$

**3.** $x=\phi(t)$, $y=\varphi(t)$가 모두 2회 미분가능하고, $\phi'(t)\neq 0$일 때

$$\frac{d^2y}{dx^2}=\frac{\varphi''(t)\phi'(t)-\varphi'(t)\phi''(t)}{\{\phi'(t)\}^3}$$

임을 증명하여라.

**4.** $y=f(x)$가 2회 미분가능하고 $f'(x)\neq 0$일 때, 역함수 $x=f^{-1}(y)$도 2회 미분가능하고 $\dfrac{d^2x}{dy^2}=-\left(\dfrac{d^2y}{dx^2}\right)\Big/\left(\dfrac{dy}{dx}\right)^3$임을 증명하여라.

**5.** $y=\sin(n\sin^{-1}x)$일 때 $(1-x^2)y''-xy'+n^2y=0$임을 증명하여라.

**6.** 다음 각 함수의 제$n$차도함수를 구하여라.

(1) $y=\dfrac{1}{a^2-x^2}$ (2) $y=\dfrac{1}{x^2-4x+3}$

**7.** 다음 각 함수의 제 3 차도함수를 구하여라.

(1) $y=e^x\ln x$ (2) $y=(x^2+a^2)\tan^{-1}\dfrac{x}{a}$

**8.** 다음 각 함수의 제$n$차도함수를 구하여라.

(1) $y=\cos ax\cdot\cos bx$ (2) $y=x^3\ln x$

(3) $y=\dfrac{x^4}{1-x}$ (4) $y=x^{n-1}e^{\frac{1}{x}}$

(5) $y=x^3a^x$ (6) $y=(1-x^2)^n$

**9.** 수학적 귀납법에 의하여 $\dfrac{d^n}{dx^n}(\sin x)=\sin\left(x+\dfrac{n\pi}{2}\right)$임을 증명하여라.

**10.** 다음 각 함수에서 $f^{(n)}(0)$을 구하여라.

(1) $f(x)=(\sin^{-1}x)^2$ (2) $f(x)=\tan^{-1}x$

(3) $f(x)=\sin(a\sin^{-1}x)$ (4) $f(x)=(x+\sqrt{1+x^2})^{\alpha}$

CHAPTER

# 3 도함수의 응용

## 3.1 평균값의 정리

이 절에서는 미분에서 중요하게 응용되는 연속함수에 관한 몇 가지 기본적인 정리들을 알아보려 한다.

함수 $y=|x|$는 연속함수이지만 $x=0$에서 미분불가능이다.

그리고 그래프는 그 점에서 뾰족한 점을 이루게 된다.

일반적으로 연속곡선 중 미분불가능인 점에서는 뾰족한 점을 이루게 된다.

그리고 정의역 내의 모든 점에서 미분가능이면 매끄러운 곡선을 이루게 된다.

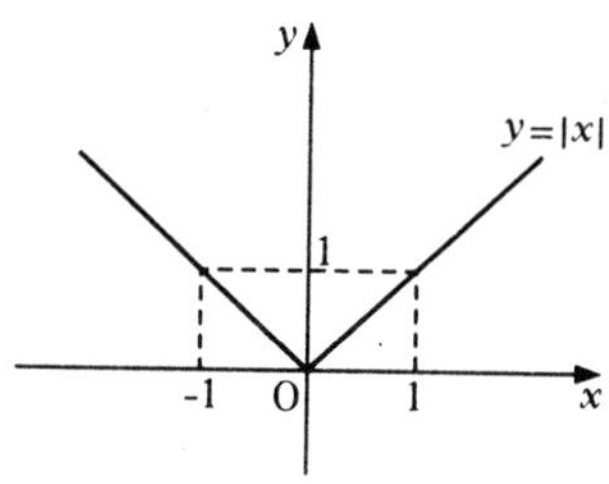


[그림 3.1]

다음 정리는 매끄러운 연속곡선의 특성이라 말할 수 있으며 미적분학의 이론 전개에 많이 이용된다.

> **정리 3.1** (Rolle의 정리)　함수 $f$가 $[a, b]$에서 연속이고, $(a, b)$에서 미분가능일 때, $f(a)=f(b)$이면 $(a, b)$에 적어도 한 점 $m$이 존재하여 $f'(m)=0$이다.

**증명** 함수 $f$가 $[a, b]$에서 연속이므로 $f$는 그 구간에서 반드시 최소값 $P$, 최대값 $Q$를 갖는다.

$P=Q$이면 $f$는 상수함수이므로 $[a, b]$의 임의의 점 $m$에서 $f'(m)=0$이다.

$P<Q$이면 구간의 끝점 $a$, $b$에서 동시에 최대값, 최소값이 될 수 없다. 따라서 $a<m<b$인 점 $m$에서 최대값 또는 최소값을 가진다. 그 점에서 최대값을 가진다고 하자. (최소값이 되는 경우도 마찬가지로 증명이 된다.) 그 점에서 미분계수

$$f'(m) = \lim_{\Delta x \to 0} \frac{f(m+\Delta x) - f(m)}{\Delta x}$$

을 계산하여 보자.

$f(m)$이 최대값이므로

$$f(m+\Delta x) - f(m) \leq 0$$

이다.

$\Delta x > 0$인 경우 $\dfrac{f(m+\Delta x) - f(m)}{\Delta x} \leq 0$이므로

$$f'(m) = \lim_{\Delta x \to 0} \frac{f(m+\Delta x) - f(m)}{\Delta x} \leq 0$$

이다. 또, $\Delta x < 0$인 경우 $\dfrac{f(m+\Delta x) - f(m)}{\Delta x} \geq 0$이므로

$$f'(m) = \lim_{\Delta x \to 0} \frac{f(m+\Delta x) - f(m)}{\Delta x} \geq 0$$

$0 \leq f'(m) \leq 0$이므로 $f'(m) = 0$이다. ▩

Rolle의 정리의 기하학적 의미는 함수 $f$가 $[a, b]$에서 연속이고 $(a, b)$에서 미분가능일 때 $f(a) = f(b)$이면 $(a, b)$ 내의 적당한 곡선 위의 한 점에서 접선을 그으면 $x$축에 평행하게 되는 그러한 점이 적어도 한 개는 존재한다는 것이다.

다음 그림과 같은 경우는 $m_1$과 $m_2$의 두 개가 존재한다.

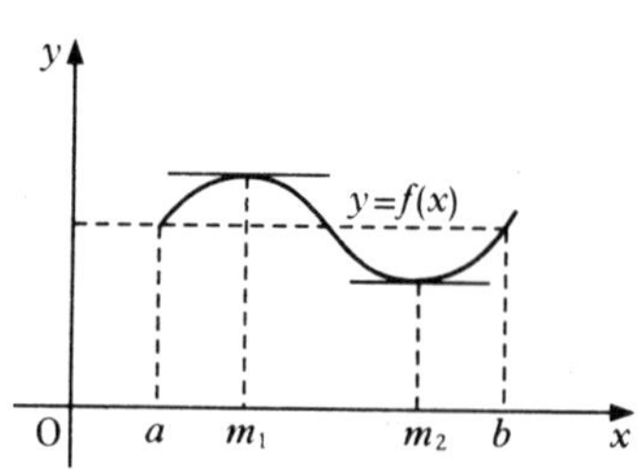


[그림 3.2]

**예제 3.1** 방정식 $x^5+2x^3-5x-10=0$은 구간 $(1, 2)$에서 단 1개의 근을 가짐을 증명하여라.

**증명** $f(x)=x^5+2x^3-5x-10$이라 놓으면 함수 $f$는 연속함수이고

$$f(1)=-12<0,\ f(2)=28>0$$

이므로 중간값의 정리에 의하여 방정식 $f(x)=0$은 구간 $(1, 2)$에서 적어도 1개의 근을 갖는다. 따라서, 적어도 한 점 $a\in(1, 2)$에 대하여 $f(a)=0$이다.

지금 다른 점 $b\in(1, 2)$에 대하여 $f(b)=0$이라고 하자. 그러면 Rolle의 정리에 의해 $a$, $b$ 사이에 적어도 한 점 $m$이 존재하여 $f'(m)=0$이다.

그런데 $f'(x)=5x^4+6x^2-5$이고 $m>1$이므로

$$f'(m)=5m^4+6m^2-5>0$$

이 되어 모순이다. 그러므로 1과 2사이에 $f(x)=0$을 만족시키는 점은 $a$ 하나이다.

**정리 3.2 (평균값의 정리)** 함수 $f$가 $[a, b]$에서 연속이고 $(a, b)$에서 미분가능이면, $(a, b)$에 적어도 한 점이 존재하여

$$\frac{f(b)-f(a)}{b-a}=f'(m)$$

을 만족한다.

**증명** 새로운 함수 $h$를 다음과 같이 정의하자.

$$h(x)=f(x)-f(a)-\frac{f(b)-f(a)}{b-a}(x-a)$$

이 때 $h$는 $[a, b]$에서 연속이고 $(a, b)$에서 미분가능이며 $h(a)=h(b)(=0)$이므로 Rolle의 정리에 의해 $h'(m)=0$인 $m$이 $(a, b)$ 내에 존재한다. 그런데

$$h'(x)=f'(x)-\frac{f(b)-f(a)}{b-a}$$

에서 $h'(m)=0$이면

$$\frac{f(b)-f(a)}{b-a}=f'(m)$$

을 얻는다. ■

평균값의 정리에 대한 기하학적인 의미를 알아보자.

구간 $[a, b]$에서 $y=f(x)$의 양 끝점의 좌표는

$$(a, f(a)), (b, f(b))$$

이고 그 두 점을 연결한 직선의 기울기는

$$\frac{f(b)-f(a)}{b-a}$$

이다. 그리고 $f'(m)$는 $x=m$이 되는 곡선 위의 점에서의 접선의 기울기이다. 따라서, 평균값의 정리는 한 곡선호의 양 끝점을 연결하는 직선과 평행한 접선을 그 곡선호의 적어도 한 점에서 그릴 수 있다는 것을 뜻한다.

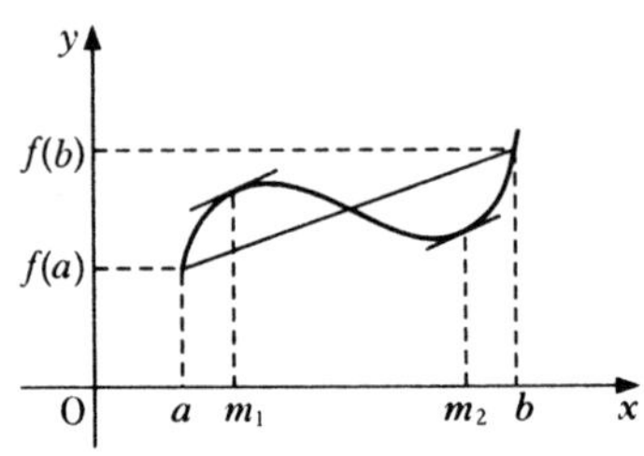


[그림 3.3]

**예제 3.2** $f(x)=2x^3-8x+1$에 대하여 $a=1$, $b=3$일 때 평균값 정리를 만족하는 $m$이 존재함을 보이고 그 $m$을 구하여라.

**풀이** $f(a)=f(1)=2\cdot 1^3-8\cdot 1+1=-5$

$f(b)=f(3)=2\cdot 3^3-8\cdot 3+1=31$

평균값 정리에 의하면 $1<m<3$인 $m$이 존재하여

$$f'(m)=\frac{31-(-5)}{3-1}=18$$

$f'(x)=6x^2-8$이므로

$$6x^2-8=18$$

을 풀면 $x=\sqrt{\frac{13}{3}},\ -\sqrt{\frac{13}{3}}$이다.

구하는 $m$은 $m\in(1,\ 3)$이어야 하므로 $m=\sqrt{\frac{13}{3}}$이다.

**예제 3.3** 평균값의 정리를 이용하여 $\sqrt{101}$의 근사값을 구하여라.

**풀이** $f(x)=\sqrt{x}$라 놓고 평균값의 정리에서 $a=100,\ b=101$이라 놓자.

$f'(x)=\frac{1}{2\sqrt{x}}$이므로

$$\frac{\sqrt{101}-\sqrt{100}}{101-100}=\frac{1}{2\sqrt{m}}$$

인 $m$인 100과 101 사이에 존재한다. 이 식을 간단히 하면

$$\sqrt{101}=10+\frac{1}{2\sqrt{m}}$$

이다. 그런데 $100<m<101$이므로 $10<\sqrt{m}<\sqrt{101}$이고

$$20<2\sqrt{m}<2\sqrt{101}=\sqrt{404}$$

이다. $404<21^2=441$에서 $20<2\sqrt{m}<21$이므로

$$\frac{1}{21}<\frac{1}{2\sqrt{m}}<\frac{1}{20}$$

따라서, $\sqrt{101}$은 $10+\frac{1}{21}$과 $10+\frac{1}{20}$ 사이의 값이다. 즉,

$$10.047 < \sqrt{101} < 10.050$$

만약 $\sqrt{101} = 10.05$로 택하면 오차는 0.003보다 작을 것이다. ■

평균값의 정리에서 $f(a)=f(b)$이면 결국 Rolle의 정리와 일치한다. 따라서 평균값의 정리는 Rolle의 정리를 확장한 것이라 볼 수 있다. 이 평균값의 정리보다 더 확장된 것이 다음 Cauchy의 정리이다.

> **정리 3.3** (Cauchy의 정리) 두 함수 $f$와 $g$가 $[a, b]$에서 연속이고 $(a, b)$에서 미분가능이며, $x \in (a, b)$에서 $g'(x) \neq 0$이면 $(a, b)$에 적어도 한 점 $m$이 존재하여
>
> $$\frac{f(b)-f(a)}{g(b)-g(a)} = \frac{f'(m)}{g'(m)}$$
>
> 을 만족한다.

**증명** 새로운 함수 $h$를 다음과 같이 정의하자.

$$h(x) = [f(b)-f(a)]g(x) - [g(b)-g(a)]f(x)$$

이 함수 $h$는 $[a, b]$에서 연속이고 $(a, b)$에서 미분가능이며 $h(a)=h(b)$이므로 Rolle의 정리에 의하여 $h'(m)=0$인 $m$이 $(a, b)$ 내에 존재한다. 그런데

$$h'(x) = [f(b)-f(a)]g'(x) - [g(b)-g(a)]f'(x)$$

에서 $h'(m)=0$이면

$$[f(b)-f(a)]g'(m) - [g(b)-g(a)]f'(m)$$

을 얻는다. $g'(x) \neq 0$인 가정은 $g(a) \neq g(b)$임을 보여준다. 따라서

$$\frac{f(b)-f(a)}{g(b)-g(a)} = \frac{f'(m)}{g'(m)}$$

을 얻는다. ■

Cauchy의 정리에서 $g(x)=x$로 놓으면 곧 평균값의 정리가 얻어진다. 곧, Cauchy의 정리는 일반화된 평균치의 정리라고 볼 수 있다.

Cauchy의 정리의 기하학적 의미는 평균값의 정리의 기하학적 의미와 같다고 볼 수 있다.

매개방정식

$$x=g(t),\ y=f(t),\ t\in[a,\ b]$$

의 곡선, 즉 $t$를 소거한 곡선의 식이 $y=F(x)$라고 하자. $t=a$, $t=b$가 되는 곡선 위의 점을 각각 A, B라 하면, A, B의 좌표는

$$\mathrm{A}(g(a),\ f(a)),\quad \mathrm{B}(g(b),\ f(b))$$

이다. 따라서 직선 AB의 기울기는

$$\frac{f(b)-f(a)}{g(b)-g(a)}$$

이다. 그리고

$$\frac{dy}{dx}=\frac{\frac{dy}{dt}}{\frac{dx}{dt}}=\frac{f'(t)}{g'(t)}$$

이므로 $t=m$이 되는 곡선 위의 점에서 접선의 기울기는 $\frac{f'(m)}{g'(m)}$이다.

그러므로 $y=F(x)$의 곡선호의 양 끝점을 연결한 직선에 평행한 접선을 그릴 수 있으므로 결국 평균값의 정리의 기하학적 의미와 같게 된다.

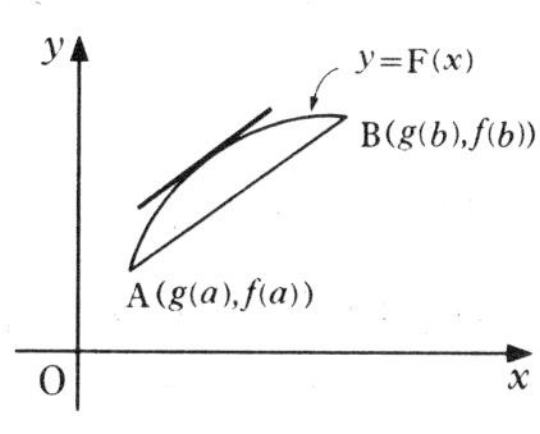


[그림 3.4]

평균값의 정리(또는 Cauchy의 정리)는 "실질적"인 문제에도 응용되지만 "이론적"인 측면에도 중요하게 응용된다.

**정리 3.4** 주어진 구간의 모든 $x$에 대하여 $f'(x)=0$이면 함수 $f$는 상수함수이다.

**증명** 주어진 국간에서 임의의 두 점 $a$, $b$에 대하여 $f(a)=f(b)$임을 밝히면 $f$는 상수함수이다. 평균치 정리에 의하면 $a$와 $b$ 사이에 $m$이 존재하여

$$f(b)=f(a)+f'(m)(b-a)$$

이다. 그런데 $f'(m)=0$이므로

$$f(a)=f(b)$$

를 얻는다. ∎

**예제 3.4** 정리 3.4를 이용하여 $f(x)=\cos^2 3x+\sin^2 3x$는 상수함수임을 보이고, 그 상수를 구하여라.

**풀이**
$$f'(x)=-6\cos 3x \sin 3x+6\sin 3x \cos 3x=0$$

이므로 $f$는 상수함수이다. 그리고 $x=0$을 대입하면

$$f(0)=\cos^2 0+\sin^2 0=1^2+0^2=1$$

이므로 상수값은 1이다. 즉,

$$\cos^2 3x+\sin^2 3x=1$$ ∎

**정리 3.5** $f$와 $g$가 구간 $I$에서 미분가능이고, 모든 $x \in I$에서 $f'(x)=g'(x)$이면, 모든 $x \in I$에 대해 $f(x)=g(x)+c$($c$는 상수)이다.

**증명** $F(x)=f(x)-g(x)$라 놓자. 평균값의 정리에 의해서 임의의 $a$, $x \in I$, $a \neq x$에 대해서 적당한 $m$이 $a$와 $x$ 사이에 존재하여

$$\frac{F(x)-F(a)}{x-a}=F'(m)$$

이다. $F'(m)=f'(m)-g'(m)=0$이므로 $F(x)-F(a)=0$이다. $F(a)=c$라 놓으면

$$f(x)-g(x)=c \text{ 즉, } f(x)=g(x)+c$$

를 얻는다.

**예제 3.5** $f'(x)=a$(단, $a$는 상수)이면 $f(x)=ax+b$($b$는 상수)임을 증명하여라.

**풀이** $g(x)=ax$라 놓으면 $g'(x)=a$이므로 $f'(x)=g'(x)$이다. 정리 3.5에 의하여 $f(x)=g(x)+b$($b$는 상수)이다. 즉, $f(x)=ax+b$이다.)

## 연습문제 3.1

**1.** 다음 함수에 대하여 평균값의 정리를 만족하는 $m$이 존재하면 그것을 구하여라. $m$이 존재하지 않으면 평균값의 정리의 조건 중에서 무엇이 위반되는가?

(1) $f(x)=x^2,\ a=2,\ b=3$

(2) $f(x)=\ln x,\ a=1,\ b=e$

(3) $f(x)=x^{\frac{2}{3}},\ a=-1,\ b=1$

(4) $f(x)=\cot \pi x,\ a=-\frac{1}{2},\ b=\frac{1}{2}$

(5) $f(x)=x^2,\ a=a_1,\ b=b_1$

(6) $f(x)=e^x,\ a=0,\ b=1$

(7) $f(x)=\sqrt{x},\ a=1,\ b=4$

(8) $f(x)=x^3,\ a=-1,\ b=1$

**2.** 모든 $a$, $b$에 대해 부등식 $|\cos b-\cos a|<|b-a|$를 증명하여라.

**3.** 주어진 함수 및 구간에서의 평균값의 정리를 이용하여 다음 각 부등식을 증명하여라.

(1) $\frac{h}{1+h}<\ln(1+h)<h$ : $f(x)=\ln x,\ [1,\ 1+h]$

(2) $h < \mathrm{Sin}^{-1}h < \dfrac{h}{\sqrt{1-h^2}}$ (단, $0<h<1$) : $f(x) = \mathrm{Sin}^{-1}x$, $[0,\ h]$

(3) $\dfrac{h}{1-h^2} < \mathrm{Tan}^{-1}h < h$ (단, $h \neq 0$) : $f(x) = \mathrm{Tan}^{-1}x$, $[0,\ h]$

(4) $\dfrac{1}{b} < \dfrac{\ln b}{b-1} < 1$ (단, $b \neq 1$) : $f(x) = x\ln x$, $[1,\ b]$

## 3.2 부정형의 극한값

두 함수 $f(x)$와 $g(x)$가 $\lim\limits_{x\to a} f(x) = 2$, $\lim\limits_{x\to a} g(x) = 3$을 만족할 때 극한의 성질에 의하여

$$\lim_{x\to a}\frac{f(x)}{g(x)} = \frac{\lim\limits_{x\to a} f(x)}{\lim\limits_{x\to a} g(x)} = \frac{2}{3}$$

이다. 그러나 $\lim\limits_{x\to a} f(x) = 0$, $\lim\limits_{x\to a} g(x) = 0$일 때

$$\lim_{x\to a}\frac{f(x)}{g(x)}$$

는 $\dfrac{0}{0}$인 형이 된다. 이러한 경우 이 극한은 $\dfrac{0}{0}$인 **부정형**(indeterminate form)이라고 한다.

이 때 위 극한값을 계산하려면 $\dfrac{f(x)}{g(x)}$를 적당히 변형시켜 계산하게 된다. 예를 들어

$$\lim_{x\to 1}\frac{x^3-1}{x^2-1}$$

은 $x^3-1$과 $x^2-1$이 모두 0에 접근하므로 $\dfrac{0}{0}$인 부정형이 된다. 그러나 주어진 분수식을 변형하면

$$\frac{x^3-1}{x^2-1}=\frac{(x-1)(x^2+x+1)}{(x-1)(x+1)}=\frac{x^2+x+1}{x+1}$$

이므로

$$\lim_{x\to 1}\frac{x^3-1}{x^2-1}=\lim_{x\to 1}\frac{x^2+x+1}{x+1}=\frac{3}{2}$$

이다. 즉, 분모, 분자를 0이 되게 하는 공통인수를 약분하여 줌으로써 부정형을 제거시켰다. 그러나 이와 같은 방법만으로는 부정형의 문제를 해결하기에는 곤란한 점이 있어 앞으로 효과적으로 사용하는 방법 중의 하나인 L'Hospital의 법칙을 기술하겠다.

**정리 3.6** (L'Hospital의 법칙) 두 함수 $f$와 $g$가 점 $a$를 포함하는 구간에서 연속이고, 그 구간(점 $a$는 제외할 수도 있음)에서 미분가능이고 $g'(x)\neq 0$이면, $f(a)=f(a)=0$일 때

$$\lim_{x\to a}\frac{f(x)}{g(x)}=\lim_{x\to a}\frac{f'(x)}{g'(x)}$$

이다. 이 때 우변의 극한이 존재하여야 한다.

**증명** 두 함수 $f$와 $g$가 점 $a$를 포함하는 구간에서 Cauchy의 정리를 만족하므로 그 구간 안의 $a$를 제외한 임의의 점 $x$를 택하면

$$\frac{f(x)-f(a)}{g(x)-g(a)}=\frac{f'(m)}{g'(m)}$$

을 만족하는 $m$이 $a$와 $x$ 사이에 존재한다. 그런데 $f(a)=g(a)=0$이므로 위의 관계식은

$$\frac{f(x)}{g(x)}=\frac{f'(m)}{g'(m)}$$

과 같다. $x$가 $a$에 접근하면 $m$도 $a$에 접근하게 되므로

$$\lim_{x\to a}\frac{f(x)}{g(x)}=\lim_{m\to a}\frac{f'(m)}{g'(m)}$$

이다. 우변의 극한에서 $m$이라는 문자 대신에 $x$라는 문자를 사용해도 부방하므로

$$\lim_{x\to a}\frac{f(x)}{g(x)}=\lim_{x\to a}\frac{f'(x)}{g'(x)}$$ ■

**예제 3.6** L'Hospital의 법칙을 이용하여

$$\lim_{x\to 0}\frac{\sin^2 x}{1-\cos x}$$

를 구하여라.

**풀이** $\lim_{x\to 0}\sin^2 x=\lim_{x\to 0}(1-\cos x)=0$이므로 주어진 극한은 $\frac{0}{0}$인 부정형이다.

L'Hospital의 법칙을 적용하면

$$\lim_{x\to 0}\frac{\sin^2 x}{1-\cos x}=\lim_{x\to 0}\frac{(\sin^2 x)'}{(1-\cos x)'}=\lim_{x\to 0}\frac{2\sin x\cos x}{\sin x}=\lim_{x\to 0}2\cos x=2$$ ■

L'Hospital의 법칙을 적용한 결과가 다시 부정형의 분수식이면 그 과정을 다시 반복하면 된다.

**예제 3.7** $\lim_{x\to 0}\frac{(\sin x-x)\cos^5 x}{x^3}$를 구하여라.

**풀이** $$\lim_{x\to 0}\frac{(\sin x-x)\cos^5 x}{x^3}=\lim_{x\to 0}\frac{\sin x-x}{x^3}\lim_{x\to 0}\cos^5 x=\lim_{x\to 0}\frac{\sin x-x}{x^3}$$

이다. L'Hospital의 법칙을 적용하면

$$\lim_{x\to 0}\frac{\sin x-x}{x^3}=\lim_{x\to 0}\frac{\cos x-1}{3x^2}$$

이다. 우변의 극한은 또 $\frac{0}{0}$인 부정형이므로 L'Hospital의 법칙을 다시 적용하면

$$\lim_{x\to 0}\frac{\cos x-1}{3x^2}=\lim_{x\to 0}\frac{-\sin x}{6x}$$

이다. 우변의 극한은 또 $\frac{0}{0}$인 부정형이므로 L'Hospital의 법칙을 다시 적용하면

$$\lim_{x\to 0}\frac{-\sin x}{6x}=\lim_{x\to 0}\frac{-\cos x}{6}=-\frac{1}{6}$$

$$\therefore \lim_{x\to 0}\frac{\sin x-x}{x^3}=-\frac{1}{6}$$

L'Hospital의 법칙은 분수식의 형에만 적용할 수 있으므로 다음의 예제와 같은 극한을 구할 때에는 분수식의 형으로 변형하여 L'Hospital의 법칙을 적용하면 된다.

**예제 3.8** $\lim_{x\to 0}\left(\csc x-\frac{1}{x}\right)$을 구하여라.

**풀이** $x$가 0에 접근하면 $\csc x$와 $\frac{1}{x}$은 한없이 커지거나 작아진다. 이 경우 위 극한은 $\infty-\infty$의 부정형을 갖는다고 말한다. 이 극한을 구하기 위하여

$$\csc x-\frac{1}{x}=\frac{1}{\sin x}-\frac{1}{x}=\frac{x-\sin x}{x\sin x}$$

로 변형하고, L'Hospital의 법칙을 두 번 적용하면

$$\lim_{x\to 0}\left(\csc x-\frac{1}{x}\right)=\lim_{x\to 0}\frac{x-\sin x}{x\sin x}=\lim_{x\to 0}\frac{1-\cos x}{x\sin x+\cos x}$$

$$=\lim_{x\to 0}\frac{\sin x}{2\cos x-x\sin x}=\frac{0}{2}=0$$

우리는 때때로 지수로 표현된 식, 이를테면 $\lim_{x\to a}f(x)^{g(x)}$인 형의 극한을 구하고자 할 때 $0^0$, $0^\infty$, $1^\infty$, $\infty^0$ 등이 나올 때가 있다. 이러한 형의 부정형을 계산할 때는 $y=f(x)^{g(x)}$라 놓고 양변에 자연로그를 취하여

$$\ln y = g(x) \ln f(x)$$

의 극한값을 구하여 얻을 수 있다.

만일 $\lim_{x \to a} \ln y = k$가 되었다면 $\lim_{x \to a} y = e^k$이다.

**예제 3.9** $\lim_{x \to 0} (1 - \sin x)^{\frac{1}{x}}$을 구하여라.

**풀이** 주어진 극한은 $1^{\infty}$인 형의 부정형을 갖는다. 따라서

$$y = (1 - \sin x)^{\frac{1}{x}}$$

이라 놓고 양변에 자연로그를 취하면

$$\ln y = \frac{1}{x} \ln(1 - \sin x) = \frac{\ln(1 - \sin x)}{x}$$

이다. 그러므로

$$\lim_{x \to 0} \ln y = \lim_{x \to 0} \frac{\ln(1 - \sin x)}{x} = \lim_{x \to 0} \frac{\frac{-\cos x}{1 - \sin x}}{1} = -1$$

이다. 따라서 $\lim_{x \to 0} y = e^{-1} = \frac{1}{e}$이므로

$$\lim_{x \to 0} (1 - \sin x)^{\frac{1}{x}} = \frac{1}{e}$$

L'Hospital의 법칙에는 $x \to a$ 대신 $x \to a+0$, $x \to a-0$ 또는 $x \to \infty$, $x \to -\infty$일 때에도 그대로 성립한다. 한 가지 예를 들면 함수 $f$, $g$가 모두 양의 $x$에 대해 연속이며 미분가능이고 $\frac{f(x)}{g(x)}$가 $x \to \infty$일 때 $\frac{0}{0}$ 또는 $\frac{\infty}{\infty}$인 부정형이면 L'Hospital의 법칙을 적용할 수 있다. 곧

$$\lim_{x \to \infty} \frac{f(x)}{g(x)} = \lim_{x \to \infty} \frac{f'(x)}{g'(x)}$$

이다. 이 증명은 고급해석학의 과정에 남겨두기로 한다. 또 $\dfrac{f'(x)}{g'(x)}$가 $x \to a$(또는 $x \to \infty$)일 때 무한대로 발산하면 $\dfrac{f(x)}{g(x)}$도 무한대로 발산한다는 것이 증명된다.

**예제 3.10** $m$이 양의 정수일 때 $\lim_{x\to\infty} \dfrac{x^m}{e^x}$을 구하여라.

**풀이** L'Hospital의 법칙을 $m$번 적용하면

$$\lim_{x\to\infty} \frac{x^m}{e^x} = \lim_{x\to\infty} \frac{mx^{m-1}}{e^x} = \lim_{x\to\infty} \frac{m(m-1)x^{m-2}}{e^x}$$

$$\cdots\cdots\cdots\cdots\cdots\cdots\cdots\cdots$$

$$= \lim_{x\to\infty} \frac{m!}{e^x} = 0 \text{ (분자가 상수이므로)}$$

L'Hospital의 법칙

$$\lim_{x\to a} \frac{f(x)}{g(x)} = \lim_{x\to a} \frac{f'(x)}{g'(x)}$$

을 적용할 때 우변의 극한이 존재해야 한다는 내용이 중요하다.

**예제 3.11** $\lim_{x\to 0} \dfrac{e^{-\frac{1}{x}}}{x}$을 구하여라.

**풀이** $\lim_{x\to 0} \dfrac{e^{-\frac{1}{x}}}{x} = \lim_{x\to 0} \dfrac{\frac{1}{x^2} e^{-\frac{1}{x}}}{1} = \lim_{x\to 0} \dfrac{e^{-\frac{1}{x}}}{x^2}$

로 되어 L'Hospital의 법칙을 적용할 수 없다. 그러나

$$\lim_{x\to 0} \frac{e^{-\frac{1}{x}}}{x} = \lim_{x\to 0} \frac{\frac{1}{x}}{e^{\frac{1}{x}}}$$

이므로 $z = \dfrac{1}{x}$로 놓으면

$$\lim_{z\to\infty}\frac{z}{e^z}=\lim_{z\to\infty}\frac{1}{e^z}=0$$

이므로 L'Hospital의 법칙이 적용 가능하다.

## 연습문제 3.2

**1.** 다음 각 극한값을 계산하여라.

(1) $\lim_{x\to 3}\frac{x^3-x^2-18}{x^2-9}$

(2) $\lim_{x\to a}\frac{x-a}{x^m-a^m}$

(3) $\lim_{x\to 0}\frac{\sqrt{2+x}-\sqrt{2-x}}{x}$

(4) $\lim_{x\to 0}\frac{e^x-e^{-x}}{\tan x}$

(5) $\lim_{x\to 0}\left(\frac{1}{\sin^2 x}-\frac{1}{x^2}\right)$

(6) $\lim_{x\to 1}\left(\frac{1}{x-1}-\frac{1}{\ln x}\right)$

(7) $\lim_{x\to\infty}[\ln x-\ln(\ln x)]$

(8) $\lim_{x\to\infty}\left(1-\frac{1}{x^3}\right)^x$

(9) $\lim_{x\to 0}(1+ax)^{\frac{b}{x}}$

(10) $\lim_{x\to +0}(\sin x)^x$

(11) $\lim_{x\to +0}x^x$

(12) $\lim_{x\to 0}(\sin x)^{\tan x}$

(13) $\lim_{x\to 0}\frac{e^x-1}{\ln(1+x)}$

(14) $\lim_{x\to 0}\frac{1-\cos 3x}{x^2}$

(15) $\lim_{x\to 0}\frac{(1+x)^{\frac{1}{x}}-e}{x}$

(16) $\lim_{x\to\infty}x^{\frac{1}{x}}$

(17) $\lim_{x\to 0}\frac{a-\sqrt{a^2-x^2}}{x}$

(18) $\lim_{x\to\frac{\pi}{2}}(\tan 5x-\tan x)$

(19) $\lim_{\theta\to\frac{\pi}{4}}\frac{\sec^2\theta-2\tan\theta}{1+\cos 4\theta}$

(20) $\lim_{x\to\pi}\frac{\ln\cos 2x}{(\pi-x)^2}$

(21) $\lim_{x\to 0}\frac{\mathrm{Sin}^{-1}x}{x}$

(22) $\lim_{x\to +0}x^{\ln x}$

(23) $\lim_{x\to\infty}\left(\frac{x}{x-2}\right)^x$

(24) $\lim_{x\to 0}(1+\tan x)^{\frac{1}{x}}$

## 3.3 함수의 극대 · 대소

이 절에서는 도함수를 이용하여 함수의 변화 상태를 조사하는 방법에 대하여 알아보자.

〈정의 3.1〉

함수 $f$가 주어진 구간의 임의의 두 점 $x_1$, $x_2$에 대하여

$$x_1 < x_2 \text{일 때 } f(x_1) < f(x_2)$$

이면, 함수 $f$는 그 구간에서 **증가함수**(increasing function)라 하고

$$x_1 < x_2 \text{일 때 } f(x_1) > f(x_2)$$

이면, 함수 $f$는 그 구간에서 **감소함수**(decreasing function)라 한다.

참고 $x_1 < x_2$일 때 $f(x_1) \leq f(x_2)$이면 $f$를 증가함수,
$x_1 < x_2$일 때 $f(x_1) \geq f(x_2)$이면 $f$를 감소함수,
라고 정의하는 경우도 있다.

정리 3.7 함수 $f$가 $[a, b]$에서 연속이고 모든 $x \in (a, b)$에 대하여

$f'(x) > 0$이면 $f$는 $[a, b]$에서 증가함수이고,
$f'(x) < 0$이면 $f$는 $[a, b]$에서 감소함수이다.

증명 증가함수인 경우만 증명하기로 한다.

임의의 두 수 $x_1$, $x_2$를

$$a \leq x_1 < x_2 \leq b$$

가 되게 잡자. 평균값의 정리에 의하여 $x_1$과 $x_2$ 사이에 $m$이 존재하여

$$f(x_2) = f(x_1) + (x_2 - x_1) f'(m)$$

이다. $x_1 < x_2$이므로 $x_2 - x_1$는 양이고 $f'(m)$도 양이므로

$$(x_2 - x_1)f'(m) > 0$$

이다. 따라서, $f(x_1) < f(x_2)$이므로 $f$는 증가함수이다. ▨

**예제 3.12** $f(x) = 3x + 2\sin x$는 증가함수인지, 감소함수인지, 아니면 증가함수도 감소함수도 아닌지를 조사하여라.

**풀이** $3x$는 증가함수이지만 $2\sin x$는 증가와 감소를 반복하므로 두 개를 더한 함수는 증가와 감소를 쉽게 판별할 수 없다. 정리 3.7을 적용해 보자.

$$f'(x) = 3 + 2\cos x$$

에서 $\cos x \geq -1$이므로

$$f'(x) = 3 + 2\cos x \geq 3 + 2(-1) = 1$$

이다. 따라서, $f$는 증가함수이다. 이것의 그래프는 그림 3.5와 같다. ▨

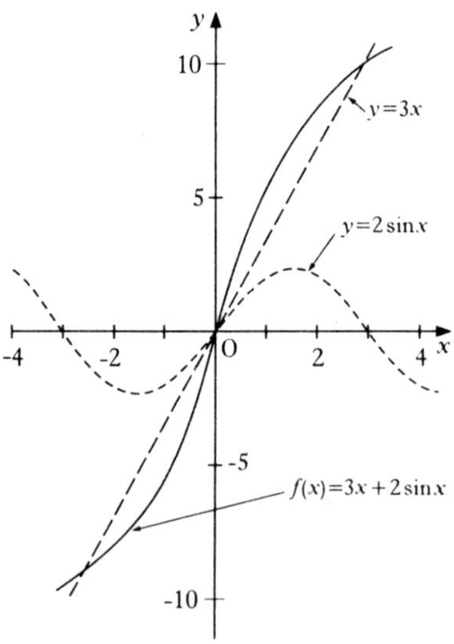


[그림 3.5]

**예제 3.13** 방정식 $x^3-6x^2+15x+3=0$의 (유일한)근을 추정하여라.

**풀이** $f(x)=x^3-6x^2+15x+3$이라고 놓으면

$$f'(x)=3x^2-12x+15=3(x-2)^2+3>0$$

이므로 $f$는 증가함수이다. 중간값의 정리에 의하여 주어진 방정식은 유일한 해 $r$를 가진다.

만약 $f(a)<0$이고 $f(b)>0$이면 $a<b$이고 $r\in(a, b)$이다.

$f(0)=3>0$이고 $f(-1)=-19$이므로 $-1<r<0$이다.

또, $f\left(-\frac{1}{2}\right)=-\frac{49}{8}<0$이므로 $-\frac{1}{2}<r<0$이다.

(만약, $f\left(-\frac{1}{2}\right)>0$이라면 $-1<r<-\frac{1}{2}$이다.)

또, $f\left(-\frac{1}{4}\right)=-\frac{73}{64}<0$이므로 $-\frac{1}{4}<r<0$이다.

이러한 과정을 반복하면 정확한 근사값을 구할 수 있다.

다음 그림에서 점 P와 S는 함수 $f$가 증가상태에서 감소상태로 변하는 경계점이다. 이러한 점을 **극대점**(maximum point)이라 하고 그 점에서의 함수값을 **극대값**(maximum value)이라고 한다. 또, Q와 T는 함수 $f$가 감소상태에서 증가상태로 변하는 경계점이다. 이러한 점을 **극소점**(minimum point)이라 하고 그 점에서의 함수값을 **극소값**(minimum value)이라고 한다.

극대점과 극소점을 통틀어 **극점**이라 하고, 극대값과 극소값을 통틀어 **극값**이라고 한다.

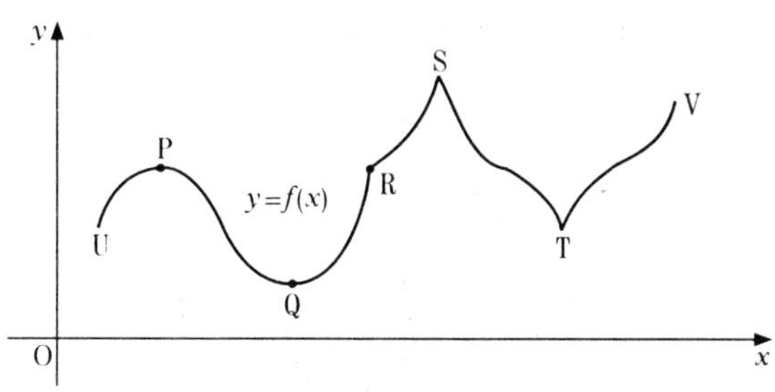


[그림 3.6]

점 S와 T는 뾰족하다. 그러한 점은 미분불가능인 점이다. 그리고 점 P와 Q는 매끄럽다. 즉, 미분가능인 점이며 Rolle의 정리의 증명 과정에서 보듯이 그러한 점에서의 미분계수는 0이다. 극대점 P와 S의 좌측에서는 $f'(x)$의 부호가 양이고 우측에서는 음의 값을 취한다. 극소점 Q와 T에서는 그 반대이다. 극대, 극소를 판정하는 다음 정리, 즉 **제1계도함수 판정법**(first derivative test)은 지금 설명한 사실을 더욱 공식적으로 말해준다.

> 정리 3.8 (제1계도함수 판정법) 함수 $f$가 점 $a$에서 연속이고 $a$의 근방에서 미분가능($a$에서는 미분불가능이라도 무방함)일 때, 점 $a$를 중심으로
> (1) $f'(x)$의 부호가 양에서 음으로 변하면 $f(a)$는 극대값이고
> (2) $f'(x)$의 부호가 음에서 양으로 변하면 $f(a)$는 극소값이다.

**예제 3.14** $y=x^3-3x$의 극값을 구하여라.

**풀이** $y$는 전구간에서 연속이고 미분가능이다.

(i) $y'=3x^2-3=3(x+1)(x-1)$

$y'=0$인 $x$의 값은 $x=-1,\ 1$

(ii) $y'$의 부호를 조사하기 위하여 다음과 같은 도표를 만들어 보자.

| $x$ | | $-1$ | | $1$ | |
|---|---|---|---|---|---|
| $y'$ | $+$ | 0 | $-$ | 0 | $+$ |
| $y$ | ↗ | 극대 | ↘ | 극소 | ↗ |

(iii) $x=-1$일 때 극대값은 2, $x=1$일 때 극소값은 $-2$ ▩

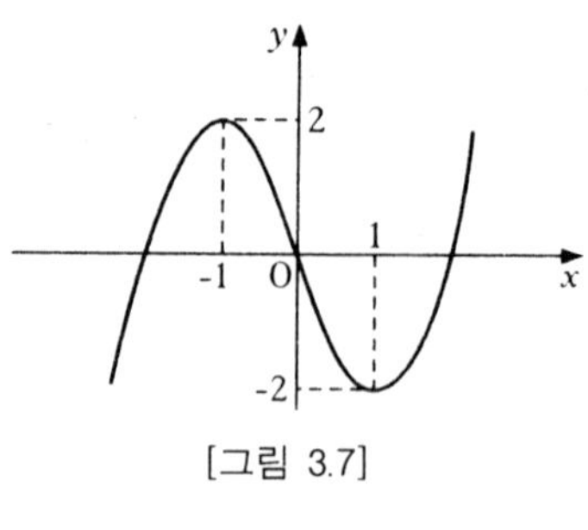


[그림 3.7]

**예제 3.15** $f(x)=(x-1)^{\frac{2}{3}}$의 극값을 구하여라.

**풀이** (i) $f'(x)=\frac{2}{3}(x-1)^{-\frac{1}{3}}=\frac{2}{3\sqrt[3]{x-1}}$

(ii) $f'(x)=0$인 점이 없으므로 $f'(x)$가 존재하는 범위에서는 극값이 없다.

(iii) $x=1$에서는 미분불가능이나 $f(1)$은 존재한다. 또 $x=1$의 전후에서 $f'(x)$의 부호가 변한다. 즉,

$$x<1\text{일 때 } f'(x)<0$$
$$x>1\text{일 때 } f'(x)>0$$

따라서 $x=1$일 때 극소값은 0이다. ■

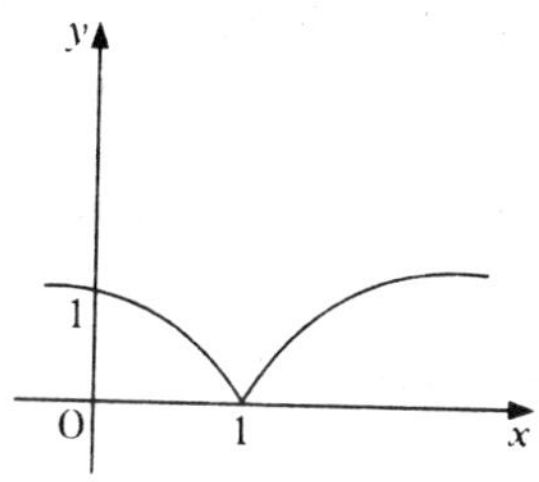

[그림 3.8]

**예제 3.16** $f(x)=2\sin x+\sin 2x$의 극값을 구하여라(단, $0\le x\le 2\pi$).

**풀이** $f'(x)=2\cos x+2\cos 2x$

$$=2(\cos x+2\cos^2 x-1)$$
$$=2(2\cos x-1)(\cos x+1)$$

$f'(x)=0$일 때 $\cos x=\frac{1}{2}$, $-1$ 즉, $x=\frac{\pi}{3}$, $\pi$, $\frac{5}{3}\pi$

그런데 $\cos x+1\ge 0$이므로 $f'(x)$의 부호는 $2\cos x-1$에 의하여 정해진다.

$x=\frac{\pi}{3}$의 전후에서 $f'(x)$의 부호는 $+$에서 $-$로 변한다.

따라서 극대값은

$$f\left(\frac{\pi}{3}\right)=2\sin\frac{\pi}{3}+\sin\frac{2}{3}\pi=\frac{3\sqrt{3}}{2}$$

$x=\pi$의 전후에서는 $f'(x)$의 부호가 변하지 않으므로 $x=\pi$에서는 극값을 가지지 않는다.

$x=\frac{5}{3}\pi$의 전후에서 $f'(x)$의 부호는 $-$에서 $+$로 변한다. 따라서 극소값은

$$f\left(\frac{5}{3}\pi\right)=2\sin\frac{5}{3}\pi+\sin\frac{10}{3}\pi=-\frac{3\sqrt{3}}{2}$$

## 연습문제 3.3

**1.** 다음 각 함수의 증가, 감소하는 범위를 구하여라.

(1) $y=x^2-6x-7$　　(2) $y=x^3-3x^2+9x-1$

(3) $y=x^3+6x^2-15x-20$　　(4) $y=e^x\sin x$

**2.** $x$가 0에서 $\pi$까지 증가함에 따라 $\frac{\sin x}{x}$는 감소함을 보여라.

**3.** 다음 각 함수의 극값을 제 1 계도함수 판정법으로 구하여라.

(1) $y=2x^3-9x^2+12x-3$　　(2) $y=x^{\frac{2}{3}}$

(3) $y=x^3-9x^2+15x-5$　　(4) $y=x^2+\frac{16}{x}$

(5) $y=x-\frac{108}{x^2}$　　(6) $y=\frac{x^2}{x+1}$

(7) $y=(x-3)^2(x+1)^{\frac{2}{3}}$　　(8) $y=(x^{\frac{2}{3}}+1)(x-2)^2$

(9) $y=\frac{1}{2}x+\sin x(0\leq x\leq 2\pi)$　　(10) $y=\cos x(1+\sin x)$, $(0\leq x\leq 2\pi)$

(11) $y=x^2\ln x$　　(12) $y=xe^{-x}$

## 3.4 함수의 볼록

함수 $f$의 도함수 $f'(x)$의 부호를 가지고 $f$의 증가, 감소를 조사하였다. 여기서는 2계도함수 $f''(x)$의 부호를 가지고 함수 $f$의 기하학적 의미를 알아보자.

함수 $f$가 점 $a$에서 미분가능일 때 곡선 $y=f(x)$ 위의 점 $P(a, f(a))$에서의 접선을 생각해 보자. 이 곡선과 접선과의 상호 관계를 접점 P의 근방에서 고찰하면 다음의 세 가지로 분류할 수 있다.

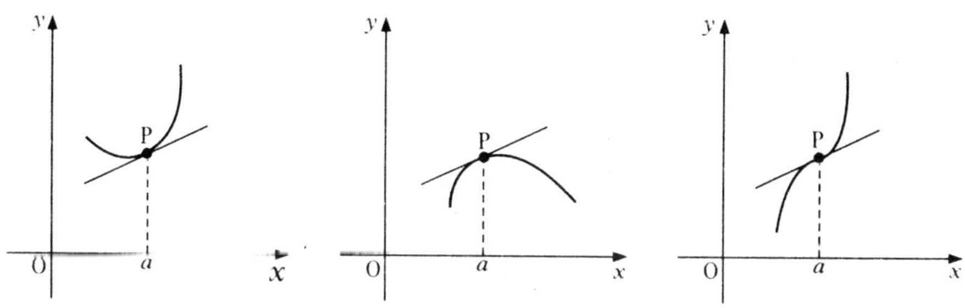


[그림 3.9]

먼저 그림 3.9의 왼쪽 그림과 같이 점 P에 극히 가까운 곡선 위의 점이 모두 접선 위쪽에 있을 때, 곡선 $y=f(x)$는 $x=a$에서 **아래로 볼록**(convex downwards)인 상태라고 한다.

또, 그림 3.9의 가운데 그림과 같이 점 P에 극히 가까운 곡선 위의 점이 모두 접선 아래쪽에 있을 때, 곡선 $y=f(x)$는 $x=a$에서 **위로 볼록**(convex downwards)인 상태라고 한다.

그리고 그림 3.9의 오른쪽 그림과 같이 점 P에서 곡선의 한쪽은 접선의 위쪽에 있고, 다른 쪽은 아래쪽에 있을 때 곡선 $y=f(x)$는 $x=a$에서 변곡한다고 하고, 점 P를 **변곡점**(inflexion point)이라고 한다.

그리고 함수 $f$가 주어진 구간의 모든 점에서 아래로 볼록인 상태이면 $f$는 그 구간에서 아래로 볼록이라고 한다.

위로 볼록도 마찬가지로 정의된다.

**정리 3.9** 구간 I의 각 내점에서
(1) $f''(x)>0$이면 $f$의 그래프는 구간 I에서 아래로 볼록이고
(2) $f''(x)<0$이면 $f$의 그래프는 구간 I에서 위로 볼록이다.

**증명** (1)의 경우만 증명하기로 한다.

임의의 점 $a\in$I에 대하여 곡선 $y=f(x)$ 위의 점 $(a, f(a))$에서 접선을 그어서 I의 한 점 $b$를 지나 $y$축에 평행한 직선 $x=b$와의 교점을 $(b, c)$라 할 때

$$f(b)-c>0$$

임을 보이면 된다.

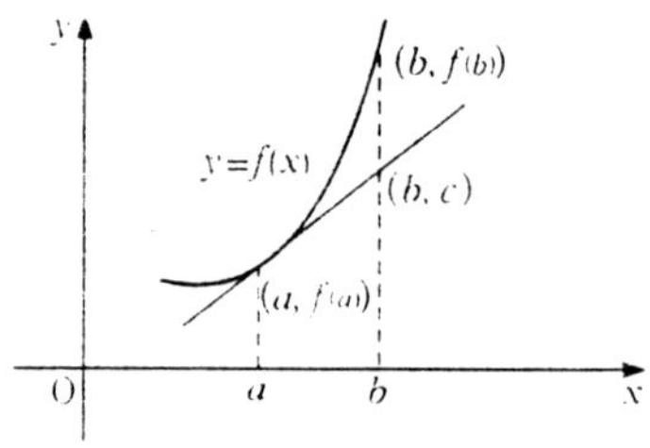


[그림 3.10]

두 점 $(a, f(a))$와 $(b, c)$를 지나는 직선의 기울기는

$$\frac{c-f(a)}{b-a}$$

이고 이것은 $f'(a)$와 같다. 따라서

$$c-f(a)=f'(a)(b-a) \qquad ①$$

이다. 평균값의 정리에 의하여

$$f(b)-f(a)=f'(m)(b-a) \qquad ②$$

를 만족시키는 $m$이 $a$와 $b$ 사이에 존재한다. 따라서 ②－①을 계산하면

$$f(b)-c=\{f'(m)-f'(a)\}(b-a) \qquad ③$$

이다. $f''$에 평균값의 정리를 다시 적용하면

$$f'(m)-f'(a)=f''(n)(m-a)$$

를 만족시키는 $n$이 $m$과 $a$ 사이에 존재한다. 따라서 식 ③은

$$f(b)-c=f''(n)(m-a)(b-a)$$

로 된다. $n$이 구간 I의 내점이므로 가정에서 $f''(n)>0$이다. 또 $m$이 $a$와 $b$ 사이에 있으므로 $a$, $b$의 크기에 관계 없이 $(m-a)(b-a)>0$이다.

따라서 $f(b)-c>0$이다.

**예제 3.17** $f(x)=\mathrm{Tan}^{-1}x$의 볼록을 조사하여라.

**풀이** $f'(x)=\dfrac{1}{1+x^2}$, $f''(x)=-\dfrac{2x}{(1+x^2)^2}$

이므로 $f$의 그래프는

$x<0$에서 아래로 볼록, $x>0$에서 위로 볼록

이고 변곡점은 $(0, 0)$이다.

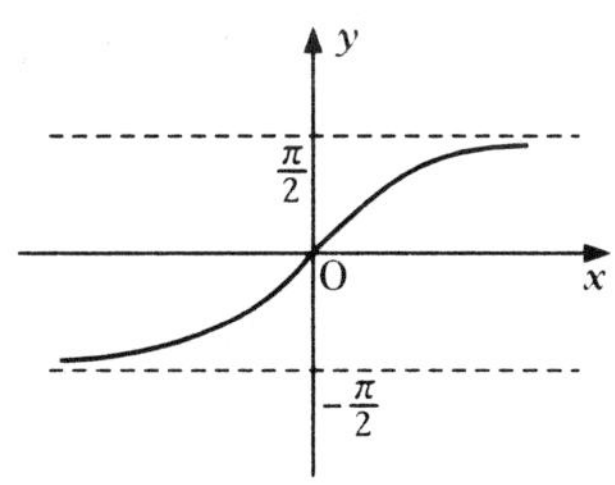


[그림 3.11]

극대점은 위로 볼록인 상태이고, 극소점은 아래로 볼록인 상태이다. 따라서 2계도함수의 부호를 조사함으로써 극대, 극소를 판정할 수 있다. 이것을 **제 2 계도함수 판정법**(second derivative test)이라고 한다. 이 방법은 단지 1계도함수가 0인 점에서만 적용된다.

> **정리 3.10 (제 2 계도함수 판정법)** $f$가 점 $a$를 포함하는 구간에서 미분가능이고, $f'(a)=0$이라고 할 때
> (1) $f''(a)<0$이면 $f(a)$는 극대값이고
> (2) $f''(a)>0$이면 $f(a)$는 극소값이다.
> 만일 $f''(a)=0$이면 이 판정법은 적용할 수 없다.

**예제 3.18** $f(x)=x^5-5x^3-20x-2$의 극값을 구하여라.

**풀이** $f'(x)=5x^4-15x^2-20=5(x^2+1)(x+2)(x-2)$

$$f'(x)=0\text{이면 } x=-2,\ 2$$

$f''(x)=20x^3-30x$에서

$f''(-2)=-100<0$ $\quad\therefore$ 극대값 $f(-2)=46$

$f''(2)=100>0$ $\quad\therefore$ 극소값 $f(2)=-50$

**예제 3.19** $f(x)=x\ln x$의 극값을 구하여라.

**풀이** $f'(x)=\ln x+1$ $\quad f'(x)=0$이면 $x=\dfrac{1}{e}$

$f''(x)=\dfrac{1}{x}$에서

$f''\left(\dfrac{1}{e}\right)=e>0$ $\quad\therefore$ 극소값 $f\left(\dfrac{1}{e}\right)=-\dfrac{1}{e}$

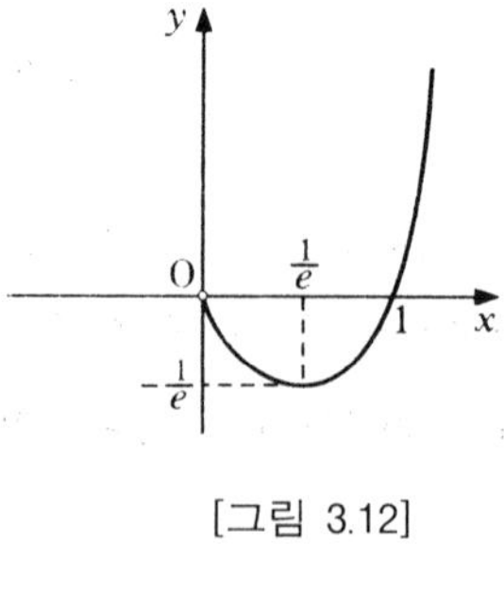


[그림 3.12]

## 연습문제 3.4

**1.** 다음 각 함수의 볼록 및 변곡점을 조사하여라.

(1) $f(x)=3x^4-4x^3+1$ (2) $f(x)=x^3+6x^2-15x-20$

(3) $f(x)=x\ln x+1$ (4) $f(x)=e^{-x^2}$

**2.** 제 2 계도함수 판정법을 이용하여 다음 각 함수의 극값을 구하여라.

(1) $y=x^4-4x^2+4$ (2) $y=2x^3-9x^2+12x-2$

(3) $y=x+2\cos x$ (4) $y=xe^{-x}$

(5) $y=x^2+\frac{2}{x}$ (6) $y=\frac{a}{2}\left(e^{\frac{x}{2}}+e^{-\frac{x}{2}}\right)$

**3.** $x^3+ax^2+bx$가 $x=1$에서 극대, $x=2$에서 극소가 되려면 $a$, $b$의 값이 각각 얼마이어야 하는가?

**4.** $x+a+\frac{b}{x}$가 극대값 0을 가질 필요조건을 구하여라.

**5.** $x^2-\frac{2a}{x}(a\neq 0)$가 극소값 3을 가지도록 $a$의 값을 정하고, 그 극소값을 판정하여라.

## 3.5 곡선의 추적

주어진 방식으로 곡선의 개형을 그릴 때에는 다음과 같은 내용을 조사하고, 이것을 종합해서 그림을 그리는 것이 편리하다.

(1) 곡선의 존재 범위

곡선의 범위를 구하는 것은 곡선 위의 점의 좌표로 허용되는 $x$, $y$의 변역을 구하는 것을 의미한다.

예를 들면 곡선 $y^2=(x-4)\ln x$의 존재 범위는 $0<x\leq 1$과 $x\geq 4$이다. 왜냐하면

$x \leq 0$에서는 $\ln x$가 정의되지 않으며, $1 < x < 4$에서는 $y^2 < 0$이기 때문이다.

⑵ 곡선의 대칭성

다음 어느 하나의 항등식을 만족하면 곡선 $F(x, y)=0$은 주어진 점 또는 직선에 관하여 대칭이다.

$F(-x, y)=F(x, y)$ ……… $y$축에 관하여 대칭
$F(x, -y)=F(x, y)$ ……… $x$축에 관하여 대칭
$F(-x, -y)=F(x, y)$ ……… 원점에 관하여 대칭
$F(y, x)=F(x, y)$ ……… 직선 $y=x$에 관하여 대칭

예를 들면 $y^2=\ln(4-x^2)$은 원점에 관하여 대칭이고, 곡선 $y=e^{x^2}$은 $y$축에 관하여 대칭이다.

⑶ 절편

곡선 $F(x, y)=0$이 좌표축과 만나는 점은 다음과 같이 구한다.

$F(x, 0)=0$의 근이 $x$절편이다.
$F(0, y)=0$의 근이 $y$절편이다.

⑷ 곡선의 증감과 볼록

$F(x, y)=0$에서 $\dfrac{dy}{dx}, \dfrac{d^2y}{dx^2}$을 구하고 이를 이용하여 함수의 증감 상태를 조사하고 극점을 구한다. 또 볼록 상태를 조사하고 변곡점을 구한다.

⑸ 점근선

한 점 P가 한 곡선을 따라 원점에서 한없이 멀어져 갈 때, P가 일정한 직선 $g$에 한없이 가까워지면 직선 $g$를 그 곡선의 **점근선**(asymptote)이라고 한다.

예를 들면 $y=\dfrac{\ln x}{x}$에서 $\displaystyle\lim_{x\to+0}\frac{\ln x}{x}=-\infty$이므로 $x=0$($y$축)은 점근선이다. 이것은 **수직점근선**(vertical asymptote)이고 $\displaystyle\lim_{x\to\infty}\frac{\ln x}{x}=0$이므로 $y=0$($x$축)은 점근선이다. 이것은 **수평점근선**(horizontal asymptote)이다.

**예제 3.20** $y=\ln\cos x$의 그래프를 그려라.

**풀이** $\cos x$는 $2\pi$를 주기로 하므로 $-\pi\le x\le\pi$까지의 구간의 곡선을 $2\pi$만큼씩 왼쪽이나 오른쪽으로 옮겨주면 된다. 위에 설명한 방법에 따라 그려보자.

(i) $\cos x\le 0$일 때에는 $y$가 정의되지 않으므로 $-\frac{\pi}{2}<x<\frac{\pi}{2}$에서만 그린다.

(ii) $\cos(-x)=\cos x$이므로 곡선은 $y$축에 관하여 대칭이다.

(iii) $x=0$일 때 $y=0$이므로 곡선은 원점을 지난다.

(iv) $y'=\frac{-\sin x}{\cos x}=-\tan x$인데 $y'=0$인 $x$의 값은 $-\frac{\pi}{2}<x<\frac{\pi}{2}$에서 $x=0$ 밖에 없다.

$y''=-\sec^2 x<0$이므로 $x=0$, 즉 원점에서 극대이다.

(v) $\lim_{x\to-\frac{\pi}{2}+0}\ln\cos x=-\infty$, $\lim_{x\to\frac{\pi}{2}-0}\ln\cos x=-\infty$이므로 $x=\frac{\pi}{2}$, $x=-\frac{\pi}{2}$는 점근선이다. 따라서 그래프의 개형은 다음과 같다.

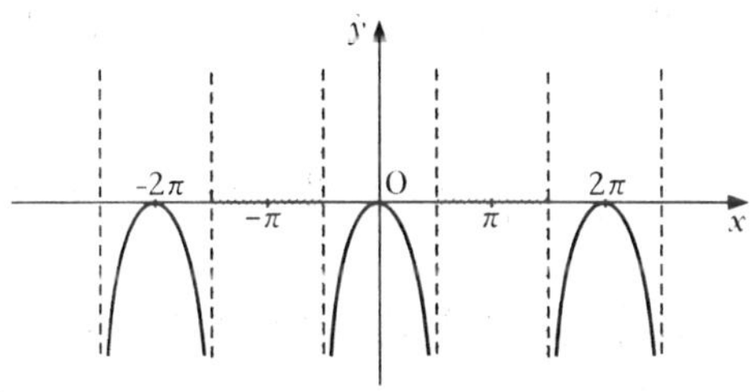


[그림 3.13]

**예제 3.21** 곡선 $y=\frac{\ln x}{x}$의 그래프를 그려라.

**풀이** (i) $x\le 0$에서는 $y$가 정의되지 않는다.

(ii) 이 곡선은 대칭인 곡선이 아니다.

(iii) $y=0$일 때 $x=1$이므로 점 $(1,\ 0)$을 지난다.

(iv) $y'=\frac{1-\ln x}{x^2}$

에서 $y'=0$이면 $x=e$이다.

$$y''=\frac{-3x+2x\ln x}{x^4}$$

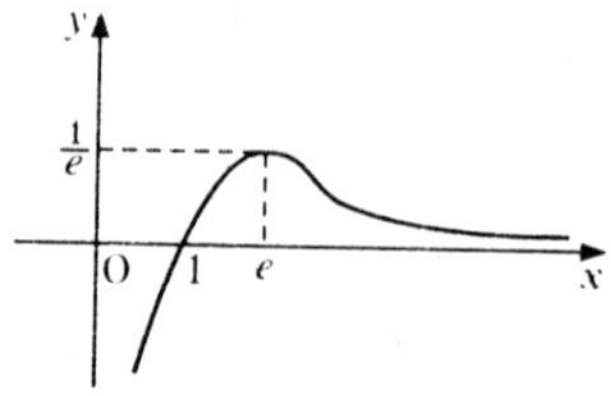


[그림 3.14]

에 $e$를 대입하면 $[y'']_{x=e}=-\frac{1}{e^3}<0$이므로 $x=e$에서 극대이고 극대값은 $\frac{1}{e}$이다.

(v) $\lim_{x\to\infty}\frac{\ln x}{x}=0$이므로 $y=0$, 즉 $x$축이 점근선이고 $\lim_{x\to+0}\frac{\ln x}{x}=-\infty$이므로 $x=0$, 즉 $y$축이 점근선이다.

이상을 종합하여 그래프를 그리면 그림 3.14와 같다. ▒

**예제 3.22** 곡선 $y^2=\dfrac{x^2}{(x-1)(x-2)}$의 그래프를 그려라.

**풀이** (i) 구간 $1<x<2$에서는 $y^2<0$이고 $x=1$, $x=2$에서는 분모가 0이므로 곡선이 존재하는 범위는 $x<1$, $x>2$이다.

(ii) $y$ 대신 $-y$를 대입하여도 방정식은 변하지 않으므로 곡선은 $x$축에 관하여 대칭이다. 따라서

$$y=\frac{x}{\sqrt{(x-1)(x-2)}}$$

의 그래프를 그리고, 또 이것을 $x$축에 관하여 대칭이동시키면 된다.

(iii) $x=0$일 때 $y=0$이므로 좌표축과의 교점은 원점뿐이다.

(iv) $y'=\dfrac{4-3x}{2(x-1)^{\frac{3}{2}}(x-2)^{\frac{3}{2}}}$에서 $y'=0$이면 $x=\frac{4}{3}$이다. 그러나 $x<1$, $x>2$에서는 곡선의 점이 존재하지 않으므로 극점은 없다.

(v) 직선 $x=1$, $x=2$는 점근선이다. 또,

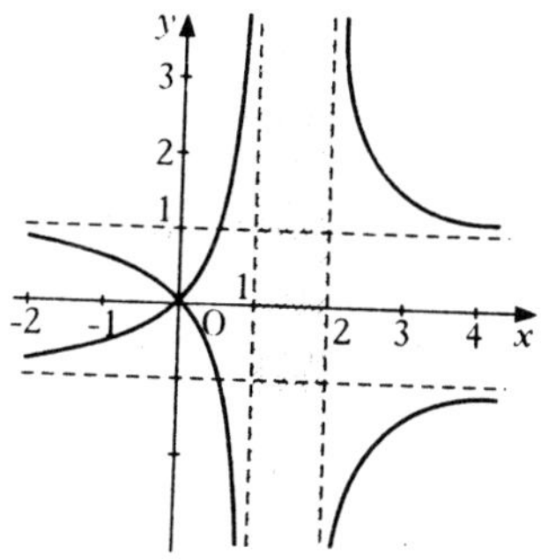


[그림 3.15]

$$\lim_{x\to\infty}\frac{x^2}{(x-1)(x-2)}=1$$

이므로 직선 $y\pm1$도 점근선이다. 따라서 주어진 곡선의 그래프는 그림 3.15과 같다.

## 연습문제 3.5

**1.** 다음 각 곡선의 그래프를 그려라.

(1) $y=x^3+x-2$ (2) $y=x^3-3x^2$

(3) $y=\frac{4}{x^2+4}$ (4) $y=\frac{x}{(x-1)^3}$

(5) $y=\frac{x^3}{1+x^2}$ (6) $y=\frac{x}{1+x^2}$

(7) $y=\frac{x}{1-x}$ (8) $y=\ln\tan x$

(9) $y=xe^{-x}$ (10) $y=e^{-x^2}$

(11) $y^2=(x-1)^2(x+3)$ (12) $y=\frac{x}{(x-1)(x-2)}$

(13) $y^2=x^3-9x$ (14) $y^2=\frac{2-x}{x^2}$

## 3.6 미분과 근사값

미분가능한 함수 $y=f(x)$ 위의 점 $P(a, f(a))$에서의 접선의 방정식은

$$y-f(a)=f'(a)(x-a)$$

즉,

$$y=f(a)+f'(a)(x-a)$$

이다.

$$p(x)=f(a)+f'(a)(x-a)$$

이라고 놓으면 $y=p(x)$는 다음 그림에서와 같이 접선 PT의 방정식이다.

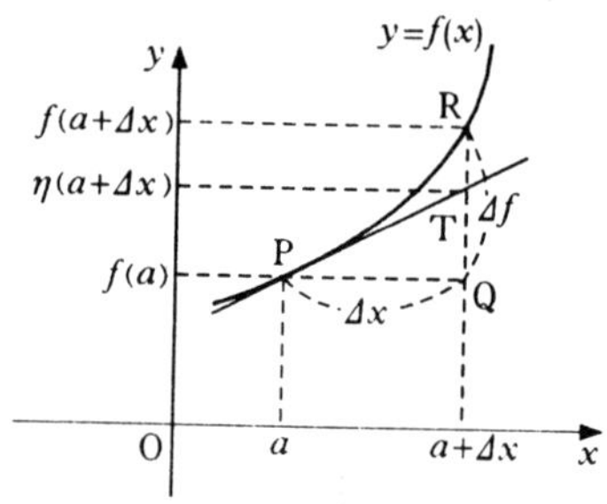


[그림 3.16]

$p(x)$의 $x$ 대신 $a+\Delta x$를 대입하면

$$p(a+\Delta x)=f(a)+f'(a)\Delta x$$

이다. 여기서 $f'(a)\Delta x$는 선분 QT의 양을 나타낸다.

또, 함수 $f$의 증분 $\Delta f=f(a+\Delta x)-f(a)$에서

$$f(a+\Delta x)=f(a)+\Delta f$$

이고 $\Delta f$는 선분 QR의 양이다. 여기서 $\Delta f$에 대한 근사값으로 $f'(a)\Delta x$를 잡을 수 있다. 즉,

$$\Delta f \fallingdotseq f'(a)\Delta x$$

〈정의 3.2〉

함수 $f$가 미분가능일 때 정의역 안의 점 $a$에 대하여 $f'(a)\Delta x$를 $a$에서 $f$의 미분(differential)이라 하고 기호 $df$ 또는 $dy$로 나타낸다. 즉,

$$df = f'(a)\Delta x$$

$f$는 미분가능인 함수이므로 $\Delta x$가 충분히 작으면 미분 $df$도 충분히 작다. 아래의 왼쪽 그림은 $df$와 $\Delta f$의 차이를 나타낸 것이다.

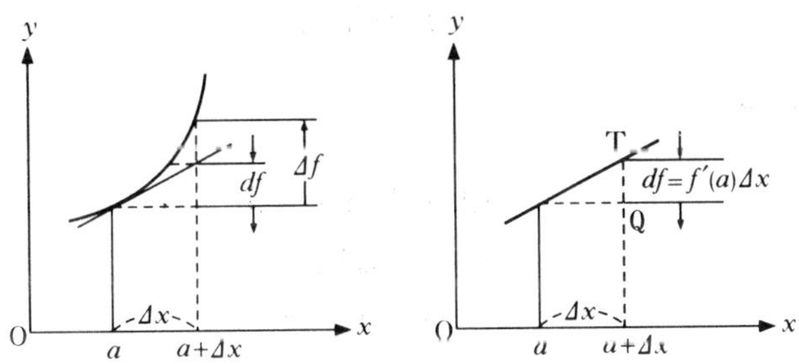


[그림 3.17]

**예제 3.23** $f(x)=\sqrt{x}$, $a=9$, $\Delta x=0.3$일 때 $df$와 $\Delta f$를 구하여라.

**풀이** $f'(x)=\dfrac{1}{2\sqrt{x}}$이므로

$$df = f'(a)\Delta x = \frac{1}{2\sqrt{9}}\times 0.3 = 0.05$$
$$\Delta f = f(a+\Delta x)-f(a) = \sqrt{9+0.3}-\sqrt{9} = 0.04959$$

여기서 $df$는 $\Delta f$에 아주 가까운 값임을 알 수 있다.

이미 조사한 바와 같이 $\Delta x$가 충분히 작을 때 $p(a+\Delta x)$를 $f(a+\Delta x)$의 근사값으로 잡을 수 있음을 알았다. 즉, 다음과 같은 근사공식을 얻는다.

$$f(a+\Delta x) \fallingdotseq f(a)+f'(a)+\Delta x$$

**예제 3.24** 근사공식을 써서 $\sqrt[3]{29}$의 근사값을 구하여라.

**풀이** $f(x)=\sqrt[3]{x}$라고 놓으면 $f'(x)=\frac{1}{3}x^{-\frac{2}{3}}$이다. $a=27$, $\Delta x=29-27=2$로 잡으면

$$f(a+\Delta x) \fallingdotseq f(a)+f'(a)\Delta x=\sqrt[3]{27}+\frac{1}{3(27)^{\frac{2}{3}}}\cdot 2=3+\frac{2}{27} \fallingdotseq 3.0741$$

정확한 값은 3.0723…이다. ■

함수 $f$의 점 $x$에서의 미분은

$$df=f'(x)\Delta x$$

이다. 예를 들면

$$d(\tan x)=\sec^2 x\,\Delta x$$
$$d(x^5)=5x^4\,\Delta x$$
$$d(x)=1\Delta x=\Delta x$$

여기서 $f(x)=x$의 미분은 $d(x)=\Delta x$이므로 $f$의 미분에서 $\Delta x$ 대신 $dx$를 사용한다. 즉,

$$df=f'(x)dx \text{ 또는 } dy=f'(x)dx$$

이것은 $\frac{dy}{dx}=f'(x)$에서 양변에 기계적으로 $dx$를 곱한 결과와 같아진다.

**예제 3.25** 정육면체의 한 변의 길이가 상대오차 1% 이하로 측정될 때 체적은 상대오차 몇 %로 계산되겠는가?

**풀이** 한 변의 길이를 $x$, 체적을 $V$라고 하면 $V=x^3$이다. 측정한 $x$에 대한 오차를 $dx$라고 하면 상대오차

$$\frac{dx}{x}$$

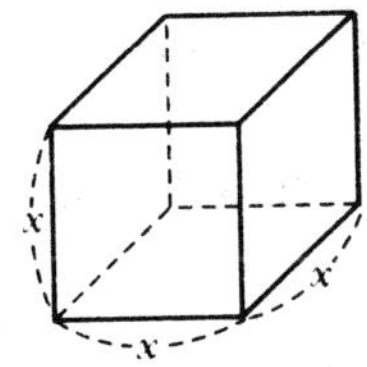


[그림 3.18]

는 절대오차가 0.01 이하이다. 즉, $\frac{|dx|}{x} \leq 0.01$

미분 $dV$는 체적을 계산할 때의 오차이고 따라서

$$\frac{dV}{V}$$

는 체적의 상대오차이다.

$$dV = d(x^3) = 3x^2 dx$$

이므로

$$\frac{dV}{V} = \frac{3x^2 dx}{x^3} = 3\frac{dx}{x}$$

이다. 그러므로 체적에 대한 상대오차는 약 3%이다.

근사공식 $f(a+\Delta x) \doteqdot f(a)+f'(a)\Delta x$에 대하여 알아보았다. 즉, $f(a+\Delta x)$의 근사값으로 $f(a)+f'(a)\Delta x$를 잡았다. 이 때 오차의 한계에 대하여 알아보자.

$a+\Delta x=b$로 놓으면

$$f(b) \doteqdot f(a)+f'(a)(b-a)$$

이다. 이 때 오차 $E$는

$$E=f(b)-f(a)-f'(a)(b-a)$$

이다. 여기서 다음과 같은 함수 $F$와 $G$를 생각해 보자.

$$F(x)=f(x)+f'(x)(b-x)$$

$$G(x)=(b-x)^2$$

그러면 Cauchy의 정리에 의해 $a$와 $b$ 사이에 $m$이 존재하여

$$\frac{F(b)-F(a)}{G(b)-G(a)}=\frac{F'(m)}{G'(m)} \qquad \cdots ①$$

이 성립한다. 그런데

$$F'(x)=f''(x)(b-x)\text{이고, } G'(x)=-2(b-x)$$

이다. 또

$$F(a)=f(b),\ F(a)=f(a)+f'(a)(b-a),\ G(b)=0,\ G(a)=(b-a)^2$$

이므로 이들을 ①에 대입하면

$$\frac{f(b)-f(a)-f'(a)(b-a)}{0-(b-a)^2}=\frac{f''(m)(b-m)}{-2(b-m)}$$

을 얻는다. 이것을 정돈하면

$$f(b)-f(a)-f'(a)(b-a)=\frac{1}{2}f''(m)(b-a)^2$$

이므로 오차 $E$는

$$E=\frac{1}{2}f''(m)(b-a)^2$$

이다. 따라서 정의역 안의 임의의 $x$에 대하여 $|f''(x)|\le M$이면 오차의 한계

$$|E|\le\frac{1}{2}M(b-a)^2$$

을 얻는다.

**예제 3.26** 내부 치수가 4cm×4cm×4cm인 정육면체 상자를 $\frac{1}{32}$cm 두께의 납판으로 만들었다. 만일 납의 무게가 $cm^3$당 5g이면 이 상자의 무게

는 근사적으로 얼마인가? 또 체적의 근사 계산에서 오차의 한계를 구하여라.

**풀이** $f(x)=x^3$인 함수 $f$를 생각하자. 그러면 이 상자의 외면은

$$\left(4\frac{1}{16}\right)^3=f\left(4\frac{1}{16}\right)(\text{cm}^3)$$

의 체적을 외워싸고 있다. 그 상자의 내부 체적은 $4^3=f(4)(\text{cm}^3)$이므로 상자를 만드는 데 소요된 납의 체적은

$$f\left(4\frac{1}{16}\right)-f(4)$$

이다. 근사공식에 의하여

$$f\left(4\frac{1}{16}\right)-f(4)\fallingdotseq f'(4)\cdot\frac{1}{16}=3\cdot4^2\cdot\frac{1}{16}=3$$

이다. 그러므로 상자는 약 $3\text{cm}^3$의 납을 만들어졌으며 따라서 부게는 근사적으로 15g이다.

또, 구간 $\left[4,\ 4\frac{1}{16}\right]$의 $x$에 내하여

$$|f''(x)|=|6x|\leq 6\cdot4\frac{1}{16}=\frac{195}{8}$$

이므로

$$|E|\leq\frac{1}{2}\cdot\frac{195}{8}\left(\frac{1}{16}\right)^2=\frac{195}{4096}<0.05$$

을 얻는다. 따라서 절대오차는 $0.05\text{cm}^3$보다 작다. 즉, 상대오차는 $\frac{0.05}{3}$를 초과하지 못한다.

즉, 그 오차는 2%보다 작다. ▒

## 연습문제 3.6

**1.** 다음 각 함수에 대하여 주어진 조건에서의 $df$와 $\Delta f$를 각각 구하여라.

(1) $f(x)=x^2,\ x=1,\ dx=0.3$

(2) $f(x)=x^3,\ x=\frac{1}{2},\ dx=0.1$

(3) $\sqrt{x},\ x-9,\ dx=-2$

(4) $f(x)=\sqrt[3]{x},\ x=27,\ dx=-4$

(5) $f(x)=\sin x,\ x=\frac{\pi}{3},\ dx=-\frac{\pi}{12}$

(6) $f(x)=\tan x,\ x=\frac{\pi}{6},\ dx=\frac{\pi}{12}$

**2.** 미분을 이용하여 다음의 근사값을 구하여라.

(1) $\sqrt{98}$

(2) $\sqrt[3]{25}$

(3) $\tan\left(\frac{\pi}{4}-0.01\right)$

(4) $\sin 0.13$

(5) $\frac{1}{4.03}$

(6) $\sin 32^\circ$

**3.** $h$가 충분히 작은 값일 때 근사공식을 써서 다음 근사공식이 성립함을 밝혀라.

(1) $\frac{1}{1+h} \fallingdotseq 1-h$

(2) $(1+h)^{10} \fallingdotseq 1+10h$

(3) $\sqrt{1+h} \fallingdotseq 1+\frac{h}{2}$

(4) $\sqrt[3]{1+h} \fallingdotseq 1+\frac{h}{3}$

**4.** 다음 미분을 구하여라.

(1) $d\left(\frac{1}{x^3}\right)$

(2) $d(\sqrt{1+x^2})$

(3) $d(\sin 2x)$

(4) $d(\cos 5x)$

(5) $d(\csc x)$

(6) $d(\tan x^3)$

(7) $d\left(\frac{\cot 5x}{x}\right)$

(8) $d(x^3 \sec^2 5x)$

**5.** 반지름의 길이 $a$와 반지름의 길이 $b$인 두 개의 동심원 사이의 면적을 $A$라고 할 때 $A$의 근사값인 $A_1$을 구하는 공식을 만들어라. (단, $a<b$) 그리고, $a=9,\ b=10$이면 백분율 오차는 얼마인가? 이 때 오차의 한계는 얼마인가?

CHAPTER

# 4 매개변수방정식과 극좌표

## 4.1 매개변수방정식

평면곡선상의 한 점의 직교좌표가 공통변수 $t$의 함수로서

$$x=f(t), \quad y=g(t)$$

와 같이 표시할 수 있을 때, (1)을 곡선의 매개변수방정식이라 하고 변수 $t$를 **매개변수**(parameter)라 한다. (1)에서 $t$를 소거하면 그 곡선의 **직교방정식**(rectangular equation), 또는 카테시안방정식(Cartesian equation)을 얻는다. 예를 들면 방정식 $x=r\sin\theta$, $y=r\cos\theta$에서 매개변수 $\theta$를 소거하면 원의 직교방정식

$$x^2+y^2=r^2\sin^2\theta+r^2\cos^2\theta=r^2$$

을 얻는다. 그러나 주의할 점은 매개변수의 소거에서 매개변수방정식을 만족하는 임의의 점은 직교방정식을 만족하나 그 역은 일반적으로 성립하지 않는다. 예를 들면 방정식

$$x=\sin\theta, \quad y=\cos^2\theta$$

에서 매개변수 $\theta$를 소거하면 직교방정식 $y=1-x^2$을 얻는다. $y=1-x^2$은 포물선 전체를 표시하나 매개변수방정식 $x=\sin\theta$, $y=\cos^2\theta$는 $x$축의 상반부에 있는 포물선만을 표시한다.

**예제 4.1** 매개변수방정식 $x=\frac{1}{2}t^3-6t$, $y=\frac{1}{2}t^2$의 곡선을 그려라(단, $0\le t\le 4$).

**풀이** $t$의 각 값에 대응하는 $x$와 $y$의 값을 구해 보면 다음과 같다.

| $t$ | 0 | 1 | 2 | 3 | 4 |
|---|---|---|---|---|---|
| $x$ | 0 | $-\frac{11}{2}$ | $-8$ | $-\frac{9}{2}$ | 8 |
| $y$ | 0 | $\frac{1}{2}$ | 2 | $\frac{9}{2}$ | 8 |
| $(x, y)$ | $(0, 0)$ | $\left(-\frac{11}{2}, \frac{1}{2}\right)$ | $(-8, 2)$ | $\left(-\frac{9}{2}, \frac{9}{2}\right)$ | $(8, 8)$ |

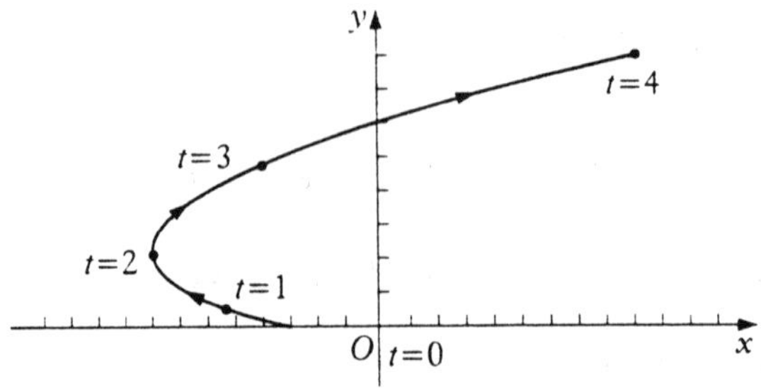


[그림 4.1]

**예제 4.2** 반지름 $a$인 원이 직선 위를 굴러갈 때 원둘레에 있는 정점의 궤적의 방정식을 구하라.

**풀이** 반지름 $a$인 원 위의 정점 $P$가 원점에서 출발하여 $x$축 위를 굴러간다고 하자. $CP$가 $\theta$radian만큼 회전하였을 때, 이 원은 점 $A$까지 굴러가게 되며 $OA=\widehat{AP}=a\theta$이고 $P$의 좌표는 $x=a(\theta-\sin\theta)$, $y=a(1-\cos\theta)$이다. 이 곡선을 'cycloid'라 한다. ▩

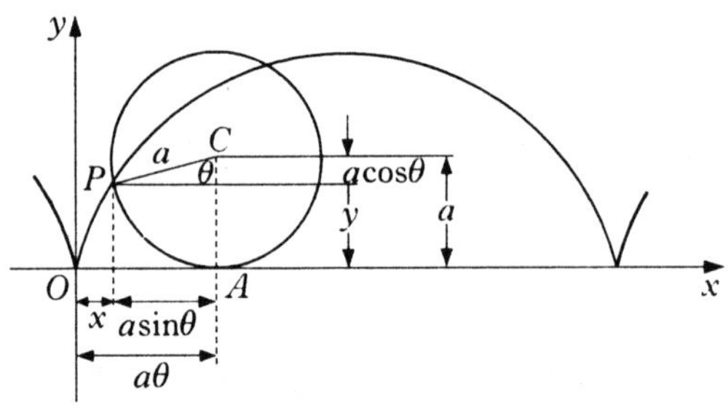


[그림 4.2]

**예제 4.3** $y=x^2$에 대한 매개변수방정식을 구하라$\left(\text{단, 매개변수 } m=\dfrac{dy}{dx}\right)$.

**풀이** $\dfrac{dy}{dx}=2x$

$$x=\frac{1}{2}\frac{dy}{dx}=\frac{1}{2}m, \qquad y=x^2=\left(\frac{1}{2}m\right)^2=\frac{1}{4}m^2$$

따라서 구하는 매개변수방정식은

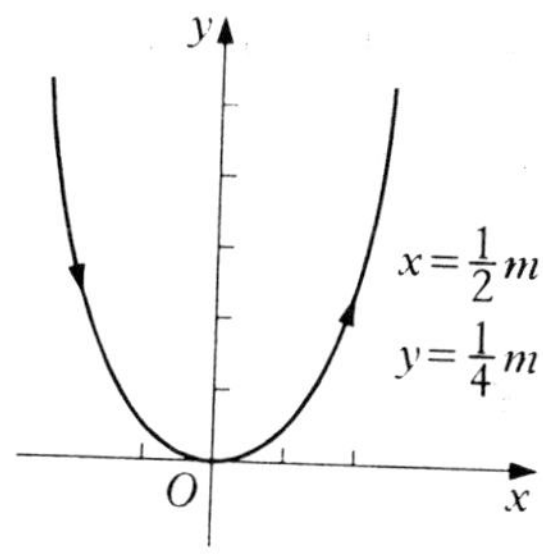


[그림 4. 3]

$$\begin{cases} x=\dfrac{1}{2}m \\ y=\dfrac{1}{4}m^2 \end{cases}$$

이다.

$y$가 $x$의 함수이고 함수관계가

$$x=f(t), \quad y=g(t)$$

로 주어졌을 때, $f'(t)\neq 0$이면

$$y'=\frac{dy}{dx}=\frac{\dfrac{dy}{dt}}{\dfrac{dx}{dt}}=\frac{g'(t)}{f'(t)}=g_1(t)$$

$$y''=\frac{dy'}{dx}=\frac{\dfrac{dy'}{dt}}{\dfrac{dx}{dt}}=\frac{g_1'(t)}{f'(t)}=g_2(t)$$

$$y'''=\frac{dy''}{dx}=\frac{\dfrac{dy''}{dt}}{\dfrac{dx}{dt}}=\frac{g_2'(t)}{f'(t)}=g_3(t)$$

.............................................

$$y^{(n)}=\frac{dy^{(n-1)}}{dx}=\frac{\dfrac{dy^{(n-1)}}{dt}}{\dfrac{dx}{dt}}=\frac{g_{n-1}(t)}{f'(t)}=g_n(t)$$

**예제 4.4** $x=t^2$, $y=t^3$일 때, 매개변수 $t$를 소거하지 않고 점 (1, 1)에서의 $\frac{dy}{dx}$, $\frac{d^2y}{dx^2}$을 구하라.

**풀이** $$\frac{dy}{dx}=\frac{\frac{dy}{dt}}{\frac{dx}{dt}}=\frac{3t^2}{2t}=\frac{3}{2}t$$

$$\frac{d^2y}{dx^2}=\frac{\frac{dy'}{dt}}{\frac{dx}{dt}}=\frac{\frac{3}{2}}{2t}=\frac{3}{4t}$$

곡선상의 점 (1, 1)은 매개변수 $t=1$에 대응한다. 따라서

$$\left.\frac{dy}{dx}\right|_{t=1}=\frac{3}{2}$$

$$\left.\frac{d^2y}{dx^2}\right|_{t=1}=\frac{3}{4}$$

**예제 4.5** $x=a(\theta-\sin\theta)$, $y=a(1-\cos\theta)$에서 $\theta=0$, $\frac{\pi}{2}$, $\pi$에 대응하는 점에서의 접선의 방정식을 구하라(단, $a\neq0$).

**풀이** $$y'=\frac{dy}{dx}=\frac{\frac{dy}{d\theta}}{\frac{dx}{d\theta}}=\frac{a\sin\theta}{a(1-\cos\theta)}=\frac{2\sin\frac{\theta}{2}\cos\frac{\theta}{2}}{2\sin^2\frac{\theta}{2}}=\cot\frac{\theta}{2}$$

에서 $\theta=0$에 대응하는 점은 (0, 0)이고

$$\lim_{\theta\to0^+}\cot\frac{\theta}{2}=\infty,\quad \lim_{\theta\to0^-}\cot\frac{\theta}{2}=-\infty$$

이므로 접선의 방정식은 $x=0$이다.

$\theta=\frac{\pi}{2}$에 대응하는 점은 $\left(\frac{\pi-2}{2}a,\ a\right)$이고 $y'=\cot\frac{\pi}{4}=1$이므로, 접선의 방정식은

$$y=x+\left(2-\frac{\pi}{2}\right)a$$

$\theta=\pi$에 대응하는 점은 $(\pi a,\ 2a)$이고 $y'=\cot\frac{\pi}{2}=0$이므로, 구하는 식은

$$y=2a$$

## 연습문제 4.1

**1.** 다음 곡선의 직교방정식을 구하라.

(1) $\begin{cases} x=3t-4 \\ y=6t+2 \end{cases}$  (2) $\begin{cases} x=3+2\cos t \\ y=2+4\sin t \end{cases}$

(3) $\begin{cases} x=\cos 2t \\ y=\sin t \end{cases}$  (4) $\begin{cases} x=t^2 \\ y=2\log t \end{cases}$

**2.** 다음 곡선의 매개변수방정식을 구하라.

(1) $x^2+y^3=4xy$  (2) $x^2+2xy+4y^2=8x$

(3) $x^3+y^3-3axy=0$

**3.** 다음 곡선에서 $\frac{dy}{dx}$, $\frac{d^2y}{dx^2}$을 구하라.

(1) $\begin{cases} x=t^3+1 \\ y=t^2+1 \end{cases}$  (2) $\begin{cases} x=\dfrac{1}{t-1} \\ y=\dfrac{t}{t^2-1} \end{cases}$

(3) $\begin{cases} x=1-\ln t \\ y=t-\ln t \end{cases}$  (4) $\begin{cases} x=t-\sin t \\ y=1-\cos t \end{cases}$

**4.** 다음 곡선의 주어진 점에서의 접선과 법선의 방정식을 구하라.

(1) $x=t^2-2t,\ y=t^3-3t\ ;\ t=2$  (2) $x=e^t,\ y=e^{-t}\ ;\ t=2$

## 4.2 극 좌 표

직교좌표계와는 다른 좌표계를 사용하면 한 평면의 점이나 곡선의 해석이 보다 간편할 경우가 있다. 직선 $OX$상의 정점 $O$에 대해 평면상의 임의의 점 $P$의 위치를 $OP$의 길이와 회전각 $XOP$의 크기로 나타낼 수 있다.

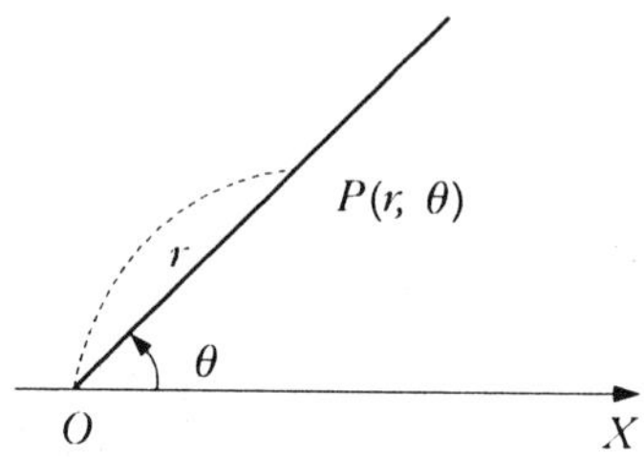


[그림 4.4]

$OP$의 길이를 $r$, $\angle XOP=\theta$라 놓으면 $(r,\ \theta)$를 점 $P$의 **극좌표**(polar coordinate), $r$을 **동경**(radius), $\theta$를 **편각**(argument)이라 하며, 직선 $OX$를 **기선**(initial line), 또는 **극축**(polar axis), $O$를 **극**(polar)이라고 한다.

극축을 $x$축의 양의 방향으로 잡으면 한 점 $P$의 극좌표 $(r,\ \theta)$와 직교좌표 $(x,\ y)$ 사이에는 다음 관계가 성립한다.

$$\begin{cases} x = r\cos\theta \\ y = r\sin\theta \end{cases}, \qquad \begin{cases} r^2 = x^2 + y^2 \\ \tan\theta = \dfrac{y}{x} \end{cases}$$

또한 $(r,\ \theta)=(-r,\ \theta\pm\pi)$라 해석한다.

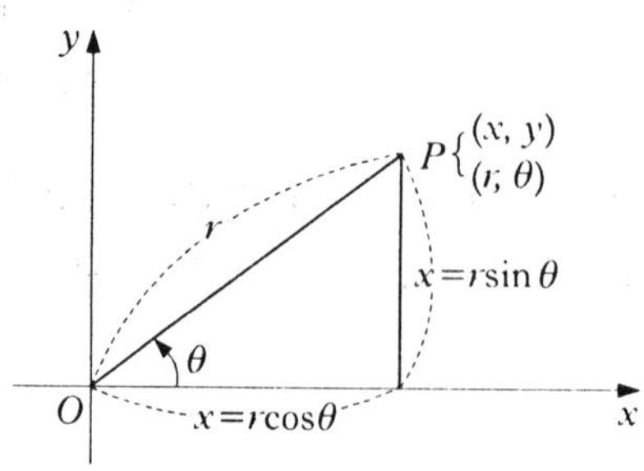


[그림 4.5]

예를 들면, 극방정식 $r=a\cos\theta$ 혹은 $r^2=ar\cos\theta$를 직교방정식으로 변형하면 $x^2+y^2=ax$이고, 직교방정식 $y^2=4ax$를 극방정식으로 변형하면 $(r\sin\theta)^2=4a(r\cos\theta)$ 혹은 $r=4a\cot\theta\csc\theta$이다.

한편 극방정식 $r=f(\theta)$의 그래프는 $r=f(\theta)$를 만족하는 $(r, \theta)$를 극좌표로 갖는 점들의 집합이다.

**예제 4.6** 직교좌표 $(-2, 2\sqrt{3})$을 극좌표로 고쳐라(단, $r>0$, $0\le\theta<2\pi$).

**풀이** $r^2=x^2+y^2=(-2)^2+(2\sqrt{3})^2=16$

$r=4$

$\tan\theta=\dfrac{y}{x}=\dfrac{2\sqrt{3}}{-2}=-\sqrt{3}$

이고, 제2 상한의 각이므로

$$\theta=\frac{2}{3}\pi$$

따라서 구하는 극좌표는 $\left(4, \dfrac{2}{3}\pi\right)$이다.

**예제 4.7** 심장형(cardioid) $r=4(1-\cos\theta)$의 그래프를 그려라.

**풀이** $\cos(-\theta)=\cos\theta$에서 $\pm\theta$에 대한 $r$의 값은 같다. 따라서 그래프는 기선을 품는 직선에 관해서 대칭이다. $\theta$의 값에 대응하는 $r$의 값은 다음과

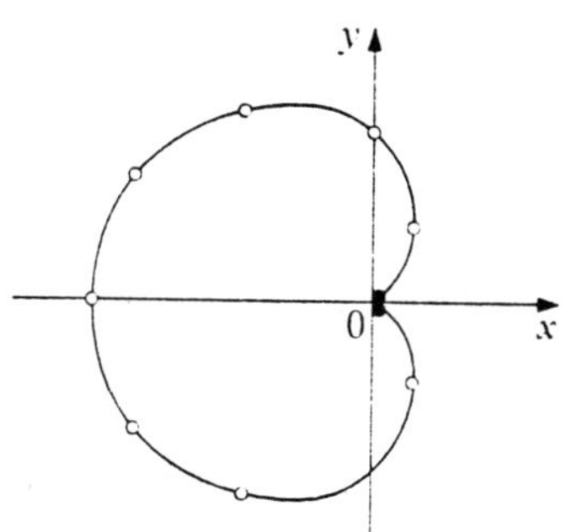


[그림 4.6]

같다.

| $\theta$ | $0^\circ$ | $\pm 30^\circ$ | $\pm 60^\circ$ | $\pm 90^\circ$ | $\pm 120^\circ$ | $\pm 150^\circ$ | $\pm 180^\circ$ |
|---|---|---|---|---|---|---|---|
| $r$ | 0 | $2(2-\sqrt{3})$ | 2 | 4 | 6 | $2(2+\sqrt{3})$ | 8 |

**예제 4.8** 4엽장미선(four leaves rose) $r=4\cos 2\theta$의 그래프를 그려라.

**풀이** $\cos(-2\theta)=\cos 2\theta$에서 그래프는 기선을 품는 직선에 관해서 대칭이고, $0^\circ$에서 $90^\circ$까지 $\theta$의 값에 대응하는 $r$의 값은 다음과 같다.

| $\theta$ | $0^\circ$ | $15^\circ$ | $30^\circ$ | $45^\circ$ | $60^\circ$ | $75^\circ$ | $90^\circ$ |
|---|---|---|---|---|---|---|---|
| $r$ | 4 | $2\sqrt{3}$ | 2 | 0 | $-2$ | $-2\sqrt{3}$ | $-4$ |

이 점들을 연결하면 호 $AOB$를 얻는다. $\theta$가 $90^\circ$에서 $180^\circ$까지 변하면 호 $BOC$, $180^\circ$에서 $270^\circ$까지 변하면 호 $COD$, $270^\circ$에서 $360^\circ$까지 변하면 호 $DOA$를 얻는다.

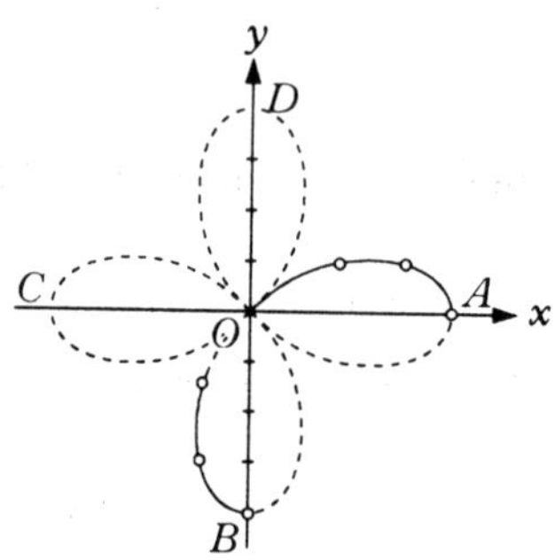


[그림 4.7]

**예제 4.9** Archimedes의 나선형(Archimedean spiral) $r=\theta(\theta\geq 0)$의 그래프를 그려라.

**풀이** $\theta=0$일 때, $r=0$이므로 원점은 곡선상에 있다. $\theta$에 대응하는 $r$의 값이 같으므로 그래프는 다음과 같다.

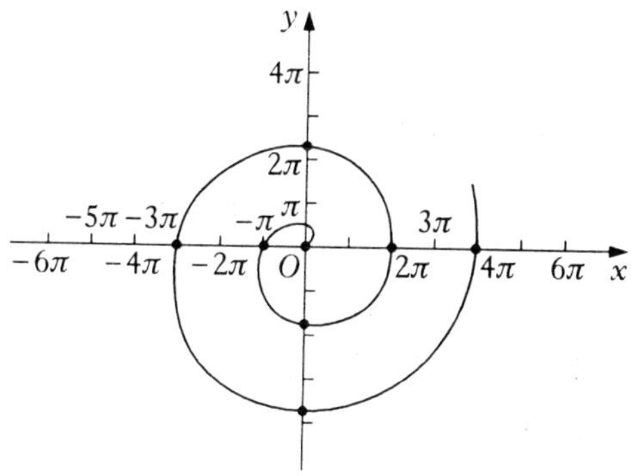


[그림 4.8]

한 곡선의 극방정식이 $F(r, \theta)=0$일 때

$$F[(-1)^n r, \theta+n\pi]=0, \quad n=0, \pm1, \pm2, \cdots$$

도 모두 같은 곡선의 극방정식이다.

**예제 4.10** $r=\sin\dfrac{\theta}{2}$와 같은 일반형의 방정식을 구하라.

**풀이** $(-1)r=\sin\left(\frac{1}{2}\theta+\frac{1}{2}\pi\right)$, 즉 $r=-\cos\frac{1}{2}\theta$

$(-1)^2 r=\sin\left(\frac{1}{2}\theta+\pi\right)$, 즉 $r=-\sin\frac{1}{2}\theta$

$(-1)^3 r=\sin\left(\frac{1}{2}\theta+\frac{3}{2}\pi\right)$, 즉 $r=\cos\frac{1}{2}\theta$

따라서 일반형의 방정식은

$$(-1)^n r=\sin\left(\frac{1}{2}\theta+n\pi\right), \ n=0, \ \pm1, \ \pm2$$

**예제 4.11** 곡선 $r=4\cos 2\theta$와 원 $r=2$의 교점을 구하라.

**풀이** 두 곡선의 극방정식의 일반형은 각각

$$(-1)^n r=4\cos(2\theta+2n\pi)$$

$$(-1)^n r = 2$$

이다. 이 식들에서

$$r = \pm 4\cos 2\theta$$
$$r = \pm 2$$

을 얻는다. $r=2$에서 $r$은 0이 아니므로 원점은 교점이 아니다. 따라서 구하는 교점은

$$\left(2,\ \pm\frac{\pi}{6}\right),\quad \left(2,\ \pm\frac{\pi}{3}\right),\quad \left(2,\ \pm\frac{2}{3}\pi\right),\quad \left(2,\ \pm\frac{5}{6}\pi\right)$$

이다. ▩

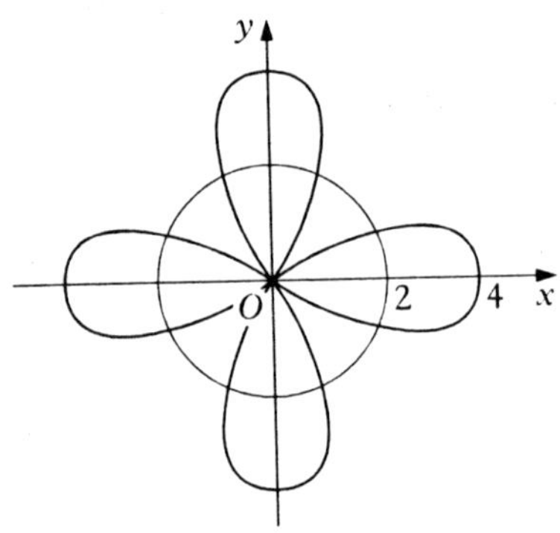


[그림 4.9]

## 연습문제 4.2

**1.** 다음 극좌표를 직교좌표로 고쳐라.

(1) $\left(-2,\ \frac{4}{3}\pi\right)$ (2) $\left(2,\ -\frac{\pi}{2}\right)$

(3) $(0,\ -\pi)$ (4) $\left(-\sqrt{2},\ -\frac{\pi}{4}\right)$

(5) $(3,\ \pi)$　　(6) $\left(1,\ \tan^{-1}\left(-\frac{3}{4}\right)\right)$

**2.** 다음 직교좌표를 극좌표로 고쳐라(단, $r\geq 0,\ 0\leq\theta<2\pi$).

(1) $(-\sqrt{3},\ -1)$　　(2) $(-3,\ 0)$

(3) $(1,\ -1)$　　(4) $(0,\ 2)$

**3.** 다음 극방정식을 직교방정식으로 고쳐라.

(1) $r^2\sin(2\theta)=1$　　(2) $r=-4\csc\theta$

(3) $\theta=\frac{\pi}{3}$　　(4) $r=0$

**4.** 다음 직교방정식을 극방정식으로 고쳐라.

(1) $x=-3$　　(2) $x^2+y^2=kx$

(3) $y=3x$　　(4) $y^2=4x$

**5.** 다음 극방정식의 그래프를 그려라.

(1) $r=-1-2\cos\theta$　　(2) $r=4-\sin\theta$

(3) $r=\frac{\theta}{\pi},\ (\theta\geq 0)$　　(4) $r=e^{-\frac{\theta}{\pi}},\ (\theta\geq 0)$

**6.** 두 곡선 $r=a\cos(2\theta)$ $r=\frac{a}{2}(a>0)$의 교점을 구하라.

## 4.3 곡　률

평면곡선 $y=f(x)$에서 $x$의 증분 $dx$, $y$의 증분 $dy$, 곡선의 무한히 작은 부분의 길이 $ds$는 직각 3각형을 이룬다.

$$ds^2=dx^2+dy^2$$

이고

$$ds = \pm\sqrt{1+(y')^2}\,dx$$

를 얻는다.

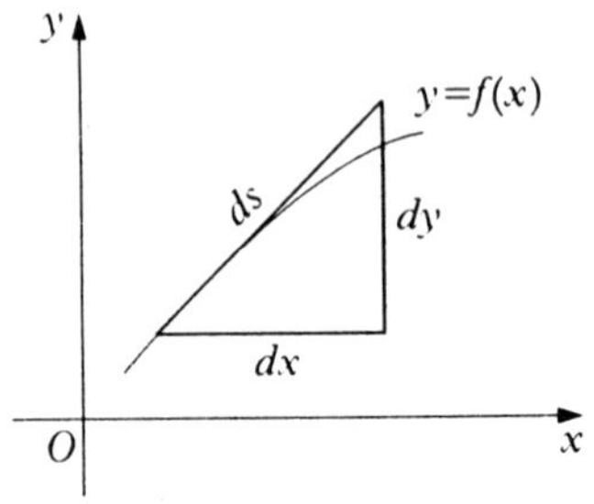


[그림 4.10]

**곡률**은 그 곡선의 방향의 변화율을 나타내는 양이며 접선각 $\theta$의 호의 길이 $s$에 대한 변화율의 절대값을 의미한다. 그림 4.11에서 점 $P$에서의 곡률은

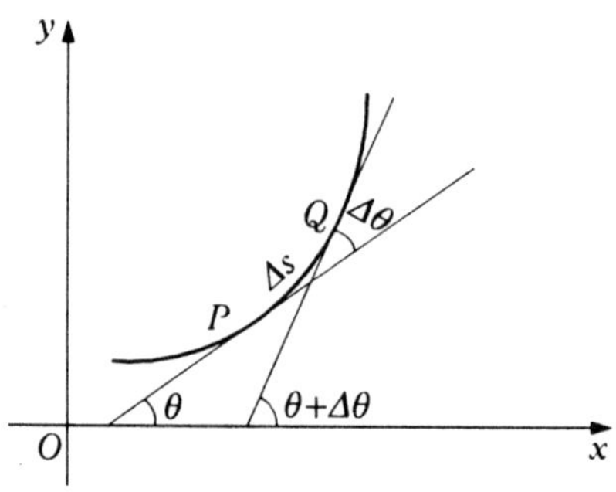


[그림 4.11]

$$k = \lim_{\Delta s \to 0}\left|\frac{\Delta\theta}{\Delta s}\right| = \left|\frac{d\theta}{ds}\right|$$

이다.

직교좌표계에서 $y' = \tan\theta$이므로 $\theta = \tan^{-1}y'$가 되어

$$d\theta = \frac{y''}{1+(y')^2}dx$$

이다. 따라서

$$k=\left|\frac{d\theta}{ds}\right|=\frac{|y''|}{(1+(y')^2)^{\frac{3}{2}}}$$

이다.

**예제 4.12** 원 $x^2+y^2=1$의 $x=0$에서의 곡률을 구하라.

**풀이** $y'=-\frac{x}{y},\ y''=\frac{y-xy'}{y^2}$

이므로 원 위의 임의점에서의 곡률은

$$k=\frac{|-y+xy'|}{y^2(1+(y')^2)^{\frac{3}{2}}}$$

이다. $x=0$일 때 $y=\pm1$이므로, $x=0$에서의 곡률은

$$k=1$$

이다.

한편, 곡선이 매개변수방정식

$$x=f(t),\ y=g(t)$$

로 주어지면

$$y'=\frac{dy}{dx}=\frac{g'(t)}{f'(t)}$$

$$y''=\frac{d^2y}{dx^2}=\frac{f'(t)g''(t)-f''(t)g'(t)}{(f'(t))^3}$$

이므로 곡률은

$$k=\frac{|f'g''-f''g'|}{[(f')^2+(g')^2]^{\frac{3}{2}}}$$

이다.

**예제 4.13** 원 $x=r\cos\theta$, $y=r\sin\theta$상의 임의점에서의 곡률은 일정함을 보여라.

**풀이** $x=f(\theta)=r\cos\theta$, $y=g(\theta)=r\sin\theta$라 두면

$$f'=-r\sin\theta \qquad f''=-r\cos\theta$$
$$g'=r\cos\theta \qquad g''=-r\sin\theta$$

이므로

$$k=\frac{r^2\sin^2\theta+r^2\cos^2\theta}{(r^2\sin^2\theta+r^2\cos^2\theta)^{\frac{3}{2}}}=\frac{1}{r}$$

이다.

또한, 곡선 $r=f(\theta)$의 한 점 $P(r,\ \theta)$에서의 곡률은

$$k=\frac{|r^2+2(r')^2-rr''|}{(r^2+(r')^2)^{\frac{3}{2}}}$$

이다. 단 $r'$, $r''$는 각각 $r$의 $\theta$에 대한 1계, 2계 도함수이다. 때로는 곡선의 방향 변화율을 **곡률반경**(radius of curvature)으로 나타내는 것이 편리하다. 곡률반경 $R$은 곡률의 역수로 주어진다. 즉

$$R=\frac{1}{k}=\frac{(1+(y')^2)^{\frac{3}{2}}}{|y''|}$$

이다. ■

**예제 4.14** 포물선 $y=x^2$의 정점 (0, 0)에서의 곡률반경을 구하라.

**풀이** $y'=2x$, $y''=2$이고 정점에서 $y'=0$이므로 곡률반경은

$$R=\frac{(1+0)^{\frac{3}{2}}}{2}=\frac{1}{2}$$

이다. ■

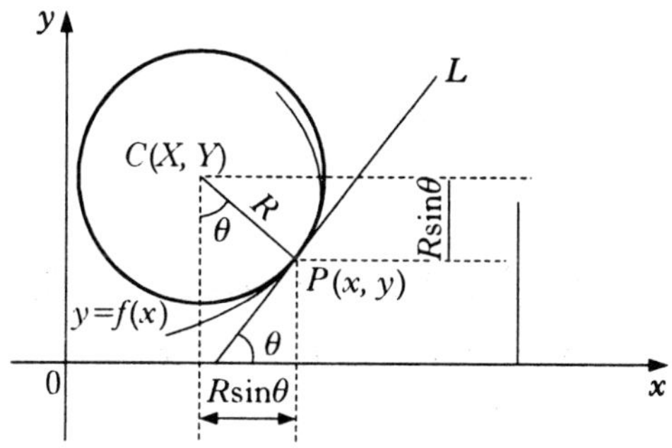


[그림 4.12]

지금 곡선 $y=f(x)$ 위의 한 점 $P$에서의 접선을 $L$이라 한다. 이 때 (1) $P$에서 접하고, (2) $C$에 대해 이 곡선과 같은 편에 있고, (3) 반경이 곡률반경과 같은 원을 그린다. 이 원을 점 $P$에서의 주어진 곡선의 **곡률원**(circle of curvature)이라 하고, 그 중심 $C$를 **곡률중심**(center of curvature)이라 한다. 곡률중심의 좌표 $(X, Y)$는

$$
\begin{aligned}
y''>0\text{이면}\quad & X=x-R\sin\theta \\
& Y=y+R\cos\theta \\
y''<0\text{이면}\quad & X=x+R\sin\theta \\
& Y=y-R\cos\theta
\end{aligned}
$$

이다. 한편 $y'=\tan\theta$에서

$$\sin\theta=\frac{y'}{\sqrt{1+(y')^2}},\quad \cos\theta=\frac{1}{\sqrt{1+(y')^2}}$$

이므로

$$X=x-\frac{y'(1+(y')^2)}{y''},\quad Y=y+\frac{1+(y')^2}{y''}$$

로 나타난다.

**예제 4.15** $y=x^4-x^2$의 점 (0, 0)에서의 곡률중심을 구하라.

**풀이** $y'=4x^3-2x$, $y''=12x^2-2$이므로 $(0, 0)$에서는 $y'=0$, $y''=-2$이므로 곡률중심은 $\left(0, -\frac{1}{2}\right)$이다. ■

한 곡선 $K_1$에 대해서 점 $P$가 $K_1$상을 움직일 때 $P$점에서의 곡률중심으로 이루어진 곡선 $K_2$를 얻을 수 있는데, 이 때 $K_2$를 $K_1$의 **축폐선**(evolute), $K_1$를 $K_2$의 신개선(invalute)이라 한다.

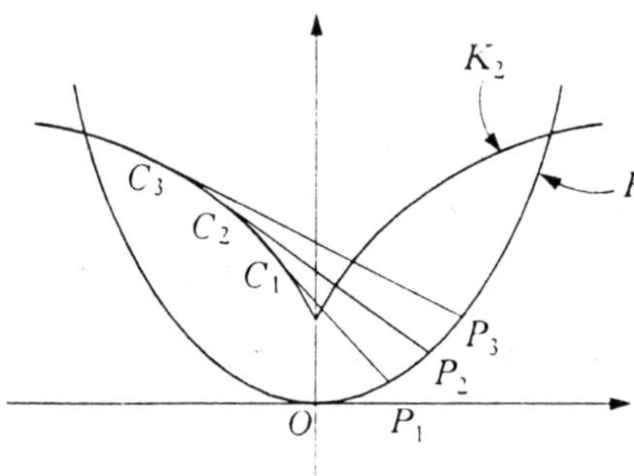


[그림 4.13]

**예제 4.16** 포물선 $y=\frac{1}{2}x^2$의 축폐선을 구하라.

**풀이** $y'=x$이고 $y''=1$이므로 포물선의 곡률중심을 나타내는 매개변수방정식은

$$X=x-x(1+x^2)=-x^3$$

$$Y=y+(1+x^2)=\frac{3}{2}x^2+1$$

이므로, 축폐선의 식은

$$X^2=\frac{8}{27}(Y-1)^3$$

■

## 연습문제 4.3

**1.** 다음 각 곡선의 주어진 점에서의 곡률을 구하라.

(1) $f(x)=x-x^2$ ; $(0,\ 0)$

(2) $f(x)=e^x$ ; $(0,\ 1)$

(3) $f(x)=\sin x$ ; $\left(\frac{1}{2}\pi,\ 1\right)$

(4) $x=\frac{1}{1+t},\ y=\frac{1}{1-t}$ ; $t=0$

(5) $x=e^t+e^{-t},\ y=e^t-e^{-t}$ ; $t=0$

**2.** 다음 각 곡선의 임의점에서의 곡률반경을 구하라.

(1) $f(x)=\sin^{-1}x$

(2) $f(x)=\frac{1}{2}a\left(e^{\frac{x}{a}}+e^{-\frac{x}{a}}\right)$

**3.** 다음 곡선의 주어진 점에서의 곡률중심을 구하라.

(1) $f(x)=\sin x$ ; $\left(\frac{\pi}{2},\ 1\right)$

(2) $f(x)=\frac{x}{x+1}$ ; $(0,\ 0)$

(3) $f(x)=e^{-x^2}$ ; $(0,\ 1)$

(4) $x^3+y^3=4xy$ ; $(2,\ 2)$

CHAPTER

# 5 적 분 법

# 5.1 부정적분

주어진 함수 $F(x)$의 도함수 $f(x)$에 대하여 앞에서 공부하였다. 이 절에서 어떤 함수 $F(x)$의 도함수가 $f(x)$로 주어졌을 때 원래의 함수 $F(x)$를 구하는 방법에 대하여 알아보자.

〈정의 5.1〉

함수 $F(x)$의 도함수가 $f(x)$와 같을 때, 즉 $F'(x)=f(x)$일 때 $F(x)$를 $f(x)$의 **부정적분**(indefinite integral) 또는 **원시함수**(primitive function)라 한다. 예를 들면 $x^3$의 도함수는 $3x^2$이므로 $3x^2$의 부정적분은 $x^3$이다. 그런데 $x^3+2$, $x^3+7$, $x^3+c$($c$는 상수)의 도함수도 모두 $3x^2$이다. 일반적으로 $\frac{d}{dx}[F(x)]=f(x)$이면 $\frac{d}{dx}[F(x)+c]=f(x)$이다. 다시 말하면 $F(x)$가 $f(x)$의 부정적분이면 $F(x)+c$도 $f(x)$의 부정적분이다. 따라서 함수 $f(x)$의 부정적분(원시함수)을 기호 $\int f(x)dx=F(x)+c$라고 쓴다. 함수 $f(x)$가 주어졌을 때 원시함수 $F(x)+c$를 구하는 과정을 적분한다고 하고 $c$를 **적분상수**(constant of integration), $f(x)$를 **피적분함수**(integrand)라고 한다.

미분공식을 이용하여 얻을 수 있는 간단한 적분공식을 써본다.

**정리 5.1** 기본공식

(1) $\int x^n dx = \begin{cases} \frac{x^{n+1}}{n+1}+c & (n \neq -1) \\ \ln|x|+c & (n=-1) \end{cases}$

(2) $\int a^x dx = \begin{cases} e^x+c & (a=e) \\ \frac{a^x}{\ln a}+c & (a \neq e) \end{cases}$

(3) $\int \cos x\, dx = \sin x + c$

(4) $\int \sin x\, dx = -\cos x + c$

(5) $\int \sec^2 x\, dx = \tan x + c$

(6) $\int \operatorname{cosec}^2 x\, dx = -\cot x + c$

(7) $\int \sec x \tan x\, dx = \sec x + c$

(8) $\int \operatorname{cosec} x \cot x\, dx = -\operatorname{cosec} x + c$

증명 증명은 우변의 식을 미분하여 좌변의 피적분함수가 나오면 정의에 의하여 등식은 성립한다. ■

**예제 5.1** 부정적분을 구하여라.

(1) $\int x^3 dx$ (2) $\int \sqrt{x}\, dx$ (3) $\int 5^x dx$

**풀이** (1) $\frac{1}{4}x^4+c$ (2) $\frac{2}{3}x\sqrt{x}+c$ (3) $\frac{5^x}{\ln 5}+c$ ■

앞으로 특별한 경우 이외에는 피적분함수는 연속이고, 때로는 미분가능한 함수로 생각하고 적분을 한다. 부정적분을 구하는 데 다음의 정리는 유용하게 쓰인다.

> **정리 5.2** (1) $\int \{f(x)+g(x)\}dx=\int f(x)dx+\int g(x)dx$
>
> (2) $\int cf(x)dx=c\int f(x)dx$($c$는 상수)

증명 (1) $\frac{d}{dx}\left\{\int f(x)dx+\int g(x)dx\right\}=\frac{d}{dx}\int f(x)dx+\frac{d}{dx}\int g(x)dx=f(x)+g(x)$

따라서

$$\int \{f(x)+g(x)\}dx=\int f(x)dx+\int g(x)dx$$

(2) $\frac{d}{dx}\left\{c\int f(x)dx\right\}=c\frac{d}{dx}\int f(x)dx=cf(x)$

따라서

$$\int cf(x)dx=c\int f(x)dx$$

일반적으로

$$\int\{\alpha f(x)+\beta g(x)\}dx=\alpha\int f(x)dx+\beta\int g(x)dx(\text{단 } \alpha, \beta\text{는 상수})$$

이다.

**예제 5.2** 다음을 계산하여라.

(1) $\int\left(\frac{1}{x}+e^x+4x^3\right)dx$ (2) $\int(3\sin x-\cos x+4\sqrt{x})dx$

**풀이** (1) $\int\left(\frac{1}{x}+e^x+4x^3\right)dx=\int\frac{1}{x}dx+\int e^x dx+4\int x^3 dx=\ln|x|+e^x+x^4+c$

(2) $\int(3\sin x-\cos x+4\sqrt{x})dx=3\int\sin x\,dx-\int\cos x\,dx+4\int\sqrt{x}\,dx$

$=-3\cos x-\sin x+\frac{8}{3}x\sqrt{x}+c$

결국 합, 차, 상수배로 되어 있는 식의 적분은 각 항을 따로따로 적분한 다음 상수 $c$를 더해 주면 된다.

## 연습문제 5.1

**1.** 다음 부정적분을 계산하여라.

(1) $\int x^8 dx$ (2) $\int x^{\frac{5}{7}}dx$

(3) $\int\frac{4}{\sqrt{t}}dt$ (4) $\int x^3\sqrt{x}\,dx$

(5) $\int x(1+x^3)dx$ (6) $\int(4\sin x+2\cos x)dx$

(7) $\int(4\sec^2 x+\operatorname{cosec} x\cot x)dx$ (8) $\int\sec x(\tan x+\cos x)dx$

(9) $\int\frac{\sin x}{\cos^2 x}dx$ (10) $\int(1+\sin^2\theta\operatorname{cosec}\theta)d\theta$

(11) $\int \frac{x^5+2x^2-1}{x^4}dx$  (12) $\int (2+y^2)^2 dy$

**2.** $f(x)=\sqrt[3]{x}$의 부정적분 $F(x)$ 가운데 $F(1)=2$인 것을 구하여라.

**3.** $\int \{f(x)-g(x)\}dx=\int f(x)dx-\int g(x)dx$ 임을 보여라.

## 5.2 여러 가지 부정적분법

복잡한 식이나 특수한 식으로 된 함수들의 적분을 적분하기 편리한 간단한 모양의 함수로 변형하여 적분을 한다.

(1) 치환적분법

합성함수의 미분법에 대응하는 적분법으로 독립변수 $x$에 관한 함수는 새로운 변수 $u$로 치환하여 주어진 함수를 $u$에 관한 간단한 함수로 변환하는 방법이다. 이와 같이 적분하는 방법을 **치환적분법**(integration by substitution)이라 한다.

> 정리 5.3  $F(x)=\int f(x)dx$ 이고 $g(x)$가 미분가능할 때,
>
> $$\int f(g(x))g'(x)dx=F(g(x))+c$$
>
> 이다.

증명 $g(x)=u$로 치환하면 $\frac{du}{dx}=g'(x)$이고 $g'(x)dx=du$ 이므로

$$\int f(g(x))g'(x)dx=\int f(u)du=F(u)+c=F(g(x))+c$$ ■

예제 5.3 다음을 치환적분법으로 구하여라.

(1) $\int (ax+b)^n dx (n \neq -1)$ (2) $\int (x^4+3x^2-1)^3(2x^3+3x)dx$

(3) $\int \frac{x^2+1}{x^3+3x+1}dx$ (4) $\int \sin 2x \cos 2x\, dx$

(5) $\int 3e^{3x-1}dx$ (6) $\int \cot x\, dx$

**풀이** (1) $u=ax+b$로 놓으면 $du=adx$

$$\int (ax+b)^n dx = \int u^n \cdot \frac{1}{a} du = \frac{1}{a}\int u^n du$$
$$= \frac{u^{n+1}}{a(n+1)} + c = \frac{(ax+b)^{n+1}}{a(n+1)} + c$$

(2) $u=x^4+3x^2-1$로 놓으면 $du=2(2x^3+3x)dx$

$$\int (x^4+3x^2-1)^3(2x^3+3x)dx = \int \frac{1}{2}u^3 du$$
$$= \frac{1}{8}u^4 + c = \frac{1}{8}(x^4+3x^2-1)^4 + c$$

(3) $u=x^3+3x+1$로 놓으면 $du=3(x^2+1)dx$

$$\int \frac{x^2+1}{x^3+3x+1}dx = \int \frac{1}{3}\frac{du}{u}$$
$$= \frac{1}{3}\ln|u| + c = \frac{1}{3}\ln|x^3+3x+1| + c$$

(4) $u=\sin 2x$로 놓으면 $du=2\cos 2x\, dx$

$$\int \sin 2x \cos 2x\, dx = \int \frac{1}{2}u\, du = \frac{1}{4}u^2 + c = \frac{1}{4}\sin^2 2x + c$$

(5) $u=3x-1$로 놓으면 $du=3dx$

$$\int 3e^{3x-1}dx = \int e^u du = e^u + c = e^{3x-1} + c$$

(6) $u=\sin x$로 놓으면 $\cos x\, dx = du$

$$\int \cot x\, dx = \int \frac{\cos x}{\sin x}dx = \int \frac{du}{u} = \ln|u| + c = \ln|\sin x| + c$$ ■

### (2) 부분적분법

함수들 중에는 직접 적분을 할 수 없으며 또한 치환적분법으로도 적분할 수 없는 것들이 있다. 이러한 함수들을 적분하는 방법에 **부분적분법**(integration by part)이 있다.

> **정리 5.4** 함수 $f(x)$와 $g(x)$가 미분가능하면
>
> $$\int f(x)g'(x)dx = f(x)g(x) - \int f'(x)g(x)dx$$
>
> 이다.

**증명** $\frac{d}{dx}\left[f(x)g(x) - \int f'(x)g(x)dx\right] = \frac{d}{dx}\{f(x)g(x)\} - \frac{d}{dx}\left\{\int f'(x)g(x)dx\right\}$

$$= f'(x)g(x) + f(x)g'(x) - f'(x)g(x) = f(x)g'(x)$$

이므로

$$\therefore \int f(x)g'(x)dx = f(x)g(x) - \int f'(x)g(x)dx$$

**예제 5.4** 다음을 부분적분법으로 구하여라.

(1) $\int \ln x\, dx$ (2) $\int x \cos x\, dx$

(3) $\int x^2 e^x dx$ (4) $\int e^x \sin x\, dx$

**풀이** (1) $f(x) = \ln x$, $g'(x) = 1$로 놓으면 $f'(x) = \frac{1}{x}$이고 $g(x) = x$이다. 따라서

$$\int \ln x\, dx = x \ln x - \int x \cdot \frac{1}{x} dx = x \ln x - x + c$$

(2) $f(x) = x$, $g'(x) = \cos x$라 놓으면 $f'(x) = 1$, $g(x) = \sin x$이다. 따라서

$$\int x \cos x\, dx = x \sin x - \int \sin x\, dx = x \sin x + \cos x + c$$

(3) $f(x)=x^2$, $g'(x)=e^x$라 놓으면 $f'(x)=2x$, $g(x)=e^x$이다. 따라서

$$\int x^2e^x dx = x^2e^x - \int 2xe^x dx \tag{1}$$

다시 $\int 2xe^x dx$를 부분적분하면

$$\int 2xe^x dx = 2xe^x - 2e^x$$

이것을 식 (1)에 대입하여 정리하면

$$\int x^2e^x dx = x^2e^x - 2xe^x + 2e^x + c$$

(4) $f(x)=\sin x$, $g'(x)=e^x$라 놓으면 $f'(x)=\cos x$, $g(x)=e^x$. 따라서

$$\int e^x \sin x\, dx = e^x \sin x - \int e^x \cos x\, dx \tag{2}$$

다시 $\int e^x \cos x\, dx$를 부분적분하면

$$\int e^x \cos x\, dx = e^x \cos x + \int e^x \sin x\, dx$$

이것을 식 (2)에 대입하여 정리하면

$$\int e^x \sin x\, dx = e^x \sin x - \left(e^x \cos x + \int e^x \sin x\, dx\right)$$

이므로

$$2\int e^x \sin x\, dx = e^x(\sin x - \cos x) + c_1$$

$$\therefore \int e^x \sin x\, dx = \frac{e^x}{2}(\sin x - \cos x) + c$$

■

**예제 5.5** 다음이 성립함을 보여라.

(1) $\int \cos^n x\, dx = \dfrac{\cos^{n-1}x \sin x}{n} + \dfrac{n-1}{n}\int \cos^{n-2}x\, dx \quad (n \geq 2)$

(2) $\int e^{ax}\cos bx\,dx = e^{ax}\left(\frac{b\sin bx + a\cos bx}{a^2+b^2}\right)+c$

**풀이** (1) $\int \cos^n x\,dx$ 를 $\int \cos^{n-1}x\cos x\,dx$ 로 고치고 $f(x)=\cos^{n-1}x$, $g'(x)=\cos x$ 라 놓으면

$$f'(x)=(n-1)\cos^{n-2}x(-\sin x),\ g(x)=\sin x$$

따라서

$$\begin{aligned}\int \cos^n x\,dx &= \cos^{n-1}x\sin x + (n-1)\int \sin^2 x\cos^{n-2}x\,dx\\ &= \cos^{n-1}x\sin x + (n-1)\int (1-\cos^2 x)\cos^{n-2}x\,dx\\ &= \cos^{n-1}x\sin x + (n-1)\int \cos^{n-2}x\,dx - (n-1)\int \cos^n x\,dx\end{aligned}$$

이 식의 양변에 $(n-1)\int \cos^n x\,dx$ 를 더하면

$$n\int \cos^n x\,dx = \cos^{n-1}x\sin x + (n-1)\int \cos^{n-2}x\,dx$$

$$\therefore\ \int \cos^n x\,dx = \frac{\cos^{n-1}x\sin x}{n} + \frac{n-1}{n}\int \cos^{n-2}x\,dx$$

(2) $f(x)=e^{ax}$, $g'(x)=\cos bx$ 라 놓으면

$$f'(x)=ae^{ax},\ g(x)=\frac{1}{b}\sin bx$$

따라서

$$\int e^{ax}\cos bx\,dx = \frac{e^{ax}\sin bx}{b} - \frac{a}{b}\int e^{ax}\sin bx\,dx \qquad (1)$$

다시 $\int e^{ax}\sin bx\,dx$ 를 부분적분하면

$$\int e^{ax}\sin bx\,dx = -\frac{e^{ax}\cos bx}{b} + \frac{a}{b}\int e^{ax}\cos bx\,dx$$

이것을 식 (1)에 대입하여 정리하면,

$$\int e^{ax}\cos bx\,dx = \frac{e^{ax}\sin bx}{b} - \frac{a}{b}\left[-\frac{e^{ax}\cos bx}{b} + \frac{a}{b}\int e^{ax}\cos bx\,dx\right]$$

이 되어

$$\left(1+\frac{a^2}{b^2}\right)\int e^{ax}\cos bx\,dx = \frac{e^{ax}\sin bx}{b} + \frac{ae^{ax}\cos bx}{b^2}$$

$$\therefore \int e^{ax}\cos bx\,dx = e^{ax}\left(\frac{b\sin bx + a\cos bx}{a^2+b^2}\right) + c$$

■

### (3) 부분분해 적분법

유리함수 $\frac{f(x)}{g(x)}(g(x)\neq 0)$의 부정적분을 구해 보자. $f(x)$가 $g(x)$로 나누어 떨어지지 않으면 $f(x)$의 차수가 $g(x)$의 차수보다 높을 때 분자를 분모로 나누면 몫과 나머지를 얻게 된다. 이 때 몫은 다항식이 되므로 쉽게 적분되고 나머지를 이용한 분수식은 분자가 분모보다 차수가 낮게 된다. 이 분수식의 분모가 간단한 형태로 인수분해가 되면 분수식을 부분분해하여 간단한 형태로 변형하여 적분을 한다. 이와 같이 적분하는 방법을 **부분분해 적분법**(integration by partial fraction)이라 한다. 이러한 분수식의 적분은 분모가 인수분해되는 형태에 따라 분류하여 적분한다.

**예제 5.6** 다음을 구하여라.

(1) $\int \frac{x}{x+2}dx$　　(2) $\int \frac{x^2+3}{x^2-9}dx$

(3) $\int \frac{x^2-3x+1}{(x^2-x-2)(x+1)}dx$　　(4) $\int \frac{x^2-3x-10}{x^3-8}dx$

**풀이** (1) $\frac{x}{x+2} = 1 + \frac{-2}{x+2}$로 분해되어

$$\int \frac{x}{x+2}dx = \int\left(1+\frac{-2}{x+2}\right)dx = x - 2\ln|x+2| + c$$

(2) $\frac{x^2+3}{x^2-9} = 1 + \frac{12}{x^2-9} = 1 + 2\left(\frac{1}{x-3} - \frac{1}{x+3}\right)$로 분해되어

$$\int \frac{x^2+3}{x^2-9}dx = \int \left\{1+2\left(\frac{1}{x-3}-\frac{1}{x+3}\right)\right\}dx$$
$$= x+2(\ln|x-3|-\ln|x+3|)+c$$
$$= x+2\ln\left|\frac{x-3}{x+3}\right|+c$$

(3) $$\frac{x^2-3x+1}{(x+1)^2(x-2)} = \frac{a}{x-2}+\frac{b}{x+1}+\frac{c}{(x+1)^2}$$
$$= \frac{a(x+1)^2+b(x-2)(x+1)+c(x-2)}{(x+1)^2(x-2)}$$

에서

$$x^2-3x+1 = (a+b)x^2+(2a-b+c)x+a-2b-2c$$
$$a+b=1,\ 2a-b+c=-3,\ a-2b-2c=1$$

을 풀면 $a=-\frac{1}{9},\ b=\frac{10}{9},\ c=-\frac{5}{3}$. 따라서

$$\int \frac{x^2-3x+1}{(x^2-x-2)(x+1)}dx = \int \frac{x^2-3x+1}{(x+1)^2(x-2)}dx$$
$$= \int \left\{-\frac{1}{9}\cdot\frac{1}{x-2}+\frac{10}{9}\cdot\frac{1}{x+1}-\frac{5}{3}\cdot\frac{1}{(x+1)^2}\right\}dx$$
$$= -\frac{1}{9}\ln|x-2|+\frac{10}{9}\ln|x+1|+\frac{5}{3(x+1)}+c$$

(4) $$\frac{x^2-3x-10}{x^3-8} = \frac{x^2-3x-10}{(x-2)(x^2+2x+4)} = \frac{a}{x-2}+\frac{bx+c}{x^2+2x+4}$$
$$= \frac{a(x^2+2x+4)+(bx+c)(x-2)}{x^3-8}$$

에서

$$x^2-3x-10 = (a+b)x^2+(2a-2b+c)x+4a-2c$$
$$a+b=1,\ 2a-2b+c=-3,\ 4a-2c=-10$$

을 풀면 $a=-1,\ b=2,\ c=3$. 따라서

$$\int \frac{x^2-3x-10}{x^3-8}dx = \int \left(\frac{-1}{x-2}+\frac{2x+3}{x^2+2x+4}\right)dx$$

$$= -\int \frac{1}{x-2}dx + \int \frac{2x+2}{x^2+2x+4}dx + \int \frac{1}{x^2+2x+4}dx$$

$$= -\ln|x-2| + \ln(x^2+2x+4) + \frac{\sqrt{3}}{3}\tan^{-1}\frac{x+1}{\sqrt{3}} + c$$

(단, 마지막 항의 적분은 삼각치환에서 다룬다) ) ■

## 연습문제 5.2

**1.** 다음을 치환적분법으로 구하여라.

(1) $\int (x^2+1)^{50} 2x\, dx$ (2) $\int \sin^2 x \cos x\, dx$

(3) $\int \frac{\cos\sqrt{x}}{2\sqrt{x}}dx$ (4) $\int 3x^2\sqrt{x^3+1}\, dx$

(5) $\int \sin(x+9)dx$ (6) $\int \cos 5x\, dx$

(7) $\int \frac{dx}{\left(\frac{1}{3}x-8\right)^2}$ (8) $\int (x+\sec^2\pi x)dx$

(9) $\int t^4\sqrt[3]{3-5t^5}\, dt$ (10) $\int x^2\sqrt{x-1}\, dx$

**2.** 다음을 부분적분법으로 구하여라.

(1) $\int xe^x dx$ (2) $\int x^2 e^{-x} dx$

(3) $\int x^2 \cos x\, dx$ (4) $\int x \sec^2 x\, dx$

(5) $\int x \sin(3x+1)dx$ (6) $\int e^{2x}\cos 3x\, dx$

(7) $\int \sin(\ln x)dx$ (8) $\int x^3 e^x dx$

**3.** 다음을 부분분해 적분법으로 구하여라.

(1) $\int \frac{dx}{x^2+x-2}$ (2) $\int \frac{2x+4}{x^3-2x^2}dx$

(3) $\int \frac{x^2+x-2}{3x^3-x^2+3x-1}dx$ (4) $\int \frac{3x^4+4x^3+16x^2+20x+9}{(x+2)(x^2+3)^2}dx$

(5) $\int \frac{3x^4+3x^3-5x^2+x-1}{x^2+x-2}dx$ (6) $\int \frac{x}{x^2-5x+6}dx$

(7) $\int \frac{2x^2+3}{x(x-1)^2}dx$ (8) $\int \frac{\cos\theta}{\sin^2\theta+4\sin\theta-5}d\theta$

## 5.3 삼각함수의 부정적분

앞 절에서 다룬 기본적인 삼각함수의 부정적분에 관하여 다시 한 번 확인하자.

(1) $\int \cos x\, dx = \sin x + c$ (2) $\int \sin x\, dx = -\cos x + c$

(3) $\int \sec^2 x\, dx = \tan x + c$ (4) $\int \operatorname{cosec}^2 x\, dx = -\cot x + c$

(5) $\int \sec x \tan x\, dx = \sec x + c$ (6) $\int \operatorname{cosec} x \cot x\, dx = -\operatorname{cosec} x + c$

(7) $\int \tan x\, dx = -\ln|\cos x| + c$ (8) $\int \cot x\, dx = \ln|\sin x| + c$

복잡한 형태들의 삼각함수를 포함하는 함수들의 부정적분 및 삼각함수로의 치환을 이용한 적분에 관하여 살펴보자.

**(1) $\mathbf{son}^m x \cos^n x$의 적분**

(i) $m$ 또는 $n$이 양의 홀수인 경우

$$\int \sin^6 x \cos^3 x\, dx = \int \sin^6 x \cos^2 x \cos x\, dx = \int \sin^6 x(1-\sin^2 x)(\cos x\, dx)$$

$$= \int u^6(1-u^2)du \ (\because\ \sin x = u \text{ 라면 } \cos x\, dx = du)$$

$$= \int (u^6-u^8)du = \frac{1}{7}u^7 - \frac{1}{9}u^9 + c$$

$$= \frac{1}{7}\sin^7 x - \frac{1}{9}\sin^9 x + c$$

(ii) $m$과 $n$이 모두 양의 짝수인 경우

반각의 공식 $\sin^2 x = \frac{1-\cos 2x}{2}$, $\cos^2 x = \frac{1+\cos 2x}{2}$를 이용하여 차수를 떨어뜨려 홀수차수를 가지면 (i)을 이용한다.

$$\begin{aligned}\int \sin^2 x \cos^2 x \, dx &= \int \frac{1-\cos 2x}{2} \cdot \frac{1+\cos 2x}{2} dx = \int \frac{1-\cos^2 2x}{4} dx \\ &= \int \left(\frac{1}{4} - \frac{1+\cos 4x}{8}\right) dx = \int \left(\frac{1}{8} - \frac{\cos 4x}{8}\right) dx \\ &= \frac{1}{8}x - \frac{\sin 4x}{32} + c\end{aligned}$$

(iii) $m$ 또는 $n$이 음의 정수이며 $|m|$ 또는 $|n|$이 홀수인 경우

(i)의 경우과 같은 방법으로 치환하여 적분한다.

$$\begin{aligned}\int \sin^3 x (\cos x)^{-2} dx &= \int \frac{\sin^2 x \sin x}{\cos^2 x} dx = \int \frac{1-u^2}{u^2}(-du) \\ &\qquad (\because \ \cos x = u, \ -\sin x \, dx = du, \ \sin^2 x = 1 - \cos^2 x) \\ &= u + \frac{1}{u} + c = \cos x + (\cos x)^{-1} + c\end{aligned}$$

(iv) $mn < 0$이고 $|m|$과 $|n|$이 모두 짝수인 경우

음의 절대값이 양수보다 클 때는 $\sin^m x \cos^n x$의 일부분이 $\tan x$ 또는 $\cot x$의 꼴을 갖게 되고 이를 $\pi$로 치환하면 쉽게 적분이 된다. 그러나 음의 절대값이 양수보다 작을 때에는 다음과 같이 계산이 복잡하다.

$$\begin{aligned}\int \sin^2 x (\cos x)^{-4} dx &= \int \frac{\sin^2 x}{\cos^4 x} dx = \int \tan^2 x \sec^2 x \, dx \\ &= \int u^2 du \, (\because \ \tan x = u, \ \sec^2 x \, dx = du) \\ &= \frac{1}{3}u^3 + c = \frac{1}{3}\tan^3 x + c\end{aligned}$$

$$\begin{aligned}\int \sin^6 x (\cos x)^{-4} dx &= \int \frac{\sin^4 x (1-\cos^2 x)}{\cos^4 x} dx = \int \left(\tan^4 x - \frac{\sin^4 x}{\cos^2 x}\right) dx \\ &= \int \left\{\tan^4 x - \frac{\sin^2 x (1-\cos^2 x)}{\cos^2 x}\right\} dx\end{aligned}$$

$$=\int(\tan^4 x-\tan^2 x+\sin^2 x)dx$$

이고 각각을 적분하면

$$\int\tan^2 x\,dx=\int(\sec^2 x-1)dx=\tan x-x$$

$$\int\tan^4 x\,dx=\int\tan^2 x(\sec^2 x-1)dx=\int\tan^2 x\sec^2 x\,dx-\int\tan^2 x\,dx$$

$$=\frac{1}{3}\tan^3 x-\tan x+x$$

$$\int\sin^2 x\,dx=\int\frac{1-\cos 2x}{2}dx=\frac{2x-\sin 2x}{4}$$

$$\therefore\ \int\sin^6 x(\cos x)^{-4}dx=\frac{1}{3}\tan^3 x-2\tan x+\frac{5}{2}x-\frac{\sin 2x}{4}+c$$

(v) $m$과 $n$이 모두 음이고 절대값이 짝수인 경우

2배각의 공식 $\sin 2x=2\sin x\cos x$. $\cos 2x=1-2\sin^2 x=2\cos^2 x-1$을 이용하여 차수를 떨어뜨려 홀수차수를 만들어 앞에서와 같이 적분한다.

$$\int(\sin x)^{-2}(\cos x)^{-4}dx=\int\frac{\sin^2 x}{\sin^4 x\cos^4 x}dx=\int\frac{8(1-\cos 2x)}{\sin^4 2x}dx$$

$$\left(\because\ \sin^2 x=\frac{1-\cos 2x}{2},\ \sin x\cos x=\frac{\sin 2x}{2}\right)$$

$$=\int\frac{8}{\sin^4 2x}dx-\int\frac{8\cos 2x}{\sin^4 2x}dx$$

이고 각각을 적분하면

$$\int\frac{8}{\sin^4 2x}dx=\int 8\operatorname{cosec}^4 2x\,dx=\int 8(1+u^2)\left(-\frac{du}{2}\right)$$

$$\left(\because\ \operatorname{cosec}^4 2x=\operatorname{cosec}^2 2x(1+\cot^2 2x),\ \cot 2x=u,\ \operatorname{cosec}^2 2x\,dx=-\frac{u}{2}du\right)$$

$$=-4u-\frac{4}{3}u^3+c=-4\cot 2x-\frac{4}{3}\cot^3 2x$$

$$\int\frac{8\cos 2x}{\sin^4 2x}dx=\int\frac{4}{u^4}du\,(\because\ \sin 2x=u,\ 2\cos 2x\,dx=du)$$

$$=-\frac{4}{3}u^{-3}=\frac{-4}{3\sin^3 2x}$$

$$\therefore \int(\sin x)^{-2}(\cos x)^{-4}dx=-4\cot 2x-\frac{4}{3}\cot^3 2x+\frac{4}{3\sin^3 2x}+c$$

(2) 곱을 합차로 바꾸는 공식을 이용한 적분

두 수 $\alpha$와 $\beta$가 같지 않을 때에 $\sin\alpha x\cos\beta x$, $\sin\alpha x\sin\beta x$ 및 $\cos\alpha x\cos\beta x$의 적분은 곱을 합차로 바꾸는 공식

$$\sin x\cos y=\frac{1}{2}\{\sin(x+y)+\sin(x-y)\}$$

$$\cos x\sin y=\frac{1}{2}\{\sin(x+y)-\sin(x-y)\}$$

$$\cos x\cos y=\frac{1}{2}\{\cos(x+y)+\cos(x-y)\}$$

$\sin x\sin y=-\frac{1}{2}\{\cos(x+y)-\cos(x-y)\}$를 이용하여 간단한 형태로 만들어 적분한다.

$$\int 2\sin 4x\cos 6x\,dx=\int(\sin 10x-\sin 2x)dx=-\frac{1}{10}\cos 10x+\frac{1}{2}\cos 2x+c$$

$$\int 2\sin 6x\sin 4x\,dx=\int(-\cos 10x+\cos 2x)dx=-\frac{1}{10}\sin 10x+\frac{1}{2}\sin 2x+c$$

(3) 삼각함수 치환법

(i) $\sqrt{a^2-x^2}$ $(a>0)$ 꼴

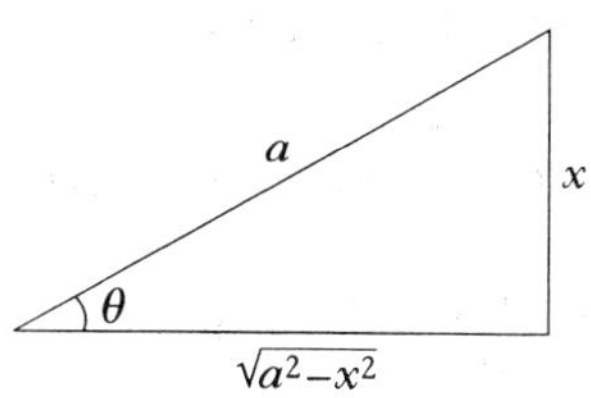


[그림 5.1]

$x=a\sin\theta$로 치환하면 $\sqrt{a^2-x^2}=a\cos\theta$, $dx=a\cos\theta\, d\theta$를 대입하여 적분한다.

$$\int\sqrt{4-x^2}\,dx=\int 4\cos^2\theta\, d\theta$$

$$(\because\ x=2\sin\theta,\ dx=2\cos\theta\, d\theta,\ \sqrt{4-x^2}=2\cos\theta)$$

$$=\int 2(1+\cos 2\theta)d\theta=2\theta+\sin 2\theta+c$$

$$=2\sin^{-1}\frac{x}{2}+\frac{x\sqrt{4-x^2}}{2}+c$$

(ii) $\sqrt{a^2+x^2}$ 꼴

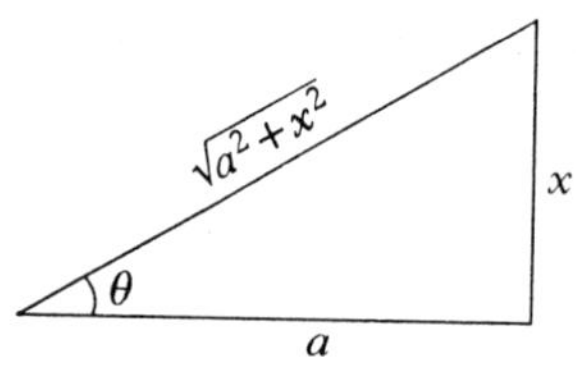


[그림 5.2]

$x=a\tan\theta$로 치환하면 $\sqrt{a^2+x^2}=a\sec\theta$, $dx=a\sec^2\theta\, d\theta$를 대입하여 적분한다.

$$\int\sqrt{9+x^2}\,dx=\int 9\sec^3 d\theta$$

$$(\because\ x=3\tan\theta,\ dx=3\sec^2\theta\, d\theta,\ \sqrt{9+x^2}=3\sec\theta)$$

$$\int\sec^3\theta\, d\theta=\int\sec^2\theta\sec\theta\, d\theta=\sec\theta\tan\theta-\int\sec\theta\tan^2\theta\, d\theta$$

$$(\because\ f(\theta)=\sec\theta,\ g'(\theta)=\sec^2\theta,\ f'(\theta)=\sec\theta\tan\theta,\ g(\theta)=\tan\theta)$$

$$=\sec\theta\tan\theta-\int\sec\theta(\sec^2\theta-1)d\theta$$

$$=\sec\theta\tan\theta-\int\sec^3\theta\, d\theta+\int\sec\theta\, d\theta$$

$$\int\sec\theta\, d\theta=\int\frac{\sec\theta(\sec\theta+\tan\theta)}{\sec\theta+\tan\theta}d\theta=\ln|\sec\theta+\tan\theta|$$

$$\therefore\ \int\sqrt{9+x^2}\,dx=\frac{x\sqrt{9+x^2}}{2}+\frac{9}{2}\ln|x+\sqrt{9+x^2}+c$$

(iii) $\sqrt{x^2-a^2}$ 꼴

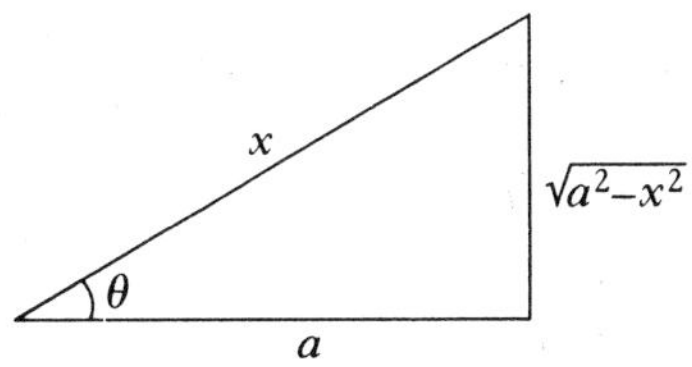


[그림 5.3]

$x=a\sec\theta$로 치환하면 $\sqrt{x^2-a^2}=a\tan\theta$, $dx=a\sec\theta\tan\theta\,d\theta$를 대입하여 적분한다.

$$\int\sqrt{x^2-25}\,dx=\int 25\sec\theta\tan^2\theta\,d\theta$$

$$(\because\ x=5\sec\theta,\ \sqrt{x^2-5^2}=5\tan\theta,\ dx=5\sec\theta\tan\theta\,d\theta)$$

$$\int\sec\theta\tan^2\theta\,d\theta=\sec\theta\tan\theta-\int\sec\theta\sec^2\theta\,d\theta$$

$$(\because\ f(\theta)=\tan\theta,\ g'(\theta)=\sec\theta\tan\theta,\ f'(\theta)=\sec^2\theta,\ g(\theta)=\sec\theta)$$

$$=\sec\theta\tan\theta-\int\sec\theta(\tan^2\theta+1)d\theta$$

$$=\sec\theta\tan\theta-\int\sec\theta\tan^2\theta\,d\theta-\int\sec\theta\,d\theta$$

$$\int\sec\theta\tan^2\theta\,d\theta=\frac{1}{2}\sec\theta\tan\theta-\frac{1}{2}\int\sec\theta\,d\theta$$

$$=\frac{1}{2}\sec\theta\tan\theta-\frac{1}{2}\ln|\sec\theta+\tan\theta|$$

$$\int\sqrt{x^2-5^2}\,dx=\frac{25}{2}\sec\theta\tan\theta-\frac{25}{2}\ln|\sec\theta+\tan\theta|+c$$

$$=\frac{x\sqrt{x^2-25}}{2}-\frac{25}{2}\ln|\sqrt{x^2-25}+x|+c$$

(4) 역삼각함수의 적분

역삼각함수 $\sin^{-1}x$, $\cos^{-1}x$, $\tan^{-1}x$, $\sec^{-1}x$ 등의 적분에 대하여 알아보자.

$$\int \sin^{-1}x\,dx = x\sin^{-1}x - \int \frac{x}{\sqrt{1-x^2}}dx$$

$$\left(\because\ f(x)=\sin^{-1}x,\ g'(x)=1,\ f'(x)=\frac{1}{\sqrt{1-x^2}},\ g(x)=x\right)$$

$$\int \frac{x}{\sqrt{1-x^2}}dx = \int \frac{1}{\sqrt{u}}\,\frac{du}{-2}\quad (\because\ 1-x^2=u,\ -2x\,dx=du)$$

$$= -\frac{1}{2}\int \frac{1}{\sqrt{u}}du = -\sqrt{u} = -\sqrt{1-x^2}$$

$$\therefore\ \int \sin^{-1}x\,dx = x\sin^{-1}x + \sqrt{1-x^2} + c$$

$$\int \tan^{-1}x\,dx = x\tan^{-1}x - \int \frac{x}{x^2+1}dx$$

$$\left(\because\ f(x)=\tan^{-1}x,\ g'(x)=1,\ f'(x)=\frac{1}{x^2+1},\ g(x)=x\right)$$

$$\int \frac{x}{x^2+1}dx = \frac{1}{2}\int \frac{1}{u}du\,(\because\ x^2+1=u,\ 2x\,dx=du)$$

$$= \frac{1}{2}\ln|u| = \frac{1}{2}\ln(x^2+1)$$

$$\int \tan^{-1}x\,dx = x\tan^{-1}x - \frac{1}{2}\ln(x^2+1) + c$$

$$\int \sec^{-1}x\,dx = x\sec^{-1}x - \int \frac{x}{x\sqrt{1-x^2}}dx$$

$$\left(\because\ f(x)=\sec^{-1}x,\ g'(x)=1,\ f'(x)=\frac{1}{x\sqrt{1-x^2}},\ g(x)=x\right)$$

$$= x\sec^{-1}x - \int \frac{1}{\sqrt{1-x^2}}dx$$

$$\int \frac{1}{\sqrt{1-x^2}}dx = \int \frac{1}{\cos\theta}\cos\theta\,d\theta\ (\because\ x=\sin\theta,\ dx=\cos\theta\,d\theta)$$

$$= \int d\theta = \theta = \sin^{-1}x$$

$$\int \sec^{-1}x\,dx = x\sec^{-1}x - \sin^{-1}x + c$$

### (5) 특수한 치환법

지금까지 살펴본 치환법 이외에 다음과 같은 삼각함수 치환법이 있다.

$\tan\frac{x}{2}=t$ 로 치환하면 다음 식들이 성립한다.

(1) $\sin x=\frac{2t}{1+t^2}$ (2) $\cos x=\frac{1-t^2}{1+t^2}$

(3) $\tan x=\frac{2t}{1-t^2}$ (4) $\operatorname{cosec} x=\frac{1+t^2}{2t}$

(5) $\sec x=\frac{1+t^2}{1-t^2}$ (6) $\cot x=\frac{1-t^2}{2t}$

$$\begin{aligned}\int \sec x\,dx &= \int \frac{1+t^2}{1-t^2}\cdot\frac{2}{1+t^2}dt \\ &\quad \left(\because\ \tan\frac{x}{2}=t,\ dt=\sec^2\frac{x}{2}\cdot\frac{1}{2}dx=\frac{1}{2}(1+t^2)dx\right) \\ &= \int\frac{2}{1-t^2}dt=\int\frac{1}{1-t}dt+\int\frac{1}{1+t}dt \\ &= -\ln|1-t|+\ln|1+t|+c=\ln\left|\frac{1+t}{1-t}\right|+c \\ &= \ln\left|\frac{1+t^2+2t}{1-t^2}\right|+c \\ &= \ln|\sec x+\tan x|+c\ \left(\because\ \frac{1+t^2}{1-t^2}=\sec x,\ \frac{2t}{1-t^2}=\tan x\right)\end{aligned}$$

$$\begin{aligned}\int\frac{1}{1+\cos x}dx &= \int\frac{1+t^2}{2}\cdot\frac{2}{1+t^2}dt\ \left(\because\ \tan\frac{x}{2}=t,\ dt=\frac{1}{2}(1+t^2)dx\right) \\ &= \int dt=t+c=\tan\frac{x}{2}+c\end{aligned}$$

## 연습문제 5.3

**1.** 다음 적분을 계산하여라.

(1) $\int \sec^3 x\,dx$ (2) $\int \tan^5 x\,dx$

(3) $\int \tan^2 x\sec^4 x\,dx$ (4) $\int \tan^3 x\sec^3 x\,dx$

(5) $\int \tan^2 x \sec x \, dx$　　(6) $\int \sec^6 x \, dx$

**2.** 다음 적분을 삼각함수 치환법을 이용하여 구하여라.

(1) $\int \frac{dx}{x^2\sqrt{4-x^2}}$　　(2) $\int \frac{dx}{\sqrt{x^2+a^2}}$

(3) $\int \frac{\sqrt{x^2-25}}{x} dx$　　(4) $\int \frac{x^2}{\sqrt{9-x^2}} dx$

(5) $\int \frac{dx}{x^2\sqrt{4x^2-9}}$　　(6) $\int \frac{dx}{(9x^2-1)^{\frac{3}{2}}}$

**3.** 다음 적분을 계산하여라.

(1) $\int \frac{dx}{\sqrt{x^2-2x+5}}$　　(2) $\int \frac{dx}{\sqrt{5-4x-2x^2}}$

(3) $\int \frac{x}{x^2-4x+8} dx$　　(4) $\int \frac{dx}{x^2-4x+13}$

(5) $\int \frac{dx}{\sqrt{8+2x-x^2}}$　　(6) $\int \sqrt{3-2x-x^2}\, dx$

(7) $\int \frac{dx}{1-\tan x}$　　(8) $\int \frac{dx}{\sin x - \tan x}$

## 5.4 지수함수와 로그함수의 부정적분

### (1) 지수함수의 부정적분

앞에서 배운 지수함수의 적분공식과 치환적분, 부분적분 및 부분분해 적분법을 이용하여 지수함수를 포함하는 복잡한 함수들에 관한 적분을 알아보자.

**예제 5.7** $\int (3x^2+1)e^{x3+x} dx$ 를 구하여라.

**풀이** $u = x^3 + x$로 놓으면 $du = (3x^2+1)dx$.

따라서

$$\int(3x^2+1)e^{x3+x}dx=\int e^u du=e^u+c=e^{x3+x}+c$$ ■

**예제 5.8** $\int x^n e^x dx = x^n e^x - \int n x^{n-1} e^x dx$ 를 증명하여라(단, $n$은 양의 정수).

**풀이** $\int x^n e^x dx = I_n$ 이라 하고 $f(x)=x^n$, $g'(x)=e^x$라 놓으면

$f'(x)=nx^{n-1}$과 $g(x)=e^x$에서

$$I_n=\int x^n e^x dx = x^n e^x - \int n x^{n-1} e^x dx$$ ■

**예제 5.9** $\int \frac{e^x}{e^{2x}+e^x}dx$ 를 구하여라.

**풀이** $e^x=u$로 놓으면 $e^x dx = du$

$$\int\frac{e^x}{e^{2x}+e^x}dx=\int\frac{1}{u^2+u}du=\int\frac{1}{u(u+1)}du$$

$$=\int\frac{1}{u}du-\int\frac{1}{u+1}du=\ln|u|-\ln|u+1|+c$$

$$=\ln\left|\frac{u}{u+1}\right|+c=\ln\left|\frac{e^x}{e^x+1}\right|+c=\ln\frac{e^x}{e^x+1}+c$$ ■

### (2) 쌍곡선함수의 적분

쌍곡선함수의 정의와 성질을 앞에서 배웠다. 이들을 다시 한 번 정리하고 이들을 이용하여 적분을 해 보자.

(1) $\sinh x=\frac{e^x-e^{-x}}{2}$ (2) $\cosh x=\frac{e^x+e^{-x}}{2}$

(3) $\tanh x=\frac{\sinh x}{\cosh x}$ (4) $\coth x=\frac{1}{\tanh x}$

(5) $\text{sech}\, x=\frac{1}{\cosh x}$ (6) $\text{csch}\, x=\frac{1}{\sinh x}$

$\cosh^2 x-\sinh^2 x=1$, $\text{sech}^2 x+\tanh^2 x=1$, $\coth^2 x-\text{csch}^2 x=1$

**예제 5.10** $\int \sinh x\,dx = \cosh x + c$ 를 증명하여라.

**풀이** $\int \sinh x\,dx = \int \frac{e^x - e^{-x}}{2}dx = \frac{e^x + e^{-x}}{2} + c = \cosh x + c$

**예제 5.11** $\int \operatorname{sech}^2 x\,dx = \tanh x + c$ 를 증명하여라.

**풀이** $\int \operatorname{sech}^2 x\,dx = \int \frac{1}{\cosh^2 x}dx = \int \frac{4}{(e^x + e^{-x})^2}dx = \int \frac{4e^{2x}}{(e^{2x}+1)^2}dx$

$= \int \frac{2}{u^2}du$ ($\because$ $e^{2x}+1 = u$, $2e^{2x}dx = du$)

$= -\frac{2}{u} + c = -\frac{2}{e^{2x}+1} + c$

$= \frac{e^{2x}-1}{e^{2x}+1} - 1 + c = \frac{e^x - e^{-x}}{e^x + e^{-x}} + c = \tanh x + c$

**예제 5.12** $\int \tanh x\,dx = \ln(\cosh x) + c$ 를 증명하여라.

**풀이** $\int \tanh x\,dx = \int \frac{\sinh x}{\cosh x}dx = \int \frac{1}{u}du$ ($\because$ $\cosh x = u$, $\sinh x\,dx = du$)

$= \ln|u| + c = \ln|\cosh x| + c$

$= \ln(\cosh x) + c$ ($\because$ $\cosh x > 0$)

**예제 5.13** $\int \operatorname{csch}^2 2x\,dx$ 를 구하여라.

**풀이** $\int \operatorname{csch}^2 2x\,dx = \frac{1}{2}\int \operatorname{csch}^2 u\,du$ $\left(\because\ 2x = u,\ dx = \frac{1}{2}du\right)$

$= -\frac{1}{2}\coth u + c = -\frac{1}{2}\coth 2x + c$

(삼각함수와 쌍곡선함수의 적분에 관한 비교)

(1) $\int \cos x\,dx = \sin x + c$ (1) $\int \cosh x\,dx = \sinh x + c$

(2) $\int \sin x\,dx = -\cos x + c$

(3) $\int \sec^2 x\,dx = \tan x + c$

(4) $\int \operatorname{cosec}^2 x\,dx = -\cot x + c$

(5) $\int \sec x \tan x\,dx = \sec x + c$

(6) $\int \cos x \cot x\,dx = -\operatorname{cosec} x + c$

(7) $\int \tan x\,dx = -\ln|\cos x| + c$

(8) $\int \cot x\,dx = \ln|\sin x| + c$

(2) $\int \sinh x\,dx = \cosh x + c$

(3) $\int \operatorname{sech}^2 x\,dx = \tanh x + c$

(4) $\int \operatorname{csch}^2 x\,dx = -\coth x + c$

(5) $\int \operatorname{sech} x \tanh x\,dx = -\operatorname{sech} x + c$

(6) $\int \operatorname{csch} x \coth x\,dx = -\coth x + c$

(7) $\int \tanh x\,dx = \ln(\cosh x) + c$

(8) $\int \coth x\,dx = \ln|\sinh x| + c$

### (3) 로그함수의 적분

앞에서 배운 것 이외에 로그함수를 포함하는 함수들에 관한 적분방법을 알아보자.

**예제 5.14** $\int x^{-1}(\ln x)^{-1}dx$를 구하여라.

**풀이** $\ln x = u$로 놓으면 $\frac{1}{x}dx = du$

$$\int x^{-1}(\ln x)^{-1}dx = \int \frac{1}{u}du = \ln|u| + c = \ln|\ln x| + c$$

■

**예제 5.15** $\int \ln(x^2+4)dx$를 구하여라.

**풀이** $f(x) = \ln(x^2+4)$, $g'(x) = 1$로 놓고 $f'(x) = \frac{2x}{x^2+4}$, $g(x) = x$를 구하여 부분적분법을 이용하면

$$\int \ln(x^2+4)dx = x\ln(x^2+4) - \int \frac{2x^2}{x^2+4}dx$$

$$\int \frac{2x^2}{x^2+4}dx = \int 4\tan^2\theta\, d\theta$$

$$(\because\ x=2\tan\theta,\ x^2+4=4\sec^2\theta,\ dx=2\sec^2\theta\, d\theta)$$

$$= \int 4(\sec^2\theta - 1)d\theta = 4\tan\theta - 4\theta = 2x - 4\tan^{-1}\frac{x}{2}$$

따라서

$$\int \ln(x^2+4)dx = x\ln(x^2+4) - 2x + 4\tan^{-1}\frac{x}{2} + c$$

**예제 5.16** $\int x^n \ln x\, dx$를 구하여라(단, $n \neq -1$).

**풀이** $f(x)=\ln x$, $g'(x)=x^n$로 놓으면 $f'(x)=\frac{1}{x}$이고 $g(x)=\frac{1}{n+1}x^{n+1}$

따라서 부분적분법을 이용하면

$$\int x^n \ln x\, dx = \frac{1}{n+1}x^{n+1}\ln x - \frac{1}{n+1}\int x^n dx$$

$$= \frac{1}{n+1}x^{n+1}\ln x - \frac{1}{(n+1)^2}x^{n+1} + c$$

**예제 5.17** $\int x(\ln x)^n dx = I_n$이라 할 때 다음을 증명하여라(단, $n \geq 1$).

$$I_n = \frac{1}{2}x^2(\ln x)^n - \frac{n}{2}I_{n-1} + c$$

**풀이** $f(x)=(\ln x)^n$, $g'(x)=x$로 놓으면 $f'(x)=n(\ln x)^{n-1}\frac{1}{x}$이고 $g(x)=\frac{1}{2}x^2$이다.

따라서 부분적분법을 이용하면

$$\int x(\ln x)^n dx = \frac{1}{2}x^2(\ln x)^n - \frac{n}{2}\int x(\ln x)^{n-1}dx$$

$$= \frac{1}{2}x^2(\ln x)^n - \frac{n}{2}I_{n-1} + c$$

**예제 5.18** $\int \sin(\ln x)dx$ 를 구하여라.

**풀이** $f(x)=\sin(\ln x)$, $g'(x)=1$이라 놓으면 $f'(x)=\frac{\cos(\ln x)}{x}$이고 $g(x)=x$ 이므로 부분적분법을 이용하면

$$\int \sin(\ln x)dx = x\sin(\ln x) - \int x\frac{\cos(\ln x)}{x}dx$$
$$= x\sin(\ln x) - \int \cos(\ln x)dx$$
$$\int \cos(\ln x)dx = x\cos(\ln x) + \int x\frac{\sin(\ln x)}{x}dx$$
$$\left(\because\ f(x)=\cos(\ln x),\ g'(x)=1\text{이라 놓으면 } f'(x) = -\frac{\sin(\ln x)}{x},\ g(x)=x\right)$$
$$= x\cos(\ln x) + \int \sin(\ln x)dx$$

따라서

$$\int \sin(\ln x)dx = x\sin(\ln x) - \left\{x\cos(\ln x) + \int \sin(\ln x)dx\right\}$$

이므로 이 식을 정리하면

$$\int \sin(\ln x)dx = \frac{1}{2}x\{\sin(\ln x) - \cos(\ln x)\} + c$$ ■

## 연습문제 5.4

**1.** 다음 적분을 계산하여라.

(1) $\int 3^{2x+1}dx$ (2) $\int \frac{e^{2x}}{e^x+1}dx$

(3) $\int \frac{e^x}{\sqrt{1-e^{2x}}}dx$ (4) $\int \frac{e^x}{e^{2x}+1}dx$

(5) $\int \frac{e^{3x}-3e^{2x}-10e^{x}}{e^{3x}-8}dx$

(6) $\int \sinh^{6}x \cosh x\, dx$

(7) $\int \sqrt{\tanh x}\, \operatorname{sech}^{2}x\, dx$

(8) $\int \tanh x\, \operatorname{sech}^{3}x\, dx$

(9) $\int x^{-1}\sin(\ln x)dx$

(10) $\int x(\ln x)^{2}dx$

**2.** 다음이 성립함을 보여라.

(1) $\int \cosh x\, dx = \sinh x + c$

(2) $\int \operatorname{sech} x \tanh x\, dx = -\operatorname{sech} x + c$

CHAPTER

# 6 정 적 분

## 6.1 정적분의 정의

정적분의 정의는 주어진 구간에서 곡선으로 둘러싸인 부분의 넓이를 구하는 것인데, 둘러싸인 부분을 넓이가 작은 여러 개의 직사각형이나 삼각형으로 나누어 각각의 넓이를 합하여, 구하는 부분의 넓이에 가까워지도록 하는 방법에서 시작되었다고 할 수 있다.

**예제 6.1** 함수 $y=x^2$과 $x$축, $x=0$ 및 $x=1$에 의하여 둘러싸인 부분에서 구간 [0, 1]을 2등분, 4등분 및 $n$등분하여 만들어지는 곡선의 윗부분을 포함하는 직사각형들의 넓이의 합 $S_2$, $S_4$ 및 $S_n$을 구하고 $S_n$의 극한값 $S$를 구하여라.

**풀이** 함수 $f(x)=x^2$과 $x$축, $x=0$ 및 $x=1$에 의하여 둘러싸인 부분은 그림 6.1에서 어두운 부분이 되는 것을 알 수 있고, 넓이 $S_2$는 그림 6.1의 빗금친 두 직사각형의 넓이의 합이므로

$$S_2=\frac{1}{2}f\left(\frac{1}{2}\right)+\frac{1}{2}f(1)=\frac{1}{2}\left\{\left(\frac{1}{2}\right)^2+\left(\frac{2}{2}\right)^2\right\}$$
$$=\frac{1}{2^3}(1^2+2^2)=\frac{1}{8}(1+4)=\frac{5}{8}$$

또한 [0, 1]을 4등분하여 빗금친 부분 그림 6.2의 넓이가 $S_4$이고 $S_4$는 가로가 $\frac{1}{4}$이고 세로가 $f\left(\frac{1}{4}\right)$, $f\left(\frac{2}{4}\right)$, $f\left(\frac{3}{4}\right)$, $f\left(\frac{4}{4}\right)$인 4개의 직사각형으로

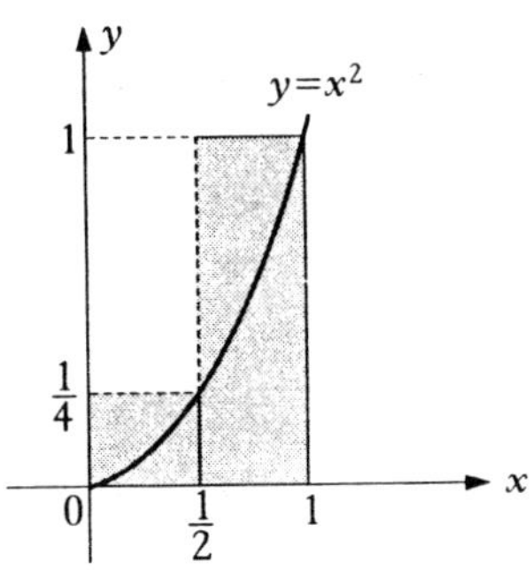


[그림 6.1]

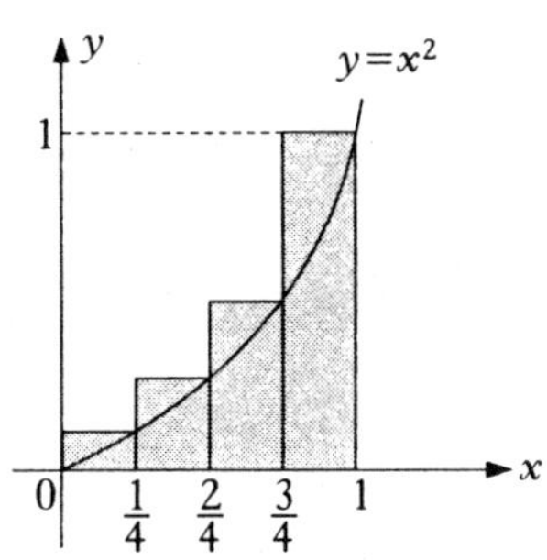


[그림 6.2]

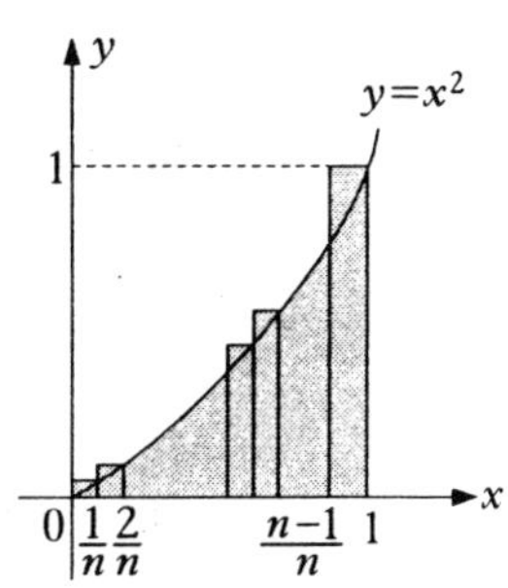


[그림 6.3]

되어 있으므로

$$\begin{aligned} S_4 &= \frac{1}{4}f\left(\frac{1}{4}\right)+\frac{1}{4}f\left(\frac{2}{4}\right)+\frac{1}{4}f\left(\frac{3}{4}\right)+\frac{1}{4}f\left(\frac{4}{4}\right) \\ &= \frac{1}{4}\left\{f\left(\frac{1}{4}\right)+f\left(\frac{2}{4}\right)+f\left(\frac{3}{4}\right)+f\left(\frac{4}{4}\right)\right\} \\ &= \frac{1}{4}\left\{\left(\frac{1}{4}\right)^2+\left(\frac{2}{4}\right)^2+\left(\frac{3}{4}\right)^2+\left(\frac{4}{4}\right)^2\right\} \\ &= \frac{1}{4^3}(1^2+2^2+3^2+4^2) \\ &= \frac{1}{64}(1+4+9+16)=\frac{30}{64} \end{aligned}$$

이와 같이 확장하여 일반적으로 [0, 1]을 $n$등분하여 그림 6.3의 빗금친 부분의 넓이가 $S_n$이므로, $S_n$은 가로가 $\frac{1}{n}$이고 세로가 각각, $f\left(\frac{1}{n}\right)$, $f\left(\frac{2}{n}\right)$, $\cdots$, $f\left(\frac{n-1}{n}\right)$, $f\left(\frac{n}{n}\right)$인 $n$개의 직사형으로 되어 있으므로

$$\begin{aligned} S_n &= \frac{1}{n}f\left(\frac{1}{n}\right)+\frac{1}{n}f\left(\frac{2}{n}\right)+\frac{1}{n}f\left(\frac{3}{n}\right)+\cdots+\frac{1}{n}f\left(\frac{n}{n}\right) \\ &= \frac{1}{n}\left\{f\left(\frac{1}{n}\right)+f\left(\frac{2}{n}\right)+f\left(\frac{3}{n}\right)+\cdots+f\left(\frac{n}{n}\right)\right\} \\ &= \frac{1}{n}\left\{\left(\frac{1}{n}\right)^2+\left(\frac{2}{n}\right)^2+\left(\frac{3}{n}\right)^2+\cdots+\left(\frac{n}{n}\right)^2\right\} \\ &= \frac{1}{n^3}(1^2+2^2+3^2+\cdots+n^2) \\ &= \frac{1}{n^3}\,\frac{n(n+1)(2n+1)}{6} \end{aligned}$$

실제로 $S_2>S_4>\cdots>S_n(n\geq 4)$이고 $n$이 큰 값을 가질수록 구하는 곡선으로 둘러싸인 부분의 넓이에 가까워가는 것을 알 수 있다. 즉

$$S=\lim_{n\to\infty}\frac{1}{n^3}\cdot\frac{n(n+1)(2n+1)}{6}=\frac{1}{3}$$ ■

예제 6.1을 확장하여 함수 $f(x)$가 폐구간 $[a, b]$ 위에서 정의되었다고 하자. 폐구간 $[a, b]$ 위의 점들의 유한집합 $P=\{x_0, x_1, x_2, \cdots, x_n\}$가 $x_0=a<x_1<x_2$

$<\cdots<x_{n-1}<x_n=b$를 만족할 때 이것을 폐구간 $[a, b]$의 **분할**(partition)이라 하고 분할 $P$로 나타낸다.

또한 폐구간 $[a, b]$의 분할 $P$에 대하여 $M_i=\sup\{f(x)\,|\,x_{i-1}\leq x\leq x_i\}$와 $m_i=\inf\{f(x)\,|\,x_{i-1}\leq x\leq x_i\}$를 정의하고 $\varDelta x_i=x_i-x_{i-1}$이라 놓은 다음 그림 6.4와 같이

$$U(P, f)=\sum_{i=1}^{n}M_i\varDelta_i, \quad L(P, f)=\sum_{i=1}^{n}m_i\varDelta_i$$

를 정의한다.

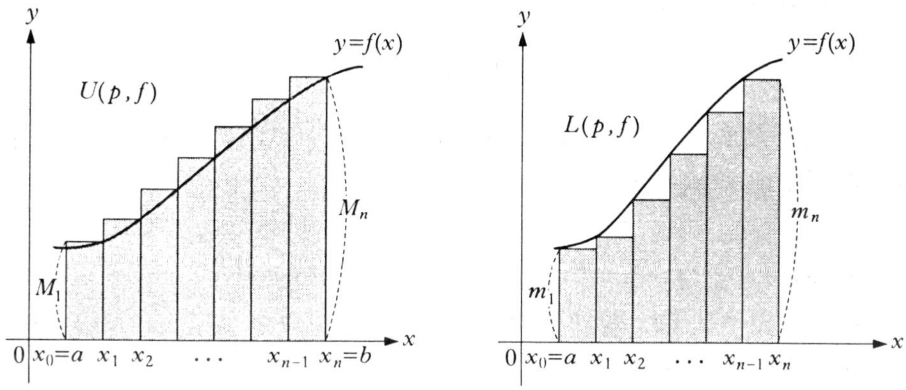


[그림 6.4]

〈정의 6.1〉

> 폐구간 $[a, b]$의 임의의 분할 $P$와 $Q$에 대하여 점들의 집합으로 볼 때, 즉 $P$가 $Q$의 부분집합일 때 $Q$는 $P$보다 **세분**(refinement)된 분할이라고 한다.

예제 6.1을 다시 살펴보자. 즉 분할

$$P_2=\left\{0, \frac{1}{2}, \frac{2}{2}\right\}, \ P_4=\left\{0, \frac{1}{4}, \frac{2}{4}, \frac{3}{4}, \frac{4}{4}\right\}, \ \cdots, \ P_n=\left\{0, \frac{1}{n}, \frac{2}{n}, \cdots, \frac{n}{n}\right\}$$

에서

$$L(P_2, f)=\frac{1}{8}, \quad U(P_2, f)=\frac{5}{8}$$

$$L(P_4, f)=\frac{14}{64},\quad U(P_4, f)=\frac{30}{64}$$

$$L(P_n, f)=\frac{1}{n^3}\cdot\frac{n(n-1)(2n-1)}{6},\ U(P_n, f)=\frac{1}{n^3}\cdot\frac{n(n+1)(2n+1)}{6}$$

이므로

$$L(P_2, f)\leq L(P_4, f)\leq L(P_n, f)\leq U(P_n, f)\leq U(P_4, f)\leq U(P_2, f)$$

이다(단, $n\geq 4$).

일반적으로 분할 $Q$가 분할 $P$보다 세분되어 있다면

$$L(P, f)\leq L(Q, f)\leq U(Q, f)\leq U(P, f)$$

이다. 따라서 분할 $P$가 세분되면 될수록 $U(P, f)$와 $L(P, f)$의 차이는 줄어들게 되므로 정의 6.2를 생각할 수 있다.

〈정의 6.2〉

폐구간 $[a, b]$의 임의의 분할 $P$에 대하여 $M_i$, $m_i$, $U(P, f)$, $L(P, f)$를 앞에서와 같이 정의하였을 때에

$$\overline{\int_a^b} f(x)dx=\inf U(P, f),\quad \underline{\int_a^b} f(x)dx=\sup L(P, f)$$

을 정의하고 각각 Riemann상적분(Riemann upper integral)과 Riemann하적분(Riemann lower integral)이라 한다. 어떤 분할 $P$에 대하여 Riemann상적분과 Riemann하적분이 같을 때, $\inf U(P,f)=\sup L(P,f)$일 때 함수 $f$는 Riemann적분가능한 함수(Riemann integrable function)라고 하고 $\inf U(P, f)=\sup L(P, f)$를 $\int_a^b f(x)dx$로 표시하고 함수 $f(x)$의 $x=a$로부터 $x=b$까지의 정적분(definite integral)이라 한다. 이 때에 $b$를 적분의 상한(least upper limit)이라 하고 $a$를 적분의 하한(greatest lower limit)이라 한다. 또한 $f(x)$를 피적분함수(integrand)라 하고 $x$를 적분변수(integral variable)라고 한다.

예제 6.1에서

$$\lim_{n\to\infty} L(P_n, f) = \lim_{n\to\infty} \frac{1}{n^3} \cdot \frac{n(n-1)(2n-1)}{6} = \frac{1}{3}$$

$$\lim_{n\to\infty} U(P_n, f) = \lim_{n\to\infty} \frac{1}{n^3} \cdot \frac{n(n+1)(2n+1)}{6} = \frac{1}{3}$$

즉

$$\inf U(P, f) = \sup L(P, f)$$

이므로 함수 $f(x)=x^2$은 폐구간 [0, 1]에서 Riemann적분이 가능하고 그 값은

$$\int_0^1 f(x)dx = \frac{1}{3}$$

이다.

**예제 6.2** 폐구간 [0, 1]에서 다음과 같이 정의된 함수 $f(x)$의 Riemann적분가능성을 조사하여라.

$$f(x) = \begin{cases} 1 & (x\text{가 유리수일 때}) \\ 0 & (x\text{가 무리수일 때}) \end{cases}$$

**풀이** 임의의 분할 $P$에 대하여 $L(P, f)=0\neq 1=U(P, f)$가 되어 함수 $f(x)$는 폐구간 [0, 1]에서 Riemann적분가능하지 않다. ∎

예제 6.2와 같은 함수의 적분을 위해서 Lebesgue적분 이론이 있으나 이 책의 정도를 넘으므로 여기서는 생략하기로 하고 앞으로는 Riemann적분가능한 함수를 적분가능한 함수라 하고 Riemann적분값을 정적분값이라 하기로 한다.

정의 6.2를 다음과 같이 나타내는 것이 사용에 편리하다. 각 소구간의 길이 $\Delta x_i = x_i - x_{i-1}(i=1, 2, \cdots, n)$의 최대값은 $|\Delta| = \text{Max}\{\Delta x_i : i=1, 2, \cdots, n\}$이라 하면 분할 $P$는 $n$이 무한히 클 때 $|\Delta|$가 0에 가까이 가는 아주 작은 수이다. 따라서 함수 $f(x)$가 폐구간 $[a, b]$ 위에서 적분가능하면

$$\int_a^b f(x)dx = \lim_{|\Delta|\to 0} \sum_{i=1}^{n} f(\xi_i)\Delta x_i$$
$$= \lim_{n\to\infty} \sum_{i=1}^{n} f(\xi_i)\Delta x_i \ (\xi_i \in [x_{i-1}, x_i],\ i=1, 2, \cdots, n)$$

로 나타낸다.

**예제 6.3** $S_n = \frac{1}{n} + \frac{1}{n+1} + \frac{1}{n+2} + \cdots + \frac{1}{2n-1}$일 때 $\lim_{n\to\infty} S_n$을 정적분으로 나타내어라.

**풀이** $S_n = \frac{1}{n}\left\{\frac{1}{1} + \frac{1}{1+\frac{1}{n}} + \frac{1}{1+\frac{2}{n}} + \cdots + \frac{1}{1+\frac{(n-1)}{n}}\right\}$

$$= \sum_{k=1}^{n} \frac{1}{1+\frac{(k-1)}{n}} \cdot \frac{1}{n}$$

$x = \frac{k-1}{n}$이라 놓고 $n$이 무한히 커지면, $k=1$일 때 $x=0$이고, $k=n$일 때 $x=1$이므로 $S_n$의 극한값은

$$\lim_{n\to\infty} S_n = \lim_{n\to\infty} \sum_{k=1}^{n} \frac{1}{1+\frac{k-1}{n}} \cdot \frac{1}{n} = \int_0^1 \frac{1}{1+x} dx$$

## 연습문제 6.1

**1.** $\int_a^b f(x)dx = \lim_{|\Delta|\to 0} \sum_{i=1}^{n} f(\xi_i)\Delta x_i = \lim_{n\to\infty} \sum_{i=1}^{n} f(\xi_i)\Delta x_i$로 정의할 때 다음을 정의에 의하여 구하여라.

(1) $f(x) = x+1,\ a=0,\ b=4$

(2) $f(x) = \cos x,\ a=0,\ b=2\pi$

(3) $f(x) = 4-x^2,\ a=-3,\ b=4$

(4) $f(x) = x^3,\ a=-3,\ b=3$

(5) $f(x) = \frac{1}{x},\ a=1,\ b=9$

**2.** 다음을 정적분의 정의를 이용하여 구하여라.

(1) $y=x$와 $x$축, 두 직선 $x=1$, $x=2$로 둘러싸인 부분의 넓이

(2) $y=9-x^2$과 $x$축, 두 직선 $x=0$, $x=3$으로 둘러싸인 부분의 넓이

(3) $y=x^2$과 $x$축, 두 직선 $x=0$, $x=1$로 둘러싸인 부분의 넓이

**3.** 다음 극한값을 정적분으로 나타내어라.

(1) $\lim_{n\to\infty}(1+\sqrt{2}+\sqrt{3}+\cdots+\sqrt{n})\dfrac{1}{\sqrt{n^3}}$

(2) $\lim_{n\to\infty}(1^2+2^2+\cdots+n^2)\dfrac{1}{n^3}$

(3) $\lim_{n\to\infty}\left(\dfrac{1}{\sqrt{n^2+n}}+\dfrac{1}{\sqrt{n^2+2n}}+\cdots+\dfrac{1}{\sqrt{n^2+n^2}}\right)$

(4) $\lim_{n\to\infty}(1+\sqrt[3]{2}+\sqrt[3]{3}+\cdots+\sqrt[3]{n})\dfrac{1}{\sqrt[3]{n^4}}$

## 6.2 정적분의 성질

앞 절에서 구간 $[a, b]$에서 주어진 함수 $f(x)$의 정적분 $\int_a^b f(x)dx$를 Riemann상적분과 Riemann하적분의 정의를 이용하여 정의했다. 이 정의와 동치인

$$\int_a^b f(x)dx=\lim_{\substack{|\Delta|\to 0\\(n\to\infty)}}\sum_{i=1}^{n} f(\xi_i)\Delta x_i$$

를 사용하면 여러 정리를 설명하는데 편리하다.

**정리 6.1** $f(x)$가 $[a, b]$ 위에서 연속이고 $a<c<b$일 때

$$\int_a^b f(x)dx=\int_a^c f(x)dx+\int_c^b f(x)dx$$

이다.

증명 구간 $[a, c]$와 $[c, b]$를 각각 $n$개의 소구간으로 분할하여 분할

$$P : a=x_0<x_1<\cdots<x_n=c<x_{n+1}<x_{n+2}<\cdots<x_{2n}=b$$

라 하자. 그러면 분할 $P$는 두 개의 분할

$$\text{분할 } P_1 : a=x_0<x_1<x_2<\cdots<x_n=c$$
$$\text{분할 } P_2 : x_n=c<x_{n+1}<\cdots<x_{2n}=b$$

로 생각할 수 있으므로

$$\begin{aligned}\int_a^b f(x)dx &= \lim_{|\Delta|\to 0}\sum_{i=1}^{2n} f(\xi_i)\Delta x_i = \lim_{|\Delta|\to 0}\left(\sum_{i=1}^{n} f(\xi_i)\Delta x_i + \sum_{i=n+1}^{2n} f(\xi_i)\Delta x_i\right)\\ &= \lim_{|\Delta|\to 0}\sum_{i=1}^{n} f(\xi_i)\Delta x_i + \lim_{|\Delta|\to 0}\sum_{i=n+1}^{2n} f(\xi_i)\Delta x_i\\ &= \int_a^c f(x)dx + \int_c^b f(x)dx\end{aligned}$$

가 되어 정리가 성립한다.

지금까지 정적분의 정의 $\int_a^b f(x)dx$는 $a<b$인 경우에만 다루었다. 일반적인 경우는 다음과 같이 확장하여 정의할 수 있다. ▩

〈정의 6.3〉

$x=a$와 $x=b$가 주어진 함수 $f(x)$의 적분가능한 구간 $[c, d]$에 존재할 때에 $a\geq b$인 경우 다음과 같이 정의한다.

$$\int_a^b f(x)dx = -\int_b^a f(x)dx \quad (a>b)$$

$$\int_a^b f(x)dx = 0 \quad (a=b)$$

도함수에서 평균값의 정리를 다루었다. 정적분에서도 정적분과 미분의 관계를 연결하는데 필요한 적분의 평균값의 정리가 성립된다.

**정리 6.2** (적분의 평균값의 정리) 함수 $f(x)$가 구간 $[a, b]$에서 연속일 때

$$\int_a^b f(x)dx = f(c)(b-a) \quad (a<c<b)$$

인 $c$가 존재한다.

**증명** 함수 $f(x)$가 구간 $[a, b]$에서 연속이므로 $[a, b]$에서 $f(x)$의 최소값 $m$과 최대값 $M$이 각각 존재하여 $m \le f(x) \le M(x \in [a, b])$이므로 구간 $[a, b]$의 분할을 $P : a = x_0 < x_1 < \cdots < x_n = b$라고 하면 $m \le f(\xi_i) \le M(\xi_i \in [x_{i-1}, x_i])$이다.

따라서

$$m(b-a) \le \sum_{i=1}^{n} f(\xi_i)\Delta x_i \le M(b-a)$$

가 되므로 정적분의 정의로부터

$$m(b-a) \le \int_a^b f(x)dx \le M(b-a)$$

이다.

$$\therefore \; m \le \frac{1}{b-a}\int_a^b f(x)dx \le M$$

연속함수의 중간값의 정리에 의하여

$$\frac{1}{b-a}\int_a^b f(x)dx = f(c)(a<c<b)$$

인 $c$가 존재한다. 따라서

$$\int_a^b f(x)dx = f(c)(b-a) \; (a<c<b)$$

인 $c$가 존재한다.

함수 $f(x)$가 $[a,\ b]$에서 연속인 경우 $a<x\leq b$인 $x$에 대하여 $\int_a^x f(x)dx$인 적분이 존재하여 그 값은 상한 $x$에 의하여 정해진다. 따라서 이 적분은 상한 $x$의 함수로 볼 수 있다. 따라서 $x$의 함수로서 다음과 같이 정의한다.

$$F(x)=\int_a^x f(x)dx \text{ 또는 } F(x)=\int_a^x f(t)dt$$

---

**정리 6.3** 함수 $f(x)$가 $[a,\ b]$ 위에서 연속이고 $a<x\leq b$인 임의의 점 $x$에 대하여

$$F(x)=\int_a^x f(t)dt$$

라 놓으면, 함수 $F(x)$는 미분가능이고 $F'(x)=f(x)$이다.
즉, $F(x)=\int_a^x f(t)dt$는 $f(x)$의 원시함수이다.

---

**증명** $F(x)=\int_a^x f(t)dt$에서

$$\begin{aligned} F(x+h)-F(x) &= \int_a^{x+h} f(t)dt-\int_a^x f(t)dt \\ &= \int_a^x f(t)dt+\int_x^{x+h} f(t)dt-\int_a^x f(t)dt \\ &= \int_x^{x+h} f(t)dt \end{aligned}$$

이다.

적분의 평균값의 정리를 이용하면

$$\int_x^{x+h} f(t)dt=f(\xi)\cdot h \ (\xi\in[x,\ x+h])$$

인 $\xi$가 존재하여

$$\frac{F(x+h)-F(x)}{h}=\frac{f(\xi)\cdot h}{h}=f(\xi)$$

이다. $h \to 0$이면 $\xi \to x$이므로

$$F'(x) = \lim_{h \to 0} \frac{F(x+h) - F(x)}{h} = \lim_{\xi \to x} f(\xi)$$

이고 $f(x)$가 연속이므로 $\lim_{\xi \to x} f(\xi) = f(x)$가 되어 $F'(x) = f(x)$가 된다. 따라서 $F(x)$는 $f(x)$의 원시함수이다.

정리 6.3의 결과로부터 정적분값을 쉽게 구할 수 있는 미적분학의 기본정리를 얻는다.

**정리 6.4** (미적분학의 기본정리) 함수 $f(x)$가 $[a, b]$에서 연속일 때 $f(x)$의 한 원시함수를 $G(x)$라 하면

$$\int_a^b f(x)dx = G(b) - G(a)$$

이다. $G(b) - G(a)$를 $[G(x)]_a^b$와 같이 나타낸다.

**증명** 구간 $[a, b]$의 임의의 점 $x$에 대하여

$$F(x) = \int_a^x f(t)dt$$

라 하면 정리 6.3에 의하여 $F'(x) = f(x)$이고 가정에 의하여

$$[F(x) - G(x)]' = F'(x) - G'(x) = f(x) - f(x) = 0$$

이므로

$$F(x) - G(x) = c$$

이다(단, $c$는 상수). 따라서

$$F(a) = \int_a^a f(t)dt = 0$$

이고 $F(a)-G(a)=c$이므로 $c=-G(a)$이다.

$$\therefore\ F(x)=G(x)+c=G(x)-G(a)$$

$$F(b)=\int_a^b f(t)dt=\int_a^b f(x)dx=G(b)-G(a)=[G(x)]_a^b$$

이제부터 정적분값을 계산하는데 필요한 성질들을 살펴보자.

**정리 6.5** 함수 $f(x)$와 $g(x)$가 구간 $[a, b]$에서 연속이고 $\alpha$와 $\beta$를 임의의 실수라고 하면 다음 성질이 성립된다.

(1) $\int_a^b \alpha f(x)dx=\alpha\int_a^b f(x)dx$

(2) $\int_a^b \{f(x)\pm g(x)\}dx=\int_a^b f(x)dx\pm\int_a^b g(x)dx$

(3) $\int_a^b \{\alpha f(x)+\beta g(x)\}dx=\alpha\int_a^b f(x)dx+\beta\int_a^b g(x)dx$

증명 (1) $f(x)$가 연속이므로 $\alpha f(x)$도 연속함수가 되므로 $f(x)$와 $\alpha f(x)$는 모두 적분가능하다.

$$\int_a^b \alpha f(x)dx=\lim_{|\Delta|\to 0}\sum_{i=1}^{n}\alpha f(\xi_i)\Delta x_i=\alpha\left(\lim_{|\Delta|\to 0}\sum_{i=1}^{n}f(\xi_i)\Delta x_i\right)=\alpha\int_a^b f(x)dx$$

(2) $f(x)$, $g(x)$가 연속이므로 $f(x)\pm g(x)$도 연속이므로 적분가능하다.

$$\begin{aligned}\int_a^b \{f(x)\pm g(x)\}dx&=\lim_{|\Delta|\to 0}\sum_{i=1}^{n}\{f(\xi_i)\pm g(\xi_i)\}\Delta x_i\\&=\lim_{|\Delta|\to 0}\sum_{i=1}^{n}f(\xi_i)\Delta x_i\pm\lim_{|\Delta|\to 0}\sum_{i=1}^{n}g(\xi_i)\Delta x_i\\&=\int_a^b f(x)dx\pm\int_a^b g(x)dx\end{aligned}$$

(3) (1)과 (2)에 의하여

$$\int_a^b \{\alpha f(x)+\beta g(x)\}dx=\int_a^b \alpha f(x)dx+\int_a^b \beta g(x)dx$$

$$=\alpha\int_a^b f(x)dx+\beta\int_a^b g(x)dx$$

**정리 6.6** 함수 $f(x)$와 $g(x)$가 미분가능하고 각각의 도함수가 $f'(x)$와 $g'(x)$라고 하면,

$$\int_a^b f(x)g'(x)dx=f(b)g(b)-f(a)g(a)-\int_a^b f'(x)g(x)dx$$

증명 $f(x)g(x)=h(x)$라 놓으면

$$h'(x)=f(x)g'(x)+f'(x)g(x)$$

이므로

$$\begin{aligned}\int_a^b h'(x)dx&=\int_a^b \{f(x)g'(x)+f'(x)g(x)\}dx\\&=\int_a^b f(x)g'(x)dx+\int_a^b f'(x)g(x)dx\end{aligned}$$

이다. 따라서

$$\begin{aligned}\int_a^b f(x)g'(x)dx+\int_a^b f'(x)g(x)dx&=\int_a^b h'(x)dx=[h(x)]_a^b\\&=h(b)-h(a)=f(b)g(b)-f(a)g(a)\end{aligned}$$

$$\therefore\ \int_a^b f(x)g'(x)dx=f(b)g(b)-f(a)g(a)-\int_a^b f'(x)g(x)dx$$

**정리 6.7** 함수 $f(x)$가 구간 $[a, b](a<b)$에서 연속일 때 $f(x)\geq 0$이면

$$\int_a^b f(x)dx\geq 0$$

이다. 등호가 성립하는 것은 $f(x)=0$일 때 뿐이다.

증명 정적분의 정의로부터

$$\int_a^b f(x)dx \geq 0$$

이 성립한다. 따라서 $f(x)=0$이기 위한 필요충분조건이

$$\int_a^b f(x)dx = 0$$

임을 보이자.

먼저 $f(x)=0$이면

$$\int_a^b f(x)dx = \lim_{|\Delta|\to 0} \sum_{i=1}^{n} f(\xi_i)\Delta x_i = 0$$

역으로

$$\int_a^b f(x)dx = 0$$

이라 가정하고 $f(x)=0$임을 보이기 위하여 $f(x)>0$인 $x$가 구간 $[a, b]$에 있다고 가정하면 연속함수의 성질에 의하여 $a<c<d<b$인 구간 $[c, d]$에서 $f(x) \geq \varepsilon > 0$이 되는 $[c, d]$와 상수 $\varepsilon$이 존재한다.

따라서

$$\begin{aligned}\int_a^b f(x)dx &= \int_a^c f(x)dx + \int_c^d f(x)dx + \int_d^b f(x)dx \geq \int_c^d f(x)dx \geq \int_c^d \varepsilon dx \\ &= \varepsilon(d-c) > 0\end{aligned}$$

이므로 가정에 모순이다. 따라서 $f(x)=0$이어야 한다. ■

**정리 6.8** (1) $f(x)$와 $g(x)$가 $[a, b]$ 위에서 연속이고 $f(x) \geq g(x)$이면

$$\int_a^b f(x)dx \geq \int_a^b g(x)dx$$

이다.

(2) 특히 $\int_a^b |f(x)|dx \geq \left|\int_a^b f(x)dx\right|$도 성립한다.

증명 (1) 가정에 의하여 $f(x)-g(x)\geq 0$이므로 정리 6.7에 의하여

$$\int_a^b \{f(x)-g(x)\}dx \geq 0$$

이고 정리 6.6에 의하여

$$\int_a^b f(x)dx - \int_a^b g(x)dx \geq 0$$

이다.

$$\therefore \int_a^b f(x)dx \geq \int_a^b g(x)dx$$

(2) $|f(x)| \geq f(x) \geq -|f(x)|$이므로 (1)에 의하여

$$\int_a^b |f(x)|dx \geq \int_a^b f(x)dx \geq \int_a^b \{-|f(x)|\}dx = -\int_a^b |f(x)|dx$$

이다.

$$\therefore \int_a^b |f(x)|dx \geq \left|\int_a^b f(x)dx\right|$$

## 연습문제 6.2

**1.** $f(x)$, $g(x)$는 구간 $[a, b]$에서 연속이고 $g(x)$의 부호가 일정할 때

$$\int_a^b f(x)g(x)dx = f(c)\int_a^b g(x)dx, \quad (a<c<b)$$

를 만족시키는 $c$가 존재함을 보여라.

**2.** 구간 $[a, b]$에서 적분가능한 모든 함수에 대하여, 다음에서 성립하는 것과 성립하지 않는 것을 고르고 그 이유를 써라.

(1) $\int_a^b f(x)g(x)dx = \int_a^b f(x)dx \int_a^b g(x)dx$

(2) $\int_a^b \{c_1 f(x) + c_2 g(x)\}dx = c_1\int_a^b f(x)dx + c_2\int_a^b g(x)dx$ ($c_1$, $c_2$는 상수)

(3) $\int_a^b \left(\sum_{k=1}^{n} c_k f_k(x)\right)dx = \sum_{k=1}^{n}\left[c_k \int_a^b f_k(x)dx\right]$ ($c_1$, $c_2$, $\cdots$, $c_k$는 상수)

(4) $\int_a^b [f(x)]^n dx = \left[\int_a^b f(x)dx\right]^n$

(5) $\int_a^b \sqrt{f(x)}\,dx = \sqrt{\int_a^b f(x)dx}$

**3.** 다음과 같이 구간과 함수가 주어졌을 때 적분의 평균값의 정리를 만족하는 $c$를 구하여라.

(1) $f(x) = x^2$, $[1,\ 4]$

(2) $f(x) = 3x^2$, $[-2,\ -1]$

(3) $f(x) = 2 + |x|$, $[-3,\ 1]$

(4) $f(x) = \sqrt{x}$, $[0,\ 4]$

(5) $f(x) = \alpha x + \beta$, $[x_0,\ x_1]$

## 6.3 정적분의 계산

미적분학의 기본정리에서 함수 $f(x)$가 구간 $[a,\ b]$에서 연속일 때 $f(x)$의 한 원시함수를 $G(x)$라 하면

$$\int_a^b f(x)dx = G(b) - G(a)$$

임을 배웠다. 이를 이용하여 정적분의 값을 구한다.

**예제 6.3** 다음 정적분의 값을 구하여라.

(1) $\int_2^4 3x^2 dx$

(2) $\int_1^3 \left(\frac{1}{x} + e^{-x}\right)dx$

(3) $\int_0^{\frac{\pi}{2}} (\sin x - \cos x)dx$

(4) $\int_1^5 (x-1)^{\frac{1}{2}} dx$

**풀이** (1) $\int_2^4 3x^2dx=[x^3]_2^4=4^3-2^3=64-8=56$

(2) $\int_1^3\left(\frac{1}{x}+e^{-x}\right)dx=[\ln x-e^{-x}]_1^3=(\ln 3-e^{-3})-(\ln 1-e^{-1})$

$=\ln 3-e^{-3}+e^{-1}$

(3) $\int_0^{\frac{\pi}{2}}(\sin x-\cos x)dx=[-\cos x-\sin x]_0^{\frac{\pi}{2}}=(0-1)-(-1-0)=0$

(4) $\int_1^5(x-1)^{\frac{1}{2}}dx=\left[\frac{2}{3}(x-1)^{\frac{3}{2}}\right]_1^5=\frac{2}{3}(8-0)=\frac{16}{3}$

부분적분법을 이용하여 부정적분을 구하는 함수의 경우 정리 6.6을 이용하면 편리하다.

**예제 6.4** 다음 정적분의 값을 구하여라.

(1) $\int_0^1 \tan^{-1}x\,dx$ (2) $\int_0^1 xe^{2x}dx$

**풀이** (1) $\int_0^1 \tan^{-1}x\,dx=[x\tan^{-1}x]_0^1-\int_0^1\frac{x}{x^2+1}dx$

$=\frac{\pi}{4}-\left[\frac{1}{2}\ln(x^2+1)\right]_0^1=\frac{\pi}{4}-\frac{1}{2}\ln 2$

(2) $\int_0^1 xe^{2x}dx=\left[x\cdot\frac{e^{2x}}{2}\right]_0^1-\frac{1}{2}\int_0^1 e^{2x}\,dx$

$=\frac{e^2}{2}-\frac{1}{4}[e^{2x}]_0^1=\frac{1}{4}(e^2+1)$

치환적분법을 이용하여 부정적분을 구할 때에 변수를 적당한 다른 변수로 변환하였다. 치환적분을 이용하여 부정적분을 구해야 하는 함수의 정적분값을 구하는 문제는 주어진 변수에 대한 부정적분을 구하지 않고 변환되는 새로운 변수의 상한과 하한을 구하여 새로운 변수에 관한 부정적분만 구하여 정적분의 값을 구하면 편리하다.

**정리 6.9** 구간 $[g(a), g(b)]$에서 함수 $f(x)$가 적분가능하며 한 부정적분을 $F(x)$라 하고 구간 $[a, b]$에서 함수 $g(x)$가 미분가능하면

$$\int_a^b f'(g(x))g'(x)dx = [f(t)]_{g(a)}^{g(b)} = F(g(b)) - F(g(a))$$

이다.

**증명** $g(x)=t$라 하면 $g'(x)dx=dt$이므로

$$\int f'(g(x))g'(x)dx = \int f'(t)dt = F(t)+c = F(g(x))+c$$

이다. 따라서

$$\int_a^b f(g(x))g'(x)dx = [F(g(x))]_a^b = F(g(b)) - F(g(a))$$
$$= [F(t)]_{g(a)}^{g(b)}$$

■

**예제 6.5** 다음 정적분의 값을 구하여라.

(1) $\int_0^2 (4x+1)^{\frac{1}{2}} x\,dx$ (2) $\int_0^{16} \frac{\sqrt[4]{x}}{1+\sqrt{x}}dx$

**풀이** (1) $u=\sqrt{4x+1}$로 놓으면 $u^2=4x+1$이고 $2u\,du=4dx$

또

| $x$ | 0 | 2 |
|---|---|---|
| $u$ | 1 | 3 |

$$\therefore \int_0^2 (4x+1)^{\frac{1}{2}} x\,dx = \int_1^3 u\cdot\frac{u^2-1}{4}\cdot\frac{2u}{4}du = \frac{1}{8}\int_1^3 (u^4-u^2)du$$
$$= \frac{1}{8}\left[\frac{1}{5}u^5 - \frac{1}{3}u^3\right]_1^3 = \left(\frac{3^5}{40} - \frac{3^3}{24}\right) - \left(\frac{1}{40} - \frac{1}{24}\right)$$
$$= \frac{149}{30}$$

(2) $\sqrt[4]{x}=z$라고 하면 $x=z^4$이므로 $dx=4z^3dz$이고 $\sqrt{x}=z^2$이다.

또

| $x$ | 0 | 16 |
|---|---|---|
| $z$ | 0 | 2 |

$$\therefore \int_0^{16} \frac{\sqrt[4]{x}}{1+\sqrt{x}}dx = \int_0^2 \frac{4z^4}{1+z^2}dz = 4\int_0^2 \left(z^2 - 1 + \frac{1}{1+z^2}\right)dz$$

$$= \left[\frac{4}{3}z^3 - 4z + \tan^{-1}z\right]_0^2 = \frac{8}{3} + 4\tan^{-1}2$$

우함수나 기함수를 $[-a, a]$ 구간에서 정적분을 하면 간단한 공식이 유도된다.

**정리 6.10** 함수 $f(x)$가 $[-a, a]$에서 적분가능하다고 가정하면(단, $a>0$)

(1) $f(x)$가 우함수일 때 $\int_{-a}^{a} f(x)dx = 2\int_0^a f(x)dx$

(2) $f(x)$가 기함수일 때 $\int_{-a}^{a} f(x)dx = 0$

이 성립한다.

**증명** (1) $\int_{-a}^{a} f(x)dx = \int_{-a}^{0} f(x)dx + \int_0^a f(x)dx$이고

$$\int_{-a}^{0} f(x)dx = -\int_0^{-a} f(x)dx = -\int_0^a f(-t)(-dt)$$

$\left(\because\ x=-t,\ dx=-dt,\right.$

| $x$ | $a$ | 0 |
|---|---|---|
| $t$ | $a$ | 0 |

$\left., f(x)=f(-x)\right)$

$$= \int_0^a f(t)dt = \int_0^a f(x)dx$$

이다. 따라서

$$\int_{-a}^{a} f(x)dx = \int_0^a f(x)dx + \int_0^a f(x)dx = 2\int_0^a f(x)dx$$

(2) $f(-x) = -f(x)$를 이용하여 같은 방법으로 증명한다.

**예제 6.6** 다음 정적분의 값을 구하여라.

(1) $\int_{-1}^{1}(4x^3-3x^2+5x-5)dx$

(2) $\int_{-\frac{\pi}{2}}^{\frac{\pi}{2}}(2\sin^2 x+\cos x-2\sin x)dx$

**풀이** (1) $\int_{-1}^{1}(4x^3-3x^2+5x-5)dx=\int_{-1}^{1}4x^3dx-\int_{-1}^{1}3x^2dx+\int_{-1}^{1}5xdx-\int_{-1}^{1}5dx$

$$=0-2\int_0^1 3x^2dx+0-2\int_0^1 5dx$$

$$=-2[x^3]_0^1-2[5x]_0^1=-2-10=-12$$

(2) $\int_{-\frac{\pi}{2}}^{\frac{\pi}{2}}(2\sin^2 x+\cos x-2\sin x)dx=\int_{-\frac{\pi}{2}}^{\frac{\pi}{2}}(2\sin^2 x+\cos x)dx-\int_{-\frac{\pi}{2}}^{\frac{\pi}{2}}2\sin x\,dx$

$$=2\int_0^{\frac{\pi}{2}}(2\sin^2 x+\cos x)dx-0$$

$$=2\int_0^{\frac{\pi}{2}}(1-\cos 2x+\cos x)dx$$

$$=2\left[x-\frac{\sin 2x}{2}+\sin x\right]_0^{\frac{\pi}{2}}$$

$$=2\left(\frac{\pi}{2}+1\right)$$

$$=\pi+2$$

## 연습문제 6.3

**1.** 다음 정적분의 값을 구하여라.

(1) $\int_0^2 x^2\sqrt{x^3+1}\,dx$  (2) $\int_0^3(x^3-4x+1)dx$

(3) $\int_0^{\frac{\pi}{4}}\cos(\pi-x)dx$  (4) $\int_0^{\frac{\pi}{2}}\sin^4 x\cos x\,dx$

(5) $\int_2^3 \frac{x-2}{\sqrt{x-1}} dx$

(6) $\int_0^1 \frac{1}{\sqrt{x}} \cos\left(\frac{\pi\sqrt{x}}{2}\right) dx$

(7) $\int_{-2}^2 |2x-1| dx$

(8) $\int_{-5}^4 f(x)dx,\ f(x)=\begin{cases} -4, & x \le -3 \\ 2, & -3 < x < 0 \\ 1, & x \ge 0 \end{cases}$

(9) $\int_0^{\frac{\pi}{2}} x \cos 2x\, dx$

(10) $\int_0^{\frac{\pi}{3}} \tan^3 x \sec x\, dx$

(11) $\int_0^4 x^3 \sqrt{16-x^2}\, dx$

(12) $\int_{\sqrt{2}}^2 \frac{dx}{x^2\sqrt{x^2-1}}$

(13) $\int_{-1}^1 \frac{dx}{x^2+2x+5}$

(14) $\int_0^{\frac{\pi}{6}} \tan^2 2x\, dx$

(15) $\int_0^{\frac{\pi}{2}} \tan^5 \frac{x}{2}\, dx$

(16) $\int_0^{\frac{\pi}{4}} \cos^3 x\, dx$

(17) $\int_0^{\frac{\pi}{3}} \sin^4 3x \cos^3 3x\, dx$

(18) $\int_0^{\frac{\pi}{6}} \sin 2x \sin 4x\, dx$

(19) $\int_0^1 \frac{x^3}{\sqrt{x^2+1}} dx$

(20) $\int_0^{\frac{\pi}{2}} x \sin 4x\, dx$

(21) $\int_0^{\frac{\pi}{4}} \sin^4 x\, dx$

(22) $\int_0^1 \tan x\, dx$

(23) $\int_{\frac{2\sqrt{3}}{9}}^{\frac{2}{3}} \frac{dx}{3x\sqrt{9x^2-1}}$

(24) $\int_0^{\frac{1}{4}} \frac{dx}{\sqrt{x}\sqrt{1-x}}$

(25) $\int_{-1}^1 \frac{dx}{1+x^2}$

(26) $\int_{-\sqrt{2}}^{\frac{-2}{\sqrt{3}}} \frac{dx}{x\sqrt{x^2-1}}$

## 6.4 특이적분

지금까지 계산한 정적분은 적분구간이 유계(bounded)인 폐구간에서 함수 $f(x)$가 연속인 경우만 생각했었다. 이 절에서는 적분구간이 유계가 아니거나 폐구간에서 연속이 아닌 함수의 정적분을 구하는 문제를 살펴보자. 이와 같은 정적분을 **특이적분**(improper integral)이라고 한다. 먼저 적분구간이 유한이 아닌 경우에 특이적분은 다음과 같이 정의된다.

〈정의 6.4〉

함수 $f(x)$가 주어진 정의역에서 연속일 때 특이적분을 다음과 같이 정의한다.

$$\int_0^{\infty} f(x)dx = \lim_{b\to\infty}\int_a^b f(x)dx$$

$$\int_{-\infty}^{b} f(x)dx = \lim_{a\to-\infty}\int_a^b f(x)dx$$

$$\int_{-\infty}^{\infty} f(x)dx = \int_{-\infty}^{0} f(x)dx + \int_0^{\infty} f(x)dx$$

$$= \lim_{a\to-\infty}\int_a^0 f(x)dx + \lim_{b\to\infty}\int_0^b f(x)dx$$

각 경우에 극한값이 존재하면 특이적분은 수렴한다고 말하고, 극한값이 존재하지 않는 경우에 특이적분은 값을 갖지 않으며 발산한다고 말한다.

**예제 6.7** 다음 특이적분의 수렴, 발산을 조사하여라.

(1) $\displaystyle\int_0^{\infty}\frac{dx}{(1+x)^2}$ (2) $\displaystyle\int_1^{\infty}\frac{1}{x}dx$

(3) $\displaystyle\int_{-\infty}^{-1}\frac{1}{x^2}dx$ (4) $\displaystyle\int_{-\infty}^{\infty}e^x dx$

**풀이** (1) $\displaystyle\int_0^{\infty}\frac{dx}{(1+x)^2} = \lim_{b\to\infty}\int_0^b\frac{dx}{(1+x)^2} = \lim_{b\to\infty}\left[\frac{-1}{x+1}\right]_0^b$

$$= \lim_{b\to\infty}\left(\frac{-1}{b+1}+1\right) = 1 \quad \therefore \text{ 수렴}$$

(2) $\displaystyle\int_1^{\infty}\frac{1}{x}dx = \lim_{b\to\infty}\int_1^b\frac{1}{x}dx = \lim_{b\to\infty}[\ln x]_1^b = \lim_{b\to\infty}\ln b = \infty \quad \therefore$ 발산

(3) $\displaystyle\int_{-\infty}^{-1}\frac{1}{x^2}dx = \lim_{a\to-\infty}\int_a^{-1}\frac{1}{x^2}dx = \lim_{a\to-\infty}\left[-\frac{1}{x}\right]_a^{-1}$

$$= \lim_{a\to-\infty}\left(1+\frac{1}{a}\right)=1 \;\therefore\; \text{수렴}$$

(4) $\displaystyle\int_{-\infty}^{\infty} e^x\,dx = \lim_{a\to-\infty}\int_a^0 e^x dx + \lim_{b\to\infty}\int_0^b e^x dx$

$$= \lim_{a\to-\infty}[e^x]_a^0 + \lim_{b\to\infty}[e^x]_0^b = \lim_{a\to-\infty}(1-e^a) + \lim_{b\to\infty}(e^b-1)$$

$$= \infty \;\therefore\; \text{발산}$$

두 번째 종류의 특이적분은 피적분함수 $f(x)$가 적분구간인 폐구간에서 연속이 아닌 경우 다음과 같이 정의한다.

〈정의 6.5〉

함수 $f(x)$가 구간 $[a,\ b]$에서 수직인 점근선을 가질 때,

(1) $f(x)$가 $x=a$에서 수직인 점근선을 갖는다면

$$\int_a^b f(x)dx = \lim_{\varepsilon\to0+}\int_{a+\varepsilon}^b f(x)dx$$

(2) $f(x)$가 $x=b$에서 수직인 점근선을 갖는다면

$$\int_a^b f(x)dx = \lim_{\varepsilon\to0+}\int_a^{b-\varepsilon} f(x)dx$$

(3) $f(x)$가 $x=k(a<k<b)$에서 수직인 점근선을 갖는다면

$$\int_a^b f(x)dx = \lim_{\varepsilon\to0+}\int_a^{k-\varepsilon} f(x)dx + \lim_{\varepsilon\to0+}\int_{k+\varepsilon}^b f(x)dx$$

각 경우에 극한값이 존재하면 특이적분은 수렴한다고 말하고 극한값이 존재하지 않으면 발산한다고 말한다. (3)의 경우는 우변의 특이적분값이 둘 다 수렴하여야 특이적분이 값을 갖는다.

**예제 6.8** 다음 특이적분의 수렴, 발산을 조사하여라.

(1) $\displaystyle\int_0^1 \ln x\,dx$ (2) $\displaystyle\int_0^2 \frac{dx}{(x-1)^2}$

(3) $\displaystyle\int_{-2}^{0}\frac{dx}{x^2}$ (4) $\displaystyle\int_{0}^{9}\frac{dx}{\sqrt{x}}$

**풀이** (1) $\displaystyle\int_0^1 \ln x\,dx=\lim_{\varepsilon\to 0+}\int_\varepsilon^1 \ln x\,dx=\lim_{\varepsilon\to 0+}[x\ln x-x]_\varepsilon^1$

$\displaystyle=\lim_{\varepsilon\to 0+}(-1-\varepsilon\ln\varepsilon+\varepsilon)=-1$ ∴ 수렴

(2) $\displaystyle\int_0^2\frac{dx}{(x-1)^2}=\lim_{\varepsilon\to 0+}\int_0^{1-\varepsilon}\frac{dx}{(x-1)^2}+\lim_{\varepsilon\to 0+}\int_{1+\varepsilon}^2\frac{dx}{(x-1)^2}$

$\displaystyle=\lim_{\varepsilon\to 0+}\left[\frac{-1}{x-1}\right]_0^{1-\varepsilon}+\lim_{\varepsilon\to 0+}\left[\frac{-1}{x-1}\right]_{1+\varepsilon}^2$

$\displaystyle=\lim_{\varepsilon\to 0+}\left(+\frac{1}{\varepsilon}-1\right)+\lim_{\varepsilon\to 0+}\left(-1+\frac{1}{\varepsilon}\right)=\infty$ ∴ 발산

(3) $\displaystyle\int_{-2}^0\frac{dx}{x^2}=\lim_{\varepsilon\to 0+}\int_{-2}^{0-\varepsilon}\frac{dx}{x^2}=\lim_{\varepsilon\to 0+}\left[-\frac{1}{x}\right]_{-2}^{-\varepsilon}$

$\displaystyle=\lim_{\varepsilon\to 0+}\left(\frac{1}{\varepsilon}-\frac{1}{2}\right)=+\infty$ ∴ 발산

(4) $\displaystyle\int_0^9\frac{dx}{\sqrt{x}}=\lim_{\varepsilon\to 0+}\int_\varepsilon^9\frac{dx}{\sqrt{x}}=\lim_{\varepsilon\to 0+}[2\sqrt{x}\,]_\varepsilon^9$

$\displaystyle=\lim_{\varepsilon\to 0+}(6-2\sqrt{\varepsilon}\,)=6$ ∴ 수렴 ■

만약 예제 6.8의 (2)에서 $\int f(x)dx=\phi(x)+c$이며 $\phi(x)$가 구간 $a\le x\le b$에서 연속이라면 적분은 $\varepsilon$을 사용하지 않고 일반적인 방법으로 구할 수 있다. 즉 $f(x)$가 수직점근선 $x=k(a\le x\le b)$를 제외하고는 구간 $[a, b]$에서 연속이고 $\theta(x)$가 구간 $[a, b]$에서 연속이면

$$\begin{aligned}\int_a^b f(x)dx&=\lim_{\varepsilon\to 0+}\int_a^{k-\varepsilon}f(x)dx+\lim_{\varepsilon\to 0+}\int_{k+\varepsilon}^b f(x)dx\\&=\lim_{\varepsilon\to 0+}[\phi(x)]_a^{k-\varepsilon}+\lim_{\varepsilon\to 0+}[\phi(x)]_{k+\varepsilon}^b\\&=\lim_{\varepsilon\to 0+}[\phi(k-\varepsilon)-\phi(a)]+\lim_{\varepsilon\to 0+}[\phi(b)-\phi(k+\varepsilon)]\\&=\phi(k)-\phi(a)+\phi(b)-\phi(k)\\&\quad(\because\ \phi(x)\text{가 구간 }[a,\ b]\text{에서 연속})\\&=\phi(b)-\phi(a)\end{aligned}$$

이다. 따라서

$$\int_a^b f(x)dx = \phi(k) - \phi(a) + \phi(b) - \phi(k) = \phi(b) - \phi(a)$$

**예제 6.9** $\int_0^9 \frac{dx}{\sqrt[3]{x-1}}$의 값을 구하여라.

**풀이** $f(x) = \frac{dx}{\sqrt[3]{x-1}}$은 $x=1$에서 수직점근선을 갖고 있다. 그러나

$$\int \frac{dx}{\sqrt[3]{x-1}} = \frac{3}{2}(x-1)^{\frac{2}{3}}$$

가 된다. $\phi(x) = \frac{3}{2}(x-1)^{\frac{2}{3}}$는 구간 [0, 10]에서 연속이므로 일반적인 방법으로 적분을 하여

$$\therefore \int_0^9 \frac{dx}{\sqrt[3]{x-1}} = \left[\frac{3}{2}(x-1)^{\frac{2}{3}}\right]_0^9 = \frac{3}{2}(4) - \frac{3}{2} \times 1 = \frac{9}{2}$$ ■

## 연습문제 6.4

**1.** 다음 적분에서 특이적분값을 구하거나 발산함을 보여라.

(1) $\int_1^{\infty} \frac{dx}{x^2}$

(2) $\int_{-\infty}^0 e^x dx$

(3) $\int_{-\infty}^{+\infty} \frac{dx}{1+x^2}$

(4) $\int_0^1 \frac{dx}{\sqrt{1-x}}$

(5) $\int_1^2 \frac{dx}{1-x}$

(6) $\int_1^4 \frac{dx}{(x-2)^{\frac{3}{2}}}$

(7) $\int_0^2 \frac{dx}{(x-2)^2}$

(8) $\int_{-\infty}^{\infty} \frac{dx}{x^2+4}$

(9) $\int_0^1 \frac{x\,dx}{\sqrt{1-x^2}}$

(10) $\int_{-1}^1 \frac{dx}{\sqrt[3]{x^2}}$

(11) $\int_{0}^{+\infty} xe^{-x^2} dx$

(12) $\int_{0}^{\frac{\pi}{2}} \tan x \, dx$

(13) $\int_{0}^{+\infty} \frac{dx}{x(\ln x)^2}$

(14) $\int_{0}^{+\infty} \frac{dx}{x^2+2x+2}$

(15) $\int_{0}^{+\infty} e^{-x} dx$

(16) $\int_{1}^{+\infty} \frac{dx}{\sqrt{x}}$

(17) $\int_{4}^{+\infty} \frac{2}{x^2-1} dx$

(18) $\int_{-\infty}^{0} \frac{dx}{(2x-1)^3}$

(19) $\int_{-\infty}^{\infty} x^3 dx$

(21) $\int_{-\infty}^{+\infty} \frac{x}{(x^2+3)^2} dx$

(22) $\int_{-1}^{8} x^{-\frac{1}{3}} dx$

(22) $\int_{0}^{\frac{\pi}{2}} \frac{\cos\theta}{\sqrt{1-\sin\theta}} d\theta$

CHAPTER

# 7 정적분의 응용

7.1 두 곡선 사이의 면적

7.2 입체도형의 체적

7.3 회전체의 체적

7.4 곡선의 길이

7.5 회전체의 표면적

# 7.1 두 곡선 사이의 면적

(1) 면적의 기본공식

직교좌표계에서 두 함수 $y=f(x)$, $y=g(x)$가 구간 $[a, b]$에서 연속이고 $f(x) \geq g(x)$일 때, $x=a$, $x=b$와 두 곡선 사이의 둘러싸인 면적을 구해보기로 하자. 면적의 근사값을 구하기 위해 우선 구간 $[a, b]$의 $n$분할 $P=\{x_0, x_1, \cdots, x_n\}$을 기초로 한 $n$개의 직사각형을 만들 수가 있다(그림 7.1).

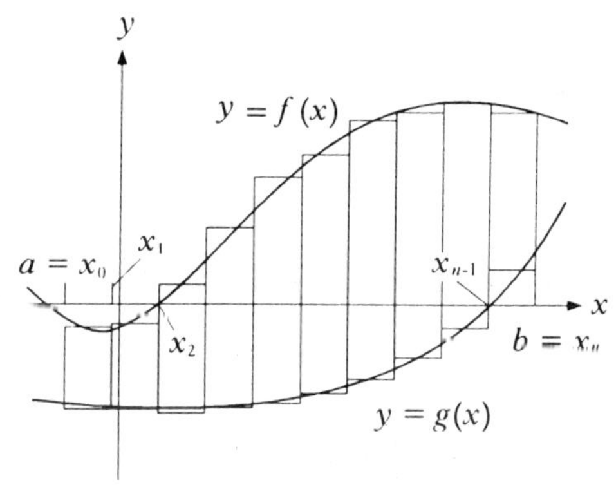


[그림 7.1]

$k$번째의 직사각형의 면적 $\Delta A_k$는 다음과 같다.

$$\Delta A_k = \text{높이} \times \text{밑변} = [f(c_k) - g(c_k)]\Delta x_k$$

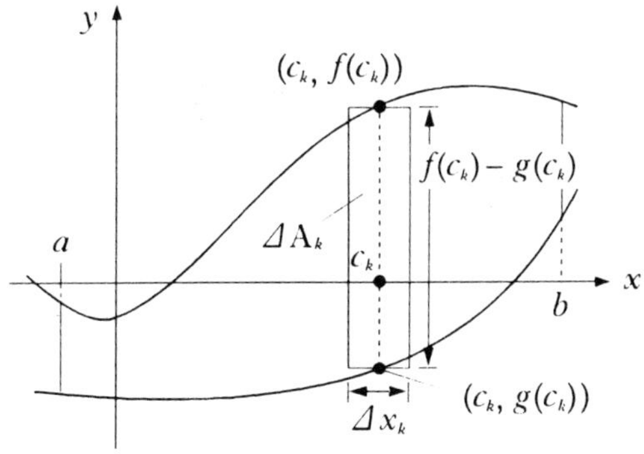


[그림 7.2]

이 직사각형들의 면적의 합에 의한 곡선들 사이의 면적은 다음과 같이 리만합으로 표현할 수 있다.

$$A \approx \sum_{k=1}^{n} \Delta A_k = \sum_{k=1}^{n} [f(c_k) - g(c_k)] \Delta x_k$$

노름 $\|P\| \to 0$임에 따라 위 식의 오른쪽 항은 함수 $f$, $g$가 연속이므로 극한 $\int_a^b [f(x) - g(x)]dx$으로 접근한다. 즉 이 적분의 값으로 곡선들로 둘러쌓인 영역의 면적을 얻을 수 있다.

$$A = \lim_{\|P\| \to 0} \sum_{k=1}^{n} [f(c_k) - g(c_k)] \Delta x_k = \int_a^b [f(x) - g(x)] dx$$

〈정의 7.1〉

두 함수 $y=f(x)$, $y=g(x)$가 구간 $[a, b]$에서 연속이고 $f(x) \geq g(x)$일 때, 두 함수와 $x=a$, $x=b$로 둘러싸인 면적 $A$는

$$A = \int_a^b [f(x) - g(x)] dx$$

**예제 7.1** 포물선 $y=x^2$과 직선 $y=x+6$으로 둘러싸인 영역의 면적을 구하여라.

**풀이** 두 그래프의 교점의 $x$좌표는 $x^2=x+6$에서 $x=-2$와 3이다. 따라서 구하고자 하는 면적 $A$는

$$A = \int_{-2}^{3} [(x+6) - x^2] dx = \left[\frac{x^2}{2} + 6x - \frac{x^3}{3}\right]_{-2}^{3}$$
$$= \frac{125}{6}$$

**예제 7.2** 3개의 함수 $y=\sqrt{x}$, $y=-x+6$과 $y=1$로 둘러싸인 영역의 면적을 구하여라.

**풀이** 다음 그림에서와 같이 3개의 교점을 구할 수 있다. 그런데 구하고자 하

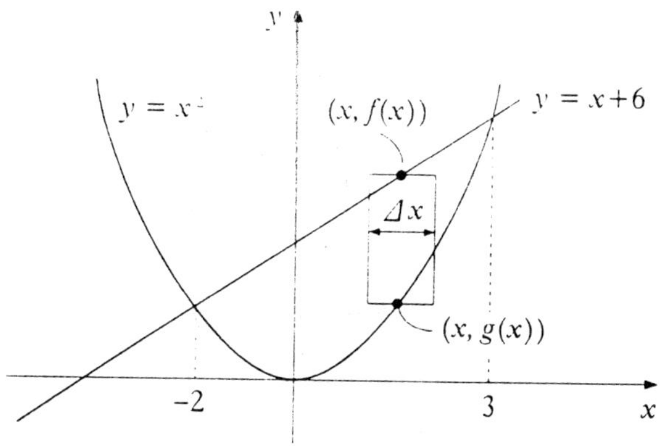


[그림 7.3]

는 면적은 빗금친 두개의 면적의 합으로 나타나므로, 면적 $A$는

$$\begin{aligned} A &= \int_1^4 (\sqrt{x} - 1)dx + \int_4^5 \{(-x+6)-1\}dx \\ &= \left[\frac{2}{3}x^{\frac{3}{2}} - x\right]_1^4 + \left[5x - \frac{1}{2}x^2\right]_4^5 \\ &= \frac{5}{3} + \frac{1}{2} = \frac{13}{6} \end{aligned}$$

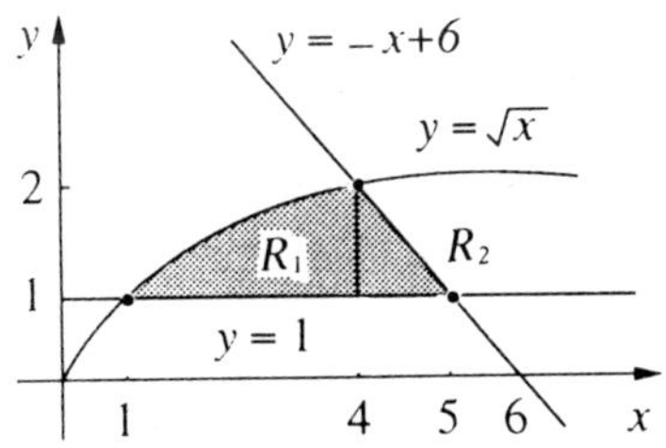


[그림 7.4]

(2) **y축에 관한 면적**

곡선들 사이의 면적을 $y$축에 관해서 구하면 다음과 같다.

$$A = \int_c^d [f(y) - g(y)]dy$$

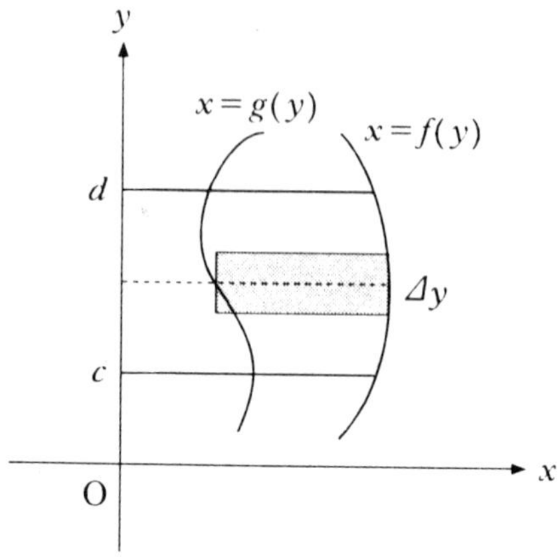


[그림 7.5]

앞의 [예제 7.2]의 문제에서 두 함수 $y=\sqrt{x}$와 $y=-x+6$을 $x=y^2$과 $x=6-y$로 나타내면, 면적 $A$는

$$A=\int_1^2[(6-y)-y^2]\,dy=\left[6y-\frac{y^2}{2}-\frac{y^3}{3}\right]_1^2=\frac{13}{6}$$

**예제 7.3** 타원 $\frac{x^2}{a^2}+\frac{y^2}{b^2}=1$, $(a>0,\ b>0)$의 내부의 면적을 구하여라.

**풀이** 이 타원은 $x$축과 $y$축에 대해서 대칭이므로 타원의 면적을 $A$라면, $A$는 제 I사분면의 면적의 4배이다(그림 7.6).

한편 제I사분면의 그래프의 식이 $y=\frac{b}{a}\sqrt{a^2-x^2}$이므로

$$A=4\int_0^a\frac{b}{a}\sqrt{a^2-x^2}\,dx$$

여기서 $x=a\sin\theta$라 두면,

$$dx=a\cos\theta\,d\theta,\ \sqrt{a^2-x^2}=a\cos\theta$$

이므로

$$A=\frac{4b}{a}\int_0^{\frac{\pi}{2}}a^2\cos^2\theta\,d\theta=4ab\int_0^{\frac{\pi}{2}}\frac{1+\cos 2\theta}{2}\,d\theta$$

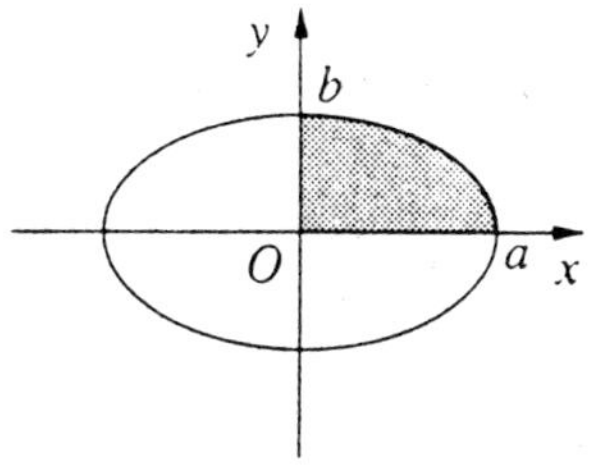


[그림 7.6]

$$=2ab\left[\theta+\frac{1}{2}\sin 2\theta\right]_{n}^{\frac{\pi}{2}}=\pi ab$$

### (3) 극좌표에서의 면적

$\alpha\leq\theta\leq\beta$에서 연속인 곡선 $r=f(\theta)$와 동경 $\theta=\alpha$, $\theta=\beta(\alpha<\beta)$에 의해서 둘러싸인 영역의 면적을 구해 보자.

곡선 $r=f(\theta)$와 동경 $\theta=\alpha$와 $\theta=\beta$ 사이의 면적을 $A(\theta)$라 두면 $A(\alpha)=0$이 된다. 여기서 동경 $\theta$와 $\theta+\Delta\theta(\Delta\theta>0)$에 의해서 둘러싸인 면적을 $\Delta A$라 하고, 구간 $[\theta, \theta+\Delta\theta]$에서의 동경의 최소값과 최대값을 각각 $m$, $M$이라 두면

$$\frac{1}{2}m^2\Delta\theta\leq\Delta A\leq\frac{1}{2}M^2\Delta\theta$$

이므로

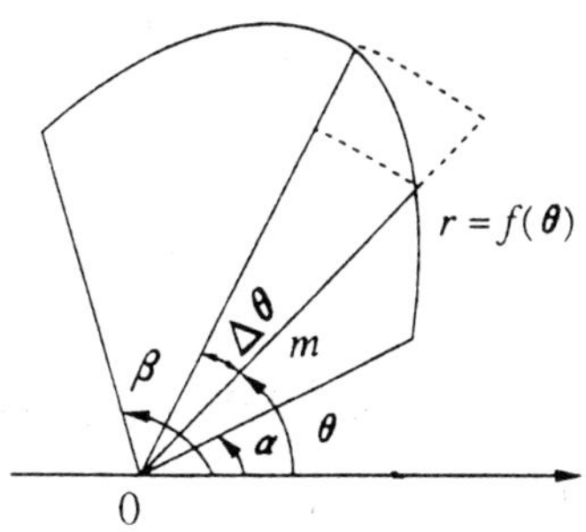


[그림 7.7]

$$\frac{1}{2}m^2 \leq \frac{\Delta A}{\Delta\theta} \leq \frac{1}{2}M^2$$

한편 $f(\theta)$는 연속이므로 $\Delta\theta \to 0$일 때 $m \to f(\theta)$, $M \to f(\theta)$이다. 따라서

$$A'(\theta) = \lim_{\Delta\theta \to 0} \frac{\Delta A}{\Delta\theta} = \frac{1}{2}\{f(\theta)\}^2$$

그러므로 구하고자 하는 면적을 $A$라 하면

$$A = A(\beta) - A(\alpha) = \frac{1}{2}\int_\alpha^\beta \{f(\theta)\}^2 d\theta = \frac{1}{2}\int_\alpha^\beta r^2 d\theta$$

**예제 7.4** 곡선 $r = a\sin 2\theta$로 둘러싸인 부분의 면적을 구하여라.

**풀이** $\theta$가 0에서 $\frac{\pi}{2}$까지 변하면 전체 그림의 $\frac{1}{4}$이 그려지므로

$$A = 4\int_0^{\frac{\pi}{2}} \frac{1}{2}a^2 \sin^2 2\theta \, d\theta = 2a^2 \int_0^{\frac{\pi}{2}} \left(\frac{1}{2} - \frac{1}{2}\cos 4\theta\right) d\theta$$

$$= 2a^2 \left[\frac{1}{2}\theta + \frac{1}{8}\sin 4\theta\right]_0^{\frac{\pi}{2}} = \frac{1}{2}\pi a^2$$

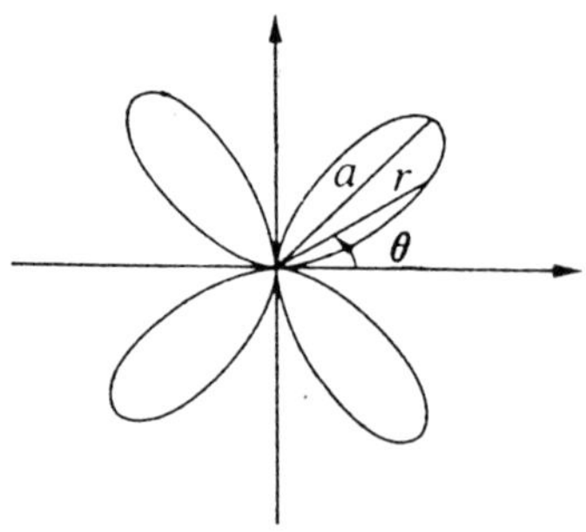


[그림 7.8]

**예제 7.5** 원 $r = 3\cos\theta$의 내부와 심장형(caradiod) $r = 1 + \cos\theta$의 외부에 있는 부분의 면적을 구하여라.

**풀이** 구하고자 하는 면적을 $A$라면 다음 그림 7.9에 의하여

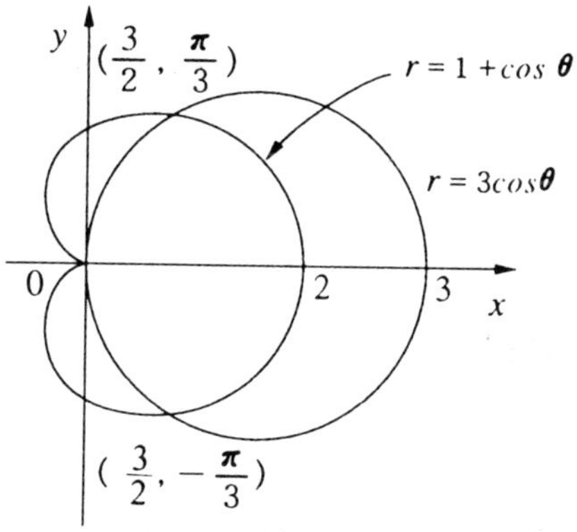


[그림 7.9]

$$A = 2\times\frac{1}{2}\int_0^{\frac{\pi}{3}}[(3\cos\theta)^2 - (1+\cos\theta)^2]\,d\theta$$

$$= \int_0^{\frac{\pi}{3}}(8\cos^2\theta - 2\cos\theta - 1)\,d\theta$$

$$= [2\sin 2\theta - 2\sin\theta + 3\theta]_0^{\frac{\pi}{3}} = \pi$$

## 연습문제 7.1

**1.** 다음 주어진 곡선들로 둘러싸인 면적을 구하여라.

(1) $y=x^2,\ y=\sqrt{x},\ x=0,\ x=1$ (2) $y^2=-x,\ y=x-6,\ y=-1,\ y=4$

(3) $y^2=x,\ y=x-2$ (4) $y=x^2+4,\ x+y=6$

(5) $y=x^4,\ y=2x-x^2$ (6) $y=2x-x^2,\ y=-3$

(7) $y^2=4x,\ 4x-3y=4$ (8) $y=x^2-4x,\ y=-x^2$

**2.** $x$축과 곡선 $y=\sin x$의 한 호 사이의 부분의 면적을 구하여라.

**3.** 다음 각 곡선으로 둘러싸인 부분의 넓이를 구하여라.

(1) $\begin{cases} r=3\cos\theta \\ r=1+\cos\theta \end{cases}$ (2) 심장형 $r=2-2\cos\theta$의 내부

(3) $\begin{cases} r=3-2\cos\theta \\ r=2 \end{cases}$ (4) $r=\theta^3$, $\theta=0$, $\theta=\frac{\pi}{2}$로 둘러싸인 면적

## 7.2 입체도형의 체적

(1) 단면적에 의한 체적

3차원에서의 어떤 입체에 대한 부피를 구해보자. 먼저 구간 $[a, b]$의 각 점 $x$에서 $x$축에 수직인 평면이 입체와 만나는 단면에 대한 단면적이 $A(x)$라 하자(그림 7.10). 앞절에서와 같은 방법으로 $x$축을 따라 토스터 식빵을 얇게 썰은 것처럼, $x$축에 수직인 평면에 의한 구간 $[a, b]$에서의 $n$개의 분할 $P=\{x_0, x_1, \cdots, x_n\}$을 기초로 한 $n$개의 단면을 만들 수가 있다.

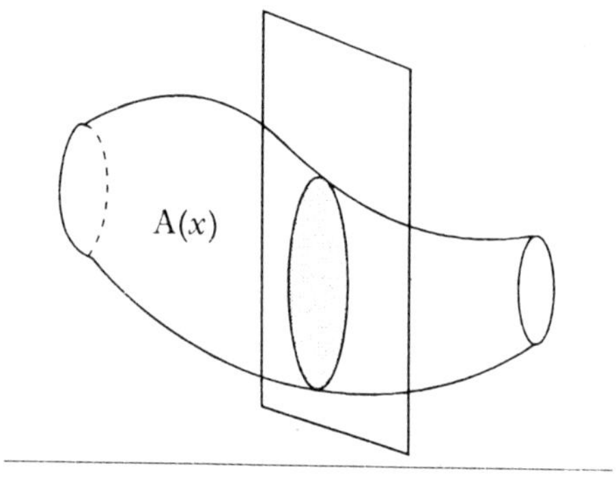


[그림 7.10]

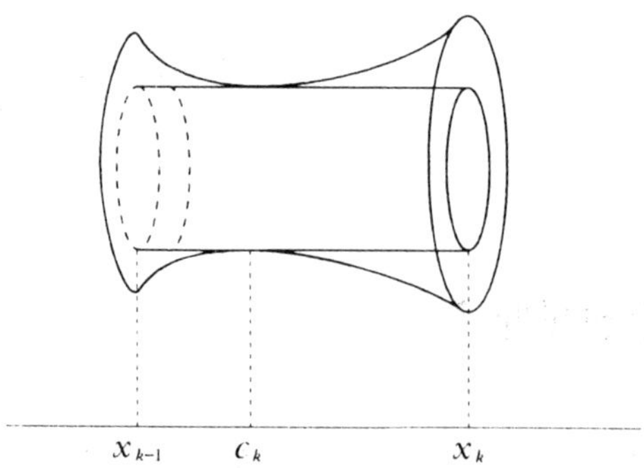


[그림 7.11]

$x_{k-1}$번째와 $x_k$번째의 평면으로 만들어진 $k$번째 얇은판을 생각할 수 있는데, 이 때 분할로 인한 소구간 $[x_{k-1}, x_k]$ 내의 임의의 점을 $c_k$(그림 7.11)를 취하면, 이 얇은 판은 근사적으로 밑넓이가 $A(c_k)$이고 높이(두께)가 $\Delta x_k=|x_k-x_{k-1}|$임을 알 수 있다. 따라서 이 모든 얇은판을 합한 리만합의 극한

$$\lim_{\|P\|\to 0}\sum_{k=1}^{n} A(c_k)\Delta x_k$$

을 우리가 구하고자 하는 입체의 체적으로 생각할 수 있다. 정적분의 정의에 따라서 다음과 같이 정의할 수 있다.

> **정리 7.1** $x=a$, $x=b$로 둘러싸인 입체의 단면적을 $A(x)$라면 이 입체의 부피는 $V$는
>
> $$V=\int_a^b A(x)dx$$

**예제 7.6** 다음 그림 7.12에서의 입체는 밑면이 $y=\sin x$와 $x$축으로 둘러싸이고, $x$축에 수직인 단면은 정사각형이다. $x=0$에서 $x=\pi$까지의 이 입체의 체적을 구하여라.

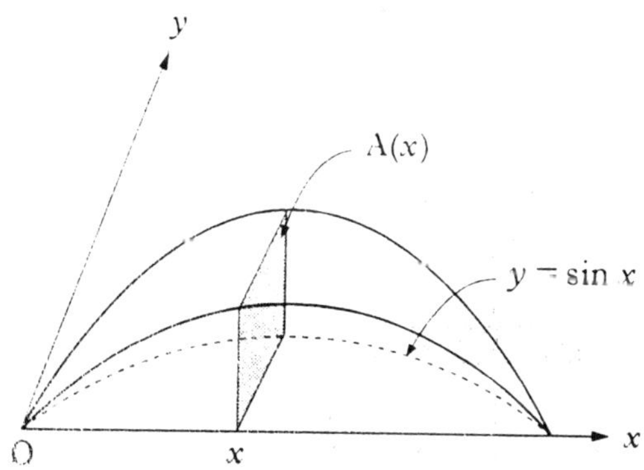


[그림 7.12]

**풀이** 그림 7.12에서 보는 바와 같이 $x$축에 수직인 평면으로 절단된 단면은 단면적 $A(x)=\sin^2 x$이므로 체적 $V$는

$$V=\int_a^b A(x)dx=\int_0^\pi \sin^2 x\,dx=\int_0^\pi \frac{1-\cos 2x}{2}dx$$

$$=\frac{1}{2}\left[x-\frac{1}{2}\sin 2x\right]_0^\pi=\frac{\pi}{2}$$ ■

**예제 7.7** 밑면이 한 변의 길이가 $a$인 정사각형이고 높이가 $h$인 직사각뿔의 체적이 $\frac{1}{3}a^2h$임을 보여라.

**풀이** 그림 7.13에서 보는 바와 같이 $x$축과 평행한 평면으로 절단한 단면의 한 변의 길이를 $s$라 하면

$$\frac{s/2}{a/2}=\frac{h-y}{h} \quad \text{또는} \quad s=\frac{a}{h}(h-y)$$

따라서 단면적 $A=\frac{a^2}{h^2}(h-y)$이므로 구하고자 하는 체적 $V$는

$$\begin{aligned} V&=\int_0^h \frac{a^2}{h^2}(h-y)^2dy \\ &=\frac{a^2}{h^2}\left[-\frac{1}{3}(h-y)^3\right]_0^h=\frac{1}{3}a^2h \end{aligned}$$

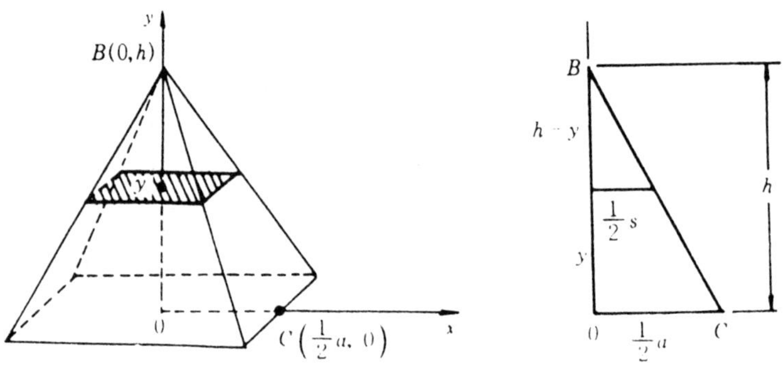


(a) (b)

[그림 7.13]

(2) 좌표축 중심의 회전에 의한 입체의 체적

함수 $f$는 $[a, b]$에서 연속이라 하자. 이제 $f$의 그래프와 $x$축과 두 직선 $x=a$, $x=b$로 둘러싸인 부분이 $x$축을 회전축으로 하여 회전할 때 생기는 회전체의 체적 $V$를 구하는 문제를 생각하여 보자.

함수 $f(x)$에서 구간 $[a, b]$의 임의의 $n$분할을 $P$라 하고 $P$의 각 소구간 $[x_{k-1},$

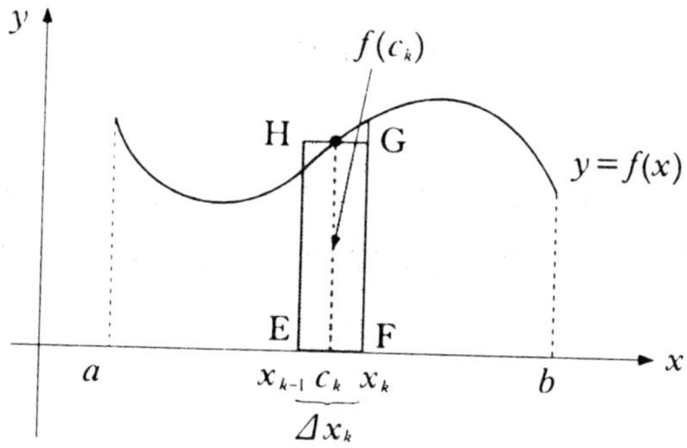


[그림 7.14]

$x_k$]에서 임의의 점 $c_k$를 택하면 다음 그림 7.14에서 직사각형 $EFGH$는 밑변이 $\Delta x_k$이고 높이가 $f(c_k)$인 직사각형이다. 이 직사각형을 $x$축을 회전축으로 하여 회전시키면 밑면의 반지름이 $f(c_k)$이고 높이가 $\Delta x_k$인 얇은 직원기둥이 된다.

따라서 이 얇은 직원기둥의 체적 $\Delta V_k$는 $\Delta V_k = \pi[f(c_k)]^2 \Delta x_k$가 되고, 이 Riemann합의 극한

$$\lim_{\|P\| \to 0} \sum_{k=1}^{n} \Delta V_k = \lim_{\|P\| \to 0} \sum_{k=1}^{n} \pi [f(c_k)]^2 \Delta x_k$$

는 회전체의 체적의 근사값으로 생각할 수 있으며, 극한값이 존재하면 그 극한값을 이 회전체의 **체적**이라고 정의한다.

> **정리 7.2** 구간 $[a, b]$에서 연속인 함수 $f$의 그래프와 $x$축과 두 직선 $x=a$, $x=b$로 둘러싸인 부분을 $x$축을 회전축으로 회전할 때 생기는 회전체의 체적 $V$는
>
> $$V = \pi \int_a^b [f(x)]^2 dx$$

마찬가지로 구간 $[c, d]$에서 연속인 곡선 $x=g(y)$와 두 직선 $y=c$, $y=d$와 $y$축으로 둘러싸인 면적을 $y$축을 회전축으로 하여 회전시킬 때 생기는 회전체의 체적은

$$V=\pi\int_c^d [g(y)]^2 dy$$

예제 7.8 곡선 $y=\sqrt{x}$와 직선 $x=4$와 $x$축으로 둘러싸인 부분을 $x$축을 회전축으로 하여 회전시킬 때 생기는 회전체의 체적을 구하여라.

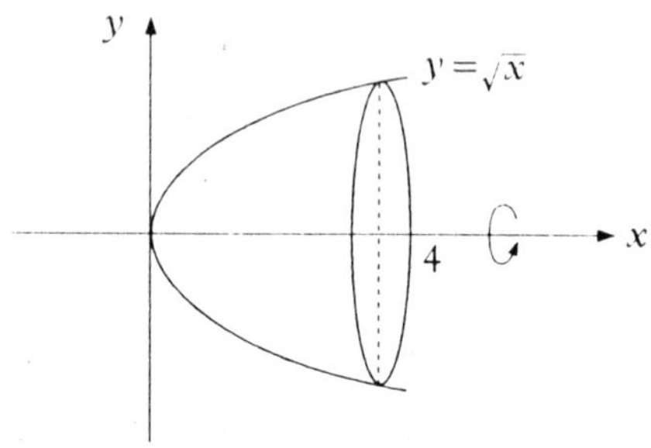


[그림 7.15]

**풀이** $V=\pi\int_0^4 (\sqrt{x})^2 dx=8\pi$ ■

예제 7.9 구간 [0, 2]상에서 $f(x)=\frac{1}{2}+x^2$과 $g(x)=x$ 사이에 있는 영역을 $x$축을 중심으로 회전한 회전체의 체적을 구하여라.

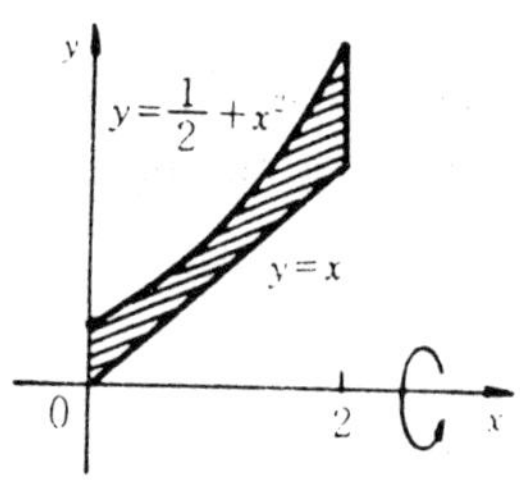


(a)

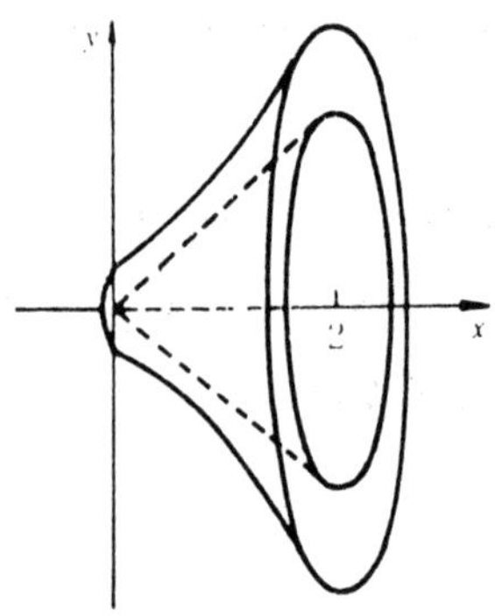


(b)

[그림 7.16]

**풀이** 구하는 부피 $V$는

$$V=\pi\int_0^2\left\{\left(\frac{1}{2}+x^2\right)^2-x^2\right\}dx=\pi\int_0^2\left(\frac{1}{4}+x^4\right)dx$$
$$=\frac{69}{10}\pi$$

■

## 연습문제 7.2

1. 적분을 이용하여 밑면의 반지름이 $r$이고, 높이가 $h$인 직원뿔의 체적 $V$는 $V=\frac{1}{3}\pi r^2 h$임을 보여라.

2. 밑면은 반지름이 $a$인 원이고, 밑면의 한 지름에 수직인 평면으로 절단했을 때의 단면이 정사각형인 입체의 체적을 구하여라.

3. 다음 곡선들로 둘러싸인 영역을 $x$축을 중심으로 회전하였을 때의 체적을 구하여라.
   (1) $y=\sqrt{x}$, $(x=1,\ y=0)$ (2) $y=x^2$, $(x=1,\ y=0)$

4. 다음 곡선들에 의해서 둘러싸인 영역을 $y$축에 관해서 회전하였을 때의 체적을 구하여라.
   (1) $y=x^3$, $(x=1,\ y=0)$ (2) $y=2x-1$, $(y=-2x+3,\ x=2)$

5. 반지름이 $r$인 부피는 $\frac{4}{3}\pi r^3$임을 보이시오.

6. $y=4x$, $y=4x^2$으로 만들어지는 도형을 $y$축을 중심으로 회전시에 생기는 체적은?

7. $y=x^2$, $y^2=8x$로 $x$축을 중심으로 회전하였을 때 생기는 체적은?

## 7.3 회전체의 체적

앞절에서는 좌표축을 중심으로 회전시킨 입체도형의 체적을 얇게 자른 원판(disks)들의 합을 이용하여 얻었다. 이 절에서는 원주껍질(cylindrical shells)들의 합을 이용한 다른 방법의 체적 구하는 원리를 배우고자 한다. 이 방법은 때때로 앞절에서 사용한 방법보다 편리한 경우가 있는데, 그 이유는 체적 구하는 공식에서 함수의 제곱형을 요구하지 않는다는데 있다.

원주껍질(cylindrical shells)이란 중심과 높이가 같은 두 개의 원기둥으로 둘러싸인 얇은 실린더통을 의미한다(그림 7.17). 이를 이용한 방법은 회전체를 원주껍질들로 잘게 자른 후 이들 각각을 합하여 체적을 구하는 방법이다. 그림 7.18과 같이 원주껍질의 안쪽면의 반지름이 $r_1$, 바깥쪽면의 반지름이 $r_2$일때 이 원주껍질의 평균 반지름은 $\bar{r}=\dfrac{(r_1+r_2)}{2}$이고, 원주껍질의 두께는 $r_2-r_1$이다. 이 원주껍질의 부피 $V$를 구하면

$$V=\pi r_2^2h-\pi r_1^2h=2\pi\frac{r_1+r_2}{2}h(r_2-r_1)=2\pi\bar{r}h(r_2-r_1)$$

즉 원주껍질의 부피 $V=2\pi\times$평균반지름$\times$높이$\times$두께임을 알 수 있다.

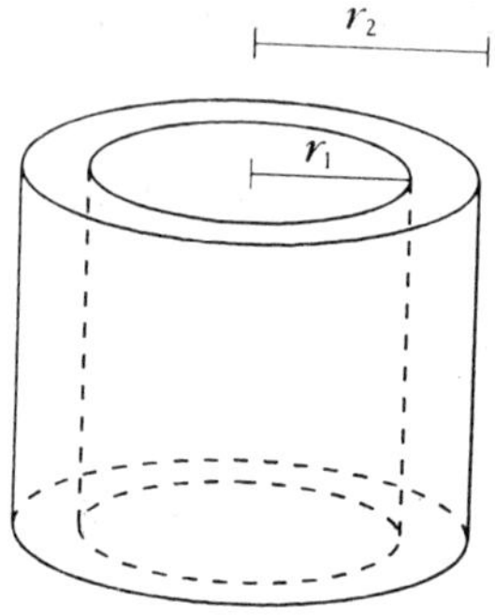


[그림 7.17]

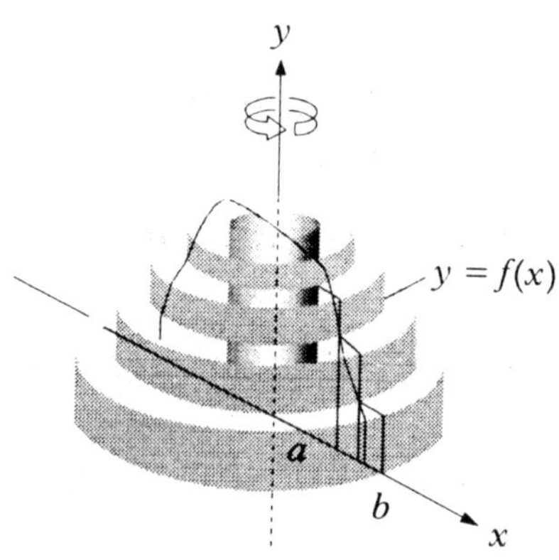


[그림 7.18]

이제 입체의 부피를 추정하기 위하여, 구체적으로 구간 $[a, b]$에서 연속인 함수 $f$와 $x$축과, 두 직선 $x=a$, $x=b$로 둘러싸인 부분을 $y$축을 회전축으로 하여

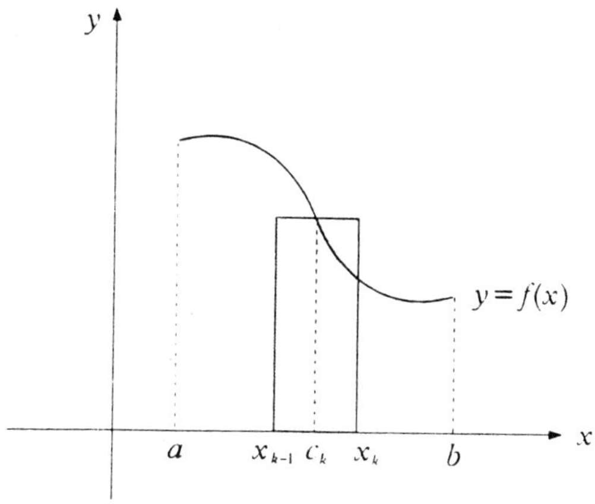


[그림 7.19]

회전할 때 생기는 회전체의 체적 $V$를 구하는 문제를 생각하여 보자.

먼저 함수 $f(x)$에서 구간 $[a, b]$의 임의의 $n$분할을 $P$라 하고 $P$의 각 소구간 $[x_{k-1}, x_k]$에서의 각각의 중점 $c_k=\dfrac{(x_{k-1}+x_k)}{2}$를 택한 후에, 밑변이 $\Delta x_k=x_k-x_{k-1}$이고 높이가 $f(c_k)$인 직사각형을 $y$축을 중심으로 회전시키면 평균반지름이 $c_k$, 두께가 $\Delta x_k$, 높이가 $f(c_k)$인 얇은 원주껍질이 생긴다(그림 7.19). 여기서 소구간으로 분할한 $k$번째 원주껍질의 부피

$$\Delta V_k=2\pi\times c_k\times f(c_k)\times\Delta x_k$$

이고 이들의 리만합의 극한을 취하면 우리가 얻고자 하는 입체의 부피가 다음과 같이 얻어진다.

$$V=\lim_{\|P\|\to 0}\sum_{k=1}^{n}2\pi c_k f(c_k)\Delta x_k=\int_a^b 2\pi x f(x)dx$$

> **정리 7.3** 구간 $[a, b]$에서 연속인 함수 $f(x)\geq 0$, $0\leq a\leq x\leq b$의 그래프와 $x$축과 두 직선 $x=a$, $x=b$로 둘러싸인 부분을 $y$축 중심으로 회전할 때 생기는 회전체의 체적 $V$는
>
> $$V=\int_a^b \pi x f(x)dx$$

**예제 7.10** $y=3x-x^2$, $0\le x\le 3$의 부분을 $y$축으로 회전시킨 입체의 부피는?

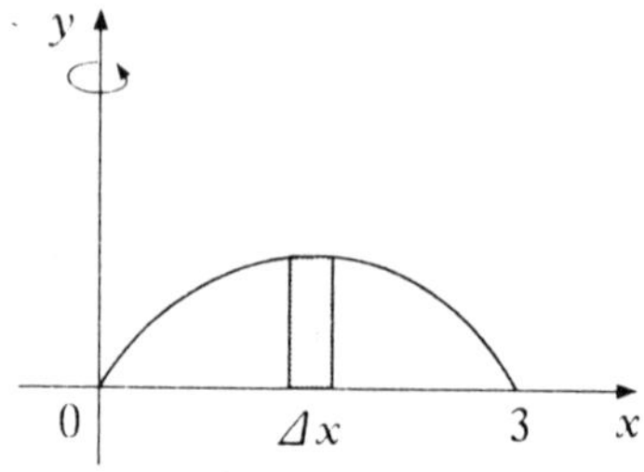


[그림 7.20]

**풀이** $V=\int_0^3 2\pi(3x-x^2)dx=2\pi\int_0^3(3x^2-x^3)dx$

$=2\pi\left[x^3-\frac{1}{4}x^4\right]_0^3=\frac{27}{2}\pi$

마찬가지로 구간 $[c,\ d]$에서 연속인 곡선 $x=g(y)\ge 0$, $(0\le c\le y\le d)$와 두 직선 $y=c$, $y=d$와 $y$축으로 둘러싸인 면적을 $x$축 중심으로 회전시킬 때 생기는 회전체의 체적은

$$V=\int_c^d 2\pi y\, g(y)dy$$

**예제 7.11** 1사분면에서 곡선 $y=x^2$과 $y=x^3$로 둘러싸인 영역을 $x$축을 중심으

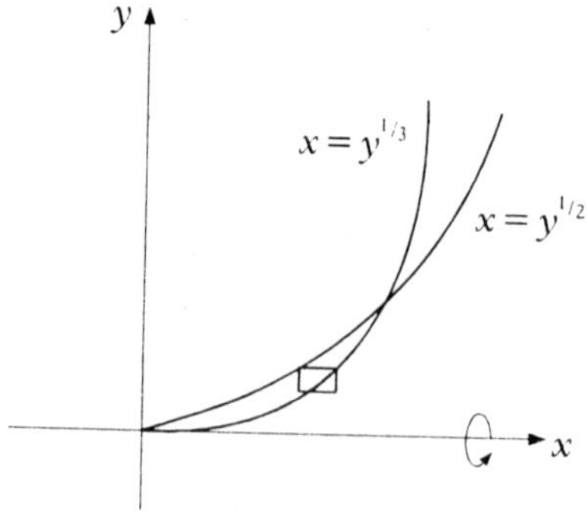


[그림 7.21]

로 회전시킨 입체의 부피를 구하시오.

**풀이** $x$축 중심으로 회전시키므로 구하는 부피는

$$V=\int_0^1 2\pi y(y^{\frac{1}{3}}-y^{\frac{1}{2}})dy=2\pi\int_0^1 (y^{\frac{4}{3}}-y^{\frac{3}{2}})dy$$
$$=\frac{2}{35}\pi$$

## 연습문제 7.3

**1.** 다음 곡선들로 둘러싸인 영역을 실린더껍질을 이용한 방법을 사용하여 $x$축을 중심으로 회전하였을 때의 체적을 구하여라.

(1) $y=\sqrt{x}$, $(x=1,\ y=0)$ (2) $y=x^2$, $(x=1,\ y=0)$

**2.** 다음 곡선들에 의해서 둘러싸인 영역을 실린더껍질을 이용한 방법을 사용하여 $y$축 중심으로 회전하였을 때의 체적을 구하여라.

(1) $y=x^3$, $x=1$, $y=0$ (2) $y=x^2$, $y=8-x^2$

**3.** $y=\frac{1}{\sqrt{x}}$, $x=1$, $x=4$, $x$축으로 만들어지는 도형을 $y$축으로 회전하였을 때의 체적은?

**4.** $y^2=x$, $y=2$, $x=0$, $x$축으로 회전하였을 때의 체적은?

**5.** 직선 $y=\frac{r}{h}x$, $r>0$, $h>0$, $x=h$, $x$축으로 둘러싸인 도형을 $x$축으로 회전하면 생기는 입체의 체적은?

**6.** $y=\frac{4}{x}$, $x=1$, $x=4$, $y=0$의 도형을 $y$축으로 회전시킨 입체의 체적은?

## 7.4 곡선의 길이

$f$는 폐구간 $[a, b]$에서 도함수 $f'$이 연속이라 하자. 이 절에서는 $x=a$에서 $x=b$까지 곡선 $y=f(x)$의 길이를 구하는 문제를 생각하여 보자.

구간 $[a, b]$에서 $n$분할하여 $k$번째 소구간 $[x_{k-1}, x_k]$ 사이의 곡선의 길이를 그림 7.22에서와 같이 생각하자. 곡선 위의 점을 $P_k(x_k, y_k)$라고 하면 두 점 $P_k$, $P_{k-1}$ 사이의 거리는 다음과 같다.

$$|P_{k-1}P_k|=\sqrt{(x_k-x_{k-1})^2+(y_k-y_{k-1})^2}$$

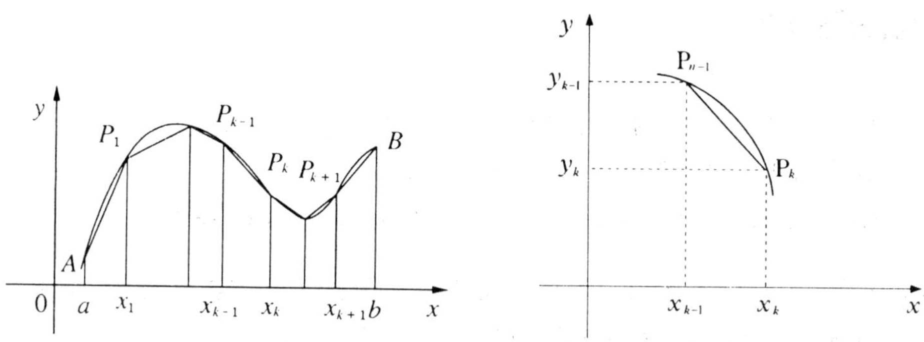


[그림 7.22]

$c_k$가 소구간 $[x_{k-1}, x_k]$ 내의 임의의 점이라면, 평균값정리에 의하여

$$f'(c_k)=\frac{f(x_k)-f(x_{k-1})}{x_k-x_{k-1}}$$

을 만족한다. $\Delta x_k=x_k-x_{k-1}$이므로 두 점 사이의 거리는

$$|P_{k-1}P_k|=\sqrt{1+f'(c_k)]^2}\,\Delta x_k$$

이고, 이들의 리만합의 극한은 다음과 같이 쓸 수 있다.

$$\lim_{\|P\|\to 0}\sum_{k=1}^{n}|P_{k-1}P_k|=\lim_{\|P\|\to 0}\sum_{k=1}^{n}\sqrt{1+[f'(c_k)]^2}\,\Delta x_k$$

여기서 전통적으로 리만합의 극한을 고려한다면 우리는 곡선의 길이의 근사적인 값을 정적분으로 다음과 같이 정의할 수 있다.

> **정리 7.4** 구간 $[a, b]$에서 연속인 곡선 $y=f(x)$ $(a\leq x\leq b)$의 길이 $L$은
>
> $$L=\int_a^b\sqrt{1+\left(\frac{dy}{dx}\right)^2}\,dx=\int_a^b\sqrt{1+[f'(x)]^2}\,dx$$

같은 방법으로 구간 $[c, d]$에서 연속인 곡선 $x=g(y)$ $(c\leq y\leq d)$의 길이 $L$은

$$L=\int_c^d\sqrt{1+\left(\frac{dx}{dy}\right)^2}\,dy=\int_c^d\sqrt{1+[g'(y)]^2}\,dy$$

이다.

**예제 7.12** 곡선 $3y=2(x-1)^{\frac{3}{2}}$의 $x=1$에서 $x=4$까지의 길이를 구하여라.

**풀이** $y'=(x-1)^{\frac{1}{2}}$이므로 곡선의 길이는

$$L=\int_1^4\sqrt{1+(x-1)}\,dx=\int_1^4\sqrt{x}\,dx$$
$$=\frac{14}{3}$$

특별히 곡선의 길이를 구하는 공식을 호의 길이의 미분 $ds=\sqrt{dx^2+dy^2}$을 사용하여 도함수(derivatives) 대신에 미분(differentials)을 이용하면 곡선의 길이 공식

$$L=\int_a^b\sqrt{1+\left(\frac{dy}{dx}\right)^2}\,dx=\int_a^b\sqrt{dx^2+\frac{dy^2}{dx^2}dx^2}$$
$$=\int_a^b\sqrt{dx^2+dy^2}=\int_a^b ds$$

은 보다 간단한 공식으로 표현됨을 알 수 있다. 따라서

$$L=\int_a^b \sqrt{dx^2+dy^2}$$

물론 $dx$, $dy$는 보통의 변수의 항으로서 표현되어야 한다.

(1) 매개변수방정식에서의 곡선의 길이

곡선의 방정식이

$$x=f(t), \quad y=g(t) \quad (c \le t \le d)$$

와 같이 매개변수방정식으로 주어졌을 때는

$$\frac{dy}{dx}=\frac{dy}{dt}\cdot\frac{dt}{dx}=\frac{g'(t)}{f'(t)}, \qquad dx=f'(t)dt$$

이므로 곡선의 길이 $L$은

$$L=\int_a^b \sqrt{1+\left(\frac{dy}{dx}\right)^2}\,dx=\int_c^d \sqrt{1+\left[\frac{g'(t)}{f'(t)}\right]^2}\,f'(t)\,dt$$

즉

$$L=\int_c^d \sqrt{\left(\frac{dx}{dt}\right)^2+\left(\frac{dy}{dt}\right)^2}\,dt$$

와 같이 구한다.

---

**정리 7.5** 매개변수방정식 $x=f(t)$, $y=g(t)$ $(c \le t \le d)$에서의 곡선의 길이는

$$L=\int_c^d \sqrt{\left(\frac{dx}{dt}\right)^2+\left(\frac{dy}{dt}\right)^2}\,dt$$

---

**예제 7.13** $-1 \le t \le 3$에서 곡선 $x=2(2t+3)^{\frac{3}{2}}$, $y=3(t+1)^2$의 길이를 구하여라.

**풀이** 주어진 곡선에 대해서

$$\frac{dx}{dt}=6(2t+3)^{\frac{1}{2}}, \quad \frac{dy}{dt}=6(t+1)$$

이므로

$$L=\int_{-1}^{3}\sqrt{36(2t+3)+36(t^2+2t+1)}\,dt$$
$$=\int_{-1}^{3}6(t+2)\,dt=[3(t+2)^2]_{-1}^{3}=72$$

(2) 극방정식에서의 곡선의 길이

극좌표계에서 곡선의 방정식이

$$r=g(\theta), \quad c\le\theta\le d$$

와 같이 극방정식으로 주어졌을 때는 직교좌표계와 극좌표계의 관계식

$$x=r\cos\theta, \quad y=r\sin\theta \Rightarrow x=g(\theta)\cos\theta, \ y=g(\theta)\sin\theta$$

이므로

$$L=\int_{c}^{d}\sqrt{\left(\frac{dx}{d\theta}\right)^2+\left(\frac{dy}{d\theta}\right)^2}\,d\theta$$
$$=\int_{c}^{d}\sqrt{[g'(\theta)\cos\theta-g(\theta)\sin\theta]^2+[g'(\theta)\sin\theta-g(\theta)\cos\theta]^2}\,d\theta$$
$$=\int_{c}^{d}\sqrt{g(\theta)^2+g'(\theta)^2}\,d\theta$$

**정리 7.6** 극좌표계의 곡선의 극방정식 $r=g(\theta)$, $c\le\theta\le d$에서의 곡선의 길이 $L$은

$$L=\int_{c}^{d}\sqrt{r^2+\left(\frac{dr}{d\theta}\right)^2}\,d\theta$$

**예제 7.14** 심장형 $r=a\cos^2\frac{1}{2}\theta$의 길이를 구하여라.

**풀이** $\theta$가 0에서 $2\pi$까지 증가 변화할 때 전체 곡선이 생성되고,

$$r'=-a\sin\frac{1}{2}\theta\cos\frac{1}{2}\theta$$

이므로

$$\begin{aligned}L&=\int_0^{2\pi}\sqrt{a^2\cos^4\frac{1}{2}\theta+a^2\sin^2\frac{1}{2}\theta\cos^2\frac{1}{2}\theta}\,d\theta\\&=a\int_0^{2\pi}\sqrt{\cos^2\frac{1}{2}\theta}\,d\theta=2a\int_0^{\pi}\cos\frac{1}{2}\theta\,d\theta\\&=4a\end{aligned}$$

## 연습문제 7.4

다음 각 곡선의 길이를 구하여라.

**1.** $y=x\sqrt{x}$ ; $0\leq x\leq\frac{4}{3}$

**2.** $x=\ln y$ ; $\frac{3}{4}\leq x\leq\frac{4}{3}$

**3.** $x=t^3-3t,\ y=3t^2$ ; $0\leq t\leq 1$

**4.** 원 $r=a\sin\theta+b\cos\theta$ ; $0\leq\theta\leq\pi$

**5.** 원 $x^2+y^2=r^2$의 둘레

**6.** $y=x^2,\ 1\leq x\leq 4$에서의 곡선의 길이

**7.** $x=\sin^2 t,\ y=\cos^2 t,\ 0\leq t\leq\frac{\pi}{2}$ 위의 점 $p(x,\ y)$가 움직인 거리

**8.** $x=a\sin^3 t,\ y=a\cos^3 t,\ 0\le t\le 2\pi$ 위의 점 $p(x,\ y)$가 움직인 거리

**9.** 반지름 $a$인 원이 직선위를 굴러갈 때 이 원 위의 한 점 $p$가 움직인 거리
이 때의 방정식은 cycloid, $x=a\theta-a\sin\theta,\ y=a-a\cos\theta,\ 0\le\theta\le 2\pi$

**10.** 곡선 $y=\dfrac{x^4}{4}+\dfrac{1}{8x^2},\ 1\le x\le 2$의 길이

**11.** 나선형 $r=e^{\theta},\ 0\le\theta\le 1$의 길이

## 7.5 회전체의 표면적

그림 7.23과 같이 평면상의 곡선을 한 축을 중심으로 회전시키면 회전체의 표면적이 생긴다. 이 때 회전체의 표면적은 그림 7.24에서 호 $AB$의 길이의 근사값을 정의하는 데 이용한 것과 같은 방법으로, $n\to\infty$일 때 선분

$$\overline{P_0P_1},\ \overline{P_1P_2},\ \cdots,\ \overline{P_{n-1}P_n}$$

의 회전에 의해 만들어지는 넓이들의 합을 구해 이들의 극한을 취한 값이라고 정의한다. 이러한 회전체의 표면적을 구하기로 하자.

우선 윗면의 반지름이 $r_1$, 밑면의 반지름이 $r_2$, 모선의 길이가 $L$인 직원뿔대(그림 7.25)와 이 직원뿔대 위에 반지름이 $r_1$, 모선의 길이가 $L_1$인 원뿔을 올려

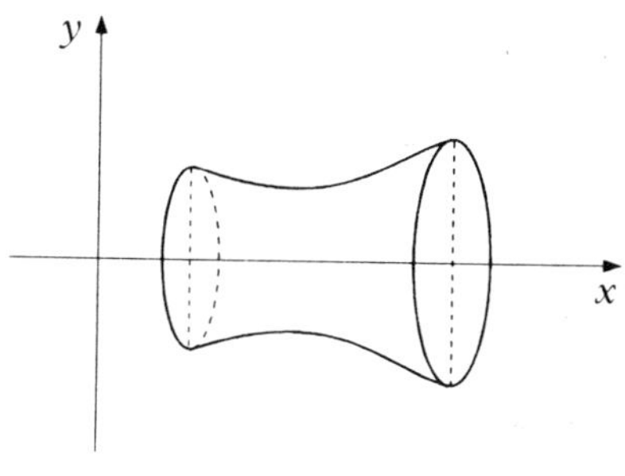


[그림 7.23]

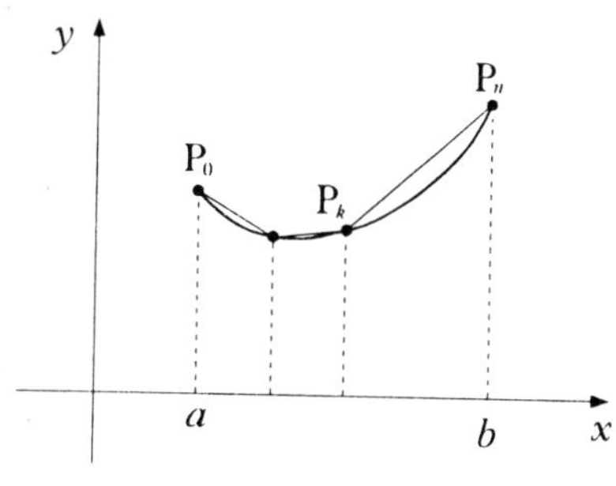


[그림 7.24]

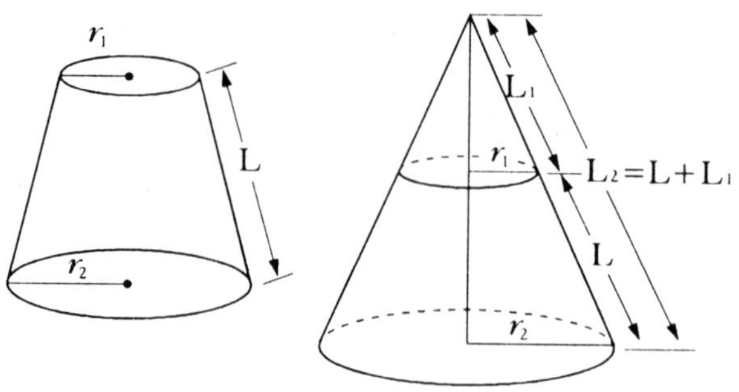


[그림 7.25]

놓은 모선의 길이가 $L_2=L_1+L$인 큰 원뿔을 고려하고 이 직원뿔에서 비례식을 사용하여 옆넓이를 구해보면

$$\begin{aligned}\text{옆넓이}&=\pi r_2(L_1+L)-\pi r_1 L_1=\pi(r_2-r_1)L_1+\pi r_2 L\\&=\pi r_1 L+\pi r_2 L=\pi(r_1+r_2)L\end{aligned}$$

임을 알 수 있다.

그 다음 곡선 $y=f(x)$를 구간 $[a, b]$에서 $x$축을 중심으로 회전시킨 입체도형의 표면적 $S$를 구해보자.

구간 $[a, b]$의 $n$분할 $P=\{x_0, \cdots x_n\}$로 나누고 $x$축 위의 한 점 $x_k$의 곡선 위의 점을 $P_k$라면 모선 $\overline{P_{k-1}P_k}$를 구할 수 있고, 그림 7.26에서 보는 바와 같이 선분 $\overline{P_{k-1}P_k}$를 $x$축 둘레로 회전했을 때 만들어지는 $k$번째 원뿔대의 옆넓이는

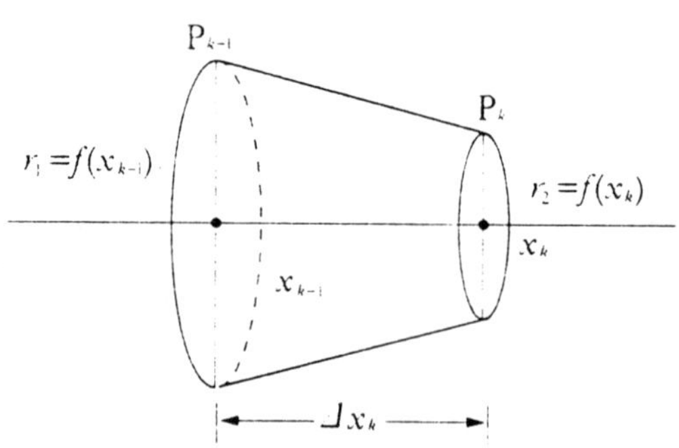


[그림 7.26]

$$S_k=\pi(r_1+r_2)L$$
$$=\pi[f(x_{k-1})+f(x_k)]\sqrt{(\Delta x_k)^2+(\Delta y_k)^2}$$

이 된다. 한편, 평균값정리에 의해, $x_{k-1}\leq c_k\leq x_k$인 $c_k$에 대해서

$$f'(c_k)=\frac{\Delta y_k}{\Delta x_k}=\frac{f(x_k)-f(x_{k-1})}{x_k-x_{k-1}}$$

이므로 이를 대입하면 다음과 같다.

$$S_k=\pi[f(x_{k-1})+f(x_k)]\sqrt{(\Delta x_k)^2+[f'(c_k)(\Delta x_k)^2}$$
$$=\pi[f(x_{k-1})+f(x_k)]\sqrt{1+[f'(c_k)]^2}\,\Delta x_k$$

한편 $\|P\|\to 0$이면 $f(c_k)=f(x_{k-1})=f(x_k)$이므로 구하는 표면적은 이들을 모두 합하여 극한을 취함으로써 다음과 같은 정적분으로 표현할 수 있다.

$$S=\lim_{\|P\|\to 0}\sum_{k=1}^{n}S_k=\int_a^b 2\pi f(x)\sqrt{1+[f'(x)]^2}\,dx$$

**정리 7.7** 구간 $[a, b]$에서 연속인 부드러운 곡선 $f(x)\geq 0$이 있을 때, $x$축을 중심으로 곡선 $y=f(x)$를 회전시켰을 경우에 만들어지는 표면적은

$$S=\int_a^b 2\pi y\sqrt{1+\left[\frac{dy}{dx}\right]^2}\,dx=\int_a^b 2\pi f(x)\sqrt{1+[f'(x)]^2}\,dx$$

마찬가지로 구간 $[c, d]$의 함수 $x=g(y)\geq 0$에서 $y$축 중심으로 이 곡선을 회전했을 때 생기는 회전체의 표면적도 같은 방법으로 다음과 같이 주어진다.

$$S=\int_c^d 2\pi x\sqrt{1+\left[\frac{dx}{dy}\right]^2}\,dy=\int_c^d 2\pi g(y)\sqrt{1+[g'(y)]^2}\,dy$$

**예제 7.15** 곡선 $y=\cos x$의 $x=0$에서 $x=\pi$까지의 호가 $x$축을 회전축으로 하여 회전할 때 생기는 회전체의 표면적을 구하여라.

**풀이** $y'=-\sin x$이므로 $ds=\sqrt{1+\sin^2 x}\,dx$이다. $a=0$, $b=\frac{\pi}{2}$로 두면 구하는 면적은, 치환 $\sin x=z$에 의하여

$$\begin{aligned}S&=2\int_0^{\frac{\pi}{2}} 2\pi\cos x\sqrt{1+\sin^2 x}\,dx\\&=4\pi\int_0^1\sqrt{1+z^2}\,dz\\&=4\pi\left[\frac{1}{2}z\sqrt{1+z^2}+\frac{1}{2}\ln(z+\sqrt{1+z^2})\right]_0^1\\&=2\pi[\sqrt{2}+\ln(1+\sqrt{2})]\end{aligned}$$

여기서 호의 길이의 미분

$$ds=\sqrt{1+[f'(x)]^2}\,dx=\sqrt{dx^2+dy^2}$$

을 사용하면 보다 간단한 표면적의 공식이 다음과 같이 얻어진다.

$$S=2\pi\int_a^b y\,ds \quad \text{와} \quad S=2\pi\int_c^d x\,ds$$

**예제 7.16** 곡선 $y=x^3$, $0\leq x\leq\frac{1}{2}$을 $x$축을 회전축으로 하여 회전할 때 생기는 회전체의 표면적을 구하여라.

**풀이** 미분의 간단한 공식의 사용을 고려하면

$$\begin{aligned}&y=x^3, \qquad dy=3x^2dx,\\&ds=\sqrt{dx^2+dy^2}=\sqrt{dx^2+(3x^2dx)^2}=\sqrt{1+9x^4}\,dx\end{aligned}$$

이므로

$$\begin{aligned}S&=\int_0^{\frac{1}{2}}2\pi y\sqrt{dx^2+dy^2}=\int_0^{\frac{1}{2}}2\pi x^3\sqrt{1+9x^4}\,dx\\&=2\pi\left[\left(\frac{1}{36}\right)\left(\frac{2}{3}\right)(1+9x^4)^{\frac{3}{2}}\right]_0^{\frac{1}{2}}=\frac{61\pi}{1728}\end{aligned}$$

## 연습문제 7.5

**1.** 다음 곡선들을 $x$축을 중심으로 회전하였을 때 생기는 회전체의 표면적을 구하여라.

(1) $y=\frac{x^3}{9}$, $0 \le x \le 2$ (2) $y=6x$, $0 \le x \le 1$

**2.** 다음 곡선들을 $y$축을 중심으로 회전하였을 때 생기는 회전체의 표면적을 구하여라.

(1) $x=\frac{y^3}{3}$, $0 \le y \le 1$ (2) $x=\sqrt{2y-1}$, $\frac{5}{8} \le y \le 1$

**3.** 반지름이 $a$인 구면의 표면적을 구하여라.

**4.** 반지름 $a$인 원이 직선 위를 굴러갈 때 이 원 위의 한 점 $p(x, y)$가 움직여서 만들어지는 곡선을 $x$축을 중심으로 회전시켰을 때의 표면적을 구하여라. (이 곡선의 방정식은 cycloid로서, $x=a\theta-a\sin\theta$, $y=a-a\cos\theta$, $0 \le \theta \le 2\pi$)

**5.** $y=\sqrt{x}$, $0 \le x \le 4$를 $x$축을 중심으로 회전시켰을 때의 표면적을 구하여라.

CHAPTER

# 8 행　　렬

## 8.1 행렬의 정의 및 연산

〈정의 8.1〉

$mn$개의 수를 다음과 같이 $m$개의 행과 $n$개의 열로 맞추어 배열하여 놓은 것을 **행렬** 또는 $m\times n$**행렬**($m\times n$ matrix)이라 한다.

$$A=\begin{pmatrix} a_{11} & a_{12} & \cdots & a_{1n} \\ a_{21} & a_{22} & \cdots & a_{2n} \\ \vdots & \vdots & & \vdots \\ a_{m1} & a_{m2} & \cdots & a_{mn} \end{pmatrix}$$

간단히 위 행렬을 $i$번째 행과 $j$번째 열에 있는 $a_{ij}$를 이용하여 $(a_{ij})$로 나타내기도 한다. 행렬을 구성하는 $mn$개의 수를 이 행렬의 **성분**(component, element)이라 하고, 특히 $a_{ij}$를 $(i,\ j)$성분이라 한다. 그리고 행렬 $A$가 $m/n$행렬일 때 $(m,\ n)$ 또는 $m\times n$을 행렬 $A$의 차수(order)라 부른다. 특히 $m-n$인 때, $A$를 $n$차 행렬이라 한다.

행렬성분의 가로 배열을 **행**(row)이라 하고 세로 배열을 **열**(column)이라 한다. 즉,

$$(a_{i1}\ a_{i2}\ \cdots,\ \ a_{in})\text{을 } i\text{행이라 하고 } \begin{pmatrix} a_{1i} \\ a_{2i} \\ \vdots \\ a_{ni} \end{pmatrix}\text{을 } i\text{열이라 한다.}$$

그리고 $m\times n$행렬에서 모든 성분이 0인 경우, 즉

$$O_{m\times n}=\begin{pmatrix} 0 & 0 & \cdots & 0 \\ 0 & 0 & \cdots & 0 \\ & \cdots\cdots\cdots\cdots & & \\ 0 & 0 & \cdots & 0 \end{pmatrix}$$

을 $(m\times n)$ **영행렬**(zero matrix)이라 하고, 간단히 $O$로도 나타낸다.

$m \times n$행렬 $A=(a_{ij})$에서 행과 열의 수가 같을 때, 즉 $n=m$일 때

$$A=\begin{pmatrix} a_{11} & a_{12} & \cdots & a_{1n} \\ a_{21} & a_{22} & \cdots & a_{2n} \\ \cdots & \cdots & \cdots & \cdots \\ a_{n1} & a_{n2} & \cdots & a_{nn} \end{pmatrix}$$

을 ***n*****차 정방행렬**(square matrix)이라 하고, $a_{11}$, $a_{22}$, $\cdots$, $a_{nn}$을 $A$의 주대각성분(main diagonal element)이라 한다. 이들 $n$차 정방행렬 중 주대각성분의 위쪽 또는 아래쪽의 모든 성분이 0인 행렬, 즉

$$\begin{pmatrix} a_{11} & 0 & \cdots & 0 \\ a_{21} & a_{22} & \cdots & 0 \\ \cdots & \cdots & \cdots & \cdots \\ a_{n1} & a_{n2} & \cdots & a_{nn} \end{pmatrix}, \quad \begin{pmatrix} a_{11} & a_{12} & \cdots & a_{1n} \\ 0 & a_{22} & \cdots & a_{2n} \\ \cdots & \cdots & \cdots & \cdots \\ 0 & 0 & \cdots & a_{nn} \end{pmatrix}$$

을 **삼각행렬**(triangular matrix)이라 하고, 전자를 하삼각행렬(lower triangular matrix), 후자를 상삼각행렬(upper triangular matrix)이라 한다.

특히 정방행렬에서 주대각성분 이외의 모든 성분이 0인 행렬

$$\begin{pmatrix} a_{11} & 0 & \cdots & 0 \\ 0 & a_{22} & \cdots & 0 \\ \vdots & \vdots & & \vdots \\ 0 & 0 & \cdots & a_{nn} \end{pmatrix}$$

을 **대각행렬**(diagonal matrix)이라 하고, 대각행렬에서 주대각성분이 모두 1인 행렬

$$I_n=\begin{pmatrix} 1 & 0 & \cdots & 0 \\ 0 & 1 & \cdots & 0 \\ \vdots & \vdots & & \vdots \\ 0 & 0 & \cdots & 1 \end{pmatrix}$$

을 $n$차 **단위행렬**(unit matrix)이라 하고, 간단히 $I$로도 나타낸다.

(1) 행렬의 상등

두 개의 $m \times n$행렬 $A=(a_{ij})$, $B=(b_{ij})$에 대하여 서로 대응하는 성분이 모두 같을 때, 즉 임의의 $1 \leq i \leq m$, $1 \leq j \leq n$에 대하여 $a_{ij}=b_{ij}$일 때 $A$, $B$는 상등(같다)이라 말하고

$$A=B$$

로 나타낸다.

**예제 8.1** $\begin{pmatrix} x+y & u+3v \\ 2x-y & u-v \end{pmatrix}=\begin{pmatrix} 1 & 6 \\ 5 & 2 \end{pmatrix}$에서 $x$, $y$, $u$, $v$를 구하여라.

**풀이** 행렬의 상등에 의하여 다음의 연립방정식이 성립한다.

$$\begin{cases} x+y=1 \\ 2x-y=5 \end{cases} \qquad \begin{cases} u+3v=6 \\ u-v=2 \end{cases}$$

이것을 풀면

$$x=2, \quad y=-1, \quad u=3, \quad v=1$$

을 얻는다.

(2) 행렬의 합

$m \times n$행렬 $A=(a_{ij})$, $B=(b_{ij})$에 대하여 이들의 합 $A+B$를 아래의 $m \times n$행렬로 정의한다.

$$A+B=(c_{ij})$$

여기서

$$c_{ij}=a_{ij}+b_{ij}$$

이다.

**예제 8.2** $A=\begin{pmatrix}1 & 0 & 5\\ 2 & 4 & -1\end{pmatrix}$, $B=\begin{pmatrix}7 & 0 & 2\\ -2 & 3 & -1\end{pmatrix}$, $C=\begin{pmatrix}1 & 2\\ 3 & 4\end{pmatrix}$일 때 $A+B$와 $A+C$를 구하여라.

**풀이** $A+B=\begin{pmatrix}1+7 & 0+0 & 5+2\\ 2-2 & 4+3 & -1-1\end{pmatrix}=\begin{pmatrix}8 & 0 & 7\\ 0 & 7 & -2\end{pmatrix}$

이다. 그러나 $A+C$는 $A$와 $C$의 차수가 같지 않음으로 정의되지 않는다. ■

---

정리 8.1 　　행렬의 합에 대하여 다음이 성립한다.

(1) 임의의 $m\times n$행렬 $A$, $B$, $C$에 $(A+B)+C=A+(B+C)$이다.

(2) $m\times n$영행렬 $O$는 임의의 $m\times n$행렬 $A$에 대하여

$$A+O=O+A=A$$

이다.

(3) 임의의 $m\times n$행렬 $A$에 대하여 $A+X=X+A=O$을 만족하는 오직 하나의 $m\times n$행렬 $X$가 존재한다. 지금부터 이 행렬을 $-A$로 표기한다.

(4) 임의의 $m\times n$행렬 $A$, $B$에 대하여 $A+B=B+A$이다.

---

### (3) 수와 행렬의 곱

$m\times n$행렬 $A$와 실수 $\lambda$에 대하여, $\lambda A$를 아래의 $m\times n$행렬로 정의한다.

$$\lambda A=(b_{ij})$$

여기서

$$b_{ij}=\lambda a_{ij}$$

이다.

**예제 8.3** $\begin{pmatrix}1 & 2\\ 3 & 5\end{pmatrix}$이고 $\lambda=-2$일 때 $\lambda A$와 $-A$를 구하여라.

**풀이**

$$\lambda A=\begin{pmatrix}-2\times 1 & -2\times 2\\ -2\times 3 & -2\times 5\end{pmatrix}=\begin{pmatrix}-2 & -4\\ -6 & -10\end{pmatrix}$$

이고

$$-A=\begin{pmatrix}-1 & -2\\ -3 & -5\end{pmatrix}$$

이다.

**주의** (1) 정리 8.1의 (3)에서 언급한 $-A$는 $A$에 실수 $(-1)$을 곱한 행렬과 같으므로 $-A=(-1)A$이다.

> **정리 8.2** 임의의 $m\times n$행렬 $A$, $B$와 임의의 실수 $\lambda$, $\mu$에 대하여 다음이 성립한다.
>
> (1) $\lambda(A+B)=\lambda A+\lambda B$ (2) $(\lambda+\mu)A=\lambda A+\mu A$
>
> (3) $\lambda(\mu A)=(\lambda\mu)A$ (4) $1A=A$

**예제 8.4** $A=\begin{pmatrix}1 & 0 & 3\\ 2 & 3 & -1\end{pmatrix}$, $B=\begin{pmatrix}3 & -2 & 1\\ -1 & 2 & 0\end{pmatrix}$일 때 다음을 구하여라.

(1) $A+B$ (2) $2A-B$

**풀이** (1)
$$A+B=\begin{pmatrix}1 & 0 & 3\\ 2 & 3 & -1\end{pmatrix}+\begin{pmatrix}3 & -2 & 1\\ -1 & 2 & 0\end{pmatrix}=\begin{pmatrix}4 & -2 & 4\\ 1 & 5 & -1\end{pmatrix}$$

(2)
$$2A-B=2\begin{pmatrix}1 & 0 & 3\\ 2 & 3 & -1\end{pmatrix}-\begin{pmatrix}3 & -2 & 1\\ -1 & 2 & 0\end{pmatrix}=\begin{pmatrix}2 & 0 & 6\\ 4 & 6 & -2\end{pmatrix}+\begin{pmatrix}-3 & 2 & -1\\ 1 & -2 & 0\end{pmatrix}=\begin{pmatrix}-1 & 2 & 5\\ 5 & 4 & -2\end{pmatrix}$$

### (4) 행렬의 곱셈

$m\times l$행렬 $A=(a_{ij})$와 $l\times n$행렬 $B=(b_{ij})$에 대하여 이들의 곱 $AB$를 아래의 $m\times n$행렬로 정의한다.

$$AB=(c_{ij})$$

여기서

$$c_{ij}=\sum_{k=1}^{n}=a_{ik}b_{kj}$$

이다.

즉, $AB$의 $(i,\ j)$성분은 행렬 $A$의 $i$행과 행렬 $B$의 $j$열을 차례로 곱하여 더한 것이다.

**예제 8.5** $A=\begin{pmatrix} 1 & 2 \\ -1 & 3 \end{pmatrix}$, $B=\begin{pmatrix} 1 & 5 & 4 \\ -2 & 3 & -1 \end{pmatrix}$라 할 때 이들의 곱 $AB$를 구하여라.

**풀이**

$$\begin{aligned} AB &= \begin{pmatrix} 1 & 2 \\ -1 & 3 \end{pmatrix}\begin{pmatrix} 1 & 5 & 4 \\ -2 & 3 & -1 \end{pmatrix} \\ &= \begin{pmatrix} (1)(1)+(2)(-2) & (1)(5)+(2)(3) & (1)(4)+(2)(-1) \\ (-1)(1)+(3)(-2) & (-1)(5)+(3)(3) & (-1)(4)+(3)(-1) \end{pmatrix} \\ &= \begin{pmatrix} -3 & 11 & 2 \\ -7 & 4 & -7 \end{pmatrix} \end{aligned}$$

이다. ■

**주의** (2) 행렬의 곱 $AB$가 정의되려면 행렬 $A$의 열의 수와 행렬 $B$의 행의 수가 같아야 한다. 따라서 행렬의 곱 $AB$가 정의되어도 $BA$가 정의되지 않을 수 있다. $A$, $B$가 차수가 같은 정방행렬인 경우는 $AB$와 $BA$가 동시에 정의된다. 그러나 $AB$와 $BA$가 다를 수 있다.

즉, 행렬은 곱셈에 대하여 교환법칙이 성립하지 않는다.

예로서 $A=\begin{pmatrix} 0 & 1 \\ 0 & 0 \end{pmatrix}$, $B=\begin{pmatrix} 0 & 0 \\ 1 & 0 \end{pmatrix}$라 하자.

그러면 $AB=\begin{pmatrix}1 & 0\\0 & 0\end{pmatrix}\neq\begin{pmatrix}0 & 0\\0 & 1\end{pmatrix}=BA$이다.

**정리 8.3** 행렬의 곱셈에 대하여 다음이 성립한다.

(1) 임의의 $m\times p$행렬 $A$, $p\times q$행렬 $B$, $q\times n$행렬 $C$에 대하여

$$(AB)C=A(BC)$$

이다.

(2) 단위행렬 $I_m$과 $I_n$는 임의의 $m\times n$행렬 $A$에 대하여

$$I_mA=A=AI_n$$

이다.

(3) 임의의 $m\times l$행렬 $A$와 $l\times n$행렬 $B$, $C$에 대하여

$$A(B+C)=AB+AC$$

이다.

(4) 임의의 $m\times l$행렬 $A$, $B$와 $l\times n$행렬 $C$에 대하여

$$(A+B)C=AC+BC$$

이다.

〈정의 8.2〉

임의의 $m\times n$행렬 $A=(a_{ij})$에 대하여 아래와 같이 정의된 $n\times m$ 행렬을 $A$의 **전치행렬**(transpose matrix)이라 하고 $A^t$로 나타낸다.

$$A^t=(b_{ij})\ \text{여기서}\ b_{ij}=a_{ji}$$

이다. 즉, $A^t$는 $A$의 행과 열을 바꾸어서 만든 행렬이다.

여기서 $A=A^t$인 정방행렬 $A$를 **대칭행렬**(symmetric matrix)이라 하고 $A=-A^t$인 정방행렬 $A$를 **교대행렬**(skew-symmetric matrix)이라 한다.

**정리 8.4** 행렬 $A$, $B$와 실수 $\lambda$에 대하여

(1) $(A^t)^t = A$ (2) $A+B$가 정의되면 $(A+B)^t = A^t + B^t$

(3) $AB$가 정의되면 $(AB)^t = B^t A^t$ (4) $(\lambda A)^t = \lambda A^t$

**예제 8.6** $A$가 $n$차 정방행렬일 때 다음을 증명하여라.

(1) $A+A^t$는 대칭행렬이다.

(2) $A-A^t$는 교대행렬이다.

**풀이** (1) $(A+A^t)^t = A^t + (A^t)^t = A^t + A = A + A^t$.

따라서 $A+A^t$는 대칭행렬이다.

(2) $(A-A^t)^t = A^t - (A^t)^t = A^t - A = -(A-A^t)$.

따라서 $A-A^t$는 교대행렬이다. ■

**주의** (3) 임의의 $n$차 정방행렬 $A$에 대하여 $A = \frac{1}{2}(A+A^t) + \frac{1}{2}(A-A^t)$이므로 정방행렬 $A$는 대칭행렬과 교대행렬의 합으로 표현된다. ■

## 연습문제 8.1

**1.** 다음 행렬의 계산을 하여라.

(1) $2\begin{pmatrix} 1 & 2 & 4 \\ -3 & 1 & 2 \end{pmatrix} - 3\begin{pmatrix} -1 & 1 & 3 \\ 2 & 0 & 4 \end{pmatrix} + 4\begin{pmatrix} 2 & 0 & 1 \\ 1 & 3 & -1 \end{pmatrix}$

(2) $\begin{pmatrix} 1 & 2 & 3 \\ 0 & 1 & 2 \end{pmatrix}\begin{pmatrix} 1 & 0 \\ 2 & 4 \\ 3 & 0 \end{pmatrix}$

(3) $\begin{pmatrix} 1 & -1 & 1 & -1 \\ 3 & 2 & -4 & 5 \end{pmatrix}\begin{pmatrix} 2 & 4 & 1 \\ -1 & 3 & 0 \\ -2 & -1 & 5 \\ 3 & 1 & 6 \end{pmatrix}$

**2.** 다음의 주어진 행렬을 이용하여 물음에 답하여라.

$$A=\begin{pmatrix} 1 & 1 \\ -1 & 0 \end{pmatrix} \quad B=\begin{pmatrix} 1 & 3 & 5 \\ 4 & 1 & 4 \end{pmatrix} \quad C=\begin{pmatrix} -2 & 3 \\ 1 & 1 \\ 2 & 0 \end{pmatrix}$$

(1) $AB$ 및 $BC$를 구하여라. (2) $(AB)^t=B^tA^t$임을 보여라.

(3) $(A^t)^t=A$임을 보여라. (4) $A^2-BC$를 구하여라.

**3.** $A=\begin{pmatrix} 1 & 2 \\ 4 & -3 \end{pmatrix}$, $f(t)=t^2+3t-1$일 때, $f(A)$의 값을 구하여라.

**4.** 다음을 구하여라.

(1) $\begin{pmatrix} 1 & 1 & 3 \\ 5 & 2 & 6 \\ -2 & -1 & -3 \end{pmatrix}^3$ (2) $\begin{pmatrix} 1 & 1 & 0 \\ 0 & 1 & 1 \\ 0 & 0 & 1 \end{pmatrix}^n$

**5.** $A$, $B$를 $n$차 정방행렬이라 할 때 다음을 증명하여라.

(1) $tr(A+B)=tr(A)+tr(B)$ (2) $tr(AB)=tr(BA)$

(3) $tr(AB-BA)=0$

여기서 $tr(A)$는 $n$차 정방행렬의 대각원소의 합으로 $A$의 자취(trace)라 부른다. 즉, $A=(a_{ij})$이면 $tr(A)=\sum_{i=1}^{n} a_{ii}$이다.

## 8.2 정칙행렬

〈정의 8.3〉

주어진 $n$차 정방행렬 $A$에 대하여

$$AX=XA=I$$

를 만족하는 $n$차 정방행렬 $X$가 존재할 때, $A$를 **정칙행렬**(regular matrix, invertable matrix)이라 한다. 이때 $X$를 $A$의 **역행렬**(inverse matrix)이라 하고 $A^{-1}$로 나타낸다.

**정리 8.5**　$A$가 정칙행렬이면 $A$의 역행렬은 단 하나 존재한다.

**증명** $A$가 정칙행렬이므로 $A$의 역행렬은 반드시 존재한다. 만약

$$AX = XA = I, \quad AY = YA = I$$

을 만족하는 행렬 $X$, $Y$가 존재한다면

$$X = XI = X(AY) = (XA)Y = IY = Y$$

이므로 $X = Y$이다. ■

**예제 8.7** $\begin{pmatrix} 1 & 2 \\ 0 & 3 \end{pmatrix}$의 역행렬을 구하여라.

**풀이** 우선 $\begin{pmatrix} 1 & 2 \\ 0 & 3 \end{pmatrix}\begin{pmatrix} a & b \\ c & d \end{pmatrix}$을 만족하는 $\begin{pmatrix} a & b \\ c & d \end{pmatrix}$을 구해 보자.

여기서 $\begin{pmatrix} a+2c & b+2d \\ 3c & 3d \end{pmatrix} = \begin{pmatrix} 1 & 0 \\ 0 & 1 \end{pmatrix}$이므로

$$a+2c=1,\ b+2d=0,\ 3c=0,\ 3d=1$$

을 만족해야 한다. 그러므로

$$\begin{pmatrix} a & b \\ c & d \end{pmatrix} = \begin{pmatrix} 1 & -\frac{2}{3} \\ 0 & \frac{1}{3} \end{pmatrix}$$

이다. 여기서

$$\begin{pmatrix} 1 & -\frac{2}{3} \\ 0 & \frac{1}{3} \end{pmatrix}\begin{pmatrix} 1 & 2 \\ 0 & 3 \end{pmatrix} = \begin{pmatrix} 1 & 0 \\ 0 & 1 \end{pmatrix}$$

이므로

$$\begin{pmatrix} 1 & 2 \\ 0 & 3 \end{pmatrix}^{-1} = \begin{pmatrix} 1 & -\frac{2}{3} \\ 0 & \frac{1}{3} \end{pmatrix}$$

이다. ■

> **정리 8.6** $n$차 행렬 $A$, $B$, $C$가 $BA=AC=I$이면 $B=C$이다. 특히 $A$가 정칙행렬이고 $AB=I$이면 $B=A^{-1}$이다.

**증명** $B=BI=B(AC)=(BA)C=IC=C$ ■

> **정리 8.7** 행렬의 곱의 방정식 $AX=B$에서 $A$가 정칙행렬이면 이 방정식을 만족하는 $X$는 단 하나 존재하고 $X=A^{-1}B$이다.

**증명** $A$가 정칙행렬이므로 역행렬 $A^{-1}$이 존재한다. 따라서

$$A^{-1}(AX)=A^{-1}B, \quad (A^{-1}A)X=A^{-1}B$$
$$IX=A^{-1}B \quad \therefore X=A^{-1}B$$

한편 $Y$를 $AY=B$가 되는 정방행렬이라 하면 $AX=B=AY$이므로

$$A^{-1}(AX)=A^{-1}(AY), \quad IX=IY$$

즉, $X=Y$이므로 해는 단 하나 존재한다. ■

**예제 8.8** $A=\begin{pmatrix} 1 & 2 \\ 0 & 3 \end{pmatrix}$, $B=\begin{pmatrix} -1 \\ 3 \end{pmatrix}$일 때 $AX-B=0$을 풀어라.

**풀이** $AX=B$이다. 정리 8.7에 의해 $A$가 정칙이면 $X=A^{-1}B$이다. 예제 8.7에서 보듯이 $A$는 정칙이고

$$A^{-1}=\begin{pmatrix} 1 & -\frac{2}{3} \\ 0 & \frac{1}{3} \end{pmatrix}$$

이다. 따라서

$$X=A^{-1}B=\begin{pmatrix} 1 & -\frac{2}{3} \\ 0 & \frac{1}{3} \end{pmatrix}\begin{pmatrix} -1 \\ 3 \end{pmatrix}=\begin{pmatrix} -3 \\ 1 \end{pmatrix}$$

이다. ■

**정리 8.8** $A$, $B$가 $n$차 정칙행렬일 때 다음 성질이 성립한다.

(1) $AB$도 정칙행렬이고 $(AB)^{-1}=B^{-1}A^{-1}$이다.

(2) $A$의 전치행렬 $A^t$도 정칙행렬이고 $(A^t)^{-1}=(A^{-1})^t$이다.

증명 (1) $(B^{-1}A^{-1})(AB)=B^{-1}(A^{-1}A)B=B^{-1}IB=B^{-1}B=I$이고
$(AB)(B^{-1}A^{-1})=A(B^{-1}B)A^{-1}=AIA^{-1}=AA^{-1}=I$이다.
따라서 $AB$는 역행렬이 존재하고 $(AB)^{-1}=B^{-1}A^{-1}$이다.

(2) 행렬 $A$가 정칙이므로 역행렬 $A^{-1}$가 존재하여

$$AA^{-1}=A^{-1}A=I$$

이다. 여기에서 전치행렬을 취하면

$$(AA^{-1})^t=(A^{-1})^tA^t=I$$

이고

$$(A^{-1}A)^t=A^t(A^{-1})^t=I$$

이므로 $A^t$는 정칙행렬이다. 그리고 $(A^t)^{-1}=(A^{-1})^t$이다. ■

## 연습문제 8.2

**1.** $f$가 $\mathbf{R}^2$에서 $\mathbf{R}^2$로 가는 함수로써 $f\begin{pmatrix} x \\ y \end{pmatrix} = \begin{pmatrix} 3x+y \\ x-y \end{pmatrix}$일 때 함수 $f$를 행렬로 표시하여라.

**2.** $A_1, A_2, \cdots, A_n$이 $n$차 정칙행렬이면 $(A_1A_2\cdots A_n)^{-1}\cdots A_n^{-1}A_{n-1}^{-1} = A_1^{-1}$임을 증명하여라.

**3.** 어떤 사람이 통근을 하는데 두 가지의 교통수단 $A$, $B$를 이용한다. 오늘 $A$를 타고 내일 $B$를 이용할 확률은 $\frac{1}{4}$, $B$를 타고 $A$를 이용할 확률은 $\frac{2}{5}$이다. 오늘 $A$를 탔을 때 3일 후에 $A$를 탈 확률을 구하여라.

**4.** 연립일차방정식 $\begin{cases} x+y=1 \\ y+z=3 \\ z+x=5 \end{cases}$를 행렬을 이용해서 풀어라.

CHAPTER

# 9 행 렬 식

## 9.1 치 환

〈정의 9.1〉

집합 $X=\{1, 2, \cdots, n\}$에 대하여 집합 $S_n=\{\sigma | \sigma : X \to X, \sigma$는 전단사함수$\}$라 하면 $S_n$은 $n!$개의 원소를 가지며, 각 원소를 $X$의 **치환**(permutation)이라고 부른다.

그리고 각 치환 $\sigma$를

$$\sigma=(\sigma(1), \sigma(2), \cdots, \sigma(n)) \text{ 또는 } \sigma=\begin{pmatrix} 1 & 2 & \cdots & n \\ \sigma(1) & \sigma(2) & \cdots & \sigma(n) \end{pmatrix}$$

로 표기한다.

예로서 $X=\{1, 2, 3\}$인 경우 $S_3$의 원소 $\sigma=(1, 3, 2)=\begin{pmatrix} 1 & 2 & 3 \\ 1 & 3 & 2 \end{pmatrix}$은 1을 1로, 2를 3으로, 3을 2로 보내는 전단사함수를 나타낸다.

여기서 $S_3=\{(1, 2, 3), (1, 3, 2), (3, 2, 1), (2, 1, 3), (2, 3, 1), (3, 1, 2)\}$이다.

$X$ 위에서 정의된 치환 중에서 $X$의 모든 원소를 고정하는 치환,

$$(1, 2, \cdots, n)=\begin{pmatrix} 1 & 2 & \cdots & n \\ 1 & 2 & \cdots & n \end{pmatrix}$$

을 **항등치환**(identity permutation)이라 부르고, $e$로 나타낸다. 그리고 임의의 두 치환 $\sigma$, $\tau$의 곱 $\sigma \circ \tau : X \to X$을 $(\sigma \circ \tau)(x)=\sigma(\tau(x))$로 정의하면 두 치환의 곱도 $X$ 위에서의 전단사함수이므로 치환임은 자명하다. 또한 주어진 치환 $\sigma$는 전단사함수이므로 역함수가 존재한다. 이 역함수를 $\sigma$의 **역치환**(inverse permutation)이라 하고 $\sigma^{-1}$로 나타낸다.

**예제 9.1** $\sigma=\begin{pmatrix} 1 & 2 & 3 \\ 2 & 3 & 1 \end{pmatrix}$의 역치환을 구하여라.

**풀이** 역치환 $\sigma^{-1}=\begin{pmatrix} 2 & 3 & 1 \\ 1 & 2 & 3 \end{pmatrix}=\begin{pmatrix} 1 & 2 & 3 \\ 3 & 1 & 2 \end{pmatrix}$이다. ■

**예제 9.2** $\sigma=\begin{pmatrix}1 & 2 & 3\\1 & 3 & 2\end{pmatrix}$, $\rho=\begin{pmatrix}1 & 2 & 3\\3 & 2 & 1\end{pmatrix}$일 때 $\rho\circ\sigma$와 $\sigma\circ\rho$를 구하여라.

**풀이** $\rho\circ\sigma=\begin{pmatrix}1 & 2 & 3\\3 & 2 & 1\end{pmatrix}\begin{pmatrix}1 & 2 & 3\\1 & 3 & 2\end{pmatrix}=\begin{pmatrix}1 & 2 & 3\\3 & 1 & 2\end{pmatrix}$이고

$\sigma\circ\rho=\begin{pmatrix}1 & 2 & 3\\1 & 3 & 2\end{pmatrix}\begin{pmatrix}1 & 2 & 3\\3 & 2 & 1\end{pmatrix}=\begin{pmatrix}1 & 2 & 3\\2 & 3 & 1\end{pmatrix}$이다.

여기서 $\rho\circ\sigma\neq\sigma\circ\rho$이다. ■

주의 (1) 위의 예제에서 보듯이 일반적으로 치환의 곱에는 교환법칙이 성립하지 않는다. 그러나 아래 정리에서 여러 성질이 성립함을 본다.

> 정리 9.1 $S_n$의 임의의 치환 $\sigma$, $\tau$, $\rho$에 대하여 치환의 곱은 아래의 성질을 만족한다.
> (1) 결합법칙 : $(\sigma\circ\tau)\circ\rho=\sigma\circ(\tau\circ\rho)$
> (2) 항등원의 존재 : $e\circ\sigma=\sigma\circ e=\sigma$
> (3) 역원존재 : $\sigma\circ\sigma^{-1}=\sigma^{-1}\circ\sigma=e$

주의 (2) $S_n$의 곱의 연산에 대해 닫혀있고 위의 세 조건을 만족하므로 $S_n$은 연산 $\circ$하에서 군(group)을 이룬다. 그리고 $S_n$을 치환군이라 부른다.

> 〈정의 9.2〉
> 치환 $(i_1, i_2, \cdots, i_n)$에서 $s<t$이고 $i_s>i_t$, 즉 큰 수 $i_s$가 작은 수 $i_t$보다 앞에 있을 때 $(i_s, i_t)$를 **역순서 쌍**이라 한다. 치환 $(i_1, i_2, \cdots, i_n)$이 짝수개의 역순서 쌍을 가질 때 **우치환**이라 부르고 홀수개의 역순서 쌍을 가질 때 **기치환**이라 한다.

**예제 9.3** $S_3$에서 우치환과 기치환을 분류하여라.

**풀이** 치환 (3, 2, 1)은 세 개의 역순서 쌍 (3, 2), (2, 1), (3, 1)을 가지므로 기치환이고 (1, 3, 2)와 (2, 1, 3)은 각각 역 순서쌍 (3, 2)와 (2, 1)을 하나

씩 가지므로 기치환이다. 또한 (1, 2, 3)은 역순서 쌍을 가지지 않으므로 우치환이고 (2, 3, 1)은 두 개의 역순서 쌍 (3, 1), (2, 1)을 가지고, (3, 1, 2)는 역순서 쌍 (3, 1), (3, 2)를 가지므로 둘 다 우치환이다. ■

주의 (3) $S_n$에 속하는 우치환과 기치환의 개수는 각각 $\frac{n!}{2}$개이다.

〈정의 9.3〉

$S_n$의 각 치환 $\sigma=(i_1,\ i_2,\ \cdots,\ i_n)$에 아래의 방법으로 부호를 부여한다.

$\sigma$가 우치환이면 $\mathrm{sgn}(\sigma)=\mathrm{sgn}(i_1,\ i_2,\ \cdots,\ i_n)=1$이고,
$\sigma$가 기치환이면 $\mathrm{sgn}(\sigma)=\mathrm{sgn}(i_1,\ i_2,\ \cdots,\ i_n)=-1$이다.

여기서 sgn은 $S_n$에서 $\{-1,\ 1\}$로 가는 함수이다.

$S_3$은 6개의 원소를 가지며, 그 중 (1, 2, 3), (3, 1, 2), (2, 3, 1)은 우치환이고 (1, 3, 2), (2, 1, 3), (3, 2, 1)은 기치환이다. 따라서

$\mathrm{sgn}(1,\ 2,\ 3)=\mathrm{sgn}(3,\ 1,\ 2)=\mathrm{sgn}(2,\ 3,\ 1)=1$이고,
$\mathrm{sgn}(1,\ 3,\ 2)=\mathrm{sgn}(2,\ 1,\ 3)=\mathrm{sgn}(3,\ 2,\ 1)=-1$이다.

**예제 9.4** $\mathrm{sgn}(5,\ 4,\ 2,\ 1,\ 6,\ 3)=\mathrm{sgn}\begin{pmatrix}1 & 2 & 3 & 4 & 5 & 6\\ 5 & 4 & 2 & 1 & 6 & 3\end{pmatrix}$을 구하여라.

**풀이** $\begin{pmatrix}1 & 2 & 3 & 4 & 5 & 6\\ 5 & 4 & 2 & 1 & 6 & 3\end{pmatrix}=(5,\ 4,\ 2,\ 1,\ 6,\ 3)$은 $S_6$에 속하는 치환으로 9개의 역순서 쌍 (5, 4), (5, 2), (5, 1), (5, 3), (4, 2), (4, 1), (4, 3), (2, 1), (6, 3)을 가진다. 따라서 기치환이다. 그러므로 $\mathrm{sgn}(5,\ 4,\ 2,\ 1,\ 6,\ 3)=-1$이다. ■

## 연습문제 9.1

**1.** 다음 치환이 우치환인지 기치환인지를 살펴라.

(1) $\begin{pmatrix} 1 & 2 & 3 & 4 & 5 \\ 1 & 4 & 2 & 3 & 5 \end{pmatrix}$　　(2) $\begin{pmatrix} 1 & 2 & 3 & 4 & 5 \\ 5 & 4 & 1 & 2 & 3 \end{pmatrix}$

(3) $\begin{pmatrix} 1 & 2 & 3 & 4 & 5 & 6 \\ 6 & 3 & 4 & 2 & 1 & 5 \end{pmatrix}$

**2.** $\sigma=\begin{pmatrix} 1 & 2 & 3 & 4 & 5 \\ 2 & 4 & 5 & 1 & 3 \end{pmatrix}$, $\tau=\begin{pmatrix} 1 & 2 & 3 & 4 & 5 \\ 4 & 1 & 3 & 5 & 2 \end{pmatrix}$일 때 $\tau \circ \sigma$와 $\sigma \circ \tau$를 구하여라.

**3.** $\sigma=\begin{pmatrix} 1 & 2 & 3 & 4 & 5 \\ 2 & 4 & 5 & 1 & 3 \end{pmatrix}$일 때 $\sigma^{-1}$을 구하여라.

**4.** $\mathrm{sgn}(\tau \circ \sigma)=(\mathrm{sgn}\,\tau)(\mathrm{sgn}\,\sigma)$임을 밝혀라.

**5.** 치환 $\sigma$가 주어져 있을 때 $\sigma \circ \sigma^{-1}$은 어떤 치환인가?

**6.** $\sigma$가 우치환이면 $\sigma^{-1}$도 우치환임을 밝혀라.

**7.** 다음 치환의 곱을 구하여라.

(1) $\begin{pmatrix} 1 & 2 & 3 \\ 3 & 1 & 2 \end{pmatrix}\begin{pmatrix} 2 & 3 & 1 \\ 1 & 2 & 3 \end{pmatrix}$　　(2) $\begin{pmatrix} 1 & 2 & 3 & 4 \\ 4 & 2 & 1 & 3 \end{pmatrix}\begin{pmatrix} 1 & 2 & 3 & 4 \\ 2 & 3 & 4 & 1 \end{pmatrix}$

## 9.2 행렬식의 정의

〈정의 9.4〉

$n$차 정방행렬 $A=(a_{ij})$에 대하여

$$\begin{vmatrix} a_{11} & a_{12} & \cdots & a_{1n} \\ a_{21} & a_{22} & \cdots & a_{2n} \\ \cdots & \cdots & \cdots & \cdots \\ a_{n1} & a_{n2} & \cdots & a_{nn} \end{vmatrix} \quad \text{또는} \quad |A|$$

로 표시되는 행렬 $A$의 **행렬식**(determinant)의 값을

$$|A| = \sum \mathrm{sgn}(i_1,\ i_2,\ \cdots,\ i_n) a_{1i_1} a_{2i_2} \cdots a_{ni_n}$$

로 정의한다. 여기서 $\sum$는 $S_n$의 모든 원소에 대한 합으로 $n!$개 항의 합을 나타낸다.

주의 (1) 행렬에서와 같이 행렬식의 각 수를 **요소**(또는 성분)라 하고, $n$을 행렬식의 **차수**, 세로의 배열을 왼쪽으로부터 제 1 열, 제 2 열, $\cdots$, 제 $n$ 열이라고 하며, 가로의 배열을 위로부터 제 1 행, 제 2 행, $\cdots$, 제 $n$ 행이라고 하며 $a_{11}$부터 $a_{nn}$까지의 대각선 위의 요소를 **주대각요소**라 한다.

**예제 9.5** 다음 행렬의 행렬식의 값을 구하여라.

(1) $\begin{pmatrix} a_{11} & a_{12} \\ a_{21} & a_{22} \end{pmatrix}$ (2) $\begin{pmatrix} a_{11} & a_{12} & a_{13} \\ a_{21} & a_{22} & a_{23} \\ a_{31} & a_{32} & a_{33} \end{pmatrix}$

**풀이** (1) $S_2$는 우치환 (1, 2)와 기치환 (2, 1)을 가진다. 따라서

$$\begin{vmatrix} a_{11} & a_{12} \\ a_{21} & a_{22} \end{vmatrix} = \sum \mathrm{sgn}(i,\ j) a_{1i} a_{2j} = \mathrm{sgn}(1,\ 2) a_{11} a_{22} + \mathrm{sgn}(2,\ 1) a_{12} a_{21}$$
$$= a_{11} a_{22} - a_{12} a_{21}$$

(2) $S_3$은 우치환 (1, 2, 3), (3, 1, 2), (2, 3, 1)과 기치환 (1, 3, 2), (2, 1, 3), (3, 2, 1)을 가진다. 따라서

$$\begin{vmatrix} a_{11} & a_{12} & a_{13} \\ a_{21} & a_{22} & a_{23} \\ a_{31} & a_{32} & a_{33} \end{vmatrix} = \sum \mathrm{sgn}(i,\ j,\ k) a_{1i} a_{2j} a_{3k}$$
$$= \mathrm{sgn}(1,\ 2,\ 3) a_{11} a_{22} a_{33} + \mathrm{sgn}(2,\ 3,\ 1) a_{12} a_{23} a_{31}$$
$$+ \mathrm{sgn}(3,\ 1,\ 2) a_{13} a_{21} a_{32} + \mathrm{sgn}(2,\ 1,\ 3) a_{12} a_{21} a_{33}$$
$$+ \mathrm{sgn}(3,\ 2,\ 1) a_{13} a_{22} a_{31} + \mathrm{sgn}(1,\ 3,\ 2) a_{11} a_{23} a_{32}$$
$$= a_{11} a_{22} a_{33} + a_{12} a_{23} a_{31} + a_{13} a_{21} a_{32} - a_{12} a_{21} a_{33}$$
$$- a_{13} a_{22} a_{31} - a_{11} a_{23} a_{32}$$

■

**정리 9.2** (Sarrus의 공식) 앞에서 정의된 2차, 3차 행렬식의 값은 다음과 같은 방법으로도 구할 수 있다.

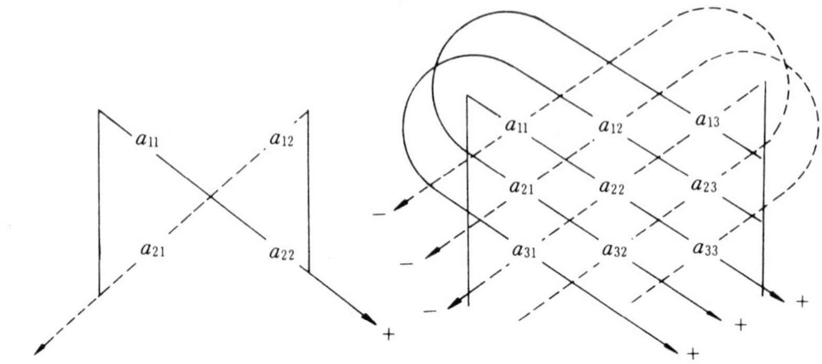


실선은 곱하여 더하고, 점선은 곱한 후 빼준다.

주의 (2) Sarrus의 공식은 4차 이상에서는 적용되지 않는다.

**예제 9.6** 다음 행렬식의 값을 구하여라.

$$\Delta = \begin{vmatrix} a_1 & a_2 & a_3 & a_4 \\ b_1 & b_2 & b_3 & b_4 \\ c_1 & c_2 & c_3 & c_4 \\ d_1 & d_2 & d_3 & d_4 \end{vmatrix}$$

**풀이** 주어진 4차 행렬식의 값은

$$\Delta = \sum \operatorname{sgn}\begin{pmatrix} 1 & 2 & 3 & 4 \\ i & j & k & l \end{pmatrix} a_i b_j c_k d_l$$

과 같다. 여기서 4개 숫자 $i\ j\ k\ l$에 대한 치환을 생각하면 다음과 같다.

1 2 3 4  1 3 4 2  1 4 2 3  2 1 4 3  2 3 1 4  2 4 3 1

3 1 2 4  3 2 4 1  3 4 1 2  4 1 3 2  4 2 1 3  4 3 2 1

은 우치환이고

1 2 4 3　1 3 2 4　1 4 3 2　2 1 3 4　2 3 4 1　2 4 1 3

3 1 4 2　3 2 1 4　3 4 2 1　4 1 2 3　4 2 3 1　4 3 1 2

는 기치환이다.

따라서 주어진 4차 행렬식의 값은 다음과 같다.

$$\begin{aligned}\varDelta=&a_1b_2c_3d_4+a_1b_3c_4d_2+a_1b_4c_2d_3+a_2b_1c_4d_3+a_2b_3c_1d_4\\&+a_2b_4c_3d_1+a_3b_1c_2d_4+a_3b_2c_4d_1+a_3b_4c_1d_2+a_4b_1c_3d_2\\&+a_4b_2c_1d_3+a_4b_3c_2d_1-a_1b_2c_4d_3-a_1b_3c_2d_4-a_1b_4c_3d_2\\&-a_2b_1c_3d_4-a_2b_3c_4d_1-a_2b_4c_1d_3-a_3b_1c_4d_2-a_3b_2c_1d_4\\&-a_3b_4c_2d_1-a_4b_1c_2d_3-a_4b_2c_3d_1-a_4b_3c_1d_2\end{aligned}$$ ▩

이 결과에서 4차 행렬식은 2차와 3차 행렬식과는 달리 Sarrus의 공식이 성립하지 않는다는 것을 알 수 있다.

**예제 9.7** 다음 행렬식의 값을 구하여라.

(1) $D=\begin{vmatrix}2 & -1\\4 & 3\end{vmatrix}$　(2) $D=\begin{vmatrix}a & b & c\\b & a & b\\c & c & a\end{vmatrix}$　(3) $D=\begin{vmatrix}2 & 0 & 1 & 0\\1 & 3 & 0 & 0\\0 & 1 & 2 & 0\\2 & 0 & 0 & 1\end{vmatrix}$

**풀이** (1) $D=2\cdot3-(-1)\cdot4=10$

(2) $D=a^3+b^3+c^3-abc$

(3) 원래 $D$의 행렬식은 24개의 항 값을 더하는 것이지만 $a_{ij}$성분이 0이 되는 것이 많으므로 그런 경우를 제외하면 아래의 두 가지 경우만 남는다. 예를 들면 $\text{sgn}\begin{pmatrix}1 & 2 & 3 & 4\\2 & 1 & 4 & 3\end{pmatrix}a_{12}a_{21}a_{34}a_{43}$인 항은 $a_{12}=0$이므로 $\text{sgn}\begin{pmatrix}1 & 2 & 3 & 4\\2 & 1 & 4 & 3\end{pmatrix}a_{12}a_{21}a_{34}a_{43}=0$가 되어 계산할 필요가 없다. 따라서

$$\begin{aligned}D&=\text{sgn}\begin{pmatrix}1 & 2 & 3 & 4\\1 & 2 & 3 & 4\end{pmatrix}2\cdot3\cdot2\cdot1+\text{sgn}\begin{pmatrix}1 & 2 & 3 & 4\\3 & 1 & 2 & 4\end{pmatrix}1\cdot1\cdot1\cdot1\\&=12+1=13\end{aligned}$$ ▩

## 연습문제 9.2

**1.** 다음의 방정식을 풀어라.

(1) $\begin{vmatrix} 1 & 2 & 3 \\ 0 & x & -1 \\ 0 & 1 & x+1 \end{vmatrix} = \begin{vmatrix} 1 & 2 & 3 \\ 0 & 1 & -1 \\ 0 & 1 & 2 \end{vmatrix}$　　(2) $\begin{vmatrix} 1 & 3 & 1 \\ x & 3 & 1 \\ 1 & x & 1 \end{vmatrix} = 0$

**2.** 다음 각 식이 성립함을 보여라.

(1) $\begin{vmatrix} a_1 & a_2 & a_3 \\ b_1 & b_2 & b_3 \\ c_1 & c_2 & c_3 \end{vmatrix} = \begin{vmatrix} a_1 & b_1 & c_1 \\ a_2 & b_2 & c_2 \\ a_3 & b_3 & c_3 \end{vmatrix}$　　(2) $\begin{vmatrix} a_1 & a_2 & a_3 \\ ka_1 & ka_2 & ka_3 \\ b_1 & b_2 & b_3 \end{vmatrix} = 0$

(3) $\begin{vmatrix} a_1 & b_1 & c_1 \\ a_2 & b_2 & c_2 \\ a_3 & b_3 & c_3 \end{vmatrix} = k \begin{vmatrix} a_1 & b_1 & c_1 \\ a_2 & b_2 & c_2 \\ a_3 & b_3 & c_3 \end{vmatrix}$

(4) $\begin{vmatrix} a_1 & b_1 & c_1 \\ ka_2 & kb_2 & kc_2 \\ a_3 & b_3 & c_3 \end{vmatrix} = \begin{vmatrix} a_1+kc_1 & a_2+kc_2 & a_3+kc_3 \\ b_1 & b_2 & b_3 \\ c_1 & c_2 & c_3 \end{vmatrix}$

(5) $\begin{vmatrix} a_1 & a_2 & a_3 \\ b_1 & b_2 & b_3 \\ c_1 & c_2 & c_3 \end{vmatrix} = a_1 \begin{vmatrix} b_2 & b_3 \\ c_2 & c_3 \end{vmatrix} - a_2 \begin{vmatrix} b_1 & b_3 \\ c_1 & c_3 \end{vmatrix} + a_3 \begin{vmatrix} b_1 & b_2 \\ c_1 & c_2 \end{vmatrix}$

**3.** 다음 행렬식의 값과 전개식을 구하여라.

(1) $\begin{vmatrix} 2 & 4 & 7 \\ 5 & 15 & 3 \\ 3 & 10 & 6 \end{vmatrix}$　　(2) $\begin{vmatrix} 1-x & -4 & -2 \\ 2 & 7-x & 4 \\ 4 & 10 & 6+x \end{vmatrix}$

## 9.3 행렬식의 성질

정리 9.3　　행렬 $A$와 그 전치행렬 $A^t$의 행렬식의 값은 같다. 즉,

$$|A| = \begin{vmatrix} a_{11} & a_{12} & \cdots & a_{1n} \\ a_{21} & a_{22} & \cdots & a_{2n} \\ \cdots & \cdots & \cdots & \cdots \\ a_{n1} & a_{n2} & \cdots & a_{nn} \end{vmatrix} = \begin{vmatrix} a_{11} & a_{21} & \cdots & a_{n1} \\ a_{12} & a_{22} & \cdots & a_{n2} \\ \cdots & \cdots & \cdots & \cdots \\ a_{1n} & a_{2n} & \cdots & a_{nn} \end{vmatrix} = |A^t|$$

이다.

주의 (1) 정리 9.2에 의해 행렬식에서 행에 대하여 성립하는 성질을 열에 대해서도 성립함을 알 수 있다.

**예제 9.8** $A=\begin{pmatrix} 2 & 3 & -4 \\ 0 & -4 & 2 \\ 1 & -1 & 5 \end{pmatrix}$일 때 $|A|$와 $|A^t|$을 구하여라.

**풀이** $|A| = \begin{vmatrix} 2 & 3 & -4 \\ 0 & -4 & 2 \\ 1 & -1 & 5 \end{vmatrix} = 54$이고 $|A^t| = \begin{vmatrix} 2 & 0 & 1 \\ 3 & -4 & -1 \\ -4 & 2 & 5 \end{vmatrix} = 54$

이다. ■

**정리 9.4** 행렬식의 값은 각 행(또는 열)에 대하여 선형성을 갖는다. 즉

$$\begin{vmatrix} a_{11} & a_{12} & \cdots & a_{1n} \\ \vdots & \vdots & & \vdots \\ a_{\alpha 1}+\lambda b_{\alpha 1} & a_{\alpha 2}+\lambda b_{\alpha 2} & \cdots & a_{\alpha n}+\lambda b_{\alpha n} \\ \vdots & \vdots & & \vdots \\ a_{n1} & a_{n2} & \cdots & a_{nn} \end{vmatrix} =$$

$$\begin{bmatrix} a_{11} & a_{12} & \cdots & a_{1n} \\ \vdots & \vdots & & \vdots \\ a_{\alpha 1} & a_{\alpha 2} & \cdots & a_{\alpha n} \\ \vdots & \vdots & & \vdots \\ a_{n1} & a_{n2} & \cdots & a_{nn} \end{bmatrix} + \lambda \begin{bmatrix} a_{11} & a_{12} & \cdots & a_{1n} \\ \vdots & \vdots & & \vdots \\ b_{\alpha 1} & b_{\alpha 2} & \cdots & b_{\alpha n} \\ \vdots & \vdots & & \vdots \\ a_{n1} & a_{n2} & \cdots & a_{nn} \end{bmatrix}$$

〈따름정리 9.1〉

행렬 $A$에서 한 행의 모든 요소에 $\lambda$배한 행렬의 행렬식의 값은 $\lambda|A|$이다. 즉,

$$\begin{vmatrix} a_{11} & a_{12} & \cdots & a_{1n} \\ \vdots & \vdots & & \vdots \\ \lambda a_{\alpha 1} & \lambda a_{\alpha 2} & \cdots & \lambda a_{\alpha n} \\ \vdots & \vdots & & \vdots \\ a_{n1} & a_{n2} & \cdots & a_{nn} \end{vmatrix} = \lambda \begin{vmatrix} a_{11} & a_{12} & \cdots & a_{1n} \\ \vdots & \vdots & & \vdots \\ a_{\alpha 1} & a_{\alpha 2} & \cdots & a_{\alpha n} \\ \vdots & \vdots & & \vdots \\ a_{n1} & a_{n2} & \cdots & a_{nn} \end{vmatrix}$$

**예제 9.9** $|A| = \begin{vmatrix} 2 & 6 & 4 \\ 1 & 0 & 2 \\ 3 & 6 & 9 \end{vmatrix}$와 $|\lambda I_3| = \left| \lambda \begin{pmatrix} 1 & 0 & 0 \\ 0 & 1 & 0 \\ 0 & 0 & 1 \end{pmatrix} \right|$를 계산하여라.

**풀이** 1행은 공통인수 2를, 3행은 공통인수 3을 가진다. 따라서

$$|A| = \begin{vmatrix} 2 & 6 & 4 \\ 1 & 0 & 2 \\ 3 & 6 & 9 \end{vmatrix} = 2 \begin{vmatrix} 1 & 3 & 2 \\ 1 & 0 & 2 \\ 3 & 6 & 9 \end{vmatrix} = (2)(3) \begin{vmatrix} 1 & 3 & 2 \\ 1 & 0 & 2 \\ 1 & 2 & 3 \end{vmatrix}$$
$$= 6(6+4-4-9) = -18$$

이고

$$|\lambda I_3| = \left| \lambda \begin{pmatrix} 1 & 0 & 0 \\ 0 & 1 & 0 \\ 0 & 0 & 1 \end{pmatrix} \right| = \begin{vmatrix} \lambda & 0 & 0 \\ 0 & \lambda & 0 \\ 0 & 0 & \lambda \end{vmatrix} = \lambda \begin{vmatrix} 1 & 0 & 0 \\ 0 & \lambda & 0 \\ 0 & 0 & \lambda \end{vmatrix}$$
$$= \lambda^2 \begin{vmatrix} 1 & 0 & 0 \\ 0 & 1 & 0 \\ 0 & 0 & \lambda \end{vmatrix} = \lambda^3 \begin{vmatrix} 1 & 0 & 0 \\ 0 & 1 & 0 \\ 0 & 0 & 1 \end{vmatrix} = \lambda^3$$

이다. ■

정리 9.5 행렬식의 두 행(또는 열)을 교환한 행렬식의 값은 처음 행렬식의 값에 부호를 바꾼 것과 같다. 즉, 행렬식의 $\alpha$행과 $\beta$행을 교환했다고 가정하면

$$\begin{vmatrix} a_{11} & a_{12} & \cdots & a_{1n} \\ \vdots & \vdots & & \vdots \\ a_{\alpha 1} & a_{\alpha 2} & \cdots & a_{\alpha n} \\ \vdots & \vdots & & \vdots \\ a_{\beta 1} & a_{\beta 2} & \cdots & a_{\beta n} \\ \vdots & \vdots & & \vdots \\ a_{n1} & a_{n2} & \cdots & a_{nn} \end{vmatrix} = - \begin{vmatrix} a_{11} & a_{12} & \cdots & a_{1n} \\ \vdots & \vdots & & \vdots \\ a_{\beta 1} & a_{\beta 2} & \cdots & a_{\beta n} \\ \vdots & \vdots & & \vdots \\ a_{\alpha 1} & a_{\alpha 2} & \cdots & a_{\alpha n} \\ \vdots & \vdots & & \vdots \\ a_{n1} & a_{n2} & \cdots & a_{nn} \end{vmatrix}$$

이다.

**정리 9.6** 단위행렬의 행렬식의 값은 1이다. 즉,

$$\begin{vmatrix} 1 & 0 & \cdots & 0 \\ 0 & 1 & \cdots & 0 \\ \cdots & \cdots & \cdots & \cdots \\ 0 & 0 & \cdots & 1 \end{vmatrix} = 1$$

**주의** (2) 정방행렬의 집합을 정의역으로 갖는 실수값 함수 중 정리 3.2, 3.3, 3.4의 성질을 만족하는 함수는 오직 하나 존재하며 그 함수가 바로 정의 2.1에서 정의한 행렬식이다.

**〈따름정리 9.2〉**

행렬식의 두 행(또는 열)의 요소가 서로 같으면 그 행렬식의 값은 0이다.

**〈따름정리 9.3〉**

행렬식의 한 행(또는 열)을 $\lambda$배하여 다른 행(또는 열)에 더해도 행렬식의 값은 변하지 않는다.

**〈따름정리 9.4〉**

삼각행렬의 행렬식의 값은 주대각요소를 곱한 값이다.

**예제 9.10** 다음 행렬식의 값을 구하여라.

(1) $\begin{vmatrix} 1 & 2 & 3 \\ 4 & 5 & 6 \\ 7 & 8 & 9 \end{vmatrix}$ (2) $\begin{vmatrix} 7 & 11 & 4 \\ 13 & 15 & 10 \\ 3 & 9 & 6 \end{vmatrix}$

(3) $\begin{vmatrix} a+b & a+2b & a+3b \\ a+3b & a+4b & a+5b \\ a+4b & a+5b & a+6b \end{vmatrix}$

**풀이** (1) $\begin{vmatrix} 1 & 2 & 3 \\ 4 & 5 & 6 \\ 7 & 8 & 9 \end{vmatrix} \overset{3\text{행}-2\text{행}}{=\!=\!=} \begin{vmatrix} 1 & 2 & 3 \\ 4 & 5 & 6 \\ 3 & 3 & 3 \end{vmatrix} \overset{2\text{행}-1\text{행}}{=\!=\!=} \begin{vmatrix} 1 & 2 & 3 \\ 3 & 3 & 3 \\ 3 & 3 & 3 \end{vmatrix} = 0$

(2) $\begin{vmatrix} 7 & 11 & 4 \\ 13 & 15 & 10 \\ 3 & 9 & 6 \end{vmatrix} = 3\begin{vmatrix} 7 & 11 & 4 \\ 13 & 15 & 10 \\ 1 & 3 & 2 \end{vmatrix} = (3)(2)\begin{vmatrix} 7 & 11 & 2 \\ 13 & 15 & 5 \\ 1 & 3 & 1 \end{vmatrix}$

$\overset{\substack{1\text{열}-3\text{열} \\ 2\text{열}-3\times 3\text{열}}}{=\!=\!=} 6\begin{vmatrix} 5 & 5 & 2 \\ 8 & 0 & 5 \\ 0 & 0 & 1 \end{vmatrix} = -240$

(3) $\begin{vmatrix} a+b & a+2b & a+3b \\ a+3b & a+4b & a+5b \\ a+4b & a+5b & a+6b \end{vmatrix} \overset{\substack{2\text{열}-1\text{열} \\ 3\text{열}-1\text{열}}}{=\!=\!=} \begin{vmatrix} a+b & b & 2b \\ a+3b & b & 2b \\ a+4b & b & 2b \end{vmatrix}$

$= \begin{vmatrix} a+b & b & b \\ a+3b & b & b \\ a+4b & b & b \end{vmatrix} \overset{\text{따름정리 } 3.5}{=\!=\!=} 20 = 0$

**예제 9.11** 다음의 등식을 증명하여라.

(1) $\begin{vmatrix} 1 & 1 & 1 \\ a & b & c \\ a^2 & b^2 & c^2 \end{vmatrix} = (a-b)(b-c)(c-a)$

(2) $\begin{vmatrix} a+b & c & c \\ a & b+c & a \\ b & b & c+a \end{vmatrix} = 4abc$

**풀이** (1) $\begin{vmatrix} 1 & 1 & 1 \\ a & b & c \\ a^2 & b^2 & c^2 \end{vmatrix} \overset{\substack{3열-1열 \\ 2열-1열}}{=\!=\!=} \begin{vmatrix} 1 & 0 & 0 \\ a & b-a & c-a \\ a^2 & b^2-a^2 & c^2-a^2 \end{vmatrix}$

$$\overset{\substack{2열과\ 3열에서 \\ 공통인수\ 뽑음}}{=\!=\!=} (b-a)(c-a) \begin{vmatrix} 1 & 0 & 0 \\ a & 1 & 1 \\ a^2 & b+a & c+a \end{vmatrix}$$

$$\overset{3열-2열}{=\!=\!=} (b-a)(c-a) \begin{vmatrix} 1 & 0 & 0 \\ a & 1 & 0 \\ a^2 & b+a & c-b \end{vmatrix}$$

$$\overset{따름정리\ 3.8}{=\!=\!=} (a-b)(b-c)(c-a)$$

(2) $\begin{vmatrix} a+b & c & c \\ a & b+c & a \\ b & b & c+a \end{vmatrix} \overset{\substack{1행-2행 \\ 1행-3행}}{=\!=\!=} \begin{vmatrix} 0 & -2b & -2a \\ a & b+c & a \\ b & b & c+a \end{vmatrix}$

$$\overset{\substack{3열-1열 \\ 2열-1열}}{=\!=\!=} \begin{vmatrix} 0 & -2b & -2a \\ a & b+c-a & 0 \\ b & 0 & c+a-b \end{vmatrix}$$

$$=2ab(c+a-b)+2ab(b+c-a)$$

$$=4abc$$

**예제 9.12** 다음 행렬식의 값을 구하여라.

$$\begin{vmatrix} a+1 & b & c & d \\ a & b+1 & c & d \\ a & b & c+1 & d \\ a & b & c & d+1 \end{vmatrix}$$

**풀이** $\begin{vmatrix} a+1 & b & c & d \\ a & b+1 & c & d \\ a & b & c+1 & d \\ a & b & c & d+1 \end{vmatrix}$

$$\overset{\substack{1열에\ 2열,\ 3열 \\ 4열에\ 더함}}{=\!=\!=} \begin{vmatrix} 1+a+b+c+d & b & c & d \\ 1+a+b+c+d & b+1 & c & d \\ 1+a+b+c+d & b & c+1 & d \\ 1+a+b+c+d & b & c & d+1 \end{vmatrix}$$

$$\xlongequal{\qquad\qquad}(1+a+b+c+d)\begin{vmatrix}1 & b & c & d\\1 & b+1 & c & d\\1 & b & c+1 & d\\1 & b & c & d+1\end{vmatrix}$$

$$\xlongequal[]{\substack{2열-b\times 1열\\3열-c\times 1열\\4열-d\times 1열}}(1+a+b+c+d)\begin{vmatrix}1 & 0 & 0 & 0\\1 & 1 & 0 & 0\\1 & 0 & 1 & 0\\1 & 0 & 0 & 1\end{vmatrix}$$

$$\xlongequal[]{\substack{1열에서\ 2열,\ 3\\열,\ 4열을\ 빼냄}}(1+a+b+c+d)\begin{vmatrix}1 & 0 & 0 & 0\\0 & 1 & 0 & 0\\0 & 0 & 1 & 0\\0 & 0 & 0 & 1\end{vmatrix}$$

$$\xlongequal{\qquad\qquad}1+a+b+c+d$$

## 연습문제 9.3

**1.** 다음 행렬식의 값을 구하여라.

(1) $\begin{vmatrix}14 & 16 & 18\\10 & 17 & 24\\15 & 18 & 21\end{vmatrix}$ (2) $\begin{vmatrix}\frac{1}{2} & -1 & -\frac{1}{3}\\\frac{3}{4} & \frac{1}{2} & -1\\1 & -4 & 1\end{vmatrix}$

**2.** 다음 방정식을 풀어라.

$$\begin{vmatrix}1-x & -4 & -2\\2 & 7-x & 4\\4 & 10 & 6+x\end{vmatrix}=0$$

**3.** 다음 등식을 증명하여라.

(1) $\begin{vmatrix}1 & 1 & 1\\a & b & c\\b+c & c+a & a+b\end{vmatrix}$ (2) $\begin{vmatrix}a & bc & b^2c^2\\b & ca & c^2a^2\\c & ab & a^2b^2\end{vmatrix}$

**4.** 다음 등식을 증명하여라.

(1) $\begin{vmatrix} 1 & 1 & 1 \\ a & b & c \\ a^3 & b^3 & c^3 \end{vmatrix} = (a+b+c)(b-c)(c-a)(a-b)$

(2) $\begin{vmatrix} by+az & bz+ax & bx+ay \\ bx+ay & by+az & bz+ax \\ bz+ax & bx+ay & by+az \end{vmatrix} = (a^3+b^3)(x^3+y^3+z^3-3xyz)$

**5.** 다음 등식을 증명하여라.

(1) $\begin{vmatrix} b+c & a-c & a-b \\ b-c & c+a & b-a \\ c-b & c-a & a+b \end{vmatrix} = 8abc$

(2) $\begin{vmatrix} a+b & a & a & \cdots & a \\ a & a+b & a & \cdots & a \\ a & a & a+b & \cdots & a \\ \cdots & \cdots & \cdots & \cdots & \cdots \\ a & a & a & \cdots & a+b \end{vmatrix} = (na+b)b^{n-1}$

## 9.4 행렬식의 곱셈

두 2차 행렬 $A=\begin{pmatrix} a_{11} & a_{12} \\ a_{21} & a_{22} \end{pmatrix}$, $B=\begin{pmatrix} b_{11} & b_{12} \\ b_{21} & b_{22} \end{pmatrix}$에 대하여 $|AB|$을 구해보자.

$$\begin{aligned}
|AB| &= \begin{vmatrix} a_{11}b_{11}+a_{12}b_{21} & a_{11}b_{12}+a_{12}b_{22} \\ a_{21}b_{11}+a_{22}b_{21} & a_{21}b_{12}+a_{22}b_{22} \end{vmatrix} \\
&\overset{\text{정리 3.2}}{=\!=\!=} \begin{vmatrix} a_{11}b_{11} & a_{11}b_{12} \\ a_{21}b_{11} & a_{21}b_{12} \end{vmatrix} + \begin{vmatrix} a_{11}b_{11} & a_{11}b_{12} \\ a_{22}b_{21} & a_{22}b_{22} \end{vmatrix} \\
&\quad + \begin{vmatrix} a_{12}b_{21} & a_{12}b_{22} \\ a_{21}b_{11} & a_{21}b_{12} \end{vmatrix} + \begin{vmatrix} a_{12}b_{21} & a_{12}b_{22} \\ a_{22}b_{21} & a_{22}b_{22} \end{vmatrix} \\
&= \begin{vmatrix} a_{11} & a_{11} \\ a_{21} & a_{21} \end{vmatrix} b_{11}b_{12} + \begin{vmatrix} b_{11} & b_{12} \\ b_{21} & b_{22} \end{vmatrix} a_{11}a_{22}
\end{aligned}$$

$$+\begin{vmatrix} b_{21} & b_{22} \\ b_{11} & b_{12} \end{vmatrix} a_{21}a_{12} + \begin{vmatrix} a_{12} & a_{12} \\ a_{22} & a_{22} \end{vmatrix} b_{21}b_{22}$$

$$\overset{\text{따름정리 3.6}}{=\!=\!=} \begin{vmatrix} b_{11} & b_{12} \\ b_{21} & b_{22} \end{vmatrix} (a_{11}a_{22} - a_{12}a_{21})$$

$$= \begin{vmatrix} b_{11} & b_{12} \\ b_{21} & b_{22} \end{vmatrix} \begin{vmatrix} a_{11} & a_{12} \\ a_{21} & a_{22} \end{vmatrix} = |B||A| = |A||B| \text{이다.}$$

이상의 방법을 일반적인 $n$차 행렬식에 적용하면 아래의 정리를 얻는다.

**정리 9.7** 두 $n$차 행렬 $A=(a_{ij})$, $B=(b_{ij})$에 대하여 $|AB|=|A||B|$이다. 즉,

$$\begin{vmatrix} a_{11} & a_{12} & \cdots & a_{1n} \\ a_{21} & a_{22} & \cdots & a_{2n} \\ \cdots & \cdots & \cdots & \cdots \\ a_{n1} & a_{n2} & \cdots & a_{nn} \end{vmatrix} \begin{vmatrix} b_{11} & b_{12} & \cdots & b_{1n} \\ b_{21} & b_{22} & \cdots & b_{2n} \\ \cdots & \cdots & \cdots & \cdots \\ b_{n1} & b_{n2} & \cdots & b_{nn} \end{vmatrix} = \begin{vmatrix} c_{11} & c_{12} & \cdots & c_{1n} \\ c_{21} & c_{22} & \cdots & c_{2n} \\ \cdots & \cdots & \cdots & \cdots \\ c_{n1} & c_{n2} & \cdots & c_{nn} \end{vmatrix}$$

여기서 $c_{ij}=\sum_{k=1}^{n} a_{ik}b_{kj}$이다.

**증명** $$|AB| = \sum_{(i_1, \cdots, i_n)} \begin{vmatrix} b_{1i_1} & b_{1i_2} & \cdots & b_{1i_n} \\ b_{2i_1} & b_{2i_2} & \cdots & b_{2i_n} \\ \cdots & \cdots & \cdots & \cdots \\ b_{ni_1} & b_{ni_2} & \cdots & b_{ni_n} \end{vmatrix} a_{i_1 1}a_{i_2 2}\cdots a_{i_n n}$$

$$= \sum_{(i_1, \cdots, i_n)} \begin{vmatrix} b_{11} & b_{12} & \cdots & b_{1n} \\ b_{21} & b_{22} & \cdots & b_{2n} \\ \cdots & \cdots & \cdots & \cdots \\ b_{n1} & b_{n2} & \cdots & b_{nn} \end{vmatrix} \operatorname{sgn}(i_1, \cdots, i_n) a_{i_1 1}a_{i_2 2}\cdots a_{i_n n}$$

$$= \begin{vmatrix} b_{11} & b_{12} & \cdots & b_{1n} \\ b_{21} & b_{22} & \cdots & b_{2n} \\ \cdots & \cdots & \cdots & \cdots \\ b_{n1} & b_{n2} & \cdots & b_{nn} \end{vmatrix} \sum_{(i_1, \cdots, i_n)} \operatorname{sgn}(i_1, \cdots, i_n) a_{i_1 1}a_{i_2 2}\cdots a_{i_n n}$$

$$= |B||A| = |A||B|$$ ■

〈따름정리 9.5〉

$A$, $B$가 $n$차 정방행렬이면 $|AB|=|BA|$이다.

증명 정리 9.6에서 $|AB|=|A||B|$이고 $|A||B|=|B||A|$이므로 $|AB|=|BA|$이다.

주의 일반적으로 $A$, $B$가 $n$차 정방행렬일 때 행렬 $AB$, $BA$는 다를 수 있지만 두 행렬의 행렬식의 값은 같다.

**예제 9.13** 행렬 $A=\begin{pmatrix} 2 & 3 & 4 \\ 0 & 1 & 3 \\ 0 & 0 & 7 \end{pmatrix}$에 대하여 $|A^{-1}|$를 구하여라.

풀이 $|A|=14$이고 정리 9.6에 의해

$$1=|I|=|AA^{-1}|=|A||A^{-1}|$$

이다. 따라서 $|A^{-1}|=\dfrac{1}{|A|}=\dfrac{1}{14}$이다.

**예제 9.14** 다음 등식을 증명하여라.

$$\begin{vmatrix} b^2+c^2 & ab & ca \\ ab & a^2+c^2 & bc \\ ca & bc & a^2+b^2 \end{vmatrix}=4a^2b^2c^2$$

풀이 $\begin{vmatrix} b^2+c^2 & ab & ca \\ ab & a^2+c^2 & bc \\ ca & bc & a^2+b^2 \end{vmatrix}=\left|\begin{pmatrix} 0 & c & b \\ c & 0 & a \\ b & a & 0 \end{pmatrix}\begin{pmatrix} 0 & c & b \\ c & 0 & a \\ b & a & 0 \end{pmatrix}\right|$

$$=\begin{vmatrix} 0 & c & b \\ c & 0 & a \\ b & a & 0 \end{vmatrix}\begin{vmatrix} 0 & c & b \\ c & 0 & a \\ b & a & 0 \end{vmatrix}=(2abc)^2=4a^2b^2c^2$$

## 연습문제 9.4

**1.** $l_1^2+l_2^2+l_3^2=n_1^2+n_2^2+n_3^2=m_1^2+m_2^2+m_3^2+=1$, $l_1m_1+l_2m_2+l_3m_3=m_1n_1+m_2n_2+m_3n_3+n_1l_1+n_2l_2+n_3l_3=0$일 때 $\begin{vmatrix} l_1 & l_2 & l_3 \\ m_1 & m_2 & m_3 \\ n_1 & n_2 & n_3 \end{vmatrix}=\pm 1$임을 보여라.

**2.** $$\begin{vmatrix} a & -b & -c & -d \\ b & a & d & -c \\ c & -d & a & b \\ d & c & -b & a \end{vmatrix}=(a^2-b^2-c^2-d^2)^2$$

**3.** $A=a^3+b^3+c^3-3abc$, $B=x^3+y^3+z^3-3xyz$의 곱은 또한 $X^3+Y^3+Z^3-3XYZ$의 꼴이 됨을 보여라(여기서 $X=ax+by+cz$, $Y=ay+bx+cz$, $Z=az+by+cz$).

$$\left(\text{hint}: \begin{vmatrix} a & b & c \\ c & a & b \\ b & c & a \end{vmatrix}=a^3+b^3+c^3-3abc\text{를 이용할 것}\right)$$

## 9.5 행렬식의 전개

3차 행렬식을 살펴보면

$$\begin{vmatrix} a_{11} & a_{12} & a_{13} \\ a_{21} & a_{22} & a_{23} \\ a_{31} & a_{32} & a_{33} \end{vmatrix}=a_{11}a_{22}a_{33}+a_{12}a_{23}a_{31}+a_{13}a_{21}a_{32}-a_{11}a_{23}a_{32}$$

$$-a_{12}a_{21}a_{33}-a_{13}a_{22}a_{31}$$

$$=a_{11}\begin{vmatrix} a_{22} & a_{23} \\ a_{32} & a_{33} \end{vmatrix}-a_{12}\begin{vmatrix} a_{21} & a_{23} \\ a_{31} & a_{33} \end{vmatrix}+a_{13}\begin{vmatrix} a_{21} & a_{22} \\ a_{31} & a_{32} \end{vmatrix}$$

와 같이 2차 행렬식과 밀접한 관계가 있음을 알 수 있다.

여기서 $a_{11}$과 곱해져 있는 것은 3차 행렬식에서 1행과 2열을 제외하고 만든 2차 행렬식이고 $-a_{12}$과 곱해져 있는 것은 3차 행렬식에서 1행과 2열을 제외하고 만든 2차 행렬식이고 $a_{13}$과 곱해져 있는 것은 3차 행렬식에서 1행과 3열을 제외하고 만든 2차 행렬식임을 알 수 있다. 그리고 여기서 $a_{11}$, $a_{12}$, $a_{13}$는 3차 행렬식의 1행에 있는 성분들이다.

〈정의 9.5〉

$A=(a_{ij})$를 $n$차 행렬이라 하자.

$A$의 $i$행과 $j$열을 제거하여 얻은 $(n-1)$차 행렬을 $M_{ij}$라 하자. 그러면 $|M_{ij}|$를 $a_{ij}$에 대응하는 **소행렬식(minor)**이라 한다. 그리고

$$A_{ij}=(-1)^{i+j}|M_{ij}|$$

를 요소 $a_{ij}$의 **여인수(cofactor)**라 한다.

이상의 정의를 이용하면 3차 행렬식의 값은 다음과 같이 전개됨을 알 수 있다.

$$\begin{vmatrix} a_{11} & a_{12} & a_{13} \\ a_{21} & a_{22} & a_{23} \\ a_{31} & a_{32} & a_{33} \end{vmatrix} = a_{11}A_{11}+a_{12}A_{12}+a_{13}A_{13}$$

아래 정리에서 일반적인 $n$차 행렬식도 이와 같이 전개할 수 있음을 보인다.

**정리 9.8** $n$차 행렬식

$$|A| = \begin{vmatrix} a_{11} & a_{12} & \cdots & a_{1n} \\ \vdots & \vdots & & \vdots \\ a_{\alpha 1} & a_{\alpha 2} & \cdots & a_{\alpha n} \\ \vdots & \vdots & & \vdots \\ a_{n1} & a_{n2} & \cdots & a_{nn} \end{vmatrix}$$

은 임의의 $\alpha(1\le\alpha\le n)$에 대하여

$$|A| = a_{\alpha 1}A_{\alpha 1} + a_{\alpha 2}A_{\alpha 2} + \cdots + a_{\alpha n}A_{\alpha n}$$

으로 표시된다. 이것을 제 $\alpha$ 행에 따르는 전개라 한다.

**정리 9.9**

$n$차 행렬식 $|A| = |(a_{ij})|$를 $\beta(1 \leq \beta \leq n)$열에 따르는 전개를 하면

$$|A| = a_{1\beta}A_{1\beta} + a_{2\beta}A_{2\beta} + \cdots + a_{n\beta}A_{n\beta}$$

가 성립한다.

**증명** 정리 9.7과 유사한 방법으로 할 수 있다. ■

**예제 9.15** 다음 행렬식의 값을 구하여라.

$$|A| = \begin{vmatrix} 2 & -1 & 3 & 5 \\ 4 & 0 & 1 & 0 \\ 9 & -7 & 4 & 2 \\ 11 & -6 & 2 & 0 \end{vmatrix}$$

**풀이** 제 2 행에 따르는 전개를 하면

$$|A| = 4A_{21} + 0 \cdot A_{22} + 1 \cdot A_{23} + 0 \cdot A_{24} = 4A_{21} + A_{23}$$

그런데

$$\begin{aligned} A_{21} &= -\begin{vmatrix} -1 & 3 & 5 \\ -7 & 4 & 2 \\ -6 & 2 & 0 \end{vmatrix} \\ &= -(-6)(-1)^{3+1}\begin{vmatrix} 3 & 5 \\ 4 & 2 \end{vmatrix} - 2(-1)^{3+2}\begin{vmatrix} -1 & 5 \\ -7 & 2 \end{vmatrix} \\ &= 6(6-20) + 2(-2+35) = -18 \end{aligned}$$

$$A_{23} = -\begin{vmatrix} 2 & -1 & 5 \\ 9 & -7 & 2 \\ 11 & -6 & 0 \end{vmatrix}$$

$$=-11(-1)^{3+1}\begin{vmatrix}-1 & 5\\ -7 & 2\end{vmatrix}-(-6)(-1)^{3+2}\begin{vmatrix}2 & 5\\ 9 & 2\end{vmatrix}$$

$$=-11(-2+35)-6(4-45)=-117$$

따라서 행렬식의 값은

$$|A|=4(-18)-117=-189$$

한편, 3열을 4배하여 1열에 더한 다음, 정리 9.7을 사용하여 2행에 따르는 전개를 하면 더욱 간단히 구할 수 있다.

$$|A|=\begin{vmatrix}-10 & -1 & 3 & 5\\ 0 & 0 & 1 & 0\\ -7 & -7 & 4 & 2\\ 3 & -6 & 2 & 0\end{vmatrix}=(-1)^{2+3}\begin{vmatrix}-10 & -1 & 5\\ -7 & -7 & 2\\ 3 & -6 & 0\end{vmatrix}$$

$$\underset{}{\overset{2\text{열}+1\text{열}\times 2}{=\!=\!=\!=}}(-1)\begin{Vmatrix}-10 & -21 & 5\\ -7 & -21 & 2\\ 3 & 0 & 0\end{Vmatrix}=(-3)\begin{vmatrix}-21 & 5\\ -21 & 2\end{vmatrix}$$

$$=(-3)(-21)\begin{vmatrix}1 & 5\\ 1 & 2\end{vmatrix}=(-3)(-21)(-3)=-189$$

**예제 9.16** $D=\begin{vmatrix}1 & -2 & 1 & 2\\ 3 & -5 & 3 & 5\\ -1 & 2 & 3 & -4\\ 3 & -5 & 2 & 5\end{vmatrix}$의 값을 구하여라.

**풀이** 제 1행에 따르는 전개를 하면

$$D=1\begin{vmatrix}-5 & 3 & 5\\ 2 & 3 & -4\\ -5 & 2 & 5\end{vmatrix}+2\begin{vmatrix}3 & 3 & 5\\ -1 & 3 & -4\\ 3 & 2 & 5\end{vmatrix}+1\begin{vmatrix}3 & -5 & 5\\ -1 & 2 & -4\\ 3 & -5 & 5\end{vmatrix}$$

$$-2\begin{vmatrix}3 & -5 & 3\\ -1 & 2 & 3\\ 3 & -5 & 2\end{vmatrix}$$

이다. 예제 9.15와 다른 방법으로, 다시 3차 행렬식에 대해 제 1행에 따르는 전개를 하면

$$
\begin{aligned}
D=&\left(-5\begin{vmatrix}3 & -4\\ 2 & 5\end{vmatrix}-3\begin{vmatrix}2 & -4\\ -5 & 5\end{vmatrix}+5\begin{vmatrix}2 & 3\\ -5 & 2\end{vmatrix}\right)\\
&+2\left(3\begin{vmatrix}3 & -4\\ 2 & 5\end{vmatrix}-3\begin{vmatrix}-1 & 4\\ 3 & 5\end{vmatrix}+5\begin{vmatrix}-1 & 3\\ 3 & 2\end{vmatrix}\right)\\
&+\left(3\begin{vmatrix}2 & -4\\ -5 & 5\end{vmatrix}+5\begin{vmatrix}-1 & -4\\ 3 & 5\end{vmatrix}+5\begin{vmatrix}-1 & 2\\ 3 & -5\end{vmatrix}\right)\\
&-2\left(3\begin{vmatrix}2 & 3\\ -5 & 2\end{vmatrix}+5\begin{vmatrix}-1 & 3\\ 3 & 2\end{vmatrix}+3\begin{vmatrix}-1 & 2\\ 3 & -5\end{vmatrix}\right)\\
=&\{-5(15+8)-3(10-20)+5(4+15)\}+2\{3(15+8)\\
&-3(-5+12)+5(-2-9)\}+\{3(10-20)+5(-5+12)\\
&+5(5-6)\}-2\{3(4+15)+5(-2-9)+3(5-6)\}\\
=&10-14+0+2=-2
\end{aligned}
$$

## 연습문제 9.5

**1.** 다음 행렬식의 값을 구하여라.

(1) $\begin{vmatrix}2 & -1 & 1\\ 3 & 2 & 4\\ -1 & 0 & 3\end{vmatrix}$ (2) $\begin{vmatrix}1 & 2 & 3 & 4\\ 2 & 1 & 3 & 1\\ 0 & 0 & 2 & 1\\ -1 & 2 & 2 & 2\end{vmatrix}$

(3) $\begin{vmatrix}4 & 2 & 1 & 5\\ -1 & -3 & 4 & 0\\ 1 & 5 & -2 & -1\\ 5 & 1 & 2 & 2\end{vmatrix}$

**2.** 다음 행렬식의 값을 구하여라.

(1) $\begin{vmatrix}a & -a & -a & -a\\ b & b & -b & -b\\ c & c & c & -c\\ d & d & d & d\end{vmatrix}$ (2) $\begin{vmatrix}0 & a & b & c\\ -a & 0 & l & m\\ -b & -l & 0 & n\\ -c & -m & -n & 0\end{vmatrix}$

**3.** 다음을 증명하여라.

$$\begin{vmatrix} 1 & a & a^2 & a^3+bcd \\ 1 & b & b^2 & b^3+cda \\ 1 & c & c^2 & c^3+dab \\ 1 & d & d^2 & d^3+abc \end{vmatrix}=0$$

**4.** $D=\begin{vmatrix} a+l^2x & h+lmx & g+lnx \\ h+lmx & b+m^2x & f+mnx \\ g+lnx & f+mnx & c+n^2x \end{vmatrix}=0$일 때

$$\begin{vmatrix} g & h & g & l \\ h & b & f & m \\ g & f & c & n \\ l & m & n & 0 \end{vmatrix}x=\begin{vmatrix} a & h & g \\ h & b & f \\ g & f & c \end{vmatrix}$$

임을 증명하여라.

## 9.6 행렬식과 역행렬

이 장에서는 주어진 행렬의 행렬식과 역행렬과의 관계를 살펴본다.

〈정의 9.6〉

$n$차 행렬 $A=(a_{ij})$에서 $A$의 여인자 행렬 adj($A$)를 아래의 $n$차 행렬로 정의한다.

$$\text{adj}(A)=\begin{pmatrix} A_{11} & A_{21} & \cdots & A_{n1} \\ A_{12} & A_{22} & \cdots & A_{n2} \\ \cdots & \cdots & \cdots & \cdots \\ A_{1n} & A_{2n} & \cdots & A_{nn} \end{pmatrix}$$

여기서 $A_{ij}$는 행렬의 $(i, j)$요소 $a_{ij}$의 여인수이다.

**정리 9.10** $n$차 행렬 $A=(a_{ij})$에서 다음이 성립한다.

(1) $a_{i1}A_{j1}+a_{i2}A_{j2}+\cdots+a_{in}A_{jn}=\delta_{ij}|A|$

(2) $a_{1i}A_{1j}+a_{2i}A_{2j}+\cdots+a_{ni}A_{nj}=\delta_{ij}|A|$

여기서 $\delta_{ij}=\begin{cases}0, & i\neq j\\ 1, & i=j\end{cases}$

**예제 9.17** $A=\begin{pmatrix}1 & 2 & 3\\ 4 & -2 & 3\\ 2 & 5 & -1\end{pmatrix}$일 때 여인자 행렬 adj($A$)를 구하고 $|A|$와 $a_{11}A_{21}+a_{12}A_{22}+a_{13}A_{23}$을 계산하여라.

**풀이** $A_{11}=(-1)^{1+1}\begin{vmatrix}-2 & 3\\ 5 & -1\end{vmatrix}=-13,\ A_{12}=(-1)^{1+2}\begin{vmatrix}4 & 3\\ 2 & -1\end{vmatrix}=10,$

$A_{13}=(-1)^{1+3}\begin{vmatrix}4 & -2\\ 2 & 5\end{vmatrix}=24,\ A_{21}=(-1)^{2+1}\begin{vmatrix}2 & 3\\ 5 & -1\end{vmatrix}=17,$

$A_{22}=(-1)^{2+2}\begin{vmatrix}1 & 3\\ 2 & -1\end{vmatrix}=-7,\ A_{23}=(-1)^{2+3}\begin{vmatrix}1 & 2\\ 2 & 5\end{vmatrix}=-1,$

$A_{31}=(-1)^{3+1}\begin{vmatrix}2 & 3\\ -2 & 3\end{vmatrix}=12,\ A_{23}=(-1)^{2+3}\begin{vmatrix}1 & 2\\ 2 & 5\end{vmatrix}=-1,$

$A_{33}=(-1)^{3+3}\begin{vmatrix}1 & 3\\ 4 & -2\end{vmatrix}=10$

이다. 따라서

$$\text{adj}(A)=\begin{pmatrix}-13 & 17 & 12\\ 10 & -7 & 9\\ 24 & -1 & -10\end{pmatrix}$$

이다. 또한

$$|A|=a_{11}A_{11}+a_{12}A_{12}+a_{13}A_{13}=(1)(-13)+(2)(10)+(3)(24)=79$$

이고

$$a_{11}A_{21}+a_{12}A_{22}+a_{13}A_{23}=(1)(17)+(2)(-7)+(3)(-1)=0$$

이다.

> **정리 9.11** $n$차 행렬 $A=(a_{ij})$에 대하여 다음이 성립한다.
>
> $$A\,\mathrm{adj}(A)=\mathrm{adj}(A)A=|A|I_n$$

**증명** 위의 정리 9.9를 이용하면

$$\begin{pmatrix} a_{11} & a_{12} & \cdots & a_{1n} \\ a_{21} & a_{22} & \cdots & a_{2n} \\ \cdots & \cdots & \cdots & \cdots \\ a_{n1} & a_{n2} & \cdots & a_{nn} \end{pmatrix}\begin{pmatrix} A_{11} & A_{12} & \cdots & A_{n1} \\ A_{21} & A_{22} & \cdots & A_{n2} \\ \cdots & \cdots & \cdots & \cdots \\ A_{1n} & A_{2n} & \cdots & A_{nn} \end{pmatrix}=\begin{pmatrix} |A| & 0 & \cdots & 0 \\ 0 & |A| & \cdots & 0 \\ \cdots & \cdots & \cdots & \cdots \\ 0 & 0 & \cdots & |A| \end{pmatrix}$$

따라서 $A\,\mathrm{adj}(A)=|A|I$이다.
같은 방법으로 $\mathrm{adj}(A)A=|A|I$임을 보일 수 있다.

**예제 9.18** $A=(a_{ij})$가 $n$차 행렬이고 $|A|\neq 0$이면 $|\mathrm{adj}(A)|=|A|^{n-1}$임을 보여라.

**풀이** 정리 9.10에서 $\mathrm{adj}(A)\ A=|A|I$이므로 정리 9.6에 의해 아래를 얻는다.

$$|A||\mathrm{adj}(A)|=|A\cdot\mathrm{adj}(A)|=|A||I|=|A|^n|I|=|A|^n$$

이다. 여기서 양변을 $|A|$로 나누면 $|\mathrm{adj}(A)|=|A|^{n-1}$이다.

이 예제를 이용하면 예제 9.17에서 $|A|=79$이므로 $|\mathrm{adj}(A)|=79^2$임을 알 수 있다.

> **정리 9.12** $n$차 정방행렬 $A$가 정칙이기 위한 필요충분조건은 $|A|\neq 0$이다. 그리고 이 때 역행렬 $A^{-1}=\dfrac{1}{|A|}\mathrm{adj}(A)$이다.

**증명** $A$가 정칙이면 $AA^{-1}=A^{-1}A=I$이다.

양변에 행렬식을 취하면

$$|AA^{-1}|=|A||A^{-1}|=|I|=1 \qquad \therefore\ |A|\neq 0$$

역으로 $|A|\neq 0$이면 정리 9.11에서 양변을 $|A|$로 나누면

$$A\cdot\frac{\mathrm{adj}(A)}{|A|}=\frac{\mathrm{adj}(A)}{|A|}\cdot A=I$$

이다. 따라서 $A$는 정칙이고 $A^{-1}=\frac{1}{|A|}\mathrm{adj}(A)$이다.

**예제 9.19** 다음 행렬들의 역행렬을 구하여라.

(1) $A=\begin{pmatrix}2 & 3 & -4\\ 0 & -4 & 2\\ 1 & -1 & 5\end{pmatrix}$

(2) $B=\begin{pmatrix}a & b\\ c & d\end{pmatrix}$ (단, $ad-bc\neq 0$)

**풀이** (1) $|A|=\begin{vmatrix}2 & 3 & -4\\ 0 & -4 & 2\\ 1 & -1 & 5\end{vmatrix}=-46$

그러므로 $A$는 정칙행렬이고, 역행렬이 존재한다.

$$A_{11}=(-1)^{1+1}\begin{vmatrix}-4 & 2\\ -1 & 5\end{vmatrix}=-18$$

같은 방법으로

$$A_{12}=2,\ A_{13}=4,\ A_{21}=-11,\ A_{22}=14,$$
$$A_{23}=5,\ A_{31}=-10,\ A_{32}=-4,\ A_{33}=-8$$

따라서 역행렬은 다음과 같다.

$$A^{-1}=-\frac{1}{46}\begin{pmatrix}-18 & -11 & -10\\ 2 & 14 & -4\\ 4 & 5 & -8\end{pmatrix}$$

(2) $|B|\neq 0$이므로 $B$는 정칙행렬이고, 역행렬이 존재한다.

$$B_{11}=|d|=d,\ B_{12}=(-1)^{2+1}|b|=-b$$
$$B_{21}=(-1)^{2+1}|b|=-b,\ B_{22}=(-1)^{2+2}|a|=a$$
$$\therefore\ B^{-1}=\frac{1}{ad-bc}\begin{pmatrix} d & -b \\ -c & a \end{pmatrix}$$

## 연습문제 9.6

**1.** $\begin{pmatrix} 1 & 2 & 3 \\ 4 & 5 & 6 \\ 7 & 8 & 9 \end{pmatrix}$과 $\begin{pmatrix} 1 & -1 \\ -1 & 1 \end{pmatrix}$은 정칙행렬이 아님을 보여라.

**2.** 대각행렬 $\begin{pmatrix} a_{11} & 0 & 0 & \cdots & \cdots & 0 \\ 0 & a_{22} & 0 & \cdots & \cdots & 0 \\ \cdots & \cdots & \cdots & \cdots & \cdots & \cdots \\ 0 & 0 & 0 & \cdots & \cdots & a_{nn} \end{pmatrix}$의 역행렬을 구하여라.

단, 여기서 $a_{11}a_{22}\cdots a_{nn}\neq 0$이다.

**3.** 다음의 행렬 중 정칙인 것을 고르고, 역행렬을 구하여라.

(1) $\begin{pmatrix} 1 & 2 & 2 \\ 2 & 1 & 1 \\ 3 & 3 & 4 \end{pmatrix}$ (2) $\begin{pmatrix} 1 & 3 & -2 \\ 2 & -1 & 1 \\ 7 & 3 & 4 \end{pmatrix}$ (3) $\begin{pmatrix} 2 & 6 & 3 \\ -2 & 0 & 4 \\ 4 & 6 & -1 \end{pmatrix}$

## 9.7 연립방정식에의 응용(Ⅱ)

행렬식을 이용하여 다음과 같은 연립일차방정식을 풀어보자.

$$\begin{cases} a_{11}x_1 + a_{12}x_2 + \cdots + a_{1n}x_n = b_1 \\ a_{21}x_1 + a_{22}x_2 + \cdots + a_{2n}x_n = b_2 \\ \cdots\cdots\cdots\cdots\cdots\cdots\cdots\cdots \\ a_{n1}x_1 + a_{n2}x_2 + \cdots + a_{nn}x_n = b_n \end{cases}$$

여기서 $A=(a_{ij})$를 계수행렬로 한 행렬적 표현법으로 쓰면 $A\boldsymbol{x}=\boldsymbol{b}$이다. 여기서 $|A|\neq 0$이면 아래 정리에서 보듯이 오직 하나의 해를 가진다.

**정리 9.13** $n$개의 미지수를 갖는 $n$개의 연립일차방정식 $A\boldsymbol{x}=\boldsymbol{b}$에 대하여 만약 $|A|\neq 0$이면 단 하나의 해

$$x_1 = \frac{|A_1|}{|A|},\ x_2 = \frac{|A_2|}{|A|},\ \cdots,\ x_n = \frac{|A_n|}{|A|}$$

을 가진다.

여기서 $A_i$는 행렬 $A$의 $i$열을 $\boldsymbol{b}$로 대치한 행렬이다.

**예제 9.20** 연립방정식 $\begin{cases} 2x-3y=7 \\ 3x+5y=1 \end{cases}$을 Cramer의 공식을 써서 풀어라.

**풀이** 계수행렬식 $|A|$를 먼저 구한다.

여기서 $|A| = \begin{vmatrix} 2 & -3 \\ 3 & 5 \end{vmatrix} = 19 \neq 0$이므로 주어진 연립방정식은 유일한 해를 가지고 Cramer공식을 적용할 수 있다.

$$|A_1| = \begin{vmatrix} 7 & -3 \\ 1 & 5 \end{vmatrix} = 38,\ |A_2| = \begin{vmatrix} 2 & 7 \\ 3 & 1 \end{vmatrix} = -19$$

이므로 유일한 해는

$$x = \frac{|A_1|}{|A|} = \frac{38}{19} = 2,\ y = \frac{|A_2|}{|A|} = \frac{-19}{19} = -1$$

이다. ■

**예제 9.21** Cramer의 공식을 써서 다음 연립방정식을 풀어라(단, $a$, $b$, $c$, $k$는 서로 다른 수이다).

(1) $\begin{cases} 2x-3y+z=4 \\ x+y-z=2 \\ 4x-y+3z=1 \end{cases}$ (2) $\begin{cases} x+y+z+w=4 \\ x+2y+3z=1 \\ y+2z+3w=1 \\ 3x+z+2w=1 \end{cases}$

**풀이** (1) $|A|=\begin{vmatrix} 2 & -3 & 1 \\ 1 & 1 & -1 \\ 4 & -1 & 3 \end{vmatrix}=\begin{vmatrix} 2 & -5 & 3 \\ 1 & 0 & 0 \\ 4 & -5 & 7 \end{vmatrix}=-\begin{vmatrix} -5 & 3 \\ -5 & 7 \end{vmatrix}=20$

$$|A_1|=\begin{vmatrix} 4 & -3 & 1 \\ 2 & 1 & -1 \\ 1 & -1 & 3 \end{vmatrix}=\begin{vmatrix} 4 & 1 & -11 \\ 2 & 3 & -7 \\ 1 & 0 & 0 \end{vmatrix}=\begin{vmatrix} 1 & -11 \\ 3 & -7 \end{vmatrix}=26$$

$$|A_2|=\begin{vmatrix} 2 & 4 & 1 \\ 1 & 2 & -1 \\ 4 & 1 & 3 \end{vmatrix}=-21,\quad |A_3|=\begin{vmatrix} 2 & -3 & 4 \\ 1 & 1 & 2 \\ 4 & -1 & 1 \end{vmatrix}=-35$$

$$\therefore\ x=\frac{26}{20}=\frac{13}{10},\qquad y=-\frac{21}{20},\qquad z=-\frac{35}{20}=-\frac{7}{4}$$

(2) $|A|=\begin{vmatrix} 1 & 1 & 1 & 1 \\ 1 & 2 & 3 & 0 \\ 0 & 1 & 2 & 3 \\ 3 & 0 & 1 & 2 \end{vmatrix}=-16,\ |A_1|=\begin{vmatrix} 4 & 1 & 1 & 1 \\ 1 & 2 & 3 & 0 \\ 1 & 1 & 2 & 3 \\ 1 & 0 & 1 & 2 \end{vmatrix}=-16,$

$$|A_2|=\begin{vmatrix} 1 & 4 & 1 & 1 \\ 1 & 1 & 3 & 0 \\ 0 & 1 & 2 & 3 \\ 3 & 1 & 1 & 2 \end{vmatrix}=-96,\ |A_3|=\begin{vmatrix} 1 & 1 & 4 & 1 \\ 1 & 2 & 1 & 0 \\ 0 & 1 & 1 & 3 \\ 3 & 0 & 1 & 2 \end{vmatrix}=-64,$$

$$|A_4|=\begin{vmatrix} 1 & 1 & 1 & 4 \\ 1 & 2 & 3 & 1 \\ 0 & 1 & 2 & 1 \\ 3 & 0 & 1 & 1 \end{vmatrix}=-16$$

Cramer의 공식에 의하여

$$x=\frac{|A_1|}{|A|}=1,\ y=\frac{|A_2|}{|A|}=6,\ z=\frac{|A_3|}{|A|}=-4,\ w=\frac{|A_4|}{|A|}=1$$

이다.

$n$개의 미지수를 가지는 $n$개의 동차연립일차방정식 $A\mathbf{x}=\mathbf{0}$, 즉

$$\begin{cases} a_{11}x_1+a_{12}x_2+\cdots+a_{1n}x_n=0 \\ a_{21}x_1+a_{22}x_2+\cdots+a_{2n}x_n=0 \\ \cdots\cdots\cdots\cdots\cdots\cdots\cdots\cdots \\ a_{n1}x_1+a_{n2}x_2+\cdots+a_{nn}x_n=0 \end{cases}$$

은 항상 해를 가진다. 여기서 만약 계수행렬 $A=(a_{ij})$에 대하여 $|A|\neq 0$인 경우 Cramer의 공식에 의하여

$$x_1=x_2=\cdots=x_n=0$$

을 얻는다. 이 해를 **자명한 해**(trivial solution)라고 부른다.
그리고 $|A|=0$이면 무수히 많은 해를 가진다.

**정리 9.14** 동차연립일차방정식 $Ax=0$이 $x_1=x_2=\cdots=x_n=0$ 이외의 해를 가지면 $|A|=0$이다.

**증명** 동차연립일차방정식 $Ax=0$이 $|A|\neq 0$이면 $x_1=x_2=\cdots=x_n=0$인 근만 가지므로 이것의 대우를 취하면 위 정리가 얻어진다.

**예제 9.22** 다음 연립방정식이 $x=y=0$ 이외의 해를 가지도록 $k$의 값을 구하고, $x : y$를 구하여라.

$$\begin{cases} x+y=kx \\ x-y=ky \end{cases}$$

**풀이** $\begin{cases} (1-k)x+y=0 \\ x-(1+k)y=0 \end{cases}$ 이므로 계수행렬의 행렬식의 값은 0이어야 한다. 즉,

$$\begin{vmatrix} 1-k & 1 \\ 1 & -(1+k) \end{vmatrix}=-(1-k^2)-1=0$$

$k^2=2$이므로 $k=\pm\sqrt{2}$이다.

따라서 주어진 연립방정식은 $(1\pm\sqrt{2})x+y=0$와 동치이고 $x=(1\pm\sqrt{2})c$, $y=c$($c$는 상수)로써 무수히 많은 해를 가진다. 그리고 $x:y=-1:(1\pm\sqrt{2})$이다.

## 연습문제 9.7

**1.** 다음 연립방정식을 행렬식을 이용하여 풀어라.

(1) $\begin{cases} x+2y-z=1 \\ 2x+y+2z=0 \\ 3x+3y+z=-1 \end{cases}$ (2) $\begin{cases} x+y+z=1 \\ y+z=2 \\ z=5 \end{cases}$ (3) $\begin{cases} x+2y-z=0 \\ 2x+y+2z=0 \\ 3x+3y-z=0 \end{cases}$

**2.** 다음 관계식이 성립할 때 $x:y:z$의 연비를 구하여라($xyz\neq 0$).

(1) $\begin{cases} x-y-z=0 \\ x+2y-2z=0 \end{cases}$ (2) $\begin{cases} x+y+z=0 \\ y-2z=0 \\ x+3z=0 \end{cases}$

**3.** Cramer공식을 써서 다음 연립방정식을 풀어라($a$, $b$, $c$는 서로 다른 수).

$$\begin{cases} x+y+z=1 \\ ax+by+cz=k \\ a^2x+b^2y+c^2z=k^2 \end{cases}$$

**4.** 다음 연립방정식이 $x=y=z=0$ 이외의 해를 가질 때 $\lambda$의 값을 구하여라.

$$\begin{cases} \lambda x+y+z=0 \\ x+\lambda y+z=0 \\ x+y+\lambda z=0 \end{cases}$$

**5.** $M_1=\begin{vmatrix} a_2 & b_2 \\ a_3 & b_3 \end{vmatrix}$, $M_2=\begin{vmatrix} a_1 & b_1 \\ a_3 & b_3 \end{vmatrix}$, $M_3=\begin{vmatrix} a_1 & b_1 \\ a_2 & b_2 \end{vmatrix}$ 중에 적어도 하나는 0이 아

닌 것이 있을 때, 연립방정식

$$\begin{cases} a_1x+b_1y+c_1=0 \\ a_2x+b_2y+c_2=0 \\ a_3x+b_3y+c_3=0 \end{cases}$$

이 오직 하나의 해를 갖기 위한 조건은

$$\begin{vmatrix} a_1 & b_1 & c_1 \\ a_2 & b_2 & c_2 \\ a_3 & b_3 & c_3 \end{vmatrix}=0$$

임을 증명하여라.

**6.** $x$, $y$에 관한 다음 연립일차방정식이 해를 갖기 위해서는 계수 $a$, $b$, $c$ 사이에 어떤 관계가 있는가를 살펴 보아라.

(1) $\begin{cases} 2ax+b(x+y)+c(x+1)=0 \\ a(x+y)+2by+c(y+1)=0 \\ a(x+1)+b(y+1)+2c=0 \end{cases}$ (2) $\begin{cases} ax+by+cz+d=0 \\ bx+ay+dz+c=0 \\ ax+cy+bz+d=0 \end{cases}$

CHAPTER

# 10 무한 급수

## 10.1 급수의 수렴성

주어진 수열 $\langle u_n \rangle$의 각 항 $u_n$을 합의 기호(+)로 연결한 식

$$u_1+u_2+\cdots+u_n+\cdots=\sum_{n=1}^{\infty}u_n$$

을 **무한 급수**(infinite series) 또는 간단히 **급수**(series)라 하고 $u_n$을 그 급수의 **항**(term)이라고 한다. 각 $n\in\mathbb{N}$에 대하여, 급수 $\sum_{n=1}^{\infty}u_n$에서의 처음 $n$째 항까지의 합

$$S_n=\sum_{i=1}^{n}u_i=u_1+u_2+\cdots+u_n$$

을 이 급수의 **부분 합**(partial sum)이라 하고 수열 $\langle S_n \rangle$을 이 급수의 **부분 합의 수열**이라고 부른다. 수열 $\langle S_n \rangle$이 일정한 실수 $S$에 수렴할 때, 급수 $\sum_{n=1}^{\infty}u_n$은 **수렴한다**(converge)고 말하고, 이 때 극한값 $S$를 이 급수의 **합**(sum)이라고 하며 기호로는

$$\sum_{n=1}^{\infty}u_n=S$$

로 나타낸다. 급수의 부분 합의 수열 $\langle S_n \rangle$이 어떤 일정한 실수에 수렴하지 않으면 그 급수는 **발산한다**(diverge)고 말한다.

**예제 10.1** 수열 $\langle ar^{n-1} \rangle$에서 얻어진 무한 급수

$$a+ar+ar^2+\cdots+ar^{n-1}+\cdots=\sum_{n=1}^{\infty}ar^{n-1} \quad ①$$

을 **무한 등비 급수**라고 한다. 이 급수의 수렴성을 조사하여라.

**풀이** $a=0$인 경우는 명백하므로, $a>0$인 경우만 생각하여 보기로 하자.

$S_n=a+ar+ar^2+\cdots+ar^{n-1}$에서

(i) $|r|<1$일 때는

$$S_n=\frac{a(1-r^n)}{1-r}=a\left(\frac{1}{1-r}-\frac{r^n}{1-r}\right)$$

이므로 다음을 얻는다.

$$\lim_{n\to\infty} S_n=\frac{a}{1-r}$$

따라서 급수 ①은 수렴한다.

(ii) $r>1$일 때는

$$S_n=\frac{a(r^n-1)}{r-1}=a\left(\frac{r^n}{r-1}+\frac{1}{1-r}\right),\quad \lim_{n\to\infty} r^n=\infty$$

이므로 다음을 얻는다.

$$\lim_{n\to\infty} S_n=\infty$$

특히 $r=1$일 때는 $S_n=a+a+\cdots+a=na$이므로 다음을 얻는다.

$$\lim_{n\to\infty} S_n=\infty$$

따라서 $r\geq 1$일 때 급수 ①은 양의 무한대로 발산한다.

(iii) $r<-1$일 때는

$$S_n=a\left(\frac{1}{1-r}-\frac{r^n}{1-r}\right)$$

에서 다음을 얻는다.

$$\lim_{n\to\infty} S_{2n}=-\infty,\quad \lim_{n\to\infty} S_{2n+1}=\infty$$

특히 $r=-1$일 때는 $S_n=a(1-1+1-\cdots+(-1)^{n-1})$이므로 다음을 얻는다.

$$\lim_{n\to\infty} S_{2n}=0,\quad \lim_{n\to\infty} S_{2n+1}=a$$

따라서 $r\leq -1$일 때 급수 ①은 발산한다. ■

**참고** 예제 10.1의 (iii)의 경우와 같을 때 급수 ①은 **진동**(oscillate)한다고 한다.

> **정리 10.1** 급수 $\sum_{n=1}^{\infty} u_n$이 수렴하면, 반드시 $\lim_{n\to\infty} u_n = 0$이다.

**증명** $\lim_{n\to\infty} S_n = S$라 하면, 다음이 성립한다.

$$\lim_{n\to\infty} u_n = \lim_{n\to\infty}(S_n - S_{n-1}) = S - S = 0$$ ■

위 정리는 급수가 수렴하기 위한 필요 조건이지만 충분 조건은 아니다. 즉, $n \to \infty$일 때 급수의 제 $n$항이 0에 수렴한다고 해서 급수가 수렴한다고 말할 수 없다.

**예제 10.2** 조화 급수 $1 + \frac{1}{2} + \frac{1}{3} + \cdots + \frac{1}{n} + \cdots$에 대하여

$$1 + \frac{1}{2} > \frac{1}{2}$$

$$\frac{1}{3} + \frac{1}{4} > \frac{2}{4} = \frac{1}{2}$$

$$\frac{1}{5} + \frac{1}{6} + \frac{1}{7} + \frac{1}{8} > \frac{4}{8} = \frac{1}{2}$$

$$\frac{1}{9} + \frac{1}{10} + \cdots + \frac{1}{15} + \frac{1}{16} > \frac{8}{16} = \frac{1}{2}$$

이 성립하므로 $k$개의 부등식에 대해서 변변을 더하면 다음을 얻는다.

$$1 + \frac{1}{2} + \frac{1}{3} + \cdots + \frac{1}{2^k} > \frac{k}{2} \qquad ②$$

$k \to \infty$일 때 식 ②의 우변은 무한대가 되므로 조화 급수는 발산한다.

조화 급수는 $n \to \infty$일 때 $n$째 항이 $\frac{1}{n} \to 0$이지만 발산하는 급수이다.

> **정리 10.2** $n \to \infty$일 때 무한 급수의 $n$째 항이 0에 수렴하지 않으면 그 급수는 발산한다.

증명 정리 10.1의 대우이므로 성립한다. ■

**예제 10.3** 급수 $1+\frac{2}{3}+\frac{3}{5}+\cdots+\frac{n}{2n-1}+\cdots$에서 $\lim_{n\to\infty}\frac{n}{2n-1}=\frac{1}{2}$이므로 위 급수는 발산한다.

> **정리 10.3** 수렴하는 두 급수 $\sum_{n=1}^{\infty} a_n$과 $\sum_{n=1}^{\infty} b_n$ 및 실수 $c$가 주어져 있을 때 급수 $\sum_{n=1}^{\infty}(a_n+b_n)$과 $\sum_{n=1}^{\infty} ca_n$은 수렴하고, 그 합은 다음과 같다.
>
> $$\sum_{n=1}^{\infty}(a_n+b_n)=\sum_{n=1}^{\infty} a_n+\sum_{n=1}^{\infty} b_n$$
>
> $$\sum_{n=1}^{\infty} ca_n=c\sum_{n=1}^{\infty} a_n$$

증명 $S_n=\sum_{i=1}^{n} a_i,\ T_n=\sum_{i=1}^{n} b_i,\ U_n=\sum_{i=1}^{n}(a_i+b_i)$

라 놓고, $n \to \infty$일 때 각각 $S_n \to S$, $T_n \to T$라고 하자. 그러면 $U_n=S_n+T_n$이고 다음이 성립한다.

$$\lim_{n\to\infty} U_n=\lim_{n\to\infty} S_n+\lim_{n\to\infty} T_n=S+T$$

그러므로 급수 $\sum_{n=1}^{\infty}(a_n+b_n)$은 수렴하고 그 합은 $S+T$, 즉 $\sum_{n=1}^{\infty} a_n+\sum_{n=1}^{\infty} b_n$이다. 그리고 $\sum_{i=1}^{n} ca_i=c\sum_{i=1}^{n} a_i$이므로 $\sum_{n=1}^{\infty} ca_n+c\sum_{n=1}^{\infty} a_n$도 분명하다. ■

다음 정리의 증명은 이 책의 정도를 벗어나므로 생략한다.

정리 10.4 각 항의 양수인 양항 급수 $\sum_{n=1}^{\infty} u_n$가 수렴할 필요 충분 조건은 그 부분 합의 수열 $\langle S_n \rangle$이 유계인 것이다.

## 연습문제 10.1

**1.** 급수의 수렴성을 이용하여 다음을 보여라.

(1) $4.999\cdots=5$ (2) $1.111\cdots=\frac{10}{9}$

**2.** 다음 급수의 수렴성을 조사하여라.

(1) $\sum_{n=1}^{\infty}\frac{1}{n!}$ (2) $\sum_{n=1}^{\infty}(-1)^{n-1}\left(\frac{2n+1}{3n}\right)$

## 10.2 적분 판정법

정리 10.5 (적분 판정법) 양항 급수

$$u_1+u_2+u_3+\cdots+u_n+\cdots \quad ①$$

의 $n$째 항 $u_n$을 $u(n)$으로 나타내고, 어떤 양의 정수 $m$보다 큰 $x$에 대하여, $u(x)$가 양의 연속 감소 함수라고 하면, 급수 ①이 수렴할 필요 충분 조건은 다음 특이 적분이 수렴하는 것이다.

$$\int_m^{\infty} u(x)dx \quad ②$$

증명 적분 ②가 존재해서 $U$와 같다고 하면, 급수 ①의 수렴을 다음과 같이 증명할 수

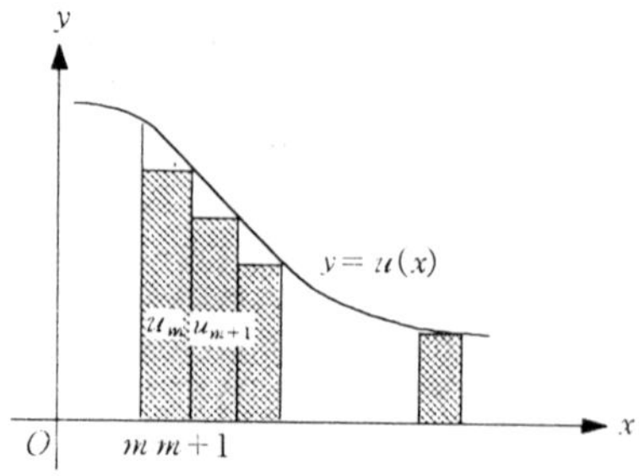


[그림 10.1]

있다. $y=u(x)$의 그래프를 그림 10.1과 같이 단위 너비의 직사각형을 내접시킨다. 이 직사각형들의 넓이는 $u_{m+1}, u_{m+2}, u_{m+3}, \cdots$임을 알 수 있다. 따라서 처음 $k$개의 직사각형의 넓이의 합을 $A_k$라고 하면 다음이 성립한다.

$$A_k \leq \int_m^{m+k} u(x)dx \leq \int_m^{\infty} u(x)dx = U$$

그런데 $k$가 증가할 때 $A_k$는 증가하지만 $U$보다 크지 않으므로 정리 10.4에 의해서 다음이 성립한다.

$$\lim_{k\to\infty} A_k = A \leq U$$

그러므로 급수 ①은 수렴하며, 그 합은 $S=u_1+u_2+\cdots+u_m+A$이다.

정리의 나머지 부분은 단위 너비의 외접 직사각형을 사용함으로써 같은 방법으로 증명된다. ■

**예제 10.4** 급수 $1+\frac{1}{2}+\frac{1}{3}+\frac{1}{4}+\cdots$는 $u(n)=\frac{1}{n}$이고

$$\int_1^{\infty} \frac{dx}{x} = \lim_{n\to\infty} \int_1^n \frac{dx}{x} = \lim_{n\to\infty} [\ln x]_1^n = \lim_{n\to\infty} [\ln x] = \infty$$

이므로 적분 판정법에 의해서 급수는 발산한다.

**예제 10.5** 급수 $\sum_{n=1}^{\infty} ne^{-n^2}$의 수렴성을 판정하여라.

**풀이** $\lim_{b\to\infty}\int_1^b xe^{-x^2}dx=\lim_{b\to\infty}\left[-\frac{1}{2}e^{-x^2}\right]_1^b$

$$=\lim_{b\to\infty}\left\{\frac{1}{2}e^{-1}-\frac{1}{2}e^{-b^2}\right\}=\frac{1}{2}e^{-1}$$

이다. 따라서 위의 급수는 수렴한다. ■

**예제 10.6** $p$-급수

$$\sum_{n=1}^{\infty}\frac{1}{n^p}=\frac{1}{1^p}+\frac{1}{2^p}+\cdots+\frac{1}{n^p}+\cdots \quad (\text{단, } p\text{는 실수})$$

에서 $p>1$이면 급수는 수렴하고 $p\leq 1$이면 발산함을 보여라.

**풀이** 번서 $p=1$일 때는 조화 급수이므로 발산한다. $p\neq 1$이라고 하자. $u(n)=\frac{1}{n^p}$로 놓으면 $u(x)=\frac{1}{x^p}$는 $x>1$에서 연속 감소이고 다음이 성립한다.

$$\int_1^{\infty}\frac{dx}{x^p}=\frac{1}{1-p}\lim_{x\to\infty}x^{1-p}-\frac{1}{1-p}$$

$p>1$, 즉 $(1-p)<0$이면 $x\to\infty$일 때 $x^{1-p}\to 0$이다. 따라서 이 때 적분이 일정한 값을 가지므로 급수는 수렴한다.

$p<1$, 즉 $(1-p)>0$이면 $x\to\infty$일 때 $x^{1-p}\to\infty$이다. 따라서 이 때 급수는 발산한다. ■

## 연습문제 10.2

※ 적분 판정법을 사용하여 다음 급수의 수렴성을 판정하여라(1−4).

**1.** $1+\frac{1}{3}+\frac{1}{5}+\cdots+\frac{1}{2n-1}+\cdots$

**2.** $1+\frac{1}{\sqrt{2}}+\frac{1}{\sqrt{3}}+\cdots\frac{1}{\sqrt{n}}+\cdots$

**3.** $1+\frac{1}{2\sqrt{2}}+\frac{1}{3\sqrt{3}}+\cdots+\frac{1}{n\sqrt{n}}+\cdots$

**4.** $\sin\pi+\frac{1}{4}\sin\frac{\pi}{2}+\frac{1}{9}\sin\frac{\pi}{3}+\cdots+\frac{1}{n^2}\sin\frac{\pi}{n}+\cdots$

**5.** 수열 $\left\langle 1+\frac{1}{2}+\frac{1}{3}+\cdots+\frac{1}{n}-\ln n\right\rangle$의 수렴성을 판정하여라.

**6.** 급수 $\sum_{k=2}^{\infty}\frac{1}{k(\ln k)^p}$은 $p>1$일 때 수렴하고 $p\leq 1$일 때 발산함을 보여라.

**7.** 적분 판정법의 증명 방법으로 $p>1$이고 $n\geq 2$일 때 다음이 성립함을 증명하여라.

$$\frac{1}{(p-1)n^{p-1}}<\sum_{k=n}^{\infty}\frac{1}{k^p}<\frac{1}{(p-1)(n-1)^{p-1}}$$

## 10.3 비교 판정법

급수의 수렴 또는 발산을 판정하는 데 있어서 또 하나의 방법으로 주어진 급수를 이미 수렴 또는 발산이 알려진 급수와 비교하는 방법이 있다.

다음 두 양항 급수를 생각하자.

$$(A)\ a_1+a_2+a_3+\cdots+a_n+\cdots$$

$$(U)\ u_1+u_2+u_3+\cdots+u_n+\cdots$$

정리 10.6 (비교 판정법) $(A)$가 수렴하고 $(U)$의 각 항이 $(A)$의 대응하는 항보다 작거나 같을 때 $(U)$는 수렴한다.

증명 $A_n = a_1 + a_2 + \cdots + a_n$, $U_n = u_1 + u_2 + \cdots + u_n$이라 하자. $u_m \leq a_m (m = 1, 2, \cdots)$이므로 모든 $n$에 대해서 $U_n \leq A_n$이다. 그러므로

$$\lim_{n \to \infty} U_n \leq \lim_{n \to \infty} A_n = A$$

가 성립한다. 따라서 정리 10.4에서 $(U)$는 수렴한다. ■

**정리 10.7** $(A)$가 발산하고 $(U)$의 각 항이 $(A)$에 대응하는 항보다 크거나 같을 때 $(U)$는 발산한다.

증명 $(U)$가 수렴 급수라고 하면 $u_n \geq a_n$이므로 정리 10.6에서 $(A)$가 수렴 급수가 되므로 가정에 모순이다. 따라서 $(U)$는 발산한다. ■

참고 (i) 수렴 또는 발산이 알려진 급수가 비교 급수로서 사용되지만 특히 다음 것들이 많이 쓰인다.

**수렴을 위한 비교 급수**

$$a + ar + ar^2 + \cdots \quad (a > 0, \ |r| < 1)$$

$$1 + \frac{1}{2^p} + \frac{1}{3^p} + \cdots + \frac{1}{n^p} + \cdots \quad (p > 1)$$

**발산을 위한 비교 급수**

$$a + ar + ar^2 + \cdots \quad (a > 0, \ r \geq 1)$$

$$1 + \frac{1}{2} + \frac{1}{3} + \frac{1}{4} + \cdots \quad (\text{조화 급수})$$

(ii) 유한 개의 항을 더하거나 빼더라도 수열의 수렴이나 발산에 영향을 미치지 못한다. 이러한 교차는 다만 극한값에 일정한 양만큼의 변화를 가져오기 때문이다.

**예제 10.7** 다음 급수가 수렴함을 보여라.

$$5 + \frac{2}{3} + 1 + \frac{2}{7} + \frac{1}{2} + \frac{1}{3!} + \frac{1}{4!} + \cdots + \frac{1}{k!} + \cdots \qquad ①$$

**풀이** 처음 4개의 항을 제외한 급수

$$\frac{1}{2}+\frac{1}{3!}+\frac{1}{4!}+\cdots+\frac{1}{k!}+\cdots \qquad ②$$

을 생각하자.

$$\frac{1}{2}\geq\frac{1}{2},\ \frac{1}{2^2}>\frac{1}{3!},\ \frac{1}{2^3}>\frac{1}{4!},\ \cdots$$

이고

$$\frac{1}{2}+\frac{1}{2^2}+\frac{1}{2^3}+\cdots\ \left(r=\frac{1}{2}\right)$$

은 수렴하므로 급수 ②는 수렴한다. 따라서 급수 ①은 수렴한다. ■

**예제 10.8** 다음 급수의 수렴 여부를 조사하여라.

$$\frac{1}{1\cdot 3}+\frac{1}{2\cdot 4}+\frac{1}{3\cdot 5}+\cdots+\frac{1}{n(n+2)}+\cdots \qquad ③$$

**풀이** $p$-급수($p=2$)를 생각하자.

$$1+\frac{1}{2^2}+\frac{1}{3^2}+\frac{1}{n^2}+\cdots$$

$n$째 항을 각각 비교하면 모든 양의 정수에 대해서 다음이 성립한다.

$$\frac{1}{n(n+2)}=\frac{1}{n^2+2n}<\frac{1}{n^2}$$

따라서 급수 ③은 수렴한다. ■

**예제 10.9** 다음 급수의 수렴 여부를 조사하여라.

$$\frac{2}{1\cdot 3}+\frac{3}{2\cdot 4}+\frac{4}{3\cdot 5}+\cdots+\frac{n+1}{n(n+2)}+\cdots \qquad ④$$

**풀이** 주어진 급수 $n$째 항을 보면 모든 양의 정수 $n$에 대하여 부등식

$$\frac{n+1}{n(n+2)}=\frac{n+1}{n}\cdot\frac{1}{n+2}>\frac{1}{n+2}$$

이 성립한다. 그런데 급수

$$\frac{1}{3}+\frac{1}{4}+\frac{1}{5}+\cdots+\frac{1}{n+2}+\cdots+\cdots$$

은 발산한다. 따라서 급수 ④는 발산한다. ■

## 연습문제 10.3

**1.** 비교 판정법을 사용하여 다음 급수의 수렴성을 판정하여라.

(1) $\frac{1}{\sqrt{1\cdot 2}}+\frac{1}{\sqrt{2\cdot 3}}+\frac{1}{\sqrt{3\cdot 4}}+\cdots$  (2) $1+\frac{1}{\ln 2}+\frac{1}{\ln 3}+\frac{1}{\ln 4}+\cdots$

(3) $\frac{1}{2}+\frac{1}{3\sqrt{2}}+\frac{1}{4\sqrt{3}}+\cdots$  (4) $\sum_{n=5}^{\infty}\frac{1}{2^n-n^2}$

(5) $\sum_{n=1}^{\infty}\frac{1}{n^2}\tan^{-1}n$  (6) $\sum_{n=1}^{\infty}\frac{n+11}{n^3}$

**2.** 양항 급수 $\sum_{n=1}^{\infty}a_n$가 수렴하면 $\sum_{n=1}^{\infty}\sqrt{a_n a_{n+1}}$도 수렴함을 증명하여라.

## 10.4 비율 판정법

정리 10.8 (비율 판정법) 양항 급수 $\sum_{n=1}^{\infty}u_n$에서

$$\lim_{n\to\infty}\frac{u_{n+1}}{u_n}=R \quad (R=\infty\text{도 될 수 있다})$$

이라고 하면 이 급수는
(1) $R<1$일 때 수렴하고
(2) $R>1$일 때 발산하며
(3) $R=1$일 때 이 방법을 쓸 수 없다.

**증명** (1) $R<1$이므로 $R<r<1$인 실수 $r$이 존재한다. 또, $n$이 한없이 증가할 때 비 $\frac{u_{n+1}}{u_n}$은 $R$에 수렴하므로, $n\geq k$인 모든 $n$에 대해서 $\frac{u_{n+1}}{u_n}$이 $r$보다 작게 되는 양의 정수 $k$가 존재한다. 그러므로 다음이 성립한다.

$$\frac{u_{k+1}}{u_k}<r \quad \text{또는} \quad u_{k+1}<ru_k$$

$$\frac{u_{k+2}}{u_{k+1}}<r \quad \text{또는} \quad u_{k+2}<ru_{k+1}<r^2u_k$$

$$\frac{u_{k+3}}{u_{k+2}}<r \quad \text{또는} \quad u_{k+3}<ru_{k+2}<r^3u_k$$

$$\cdots\cdots\cdots$$

따라서 급수

$$u_{k+1}+u_{k+2}+u_{k+3}+\cdots+u_{k+m}+\cdots \qquad ①$$

의 각 항은

$$u_kr+u_kr^2+u_kr^3+\cdots+u_kr^m+\cdots \qquad ②$$

의 대응하는 항보다 작다. 그런데 식 ②는 $r<1$인 등비 급수이므로 수렴한다. 그러므로 비교 판정법에 의해서 식 ①도 수렴한다. 따라서 유한 개의 항을 더한 주어진 급수도 수렴한다.

(2) $R>1$일 때 극한의 정의에서 $n\geq k$인 모든 $n$에 대해 비 $\frac{u_{n+1}}{u_n}$이 1보다 크게 되는 양의 정수 $k$가 존재한다. 이것은 항이 점점 커짐을 의미한다. 그러므로 다음을 알 수 있다.

$$\lim_{n\to\infty} u_n \neq 0$$

따라서 주어진 급수는 발산한다.

(3) $p$-급수를 예로 들면

$$\frac{u_{n+1}}{u_n}=\left(\frac{n}{n+1}\right)^p=\left(1-\frac{1}{n+1}\right)^p$$

이고, $n\to\infty$일 때의 극한값은 $p$에 관계없이 항상 $R=1$이다.

그러나 $p$-급수는 $p>1$일 때 수렴하고 $p\leq 1$일 때 발산함을 알고 있다. 즉 $R=1$일 때는 비에 의한 판정법은 급수가 수렴하는가 발산하는가 하는 것을 결정하는 데 쓸 수 없으며 다른 방법을 써야 한다. ■

**예제 10.10** 급수 $\sum_{n=1}^{\infty}\frac{(2^n+5)}{3^n}$의 수렴성 여부를 조사하여라.

**풀이** $$\lim_{n\to\infty}\frac{u_{n+1}}{u_n}=\lim_{n\to\infty}\frac{\dfrac{(2^{n+1}+5)}{3^{n+1}}}{\dfrac{(2^n+5)}{3^n}}=\lim_{n\to\infty}\frac{1}{3}\frac{(2^{n+1}+5)}{2^n+5}\lim_{n\to\infty}\frac{1}{3}\left(\frac{2+5\cdot 2^{-n}}{1+5\cdot 2^{-n}}\right)$$

$$=\frac{2}{3}=R$$

이다. 따라서 $R<1$이므로 주어진 급수는 수렴한다. ■

**예제 10.11** 급수 $\frac{1!}{10}+\frac{2!}{10^3}+\frac{3!}{10^5}+\cdots+\frac{n!}{10^{2n-1}}+\cdots+\cdots$의 수렴성 여부를 조사하여라.

**풀이** $u_n=\frac{n!}{10^{2n-1}}$, $u_{n+1}=\frac{(n+1)!}{10^{2n+1}}$이고

$$\lim_{n\to\infty}\frac{u_{n+1}}{u_n}=\lim_{n\to\infty}\frac{(n+1)}{100}=\infty$$

이므로 주어진 급수는 발산한다. ■

## 연습문제 10.4

**1.** 비율 판정법을 이용하여 다음 급수의 수렴 여부를 조사하여라.

(1) $\frac{2}{\pi}+\frac{4}{3\pi^2}+\frac{6}{5\pi^3}+\cdots$

(2) $2+\frac{3}{2}\cdot\frac{1}{4}+\frac{4}{3}\cdot\frac{1}{4^2}+\cdots$

(3) $\frac{2!}{(1!)^2}+\frac{4!}{(2!)^2}+\frac{6!}{(3!)^2}+\cdots$

(4) $e+\frac{e^2}{2^c}+\frac{e^3}{3^c}+\cdots$

(5) $\frac{1}{1\cdot 2}+\frac{1}{2\cdot 2^2}+\frac{1}{3\cdot 2^3}+\cdots$

(6) $\frac{1}{\pi}+\frac{2^9}{\pi^2}+\frac{3^9}{\pi^3}+\cdots$

(7) $\frac{3}{1\cdot 2\cdot 3}+\frac{3^2}{2\cdot 3\cdot 4}+\frac{3^3}{3\cdot 4\cdot 5}+\cdots$

**2.** 비율 판정법을 이용하면 $\sum_{k=1}^{\infty} a_k$는 수렴한다고 한다. 이 때 급수 $\sum_{k=1}^{\infty} ka_k$도 수렴함을 보여라. 또 $\sum_{k=1}^{\infty} k^2 a_k$도 수렴하는가?

**3.** (코시의 거듭제곱근 판정법)

$\sum_{k=1}^{\infty} a_k$가 양항 급수라 하고 $\lim_{n\to\infty} \sqrt[n]{a_n}=\rho$라 할 때, 다음을 설명하여라.

(1) $\rho<1$이면 주어진 급수는 수렴한다.

(2) $\rho>1$이면 주어진 급수는 발산한다.

(3) $\rho=1$이면 이 판정법으로 판정할 수 없다.

## 10.5 교대 급수와 절대 수렴

지금까지는 모든 항이 양수인 양항 급수만을 다루어 왔다. 그런데 모든 항이 음수인 급수는 양항 급수에 $-$를 붙여서 생각하면 된다. 그러면 양수 항과 음수 항을 모두 가진 급수의 수렴 여부는 어떻게 판정하는가를 알아보자.

그런 급수 중에서도 특히

$$\sum_{n=1}^{\infty}(-1)^{n+1}u_n=u_1-u_2+u_3-u_4+\cdots \quad (u_n>0)$$

와 같이 양수 항과 음수 항이 교대로 나타나는 급수를 **교대 급수**(alternating series)라 한다.

> **정리 10.9** (교대 급수 판정법)　　$u_1, u_2, u_3, \cdots$가 양수로서
>
> (1) $u_1 \geq u_2 \geq u_3 \geq u_4 \geq \cdots$　　　　(2) $\lim_{n\to\infty} u_n = 0$
>
> 일 때, 교대 급수 $u_1 - u_2 + u_3 - u_4 + \cdots$은 수렴한다.

**증명** 주어진 급수는 처음 $2k$개의 항은 다음의 두 형으로 표시된다.

$$S_{2k} = (u_1 - u_2) + (u_3 - u_4) + \cdots + (u_{2k-1} - u_{2k}) \qquad ①$$

$$S_{2k} = u_1 - (u_2 - u_3) - \cdots - (u_{2k-2} - u_{2k-1}) - u_{2k} \qquad ②$$

모든 $n$에 대하여 $u_n \geq u_{n+1}$이므로 식 ①과 ②의 괄호 안의 차는 양수이거나 0이다. 따라서 급수 ①은 $S_{2k}$가 양수이거나 0임을 보여주고, 또한 식 ②으로부터 모든 $k$에 대하여 $S_{2k} \leq u_1$이다. 따라서 정리 10.4에 의하여 $k\to\infty$일 때 $S_{2k}$는 극한값 $S$를 갖는다.

그리고 홀수 개의 항의 합 $S_{2k+1}$은 다음과 같이 표현된다.

$$S_{2k+1} = S_{2k} + u_{2k+1}$$

(2)에서 $u_{2k+1} \to 0$이므로 다음을 얻는다.

$$\lim_{k\to\infty} S_{2k+1} = \lim_{k\to\infty} S_{2k} + \lim_{k\to\infty} u_{2k+1} = S + 0 = S$$

따라서 $n$이 짝수이건, 홀수이건 $S_n$은 극한값 $S$를 가지므로 주어진 급수는 수렴한다. ■

**예제 10.12** 다음 급수는 정리 10.9의 조건을 만족시키므로 수렴한다.

$$\sum_{k=1}^{\infty} \frac{(-1)^{k+1}}{k^2} = \frac{1}{1^2} - \frac{1}{2^2} + \frac{1}{3^2} - \frac{1}{4^2} + \cdots$$

$$\sum_{k=1}^{\infty} \frac{(-1)^{k+1}}{k} = \frac{1}{1} - \frac{1}{2} + \frac{1}{3} - \frac{1}{4} + \cdots$$

**예제 10.13** 급수 $\sum_{k=1}^{\infty}(-1)^{k+1}\frac{k}{1+k^2}$의 수렴 여부를 조사하여라.

**풀이** $\lim_{n\to\infty}\frac{n}{1+n^2}=0$이므로 $\left\langle\frac{n}{1+n^2}\right\rangle$의 감소수열임을 보이는 것만 남는다. 이 수열의 각 항은 $f(x)=\frac{x}{1+x^2}$로 정의된 함수 $f$의 양의 정수에서의 값이다.

$$f'(x)=\frac{1-x^2}{(1+x^2)^2}$$

이므로 $x>1$일 때 $f'(x)<0$이다. 그러므로 함수 $f$는 $(1, \infty)$에서 감소 함수이다. 즉, 모든 자연수 $n$에 대하여 $f(n)>f(n+1)$이므로 주어진 수열은 감소 수열이다. 따라서 주어진 급수는 수렴한다. ■

**참고** 급수 $\sum_{n=1}^{\infty}(-1)^{n+1}u_n(u_n>0)$에 교대 급수 판정법을 적용하려면 우선 $u_n\geq u_{n+1}$임을 보여야 한다. 위의 보기에서와 같이 미분을 이용할 수도 있고 $u_n-u_{n+1}\geq 0$ 또는 $\frac{u_{n+1}}{u_n}\leq 1$을 조사하는 것이 편리할 때도 있다.

다음으로 교대 급수뿐만 아니라 양수 항과 음수 항을 모두 가지고 있는 일반적인 급수의 수렴 판정법에 관하여 알아보자.

급수 $\sum_{k=1}^{\infty}|a_k|$가 수렴하면 급수 $\sum_{k=1}^{\infty}a_k$는 **절대 수렴**(absolutely converge)한다 하고, 급수 $\sum_{k=1}^{\infty}a_k$는 수렴하지만, $\sum_{k=1}^{\infty}|a_k|$가 발산할 때 $\sum_{k=1}^{\infty}a_k$는 **조건 수렴**(conditionally converge)한다고 한다. 예를 들면,

$$\sum_{k=1}^{\infty}\frac{1}{k^2}\text{은 수렴하므로 }\sum_{k=1}^{\infty}\frac{(-1)^{k+1}}{k^2}\text{은 절대 수렴하고}$$

$$\sum_{k=1}^{\infty}\frac{1}{k}\text{은 발산하므로 }\sum_{k=1}^{\infty}\frac{(-1)^{k+1}}{k}\text{은 조건 수렴한다.}$$

**정리 10.10** $\sum_{k=1}^{\infty}|a_k|$가 수렴하면 $\sum_{k=1}^{\infty}a_k$는 수렴한다. 즉, 절대 수렴하면 수렴한다.

증명 $a_k \le |a_k|$이므로

$$0 \le a_k + |a_k| \le 2|a_k|$$

이다. $\sum_{k=1}^{\infty} |a_k|$가 수렴하므로 비교 판정법에 의해서 $\sum_{k=1}^{\infty} (a_k + |a_k|)$는 수렴한다. 두 수렴 급수의 합은 수렴하므로

$$\sum_{k=1}^{\infty} a_k = \sum_{k=1}^{\infty} [(a_k + |a_k|) - |a_k|]$$

은 수렴한다. ■

참고 정리 10.10은 아래와 같은 방법으로 증명할 수도 있다.

급수 $\sum_{k=1}^{\infty} a_k$에 있어서, 각 $k \in \mathbb{N}$에 대하여 $a_k^+$와 $a_k^-$를

$$a_k^+ = \begin{cases} a_k & (a_k \ge 0) \\ 0 & (a_k < 0) \end{cases}, \quad a_k^- = \begin{cases} 0 & (a_k \ge 0) \\ -a_k & (a_k < 0) \end{cases}$$

로 정의하면, 모든 $k \in \mathbb{N}$에 대하여 $a_k^+ \ge 0$, $a_k^- \ge 0$이 되며,

$$a_k = a_k^+ - a_k^-, \quad |a_k| = a_k^+ + a_k^-$$

가 된다. 따라서 $\sum_{k=1}^{\infty} |a_k|$가 수렴하면, 비교 판정법에 의하여 두 양항 급수 $\sum_{k=1}^{\infty} a_k^+$와 $\sum_{k=1}^{\infty} a_k^-$도 수렴하며, 정리 10.3에 의하여 $\sum_{k=1}^{\infty} a_k$도 수렴한다.

**정리 10.11** (1) 급수 $\sum_{k=1}^{\infty} a_k$가 절대 수렴할 필요 충분 조건은 급수 $\sum_{k=1}^{\infty} a_k^+$와 $\sum_{k=1}^{\infty} a_k^-$가 모두 수렴하는 것이다.

(2) 급수 $\sum_{k=1}^{\infty} a_k$가 조건 수렴하면, $\sum_{n=1}^{\infty} a_k^+$와 $\sum_{n=1}^{\infty} a_k^-$가 모두 발산한다.

증명 (1) 모든 $k \in \mathbb{N}$에 대하여 $0 \le a_k^+ \le |a_k|$, $0 \le a_k^- \le |a_k|$, $|a_k| = a_k^+ + a_k^-$이므로 정리 10.7과 정리 10.3에 의하여 정리의 결과가 모두 성립한다.

(2) $\sum_{k=1}^{\infty} a_k^+$가 수렴한다고 하면 $\sum_{k=1}^{\infty}(2a_k^+ - a_k) = \sum_{k=1}^{\infty}|a_k|$도 수렴한다. 이것은 $\sum_{k=1}^{\infty} a_k$이 조건 수렴한다는 가정에 모순이다. 따라서 $\sum_{k=1}^{\infty} a_k^+$은 발산하고, 같은 방법으로 $\sum_{k=1}^{\infty} a_k^-$도 발산한다. ■

**예제 10.14** $1-\frac{1}{2}+\frac{1}{3}-\frac{1}{4}+\cdots$은 조건 수렴하므로 $1+0+\frac{1}{3}+0+\cdots=1+\frac{1}{3}+\frac{1}{5}+\cdots$와 $0+\frac{1}{2}+0+\frac{1}{4}+\cdots=\frac{1}{2}+\frac{1}{4}+\frac{1}{6}+\cdots$은 모두 발산한다.

$f : \mathbb{N} \longrightarrow \mathbb{N}$을 전단사 함수라고 하자. 급수 $\sum_{k=1}^{\infty} a_k$에 대하여, 각 $k \in \mathbb{N}$에 대하여 새로운 급수 $\sum_{k=1}^{\infty} b_k$의 제 $k$항을

$$b_k = a_{f(k)}$$

으로 정의하였을 때, 급수 $\sum_{k=1}^{\infty} b_k$을 주어진 급수 $\sum_{k=1}^{\infty} a_k$의 재배열(rearrangement)이라고 부른다.

다음 정리의 증명은 이 책의 정도를 벗어나므로 생략한다.

> **정리 10.12** 급수 $\sum_{k=1}^{\infty} a_k$이 절대 수렴하면, $\sum_{k=1}^{\infty} a_k$의 임의의 재배열 급수도 절대 수렴하고 그 합은 $\sum_{k=1}^{\infty} a_k$의 합과 같다.

**참고** 1. 위의 정리에서 급수 $\sum_{k=1}^{\infty} a_k$가 절대 수렴하면 실수의 유한 개의 합에 대하여 교환 법칙이 성립하는 것과 마찬가지로 $\sum_{k=1}^{\infty} a_k$에 대해서도 교환 법칙이 성립함을 말해 주고 있다.

2. 만일 $\sum_{k=1}^{\infty} a_k$가 절대 수렴하지 않고 조건 수렴하면, $\sum_{k=1}^{\infty} a_k$의 재배열 급수 $\sum_{k=1}^{\infty} b_k$

가 수렴한다고 하더라도 그 합은 일반적으로 원래의 급수 $\sum_{k=1}^{\infty} a_k$의 합과 일치하지 않는다. 실제로 $\sum_{k=1}^{\infty} a_k$가 조건 수렴하면 임의로 정한 수에 수렴하는 $\sum_{k=1}^{\infty} a_k$의 재배열 급수를 만들 수 있고 또한 발산하는 $\sum_{k=1}^{\infty} a_k$의 재배열 급수를 만들 수 있다는 사실이 알려져 있다.

급수 $\sum_{k=1}^{\infty} a_k$와 $\sum_{k=1}^{\infty} b_k$가 주어졌을 때, 각 $k \in \mathbb{N}$에 대하여

$$c_k = a_1 b_k + a_2 b_{k-1} + \cdots + a_{k-1} b_2 + a_k b_1 = \sum_{i+j=k+1} a_i b_j$$

를 제 $k$ 항으로 하는 급수 $\sum_{k=1}^{\infty} c_k$를 얻을 수 있다. 이 급수를 주어진 두 급수의 코시 곱(Cauchy product)이라고 한다.

다음 보기에서 수렴하는 두 급수의 코시 곱은 반드시 수렴하는 것은 아님을 알 수 있다. 그러나 수렴하는 두 급수 중 어느 하나가 절대 수렴하면 그 두 급수의 코시 곱은 반드시 두 급수의 곱에 수렴하게 된다는 사실이 알려져 있다.

**예제 10.15** 각 $k \in \mathbb{N}$에 대하여, $a_k = b_k = \dfrac{(-1)^k}{\sqrt{k}}$이라고 할 때, 두 급수 $\sum_{k=1}^{\infty} a_k$와 $\sum_{k=1}^{\infty} b_k$의 코시 곱이 수렴하는가를 판정하여라.

**풀이** 주어진 두 급수의 코시 곱 $\sum_{k=1}^{\infty} c_k$의 제 $k$ 항은 다음과 같다.

$$\begin{aligned} c_k &= a_1 b_k + a_2 b_{k-1} + \cdots + a_k b_1 \\ &= (-1)^{k+1}\left(\frac{1}{\sqrt{1}\sqrt{k}} + \frac{1}{\sqrt{2}\sqrt{k-1}} + \cdots + \frac{1}{\sqrt{k-1}\sqrt{2}} + \frac{1}{\sqrt{k}\sqrt{1}}\right) \end{aligned}$$

그런데

$$\sqrt{i}\sqrt{k-i+1} \le \frac{1}{2}(i+k-i+1) = \frac{k+1}{2}$$

이므로 다음 부등식이 성립한다.

$$|c_k| \geq \frac{2k}{k+1} = 2 - \frac{2}{k+1}$$

따라서 $\lim_{k\to\infty} |c_k| \neq 0$이므로 $\sum_{k=1}^{\infty} a_k$와 $\sum_{k=1}^{\infty} b_k$의 코시 곱 $\sum_{k=1}^{\infty} c_k$는 발산한다. ■

## 연습문제 10.5

※ 다음 급수의 수렴성을 판정하고, 수렴 급수에 대해서는 절대 수렴과 조건 수렴을 구분하여라.

**1.** $\sum_{k=1}^{\infty} (-1)^k$

**2.** $\sum_{k=2}^{\infty} \frac{(-1)^k}{k \ln k}$

**3.** $\sum_{k=2}^{\infty} \frac{(-1)^k k}{\ln k}$

**4.** $\sum_{k=1}^{\infty} \frac{(-1)^{k+1}}{5k-4}$

**5.** $\sum_{k=0}^{\infty} \cos\frac{k\pi}{2}$

**6.** $\sum_{k=1}^{\infty} \frac{k!}{(-3)^k}$

**7.** $\sum_{k=1}^{\infty} \frac{k^2}{(-2)^k}$

**8.** $\sum_{k=2}^{\infty} \frac{(-1)^k k^2}{k^3+1}$

**9.** $\sum_{k=3}^{\infty} \frac{\sin\frac{k\pi}{7}}{k^3}$

**10.** $\sum_{k=2}^{\infty} \frac{(-1)^k \cdot k \cdot (k+1)}{(k+2)^3}$

**11.** $\sum_{k=1}^{\infty} \frac{(-1)^k 2^k}{k}$

**12.** $\sum_{k=1}^{\infty} \frac{(-1)^k k^k}{k!}$

## 10.6 멱 급 수

수열 $\langle a_n \rangle$와 상수 $c \in \mathbb{R}$에 대하여 변수 $x$로 이루어진 급수

$$\sum_{n=0}^{\infty} a_n(x-c)^n = a_0 + a_1(x-c) + a_2(x-c)^2 + \cdots$$

를 $(x-c)$에 관한 **거듭제곱 급수** 또는 **멱급수**(power series)라고 한다.

멱급수 $\sum_{n=1}^{\infty} a_n(x-c)^n$에서 $x-c$를 $y$로 변환하면 $\sum_{n=1}^{\infty} a_n y^n$와 같은 모양으로 되므로 앞으로 $\sum_{n=1}^{\infty} a_n x^n$과 같은 모양의 멱급수만을 생각하여도 충분하다.

> **정리 10.13** (아벨(Abel)의 정리) $\sum_{n=1}^{\infty} a_n x^n$이 $x=x_0(\neq 0)$에서 수렴하면 $|x|<|x_0|$인 모든 $x$에 대하여 절대 수렴한다.

**증명** $\sum_{n=1}^{\infty} a_n x^n$이 $x_0(\neq 0)$에서 수렴하므로 $\lim_{n\to\infty} a_n x_0^n = 0$이다. 따라서 임의로 주어진 $\varepsilon>0$에 대하여, $n>N$인 $n$에 대해서 $|a_n x_0^n|<\varepsilon$인 자연수 $N$이 존재한다. 따라서

$$|a_0|,\ |a_1 x_0|,\ \cdots,\ |a_N x_0^N|,\ \varepsilon$$

중에서 최대인 것을 $M$이라 하면

$$|a_n x_0^n| \le M \quad (n=0,\ 1,\ 2,\ \cdots)$$

이다. 그러므로 다음이 성립한다.

$$|a_n| \le \frac{M}{|x_0^n|} \quad (n=0,\ 1,\ 2,\ \cdots)$$

이제, $|x|<|x_0|$인 임의의 $x$를 취하면

$$|a_n x^n| \le \left|\frac{x}{x_0}\right|^n = M\rho^n \quad \left(\text{단, } \rho = \left|\frac{x}{x_0}\right| < 1\right)$$

이고, 무한 등비 급수 $\sum_{n=1}^{\infty} M\rho^n$은 수렴하므로 비교 판정법에 의하여 $\sum_{n=1}^{\infty} |a_n x^n|$도 수렴한다. 즉, 급수 $\sum_{n=1}^{\infty} a_n x^n$은 $|x|<|x_0|$에 대하여 절대 수렴한다. ■

> **정리 10.14** 멱급수 $\sum_{n=1}^{\infty} a_n x^n$이 $x=x_1$에서 발산하면, $|x|>|x_1|$인 모든 $x$에 대하여 발산한다.

**증명** 만일 $|x|>|x_1|$인 어떤 $x$에 대하여 $\sum_{n=1}^{\infty} a_n x^n$이 수렴한다면 정리 10.13에 의하여 $x_1$에서 이 급수는 수렴하여야 한다. 이것은 모순이다. ■

$x$의 멱급수가 $|x|<r$일 때 수렴하고, $|x|>r$일 때 발산하면 $r$을 멱급수의 **수렴 반지름**(radius of convergence)이라 하고, 멱급수가 수렴하는 모든 $x$로 이루어진 집합을 **수렴 영역**(domain of convergence) 또는 **수렴 구간**(interval of convergence)이라 한다.

**참고** 멱급수 $\sum_{n=1}^{\infty} a_n x^n$의 수렴 반지름을 $r$이라 하면, 이 멱급수는 $|x|<r$에서 사실은 절대 수렴한다. 왜냐하면 $|x|<|x_1|<r$인 $x_1$을 취하면, $x_1$에 대하여 주어진 멱급수가 수렴하고 정리 10.13로부터 $x$에 대하여 절대 수렴하기 때문이다.

> **정리 10.15** 멱급수 $\sum_{n=1}^{\infty} a_n x^n (a_n \neq 0)$에 있어서
>
> $$\lim_{n\to\infty}\left|\frac{a_{n+1}}{a_n}\right| = s \quad \text{또는} \quad \lim_{n\to\infty}\sqrt[n]{|a_n|} = s$$
>
> 라 가정한다. 이 때 이 멱급수의 수렴 반지름 $r$은
>
> (1) $s\neq 0$이면 $r=\frac{1}{s}$이다.
>
> (2) $s=0$이면 모든 $x$에 대하여 수렴하고, 수렴 반지름은 편의상 $\infty$로 표시한다.
>
> (3) $s=\infty$이면 $x=0$일 때만 수렴하며 $r=0$이라 한다.

**증명** 급수

$$|a_0|+|a_1 x|+\cdots+|a_n x^n|+\cdots$$

에서

$$\lim_{n\to\infty}\left|\frac{a_{n+1}x^{n+1}}{a_n x^n}\right| = |x|\lim_{n\to\infty}\left|\frac{a_{n+1}}{a_n}\right| = |x|s$$

이므로 비율 판정법에 의해서

$|x|s<1$이면 주어진 멱급수는 수렴하고,
$|x|s>1$이면 발산한다.

그러므로 $s\neq 0$이면 $\frac{1}{s}$이 수렴 반지름이다. 또한

$$\lim_{n\to\infty}\sqrt[n]{|a_n x^n|} = |x|\lim_{n\to\infty}\sqrt[n]{|a_n|} = |x|s$$

이므로 코시의 거듭제곱은 판정법(연습 문제 10.4의 3)에 의하여 $\frac{1}{s}$이 수렴 반지름이다.

(2), (3)의 결과는 자명하다. ■

**예제 10.16** 멱급수 $\sum_{k=1}^{\infty}\frac{x^k}{(k+1)}$의 수렴 반지름과 수렴 구간을 구하여라.

**풀이** $\lim_{n\to\infty}\left|\frac{a_{n+1}}{a_n}\right| = \lim_{n\to\infty}\left|\frac{n+2}{n+1}\right| = 1$이므로 수렴 반지름은 1이다.

$x=1$ 또는 $x=-1$일 때는 비율 판정법으로 판정할 수 없으므로 이에 대응하는 급수

$x=1$일 때 $1+\frac{1}{2}+\frac{1}{3}+\cdots$은 발산하고,

$x=-1$일 때 $1-\frac{1}{2}+\frac{1}{3}-\cdots$은 수렴한다.

따라서 수렴 구간은 $[-1, 1)$이다. ■

**예제 10.17** 다음 멱급수의 수렴 영역을 구하여라.

$$1+x+\frac{x^2}{2!}+\cdots+\frac{x^n}{n!}+\cdots$$

**풀이** $\lim_{n\to\infty}\left|\frac{a_{n+1}}{a_n}\right|=\lim_{n\to\infty}\left|\frac{n!}{(n+1)!}\right|=\lim_{n\to\infty}\frac{1}{n+1}=0$

이므로, 수렴 영역은 실수 전체이다. ■

다음에 열거할 정리는 증명없이 사용하기로 한다.

**정리 10.16** 멱급수 $\sum_{n=0}^{\infty} a_n x^n$이 $|x|<r$ $(r>0)$에서 절대 수렴하면 항별로 미분해서 얻은 멱급수 $\sum_{n=1}^{\infty} na_n x^{n-1}$도 $|x|<r$에서 절대 수렴한다. 또, 항별로 적분해서 얻은 멱급수 $\sum_{n=0}^{\infty}\int_0^x a_n t^n dt$도 $|x|<r$에서 절대 수렴한다.

**정리 10.17** $f(x)=\sum_{n=0}^{\infty} a_n x^n$을 $|x|<r$에서 절대 수렴하는 멱급수라 하자. 그러면 $f$는 $|x|<r$에서 미분 가능하고 다음이 성립한다.

$$f'(x)=\sum_{n=1}^{\infty} na_n x^{n-1}$$

**정리 10.18** $f(x)=\sum_{n=1}^{\infty} a_n x^n$을 $|x|<r$에서 절대 수렴하는 멱급수라 하자. 그러면 $f$는 $|x|<r$에서 적분 가능하고 다음이 성립한다.

$$\int_0^x f(t)dt=\sum_{n=0}^{\infty}\frac{a_n}{n+1}x^{n+1}$$

**예제 10.18** $|x|<1$일 때 $\frac{1}{1-x}=1+x+x^2+\cdots+x^n+\cdots$이다. 이를 이용

하여 $|x|<1$에서 $\dfrac{1}{(1-x)^k}$ ($k$는 양의 정수)와 $\ln(1-x)$를 멱급수로 표현하여라.

**풀이** $|x|<1$에서 다음을 얻는다.

$$\frac{d}{dx}\left(\frac{1}{1-x}\right)=\frac{1}{(1-x)^2}=1+2x+3x^2+\cdots$$
$$=\sum_{n=1}^{\infty} nx^{n-1}=\sum_{n=0}^{\infty}(n+1)x^n$$

그런데 $\sum_{n=1}^{\infty} nx^{n-1}$도 $|x|<1$에서 절대 수렴하므로 다음을 얻는다.

$$\frac{d}{dx}\left\{\frac{1}{(1-x)^2}\right\}=\frac{2}{(1-x)^3}=2+6x+12x^2+\cdots$$
$$=\sum_{n=1}^{\infty}(n+1)nx^{n-1}$$
$$=\sum_{n=0}^{\infty}(n+2)(n+1)x^n \quad (|x|<1)$$

이것을 계속하면, 일반적으로 다음을 얻는다.

$$\frac{1}{(1-x)^k}=1+kx+\cdots+\frac{(n+k-1)\cdots(n+1)}{(k-1)!}x^n+\cdots$$
$$=\sum_{n=0}^{\infty}\frac{(n+k-1)\cdots(n+1)}{(k-1)!}x^n \quad (|x|<1,\ k\geq 2)$$

또, $\int_0^x \frac{1}{1-t}dt=-\ln(1-x)$이므로 다음을 얻는다.

$$\ln(1-x)=-x-\frac{x^2}{2}-\frac{x^3}{3}-\cdots=\sum_{n=1}^{\infty}(-1)\frac{x^n}{n} \quad (|x|<1)$$ ■

## 연습문제 10.6

※ 다음 각 수열의 수렴 구간을 구하여라.

1. $\sum_{k=0}^{\infty} \frac{x^k}{6^k} = 1 + \frac{x}{6} + \frac{x^2}{6^2} + \frac{x^3}{6^3} + \cdots$

2. $\sum_{k=0}^{\infty} \frac{(x+1)^k}{3^k} = 1 + \frac{x+1}{3} + \frac{(x+1)^2}{3^2} + \frac{(x+1)^3}{3^3} + \cdots$

3. $\sum_{k=0}^{\infty} (3x)^k = 1 + 3x + (3x)^2 + (3x)^3 + \cdots$

4. $\sum_{k=0}^{\infty} \frac{(x-1)^k}{k^3+3} = \frac{1}{3} + \frac{x-1}{1+3} + \frac{(x-1)^2}{2^3+3} + \frac{(x-1)^3}{3^3+3} + \cdots$

5. $\sum_{k=0}^{\infty} \frac{(x+17)^k}{k!} = 1 + \frac{x+17}{1!} + \frac{(x+17)^2}{2!} + \frac{(x+17)^3}{3!} + \cdots$

6. $\sum_{k=0}^{\infty} x^{2k}$

7. $\sum_{k=1}^{\infty} \frac{(-1)^k x^{2k}}{k^k}$

8. $\sum_{k=0}^{\infty} \frac{(-1)^k k x^k}{\sqrt{x+1}}$

CHAPTER

# 11 입체해석기하

11.1 직선의 방향

11.2 평면의 방정식

11.3 직선의 방정식

11.4 곡면과 공간곡선의 방정식과 그래프

11.5 이차곡면

## 11.1 직선의 방향

공간 직선이 한 끝점에서 다른 끝점으로 정해진 방향을 가졌을 때, 이 직선을 **유향직선**(oriented line)이라 한다. 두 직선이 만날 때, 그들의 양의 방향 사이의 각을 그 교각으로 정한다. 두 직선이 만나지 않을 때에는 이 두 직선과 방향이 같으면서 서로 만나는 두 직선의 교각을 그들의 교각으로 정한다. 그러므로 어떤 직선에 대하여 방향만을 생각할 때에는 그 직선과 방향이 같은 다른 직선을 바꾸어 생각할 수 있다.

원점을 지나는 유향직선 $L$이 $x$, $y$, $z$축과 각각 $\alpha$, $\beta$, $\gamma$의 각을 이룰 때, 그 각을 $L$의 **방향각**(direction angle)이라 하고, 그 각각의 cosine을 $L$의 **방향** cosine (direction cosine)이라 한다.

$L$의 양의 방향이 반대가 되면, $L$의 방향각은 보각으로 바뀌어진다.

따라서 방향 cosine의 부호가 바뀌어진다.

하나의 직선 $L$이 하나의 방향 cosine을 갖기 위해서는 $L$은 유향직선이어야 한다. 그림 11.1과 같이, $L$ 위의 임의의 한 점 P($x$, $y$, $z$)를 생각하고, OP의 길이를 $r$이라 하면

$$r=\sqrt{x^2+y^2+z^2}$$

이고

$$\cos\alpha=\frac{x}{r},\ \cos\beta=\frac{y}{r},\ \cos\gamma=\frac{z}{r}$$

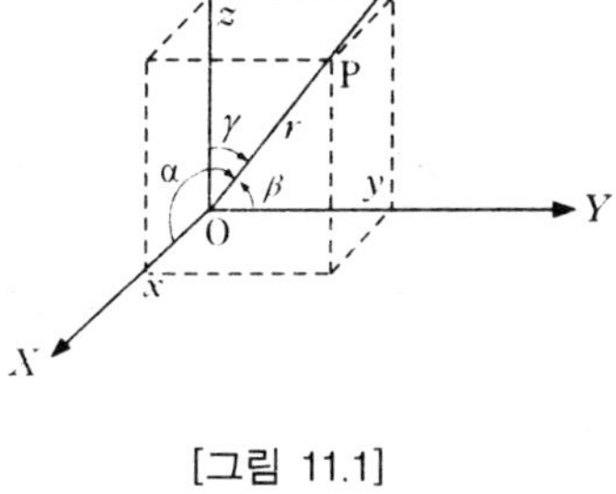


[그림 11.1]

이다. 그런데

$$\cos^2\alpha+\cos^2\beta+\cos^2\gamma=\frac{x^2}{r^2}+\frac{y^2}{r^2}+\frac{z^2}{r^2}=\frac{r^2}{r^2}=1$$

이므로 임의의 직선의 방향 cosine은 다음 식을 만족한다.

$$\cos^2\alpha+\cos^2\beta+\cos^2\gamma=1$$

**예제 11.1** 다음을 구하여라.

(1) 원점에서 점 (2, −3, 6)에 이르는 선분의 방향 cosine

(2) $\alpha=30^\circ$, $\beta=60^\circ$일 때 $\gamma$

**풀이** (1) $r=\sqrt{2^2+(-3)^2+6^2}=7$이므로

$$\cos\alpha=\frac{2}{7},\ \cos\beta=-\frac{3}{7},\ \cos\gamma=\frac{6}{7}$$

(2) $\cos^2\gamma=1-\cos^2 30^\circ-\cos^2 60^\circ=1-\frac{3}{4}-\frac{1}{4}=0$

$$\cos\gamma=0\text{에서 } \gamma=90^\circ$$

■

한 직선의 방향 cosine에 비례하는 수 $a$, $b$, $c$를 그 직선의 **방향수**(direction number)라 하고 $[a, b, c]$로 나타내며 이를 그 직선의 **방향**(direction)이라 한다. 한 직선의 방향 $[a, b, c]$가 주어졌을 때, 그 직선의 방향 cosine을 구하려면 $k$를 비례상수라 하고

$$a=k\cos\alpha,\ b=k\cos\beta,\ c=k\cos\gamma$$

라 놓고, 각 식을 제곱하여 더하면

$$a^2+b^2+c^2=k^2(\cos^2\alpha+\cos^2\beta+\cos^2\gamma)=k^2$$

이다. 따라서 $k=\pm\sqrt{a^2+b^2+c^2}$이므로 방향 cosine은

$$\cos\alpha = \pm\frac{a}{a^2+b^2+c^2},$$

$$\cos\beta = \pm\frac{b}{a^2+b^2+c^2},$$

$$\cos\gamma = \pm\frac{c}{a^2+b^2+c^2}$$

위에서 복호동순이며, 그 부호는 이 직선의 두 방향 중 그 어느 하나의 방향에 따라서 결정된다.

점 $P_1(x_1,\ y_1,\ z_1)$에서 $P_2(x_2,\ y_2,\ z_2)$까지의 선분의 길이를 $d$라 하자. 이 때 점 P를 $P(x_2-x_1,\ y_2-y_1,\ z_2-z_1)$되게 잡으면 OP의 방향 cosine은 $P_1P_2$의 방향 cosine과 같다. 따라서 $P_1P_2$의 방향 cosine은

$$\cos\alpha = \frac{x_2-x_1}{d},\quad \cos\beta = \frac{y_2-y_1}{d},\quad \cos\gamma = \frac{z_2-z_1}{d}$$

$$(d = \sqrt{(x_2-x_1)^2+(y_2-y_1)^2+(z_2-z_1)^2})$$

따라서 $P_1P_2$의 방향은 $[x_2-x_1,\ y_2-y_1,\ z_2-z_1]$으로 표시할 수 있다.

**예제 11.2** 두 점 $(-2,\ 0,\ 3)$, $(-1,\ 4,\ -5)$를 지나는 직선의 방향수와 방향 cosine을 구하여라.

**풀이** 구하는 방향수는 $[-1-(-2),\ 4-0,\ -5-3]$ 즉, $[1,\ 4,\ -8]$이며 $1^2+4^2+(-8)^2=9^2$이므로 방향 cosine은
$\left[\frac{1}{9},\ \frac{4}{9},\ -\frac{8}{9}\right]$ 또는 $\left[-\frac{1}{9},\ -\frac{4}{9},\ \frac{8}{9}\right]$이다.

$L_1$, $L_2$를 그 방향이 각각 $[a_1,\ b_1,\ c_1]$, $[a_2,\ b_2,\ c_2]$인 두 직선이라 하고 $L_1$, $L_2$ 사이의 각 $\phi$를 구하기 위하여 그림 11.2와 같이 원점에서 두 점

$$P_1(a_1,\ b_1,\ c_1),\ P_2(a_2,\ b_2,\ c_2)$$

에 이르는 유향선분을 생각하자.

이 선분은 직선 $L_1$, $L_2$와 방향이 같으므로 각 $P_1OP_2$는 $\phi$이다. 또

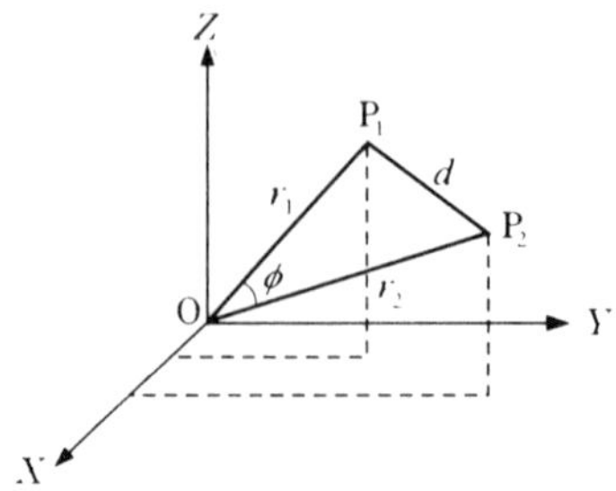


[그림 11.2]

$$OP_1 = r_1,\ OP_2 = r_2,\ P_1P_2 = d$$

라 놓으면

$$\cos\phi = \frac{r_1^2 + r_2^2 - d^2}{2r_1r_2}$$

이고, 거리 구하는 공식에 의해

$$r_1^2 = a_1^2 + b_1^2 + c_1^2, \quad r_2^2 = a_2^2 + b_2^2 + c_2^2$$
$$d^2 = (a_2 - a_1)^2 + (b_2 - b_1)^2 + (c_2 - c_1)^2$$

이므로 이것을 대입하여 간단히 하면 다음 정리를 얻는다.

**정리 11.1** 방향이 각각 $[a_1, b_1, c_1]$, $[a_2, b_2, c_2]$인 두 직선 사이의 각 $\phi$는 다음 식으로 결정된다.

$$\cos\phi = \frac{a_1a_2 + b_1b_2 + c_1c_2}{\sqrt{a_1^2 + b_1^2 + c_1^2}\sqrt{a_2^2 + b_2^2 + c_2^2}}$$

**예제 11.3** $[3, -12, 4]$, $[1, 2, 2]$를 방향으로 하는 두 직선 사이의 각을 구하여라.

**풀이** $\cos\phi = \dfrac{3\cdot 1 + (-12)\cdot 2 + 4\cdot 2}{\sqrt{3^2 + (-12)^2 + 4^2}\sqrt{1^2 + 2^2 + 2^2}} = \dfrac{-13}{13\cdot 3} = -\dfrac{1}{3}$

이므로

$$\phi = \mathrm{Cos}^{-1}\left(-\frac{1}{3}\right) = 109.5^\circ$$

이다. ■

두 직선이 수직이면 $\cos\phi = 0$이므로 다음 정리를 얻는다.

> **정리 11.2** 방향이 각각 $[a_1, b_1, c_1]$, $[a_2, b_2, c_2]$인 두 직선
>
> $$a_1b_2 + a_1b_2 + c_1c_2 = 0$$
>
> 일 때에 한해서 수직이다.

그림 11.2에서 $OP_1$과 $OP_2$의 방향 cosine은 각각

$$\cos\alpha_1 = \frac{a_1}{r_1},\quad \cos\beta_1 = \frac{b_1}{r_1},\quad \cos\gamma_1 = \frac{c_1}{r_1}$$

$$\cos\alpha_2 = \frac{a_2}{r_2},\quad \cos\beta_2 = \frac{b_2}{r_2},\quad \cos\gamma_2 = \frac{c_2}{r_2}$$

이므로 이들을 정리 11.1의 공식에 대입하면 두 직선 사이의 각 $\phi$를 다음과 같이 방향 cosine으로 표시할 수 있다. 즉,

$$\cos\phi = \cos\alpha_1\cos\alpha_2 + \cos\beta_1\cos\beta_2 + \cos\gamma_1\cos\gamma_2$$

**예제 11.4** 방향이 각각 $[3, 2, -1]$, $[1, -3, 4]$인 두 직선에 수직인 직선의 방향을 구하여라.

**풀이** 구하고자 하는 직선의 방향을 $[a, b, c]$라 하면

$$3a + 2b - c = 0,\ a - 3b + 4c$$

$a$와 $c$를 $b$로 표시하면 $a=-\frac{5}{13}b$, $c=\frac{11}{13}b$를 얻는다. 따라서

$$a : b : c = -5 : 13 : 11$$

이고 그 방향은 $[-5, 13, 11]$이다. ■

## 연습문제 11.1

**1.** 한 직선이 $x$축과 45°, $z$축과 60°의 각을 이룰 때, $y$축과 이루는 각을 구하여라.

**2.** 원점을 시점으로 하여 $\cos\alpha=\frac{1}{3}$, $\cos\beta=-\frac{2}{3}$인 유향선분을 그려라.

**3.** 각 좌표축의 방향 cosine을 구하여라.

**4.** 방향수가 다음과 같은 직선의 방향 cosine을 구하여라.

(1) $[2, -2, 1]$ (2) $[3, -3, 3.5]$

**5.** 다음 두 점을 지나는 직선의 방향수를 구하여라.

(1) $(4, -2, 3)$, $(2, 0, -1)$ (2) $(-2, 3, 7)$, $(1, 3, 4)$

**6.** 방향수가 다음과 같은 두 직선 사이의 예각을 구하여라.

(1) $[1, 0, 1]$, $[2, 2, 1]$ (2) $[3, 4, 5]$, $[1, 3, 0]$

**7.** 방향수를 써서 다음을 증명하여라.

(1) 세 점 $(7, -3, 7)$, $(1, 0, -2)$, $(3, -1, 1)$은 동일 직선 위의 점이다.

(2) 세 점 $(1, -2, 4)$, $(-1, 1, 3)$, $(4, -1, 1)$은 직각삼각형의 꼭지점이다.

**8.** 세 점 $(4, 0, 3)$, $(6, -3, 2)$, $(2, 3, 1)$을 꼭지점으로 하는 삼각형에 수직인 방향수를 구하여라.

**9.** 세 점 $A(0, -1, 2)$, $B(-1, 4, 1)$, $C(3, 0, 1)$을 꼭지점으로 하는 삼각형의

면적 $S$를 $S=\frac{1}{2}ab\sin C$를 써서 구하여라.

**10.** 네 점 (1, 3, −1), (−1, 2, −1), (2, 1, 0), (0, 5, 4)를 꼭지점으로 하는 사면체의 세 변이 서로 수직임을 증명하고 그 체적을 구하여라.

## 11.2 평면의 방정식

다음 그림 11.3과 같이 한 평면 $\pi$ 위의 한 점 $P_1(x_1, y_1, z_1)$에서 그 평면에 수직인 직선(즉, 법선) $L$의 방향을 $[A, B, C]$라 하자.

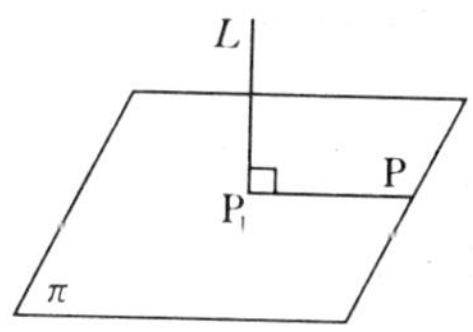


[그림 11.3]

또 그 평면은 $\overline{P_1P}$가 항상 $L$에 수직이 되도록 움직이는 점 P의 자취로 생각할 수 있으므로 그 평면의 방정식은 이 조건을 적용하여 얻을 수 있다.

즉, $\overline{P_1P}$의 방향은

$$[x-x_1,\ y-y_1,\ z-z_1]$$

이므로

$$A(x-x_1)+B(y-y_1)+C(z-z_1)=0$$

이다. 이와 같은 평면의 방정식을 **점-방향형**(point-direction)이라 한다. 한 평면의 방향이라 함은 그 평면의 법선방향을 뜻한다는 사실에 유의하여야 한다. 위의 방정식으로부터 다음 정리를 얻는다.

| 정리 11.3 | 모든 평면은 일차방정식으로 표시할 수 있다. |
|---|---|

역으로 일반적인 일차방정식

$$Ax+By+Cz+D=0$$

은 평면을 표시한다. 왜냐하면 $(x', y', z')$이 위 일차방정식을 만족하면

$$Ax'+By'+Cz'+D=0$$

이고 두 방정식을 빼면 주어진 일차방정식은 다음과 같이 표시할 수 있기 때문이다.

$$A(x-x')+B(y-y')+C(z-z')=0$$

이 방정식은 법선방향이 $[A, B, C]$이고 점 $(x', y', z')$을 지나는 평면의 방정식이다. 따라서 다음 정리를 얻는다.

| 정리 11.4 | 일차방정식의 자취는 평면이다. |
|---|---|

일차방정식

$$Ax+By+Cz+D=0$$

을 평면방정식의 **일반형**(general form)이라 한다. 위 방정식에서 몇 개의 변수가 빠지면 그와 같은 평면은 각각 다음과 같은 성질을 갖는 평면이다.

| | |
|---|---|
| $Ax+By+D=0$ | $xy$평면에 수직 |
| $Ax+Cz+D=0$ | $zx$평면에 수직 |
| $By+Cz+D=0$ | $yz$평면에 수직 |
| $Ax+D=0$ | $yz$평면에 수직 |
| $By+D=0$ | $zx$평면에 수직 |
| $Cz+D=0$ | $xy$평면에 수직 |

**예제 11.5** 방정식 $2x+3y+4z=12$의 자취를 그려라.

**풀이** 주어진 방정식은 일차방정식이므로 평면이다. 이 방정식에 $y=0$, $z=0$을 대입하면 $x=6$을 얻는다. 이 값을 $x$-절편이라 하며, 이것은 그 평면이 $x$축과 만나는 점을 가리킨다. 같은 방법으로 $y$, $z$-절편을 구하면 각각 4, 3을 얻는다. 한 평면과 좌표 평면의 교선은 직선이고 이것을 그 평면의 **교적**(trace)이라 한다. 주어진 평면이 $xy$, $yz$, $zx$평면의 교적의 방정식은 각각

$$2x+3y=12, \quad 3x+4z=12, \quad 2x+4z=12$$

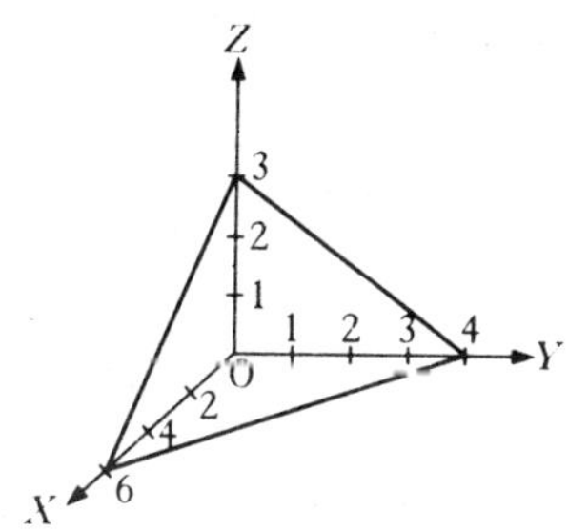


[그림 11.4]

이며 작도한 평면은 그림 11.4와 같다. ■

**예제 11.6** 점 $(a, b, c)$를 지나고 평면 $Ax+By+Cz=0$에 평행한 평면의 방정식을 구하여라.

**풀이** 한 평면에 수직인 직선의 방향수는 주어진 평면의 방정식의 $x$, $y$, $z$의 계수와 같다. 따라서 구하고자 하는 평면의 법선방향은 $[A, B, C]$이다. 또 평행한 평면은 그 법선방향이 같으므로 구하는 평면의 방정식은 다음과 같다.

$$A(x-a)+B(y-b)+C(z-c)=0$$

■

**예제 11.7** 한 점 (3, 4, 5)를 지나고 이 점과 또 하나의 점 (3, 2, 2)를 잇는 직

선에 수직인 평면의 방정식을 구하여라.

**풀이** 구하는 평면은 주어진 두 점을 지나는 직선에 수직이므로 그 법선방향이 [3−3, 4−2, 5−2] 즉, [0, 2, 3]이다. 그러므로 구하는 평면의 방정식은

$$0(x-3)+2(y-4)+3(z-5)=0$$
$$\therefore\ 2y+3z=23$$

■

원점에서 평면

$$Ax+By+Cz=0$$

에 내린 수선의 발을 P라 할 때 OP는 그 평면에 수직이므로 그 방향 cosine은

$$\cos\alpha=\pm\frac{A}{\sqrt{A^2+B^2+C^2}}$$
$$\cos\beta=\pm\frac{B}{\sqrt{A^2+B^2+C^2}}$$
$$\cos\gamma=\pm\frac{C}{\sqrt{A^2+B^2+C^2}}$$

이고, 복호는 동순이다.

OP의 길이를 $p$라 할 때의 P의 좌표는 $(p\cos\alpha,\ p\cos\beta,\ p\cos\gamma)$이므로 이것을 평면의 방정식에 대입하면

$$pA\cos\alpha+pB\cos\beta+pC\cos\gamma=-D$$

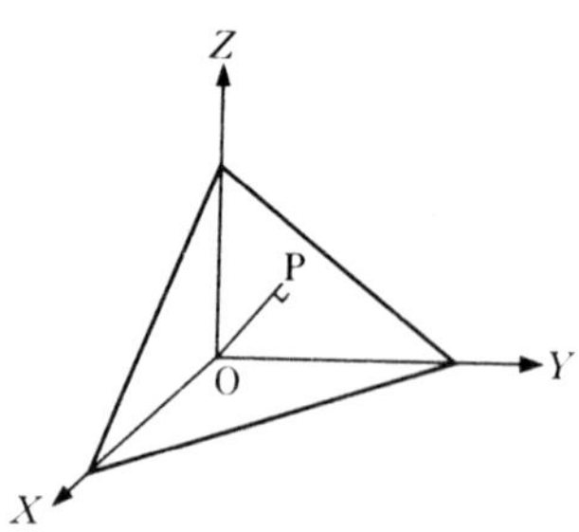


[그림 11.5]

이고 여기에 방향 cosine의 값을 대입하면

$$\pm\frac{pA^2+pB^2+pC^2}{\sqrt{A^2+B^2+C^2}}=-D,\ 즉\ p=\frac{D}{\pm\sqrt{A^2+B^2+C^2}}$$

이 때 근호의 부호는 $D$의 부호와 일치한다.

주어진 평면의 방정식의 양변을 $\pm\sqrt{A^2+B^2+C^2}$으로 나누면

$$\frac{Ax+By+Cz}{\pm\sqrt{A^2+B^2+C^2}}=\frac{-D}{\pm\sqrt{A^2+B^2+C^2}}$$

이다. 이 방정식을 평면의 **표준형**(normal form)이라 한다.

이 표준형에서 근호의 부호는 우변이 양이 되게 택하며, $x$, $y$, $z$의 계수는 그 평면의 법선의 방향 cosine이고 우변의 상수는 원점에서 그 평면에 그은 수선의 길이이다.

**예제 11.8** 평면의 방정식 $x-2y+2z+5=0$을 표준형으로 고쳐라.

**풀이** $$\frac{x-2y+2z}{\sqrt{1^2+(-2)^2+2^2}}=\frac{5}{\sqrt{1^2+(-2)^2+2^2}}$$

곧

$$\frac{1}{3}x-\frac{2}{3}y+\frac{2}{3}z=\frac{5}{3}$$ ■

점 $P_1(x_1,\ y_1,\ z_1)$에서 평면 $\pi_1$ : $Ax+By+Cz+D=0$까지의 거리는 다음과 같이 구할 수 있다. 평면 $\pi_1$을 표준형으로 고치면 다음과 같다.

$$\frac{Ax+By+Cz}{\pm\sqrt{A^2+B^2+C^2}}=\frac{-D}{\pm\sqrt{A^2+B^2+C^2}} \quad ①$$

점 $P_1$을 지나고 평면 $\pi_1$에 평행인 평면을 $\pi_2$라 할 때 $\pi_2$의 방정식을 표준형으로 쓰면

$$\frac{Ax+By+Cz}{\pm\sqrt{A^2+B^2+C^2}}=\frac{Ax_1+By_1+Cz_1}{\pm\sqrt{A^2+B^2+C^2}} \quad ②$$

이고 식 ①과 ②의 근호의 부호는 같다. 이 때 식 ②의 우변은 양일 수도 있고 음일 수도 있으나 어떤 경우이든지 점 $P_1$과 평면 $\pi_1$과의 거리는 평면 $\pi_1$과 평면 $\pi_2$와의 거리와 같다. 따라서 그 거리는 ①과 ②의 우변의 차로서 결정된다. 여기에서 다음 정리를 얻는다.

> **정리 11.5** 점 $(x_1, y_1, z_1)$에서 평면 $Ax+By+Cz+D=0$에 이르는 거리 $d$는
>
> $$d=\frac{|Ax+By+Cz+D|}{\sqrt{A^2+B^2+C^2}}$$
>
> 이다.

**예제 11.9** 점 $(-3, 2, -1)$에서 평면 $3x+2y+6z+25=0$에 이르는 거리를 구하여라.

**풀이** $d=\dfrac{|3(-3)+2\cdot2+6(-1)|}{\sqrt{3^2+2^2-6^2}}=2$ ▩

두 평면이 이루는 각은 그 두 평면의 법선이 이루는 각과 같다. 따라서 두 평면

$$A_1x+B_1y+C_1z+D_1=0$$
$$A_2x+B_2y+C_2z+D_2=0$$

사이의 각 $\phi$는 다음 식으로 결정된다.

$$\cos\phi=\pm\frac{A_1A_2+B_1B_2+C_1C_2}{\sqrt{A_1^2+B_1^2+C_1^2}\sqrt{A_2^2+B_2^2+C_2^2}}$$ ▩

**예제 11.10** 두 평면 $2x-y-2z=7$, $5x+3y-4z=4$의 교각을 구하여라.

**풀이** 예각을 구하려면

$$\cos\phi = \left| \frac{2\cdot5+(-1)\cdot3+(-2)(-4)}{\sqrt{2^2+(-1)^2+(-2)^2}\sqrt{5^2+3^2+(-4)^2}} \right|$$
$$= \frac{15}{15\sqrt{2}} = \frac{1}{\sqrt{2}}$$
$$\therefore \ \phi = 45^\circ$$

■

## 연습문제 11.2

**1.** 다음 평면의 교적을 구하고 원점에서 그 평면까지의 거리를 구하여라.

(1) $2x+3y+6z=12$ (2) $12y-5z=60$

**2.** 다음 조건을 만족하는 점의 자취의 방정식을 구하여라.

(1) 두 점 $(-1, 2, 0)$, $(1, 3, -1)$에서 같은 거리에 있다.

(2) $zx$평면과 점 $(0, 5, 0)$에서 같은 거리에 있다.

**3.** 두 평면 $x-2y+2z=3$, $3x-6y+6z=2$ 사이의 거리를 구하여라.

**4.** 다음 두 평면 사이의 예각을 구하여라.

(1) $\begin{cases} 3x+2y-5z-4=0 \\ 2x-3y+5z-8=0 \end{cases}$ (2) $\begin{cases} x+4y-z=5 \\ y+z=2 \end{cases}$

**5.** 주어진 점과 평면 사이의 거리를 구하여라.

(1) $(-2, 2, 3)$, $8x-4y-z-8=0$ (2) $(-2, 8, -3)$, $9x-y-4z=8$

**6.** 한 점 $(1, -2, 3)$을 지나고 평면 $x-3y+2z=0$에 평행한 평면의 방정식을 구하여라.

**7.** 점 $(4, -2, 1)$을 지나고 두 점 $(2, -1, 2)$, $(3, 2, -1)$을 잇는 직선에 수직인 평면의 방정식을 구하여라.

**8.** 다음 세 점을 지나는 평면의 방정식을 구하여라.

$$(1, -2, 4),\ (4, 1, 7),\ (-1, 5, 1)$$

**9.** 두 점 (2, 0, 1), (−1, 2, 0)을 지나며 평면 $2x-4y-z=7$에 수직인 평면의 방정식을 구하여라.

**10.** 점 (4, 1, 0)을 지나고 평면 $2x-y+4z=0$, $x+y+2z-3=0$의 각각에 수직인 평면의 방정식을 구하여라.

**11.** 세 평면 $x+5y-2z=9$, $3x-2y+z=3$, $x+y+z=2$의 교점을 구하여라.

**12.** 좌표평면이 평면 $x+4y+8z=16$을 자름으로써 생기는 삼각형의 면적을 구하여라.

**13.** 평면 $(k+1)x-y+(2-k)z=5$가 평면 $2x+6y-z+3=0$에 수직하도록 $k$의 값을 정하여라.

**14.** 평면 $3x-5y-2z=7$에 수직이고 $z$축을 포함하는 평면의 방정식을 구하여라.

**15.** 원점을 지나고 평면 $3x+7y-6z+3=0$에 평행한 평면의 방정식을 구하여라.

**16.** $z$축과 45°의 각을 이루고 $x$, $y$축의 절편이 각각 3, 4인 평면이 방정식을 구하여라.

**17.** 네 점 (0, 0, 0), (0, 3, 0), (0, 0, 5), (3, 4, 2)에서 같은 거리에 있는 점의 좌표를 구하여라.

**18.** 한 평면의 각 좌표축의 절편이 $a$, $b$, $c$(단, 어느 것도 0이 아님)이면 이 평면의 방정식은 다음과 같음을 증명하여라.

$$\frac{x}{a}+\frac{y}{b}+\frac{z}{c}=1$$

이 방정식을 평면의 **절편형**(intercept form)이라 한다.

## 11.3 직선의 방정식

두 개의 곡면은 그 일부분이 일치하거나 또는 몇 개의 고립된 점에서 만나거나, 전혀 만나지 않는 경우도 있으나, 일반적으로는 하나의 곡선에서 만난다. 특수한 경우는 예외로 치고 일반적으로 다음과 같이 말할 수 있다. 공간에서 두 방정식의 자취는 그 두 방정식을 동시에 만족하는 점으로 된 하나의 곡선이다.

두 개의 일차방정식은 두 개의 평면을 표시하므로 평행하지 않은 두 평면은 하나의 직선에서 만난다. 따라서 다음 정리를 얻는다.

> **정리 11.6** 두 개의 일차방정식
>
> $$A_1x+B_1y+C_1z+D_1=0$$
> $$A_2x+B_2y+C_2z+D_2=0$$
>
> 의 자취는 $A_1 : B_1 : C_1 \neq A_2 : B_2 : C_2$이면 하나의 직선이다.

위 두 개의 방정식을 직선의 **일반형**(general form)이라 한다. 한 직선을 공유하는 평면은 무수히 많고 그 가운데 임의의 두 평면이 하나의 직선을 결정하므로 위 직선의 방정식은 유일한 것이 아니다.

위 직선을 지나는 많은 평면 중에서 특히 좌표평면에 수직인 평면을 생각하자. 이러한 평면을 **사영평면**(projecting plane)이라 하고, 좌표평면과 사영평면의 교적을 그 직선의 좌표 평면 위의 **투영**(projection)이라 한다.

**예제 11.11** 직선 $x+2y-3z=0$, $3x-2y+z=3$의 $zx$평면의 투영을 구하여라.

**풀이** 두 식에서 $y$를 소거하면

$$4x-2z=3 \quad \cdots\cdots \quad zx\text{평면의 투영}$$

을 얻는다. 다른 좌표평면의 투영도 같은 방법으로 얻을 수 있다. ■

**예제 11.12** 직선 $3x-2y+6z=0$, $x+2y+2z=8$이 좌표평면을 뚫는 점을 구하고 그 직선을 그려라.

**풀이** 주어진 방정식을 $x=0$이라 놓으면

$$-2y+6z=0$$
$$2y-6z=8$$

이고 이 방정식을 풀면 $y=6$, $z=2$를 얻는다. 따라서 주어진 직선은 $yz$ 평면을 점 (0, 6, 2)에서 뚫는다.

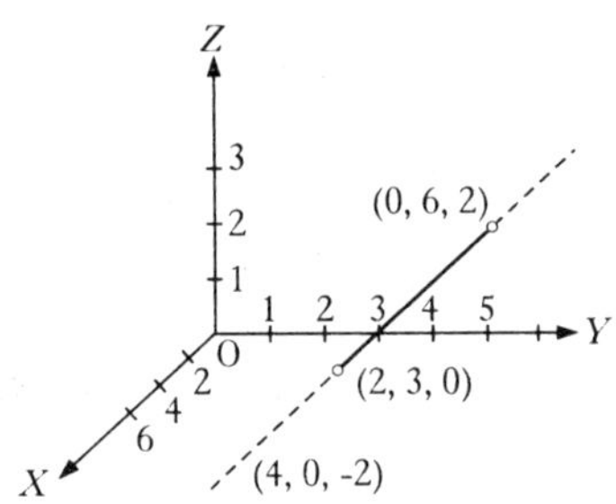


[그림 11.6]

같은 방법으로 그림 11.6에서 보여주는 것과 같은 다른 좌표평면과의 교점도 구할 수 있다. 그리고 이 직선은 두 점 (0, 6, 2), (2, 3, 0)을 지나므로 그 방향 수는 이 두 점의 차, 곧 $[2, -3, -2]$이다. ■

점 $(x_1, y_1, z_1)$을 지나고 방향수가 $[a, b, c]$인 직선의 방정식은 다음과 같이 구할 수 있다.

$(x, y, z)$를 이 직선 위의 점이라 하면 $x-x_1$, $y-y_1$, $z-z_1$은 이 직선의 방향수에 비례한다. 즉, $x$, $y$, $z$는 다음 방정식을 만족해야 한다.

$$\frac{x-x_1}{a}=\frac{y-y_1}{b}=\frac{z-z_1}{c}$$

위 식은 두 개의 독립인 일차방정식이다. 이 방정식을 직선의 **대칭형**(symmetric form)이라 한다.

$(x_1, y_1, z_1)$, $(x_2, y_2, z_2)$가 서로 다른 점이면 이 두 점을 지나는 직선의 방향은 $[x_2-x_1, y_2-y_1, z_2-z_1]$이다. 따라서 이 두 점을 지나는 직선의 방정식은

$$\frac{x-x_1}{x_2-x_1}=\frac{y-y_1}{y_2-y_1}=\frac{z-z_1}{z_2-z_1}$$

이고 이것을 직선의 **두 점형**(two-point form)이라 한다.

예컨대, 두 점 $(1, 2, -1)$, $(2, 2, 0)$을 지나는 직선의 방정식은 다음과 같다.

$$\frac{x-1}{1}=\frac{y-2}{0}=\frac{z+1}{1}$$

또는

$$x-z=2,\ y-2=0$$

이다.

주의 직선의 대칭형이나 두 점형에서 분모가 0인 경우는 분자도 0인 것으로 간주한다.

**예제 11.13** 직선의 방정식 $x+y-2z=5$, $x-3y+z=1$을 대칭형으로 고쳐라.

**풀이** 주어진 방정식에 $z=0$이라 놓고 풀면 $y=1$, $x=4$를 얻고, $y=0$이라 놓고 풀면 $x=\frac{7}{3}$, $z=-\frac{4}{3}$를 얻는다. 따라서 $(4, 1, 0)$와 $\left(\frac{7}{3}, 0, -\frac{4}{3}\right)$는 이 직선 위의 점이다. 그러므로 이 직선의 대칭형은

$$\frac{x-4}{\frac{7}{3}-0}=\frac{y-1}{0-1}=\frac{z-0}{-\frac{4}{3}-0}$$

즉, 다음과 같다.

$$\frac{x-4}{\frac{5}{3}}=\frac{y-1}{1}=\frac{z}{\frac{4}{3}}$$ ■

**예제 11.14** 점 $(-2, 1, 3)$을 지나고 평면 $x-3y+2z=4$에 수직인 직선의 방

정식을 구하여라.

**풀이** 주어진 평면의 법선방향 [1, $-3$, 2]가 구하는 직선의 방향과 같으므로 구하는 직선의 방정식은 다음과 같다.

$$\frac{x+2}{1}=\frac{y-1}{-3}=\frac{z-3}{2}$$ ■

**예제 11.15** 두 직선 $x=y=z+2$와 $\frac{x-1}{1}=\frac{y}{0}=\frac{z}{2}$는 서로 만나는 것을 보이고 그 교점을 구하여라.

**풀이** 두 직선의 방정식을 일방형으로 고치면 $x=y$, $y=z+2$와 $y=0$, $z=2x-2$이다. 이 두 직선이 만나기 위해서는 이 4개의 방정식이 공통근을 가져야 한다. 그런데 $x=0$, $y=0$, $z=-2$는 네 방정식을 모두 만족하는 두 직선은 $(0, 0, -2)$에서 만난다.

**예제 11.16** 직선 $\frac{x-2}{3}=\frac{y}{-1}=\frac{z+3}{2}$을 포함하고 직선 $\frac{x+1}{4}=\frac{y-2}{2}=\frac{z}{3}$에 평행한 평면의 방정식을 구하여라.

**풀이** 처음 직선을 일반형으로 고치면

$$x+3y-2=0,\ 2y+z+3=0$$

이고 이 식을 만족하는 모든 $x$, $y$의 값은 또한 방정식

$$(x+3y-2)+k(2y+z+3)=0$$

을 만족한다. 이것은 처음 직선을 지나는 한 평면족을 나타낸다. 이 식을 일반형으로 고치면

$$x+(2k+3)y+kz+(3k-2)=0$$

두번째 직선이 이 평면에 평행하려면, 그 방향 [4, 2, 3]이 평면의 법선방향에 수직해야 하므로

$$4\cdot 1+2(2k+3)+3k=0$$

에서 $k=-\frac{10}{7}$을 얻고 이 값을 대입하면 구하는 평면의 방정식은 다음과 같다.

$$7x+y-10z=44$$

■

## 연습문제 11.3

**1.** 다음 직선이 좌표평면과 만나는 점을 구하고 그 직선을 그려라.

(1) $2x-y+z=6,\ x+4y-2z=8$　　(2) $x-y+2z=2,\ 2x-3y+4z=0$

**2.** 다음 두 점을 지나는 직선의 방정식을 구하여라.

(1) $(2, 2, 0), (1, 3, -2)$　　(2) $(-1, 3, 4), (4, 3, 9)$

**3.** 다음 직선의 방정식을 대칭형으로 고쳐라.

(1) $\begin{cases} 3x+3y-4z+7=0 \\ 6x+6y+2z-6=0 \end{cases}$　　(2) $\begin{cases} 3x+y-2z-7=0 \\ 6x-5y-4z-7=0 \end{cases}$

**4.** 다음 두 직선의 교각을 구하여라.

(1) $\frac{x+1}{2}=\frac{y-5}{3}=\frac{z-7}{-1},\ \frac{x+4}{5}=\frac{y-1}{-1}=\frac{z-3}{1}$

(2) $\frac{x}{2}=\frac{y}{2}=z,\ \frac{x}{5}=\frac{y}{4}=\frac{z}{-3}$

**5.** 직선 $x=-y=\frac{z+1}{5}$에 평행하고 점 $(1, -2, 0)$을 지나는 직선의 방정식을 구하여라.

**6.** 평면 $2x+3y-7=0$ 위의 한 점 $(2, 1, 0)$에서 이 평면에 수직인 직선의 방정식을 구하여라.

**7.** 직선 $x=y=z$를 포함하고 다음 조건을 만족하는 평면의 방정식을 구하여라.

(1) 점 $(1, 2, 3)$을 지난다.　　(2) 직선 $x+1=y+1=z$를 지난다.

**8.** 직선 $\frac{x}{3}=\frac{y}{-2}=\frac{z}{2}$는 평면 $2x+2y-z=6$에 평행함을 증명하고, 이들 사이의 거리를 구하여라.

**9.** 직선 $\frac{x+1}{3}=\frac{y-1}{6}=\frac{z-3}{-6}$과 평면 $2x-2y+z=3$ 사이의 각을 구하여라.

**10.** 두 점 $(3, 0, 5)$, $(1, -1, 4)$에서 같은 거리에 있는 점으로 직선 $x=y=z$ 위의 점을 구하여라.

**11.** 점 $(4, 3, 2)$를 지나고 $x$축에 수직인 직선의 방정식을 구하여라.

**12.** 직선 $\frac{x+1}{1}=\frac{y}{-1}=\frac{z-2}{2}$는 평면 $2x+4y+z=0$ 위에 있는 직선임을 밝혀라.

**13.** 두 직선 $\frac{x}{1}=\frac{y+3}{2}=\frac{z+1}{3}$과 $\frac{x-3}{2}=\frac{y}{1}=\frac{z-1}{-1}$의 교점을 구함으로써 이 두 직선이 만남을 증명하여라.

**14.** 문제 13의 두 직선으로 결정되는 평면의 방정식을 구하여라.

**15.** 평행한 두 직선 $\frac{x}{6}=\frac{y}{-2}=z$와 $\frac{x-7}{6}=\frac{y}{-2}=z+1$ 사이의 거리를 구하여라.

**16.** 점 $(2, 3, 4)$에서 직선 $x=y=z$까지의 거리를 구하여라.

**17.** 두 직선 $\frac{x}{1}=\frac{y}{2}=\frac{z-6}{3}$과 $\frac{x}{3}=\frac{y}{2}=z$ 사이의 거리를 구하여라.

**18.** 세 직선 $\frac{x}{3}=\frac{y}{4}=\frac{z}{5}$, $\frac{x}{2}=y=\frac{z}{-2}$, $x=\frac{y+5}{3}=\frac{z+16}{7}$으로 이루어지는 삼각형의 면적을 구하여라.

**19.** $t$가 매개변수일 때

$$x=x_1+at$$
$$y=y_1+bt$$
$$z=z_1+ct$$

는 점 $(x_1, y_1, z_1)$을 지나고 방향수가 $[a, b, c]$인 직선의 방정식임을 증명하여라.

## 11.4 곡면과 공간곡선의 방정식과 그래프

일반적으로 변수 $x$, $y$, $z$를 포함하는 방정식의 그래프는 한 곡면을 나타낸다. 한 곡면의 성질을 그래프로 나타낼 때에는 다음 내용들을 조사하는 것이 필요하다.

(1) **범위** : 한 곡면의 범위란 그 곡면 위의 점의 좌표, 즉 $x$, $y$, $z$의 변역을 말한다. 예컨대, 방정식 $x^2+4y^2+9z^2=36$에서 각 변수의 번역은 $-6\leq x\leq 6$, $-3\leq y\leq 3$, $-2\leq y\leq 2$이다.

(2) **절편** : 한 곡면의 절편이란 그 곡면이 좌표축을 자르는 점을 말한다. 예컨대, 곡면 $x+y^2-z^2=4$는 $x$절편이 4, $y$절편이 $-2$와 2, $z$절편은 없다.

(3) **교적** : 한 평면의 교적이란 그 곡면과 좌표평면과의 교선을 말한다. 예컨대, 방정식 $x^2+y^2+z=4$에서 $xy$교적은 원 $x^2+y^2=4$, $zx$교적은 포물선 $x^2+z=4$, $yz$교적도 포물선 $y^2+z=4$이다.

(4) **단면** : 한 곡면의 단면이란 그 곡면과 어떤 특정한 평면과의 교선을 말한다. 예컨대, 곡면 $z=xy$와 평면 $y=4$와의 단면은 직선 $z=4x$이고, 또 그 곡면과 평면 $x=y$와의 단면은 포물선 $z=y^2$이다.

(5) **좌표평면에 대한 대칭성** : 한 곡면의 방정식에 $x$ 대신 $-x$를 대입하여도 처음 방정식과 다름이 없으면, 이 곡면은 $yz$평면에 대하여 대칭이다. 마찬가지 이론이 다른 좌표평면에 대한 대칭성에도 그대로 적용된다. 예컨대, 곡면 $x+y^2+z^2=y$는 $xy$평면에 대해서만 대칭이다.

(6) **좌표축에 대한 대칭성** : 한 곡면의 방정식에서 $y$와 $z$ 대신 $-y$와 $-z$를 대입하여도 처음 방정식과 다름이 없으면 이 곡면은 $x$축에 대하여 대칭이다. 같은 이론이 다른 좌표축에 대한 대칭성에도 그대로 적용된다. 예컨대, 방정식 $z=xy+y^2$은 $z$축에 대하여 대칭이고, $x$축이나 $y$축에 대해서는 대칭이 아니다.

(7) **원점에 대한 대칭성** : 한 곡면의 방정식에 $x$, $y$, $z$ 대신 $-x$, $-y$, $-z$를 대입하여도 처음 방정식과 다름이 없으면 이 곡면은 원점에 관하여 대칭이다. 예컨대, 곡면 $x^2+y^2-xz=4$는 원점에 대하여 대칭이다.

**예제 11.17** 곡면 $\frac{x^2}{16}+\frac{y^2}{9}+\frac{z^2}{4}=1$을 그려라.

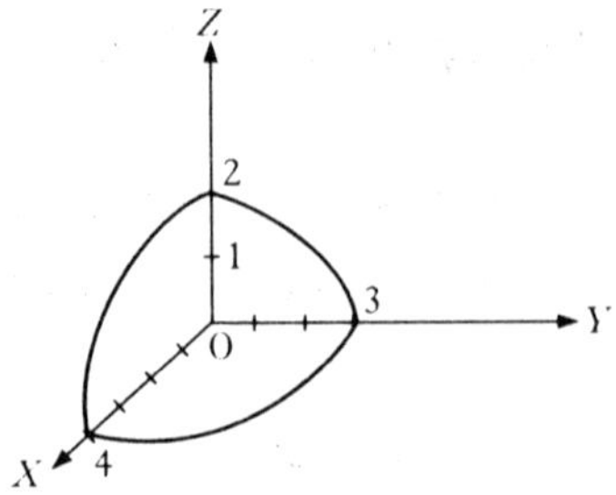


[그림 11.7]

**풀이** 변수 2개씩을 차례로 0으로 놓으면

$$x=\pm 4,\ y=\pm 3,\ z=\pm 2$$

를 얻는다. 다음에 각 변수를 0으로 놓으면 각 좌표평면의 교적이 타원인 다음 방정식을 얻는다.

$$\frac{y^2}{9}+\frac{z^2}{4}=1,\quad \frac{x^2}{16}+\frac{z^2}{4}=1,\quad \frac{x^2}{16}+\frac{y^2}{9}=1$$

이 곡면은 원점과 모든 좌표축 그리고 좌표평면에 대칭이므로 그림 11.7과 같은 제 1 팔분공간의 그림만으로 이 곡면의 모양을 짐작하기에 충분하다. ■

**주면**(cylinder)은 단순한 곡면의 한 형태이다. 주면은 평면에 있어서 어떤 곡선을 따라 주어진 평면에 수직인 직선의 움직임으로 형성된다. 예를 들면 보통의 원주면은 원에 수직인 하나의 직선을 원 주위로 회전시킴으로써 얻어진다. 또한 포물주면은 포물선을 따라 포물선이 있는 평면에 수직인 하나의 직선을 움직임으로써 얻을 수 있다. 그러한 직선을 주면의 **생성원**(generator)이라 한다.

생성원이 좌표축의 어느 하나에 평행이면 곡면의 방정식은 그 좌표축에 대응하는 변수를 갖지 않는다.

예컨대, 방정식

$$x^2+y^2=4$$

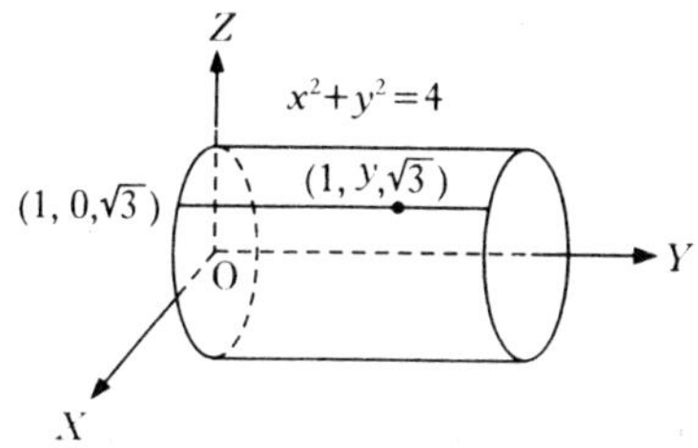


[그림 11.8]

는 변수 $y$를 갖지 않는다. 이 방정식을 만족하는 두 개의 수 $x$, $y$를 구하면 $x=1$, $y=\sqrt{3}$이다.

이 때 모든 $y$에 대하여 $(1, y, \sqrt{3})$은 이 곡면 위의 점이다. 따라서 점의 집합

$$\{(1, y, \sqrt{3}) \mid y \in (-\infty, \infty)\}$$

는 $y$축에 평행인 직선이다.

물론 이 직선은 주어진 곡면의 생성원이다. 다른 생성원도 $x$와 $z$의 다른 값으로 부터 출발하면 얻을 수 있다. $zx$평면에 있어서 $x^2+y^2=4$의 주위로 $y$축에 평행하게 이들 직선 중 어느 하나를 회전시켜도 마찬가지로 원기둥이 얻어짐은 명백하다. 공간에 있어서 그래프의 식 $x^2+y^2=4$는 기저곡선이 $zx$평면에 있어서의 원 $x^2+y^2=4$이며 따라서 주어진 곡선의 그래프는 그림 11.8과 같은 원주면이다.

**예제 11.18** 공간에서 $y^2=x$의 그래프를 그려라.

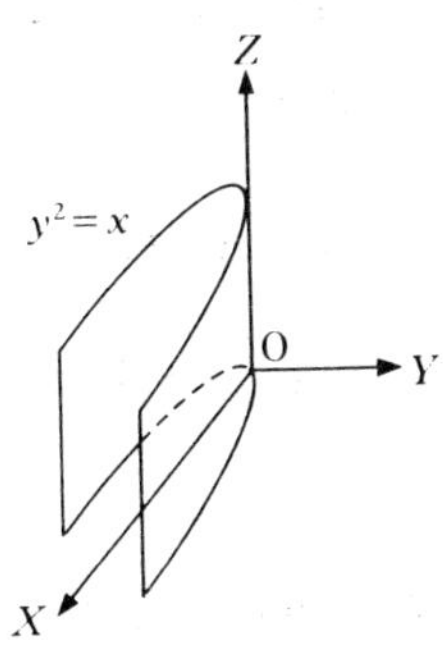


[그림 11.9]

**풀이** 주어진 식은 $z$를 포함하지 않으므로 그래프는 생성원이 $z$축에 평행한 주면일 것이다. $xy$평면에 있어서 기저곡선인 포물선 $y^2=x$를 그리고 $z$축에 평행한 생성원을 회전시킴으로써 포물주면을 얻는다.

그래프는 그림 11.9와 같다.

곡면의 또 다른 간단한 형태는 평면곡선을 한 직선을 축으로 하여 회전시킴으로써 얻어진다.

이러한 회전곡면의 식은 회전축이 하나의 좌표축일 때 이해하기 쉽다. 예를 들면 그림 11.10에서 $z$축을 중심으로 평면곡선을 회전시킴으로써 얻어지는 곡면을 나타내고 있다.

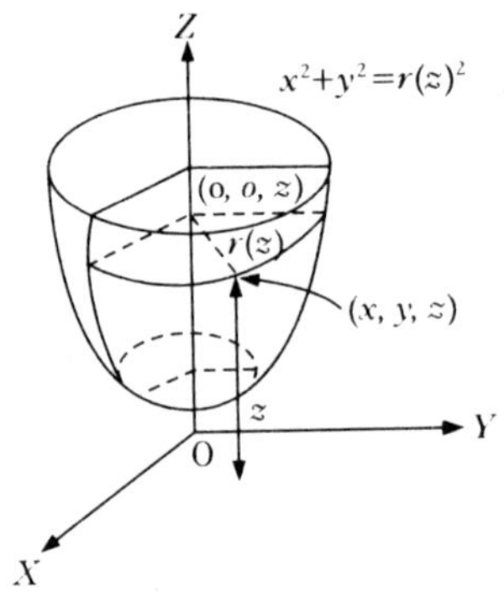


[그림 11.10]

그림에서 $xy$평면에 평행한 평면들은 원에서 곡면과 교차하고 있다. 이러한 평면을 $xy$평면으로 부터의 $z$단위라 하고 $r(z)$는 교차하는 원의 반지름이라 하자.

$(x, y, z)$가 곡면의 한 점이라 하면

$$x^2+y^2=r(z)^2$$

이다. 위 식의 그래프는 $z$축을 따라 회전하는 곡면이다. 이 곡면이 $yz$평면을 교차하는 평면곡선은 점

$$\{(x, y, z)|x^2+y^2=r(z)^2\}\cap\{(x, y, z)|x=0\}=\{(0, y, z)|y^2=r(z)^2\}$$

의 집합이다. 이와 같이 $yz$평면에서의 평면곡선은 $y^2=r(z)^2$이며 이는 식 $x^2+y^2$

$=r(z)^2$에서 $x=0$을 대입하여 얻어진다. 마찬가지로 $y=0$으로 하면 곡면이 $zx$평면에 교차하는 곡선의 방정식 $x^2=r(z)^2$이 얻어진다. 여기서 주어진 회전곡면을 형성하는 평면곡선의 식을 구하는 방법을 알았다.

이번에 평면곡선의 방정식을 가지고 곡선을 좌표축의 어느 하나에 대하여 회전시킬 때 일어나는 곡면의 방정식을 구해 보자.

평면곡선 $y=r(z)$를 $z$축에 관하여 얻어지는 회전곡면은 $z$축으로부터의 거리가 단지 $z$좌표에 의해서만 결정되는 점들의 집합이다. 특히 한 점 $(x, y, z)$가 곡면의 한 점이 될 조건은 $z$축으로부터 그 점까지의 거리가 $|r(z)|$인 것이다.

$x^2+y^2=r(z)^2$이어야 하며 회전곡면은 집합 $\{(x, y, z)|x^2+y^2=r(z)^2\}$이다.

따라서 $y=r(z)$의 양변을 제곱하고 $y^2$을 $x^2+y^2$으로 대치함으로써 회전곡면의 식을 구할 수 있다. 마찬가지로 $x=r(z)$의 양변을 제곱하고 $x^2$을 $x^2+y^2$으로 대치하여 $z$축 주위로 회전시킨 회전곡면의 식을 얻을 수 있다.

회전축이 $z$축이 아닌 다른 좌표축이더라도 문자 $x$, $y$, $z$만 바꾸어 생각하면 마찬가지일 것이다. 특히 $z$를 회전축의 좌표로 대치해야 한다. 이와 같이 $x$축이나 $y$축에 의한 회전곡면은 $y^2+z^2=r(x)^2$, $x^2+z^2=r(y)^2$이다.

**예제 11.19** 곡면 $y=x^2+z^2$의 그래프를 그려라.

**풀이** 이 식은 $x^2+z^2=r(y)^2(r(y)=\sqrt{y})$인 형태이고 그래프는 평면곡선을 $y$축에 관해서 회전시켜 얻는다.

$z=0$으로 하면 $xy$평면에서의 평면곡선이 얻어진다. 즉, $y=x^2$인 포물선이며 이를 $xy$평면에 그린 후 $y$축에 대해서 회전시키면 그림 8.11과 같다. ■

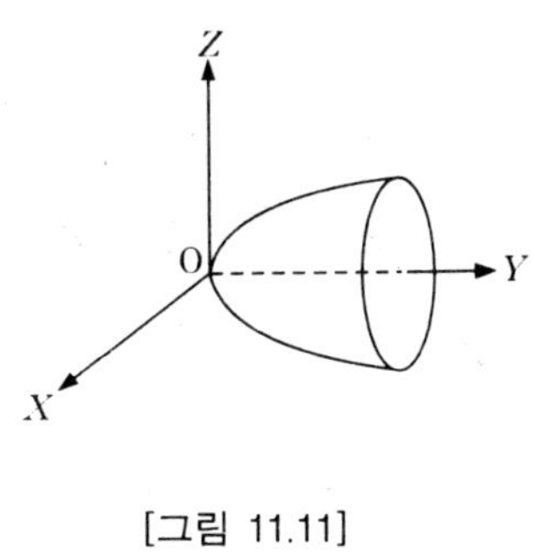


[그림 11.11]

**예제 11.20** 곡면 $z^2=x^2+y^2$의 그래프를 그려라.

**풀이** 이 그래프는 중심축이 $z$축인 곡면이다. $x=0$으로 두면 $yz$평면과 곡면이 교차하는 도형의 식 $z^2=y^2$이 얻어진다. $z^2=y^2$의 그래프는 $yz$평면에서 두 직선으로 나타나는데 하나는 1, 3 사분면을 이등분하고, 하나는 2, 4 사분면을 이등분한다. 이 두 선을 $z$축에 관하여 회전시키면 그림 11.12가 얻어진다. ■

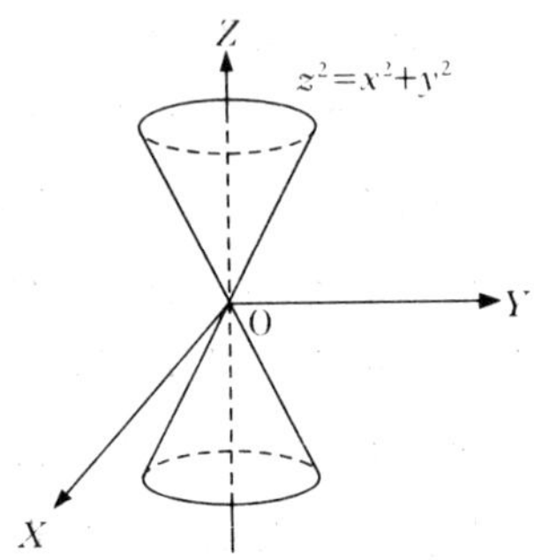


[그림 11.12]

**예제 11.21** 원 $(y-2)^2+z^2=1$을 $y$축에 대하여 회전하여 얻어지는 곡면의 식을 구하여라. $z$축에 대하여 회전하면 어떠한가?

**풀이** 처음의 경우를 생각하자.
주어진 식에서 $z^2$을 $x^2+z^2$으로 바꾸면 $(y-2)^2+x^2+z^2=1$이 얻어진다. 이 식의 그래프는 그림 11.13과 같은 구면이다.

회전축이 $z$축일 경우 곡면의 식을 구하기는 상당히 어렵다.

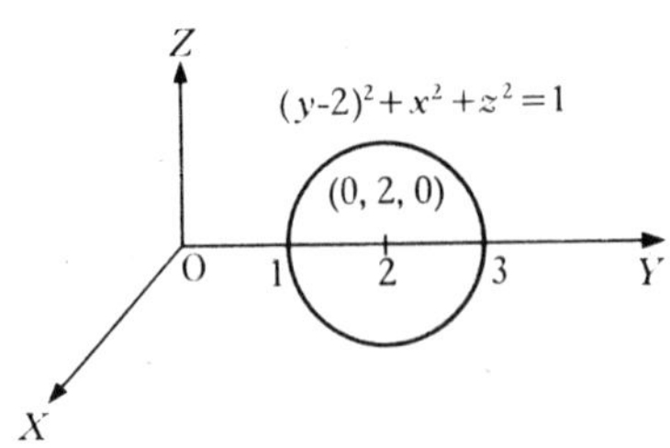


[그림 11.13]

위와 같은 방법에 따라 회전시킬 평면의 식을 $y^2=r(x)^2$의 형태로 표현하고 그 다음에 $y^2$을 $x^2+y^2$으로 대치한다. 주어진 원의 식을 $y$에 대해서 풀면 두 개의 식

$$y=2+\sqrt{1-z^2} \quad y=2-\sqrt{1-z^2}$$

이 얻어진다. 회전곡면은 이 두 식을 $z$축에 관하여 회전시켰을 때 얻어지는 두 곡면의 연합체이므로 이 곡면의 식은

$$x^2+y^2=(2+\sqrt{1-z^2})^2 \text{과 } x^2+y^2=(2-\sqrt{1-z^2})^2$$

이다. 즉,

$$x^2+y^2+z^2-5=4\sqrt{1-z^2} \text{과 } x^2+y^2+z^2-5=-4\sqrt{1-z^2}$$

이다. 곡면 위의 점은 이 두 식 중의 어느 하나를 만족한다. 이 두 식을 더 간단히 하면

$$x^2+y^2+z^2-5=\pm 4\sqrt{1-z^2}$$

이고 양변을 제곱하여

$$(x^2+y^2+z^2-5)^2=16(1-z^2)$$

이 구하고자 하는 곡면의 식이다. 여기서 그래프는 생략한다. 이런 도너스 모양의 곡면을 **원환면**(torus)이라 한다. ■

다음은 공간곡선에 대하여 알아보자. 직선의 방정식

$$\frac{x-x_1}{a}=\frac{y-y_1}{b}=\frac{z-z_1}{c}$$

의 우변을 $t$로 놓고 $x$, $y$, $z$에 관하여 정돈하면

$$\begin{aligned} x&=x_1+at \\ y&=y_1+bt \\ z&=z_1+ct \end{aligned}$$

인 매개방정식을 얻는다. 역으로 $x$, $y$, $z$가 $t$에 관한 일차식으로 표시된 매개방정식은 직선을 나타낸다. 일반적으로

$$x=f(t),\ y=g(t),\ z=h(t)$$

로 표시된 매개방정식의 그래프는 공간 위의 곡선을 나타낸다.

**예제 11.22** 방정식 $x=a\cot t$, $y=b\cot t$, $z=t$의 그래프를 그려라.

**풀이** $t$의 여러 가지 값에 따른 점 $(x, y, z)$들을 구해 그 점들을 연결하면 그림 11.14와 같은 곡선이 나온다. 이 곡선을 **나선**(helix)이라 한다.

| $t$ | $(x, y, z)$ |
|---|---|
| $0$ | $(a, 0, 0)$ |
| $\frac{\pi}{4}$ | $\left(\frac{a}{\sqrt{2}}, \frac{b}{\sqrt{2}}, \frac{\pi}{4}\right)$ |
| $\frac{\pi}{2}$ | $\left(0, b, \frac{\pi}{2}\right)$ |
| $\pi$ | $(-a, 0, \pi)$ |
| $\frac{5}{4}\pi$ | $\left(-\frac{a}{\sqrt{2}}, -\frac{b}{\sqrt{2}}, \frac{5}{4}\pi\right)$ |
| $\frac{3}{2}\pi$ | $\left(0, -b, \frac{3}{2}\pi\right)$ |
| $2\pi$ | $(a, 0, 2\pi)$ |

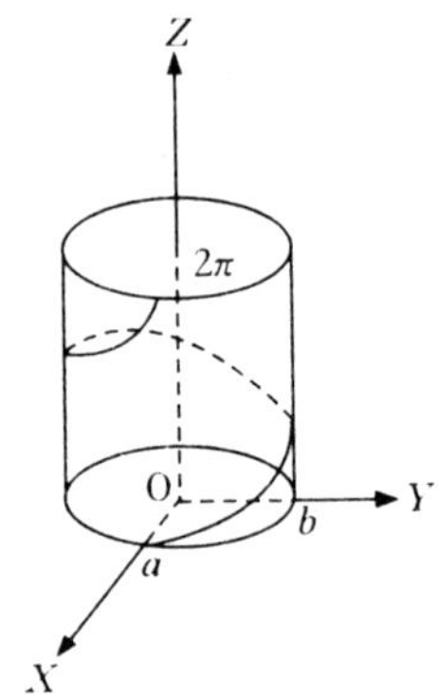


[그림 11.14]

$(x, y, z)$를 나선 위의 점이라면 타원주면 $\frac{x^2}{a^2}+\frac{y^2}{b^2}=1$ 위에 있게 된다. 특히 $a=b$일 때 이 나선을 **원형나선**(circular helix)이라 하고 원주면 $x^2+y^2=a^2$ 위에 있게 된다. ■

공간곡선이 매개방정식

$$x=f(t),\ y=g(t),\ z=h(t),\ a\leq t\leq b$$

로 주어졌을 때, 그 길이 $l$은

$$l=\int_a^b \sqrt{\{f'(t)\}^2+\{g'(t)\}^2+\{h'(t)\}^2}\,dt$$

이다. 이의 증명은 생략하기로 하고 단지 평면곡선에서의 공식이 그대로 확장된 것으로 보면 된다.

**예제 11.23** 원형나선 $x=\cos t,\ y=\cos t,\ z=t,\ 0\le t\le 2\pi$의 $z$축 주위를 1회전할 때의 호의 길이를 구하여라.

**풀이** $f'(t)=-\sin t,\ g'(t)=\cos t,\ h'(t)=1$이므로

$$\{f'(t)\}^2+\{g'(t)\}^2+\{h'(t)\}^2=\sin^2 t+\cos^2 t+1=2$$

이다. 따라서

$$l=\int_0^{2\pi}\sqrt{2}\,dt=2\sqrt{2}\,\pi$$

■

## 연습문제 11.4

**1.** 다음 곡면의 그래프를 그려라.

(1) $3x+2y=6$　　(2) $z=4-y^2$

(3) $z=|x|$　　(4) $\dfrac{x^2}{4}+\dfrac{z^2}{9}=1$

(5) $z=\cos y$　　(6) $\sqrt{y}+\sqrt{z}=\sqrt{a}$

**2.** 다음 방정식의 그래프를 그려라.

(1) $4x-y^2-z^2=4$　　(2) $9x+4y^2+9z^2=36$

(3) $x^2+z^2=\sin^2\pi y$　　(4) $z^2=\sin^2\pi\sqrt{x^2+y^2}$

(5) $x^2+z^2=e^{2y}$　　(6) $|z|=x^2+y^2$

**3.** 방정식 $9(x-1)^2+9(y+1)^2+4(z-3)^2=36$의 곡면에 대하여 설명하여라.

**4.** 반지름 $r$인 원을 중심에서 $b$만큼 떨어져 있는 직선에 대하여 그 원을 회전시켰을 때의 곡면의 방정식을 구하여라(단, $0<r<b$).

**5.** $xy$평면 위에서 극방정식으로 주어진 심장형 $r=2(1-\cos\theta)$를 $x$축에 관하여 회전시켰을 때의 곡면의 방정식을 구하여라.

**6.** 다음 공간곡선의 $[0, \pi]$에서의 길이를 구하여라.

(1) $x=e^t\cos t,\ y=e^t\sin t,\ z=e^t$

(2) $x=\cos 2t,\ y=\sin 2t,\ z=3t$

(3) $x=3t\cos t,\ y=3t\sin t,\ z=4t$

(4) $x=\cos\frac{1}{4}t,\ y=\sin\frac{1}{4}t,\ z=\ln\left(\cos\frac{1}{4}t\right)$

**7.** $t$에 대한 매개방정식 $x=t,\ y=\frac{t^2}{\sqrt{2}},\ z=\frac{t^2}{3}$의 $[0, 2]$에 대한 호의 길이를 구하여라.

## 11.5 이차곡면

변수 $x,\ y,\ z$의 이차방정식으로 표시되는 곡면을 **이차곡면**(quadratic surface)이라 한다. 퇴화된 경우를 제외하면 이러한 곡면은 다음에 열거한 9가지로 분류된다.

(1) **타원면**(elipsoid)

방정식

$$\frac{x^2}{a^2}+\frac{y^2}{b^2}+\frac{z^2}{c^2}=1$$

이 그리는 곡면을 타원면이라 한다.

이 곡면은 좌표평면에 대하여 대칭이고 유계이며, 원점을 대칭점으로 갖는다. 이 대칭점을 그 타원면의 **중심**(center)이라 한다. 그 좌표축 위의 선분 $2a,\ 2b,\ 2c$

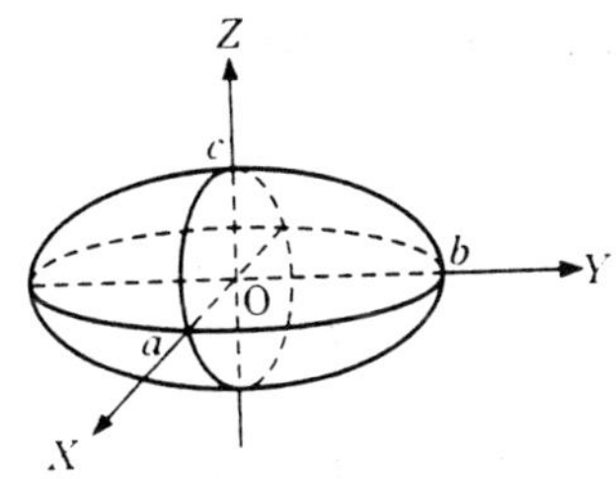


[그림 11.15]

를 그 타원면의 **축**(axis)이라 한다. 특히 타원면의 세 축의 길이가 같을 때 그 곡면은 구면이 된다.

(2) **단엽쌍곡선**(hyperboloid of one sheet)

방정식

$$\frac{x^2}{a^2}+\frac{y^2}{b^2}-\frac{z^2}{c^2}=1$$

이 그리는 곡면을 단엽쌍곡면이라 한다.

이 곡면은 $z$축에 대하여 대칭이고 원점을 대칭점으로 가진다. 이 때 $z$축을 이 곡면의 **축**이라 하고 원점을 **중심**이라 한다. 이 곡면의 평면 $z=k$ 위의 단면은 타원이다. $k=0$일 때 타원은 가장 작으며 $k$의 절대값이 커짐에 따라 그 타원도 점점 커진다. 따라서 이 곡면은 $k$가 커지는 방향에 따라 무한히 확장된다.

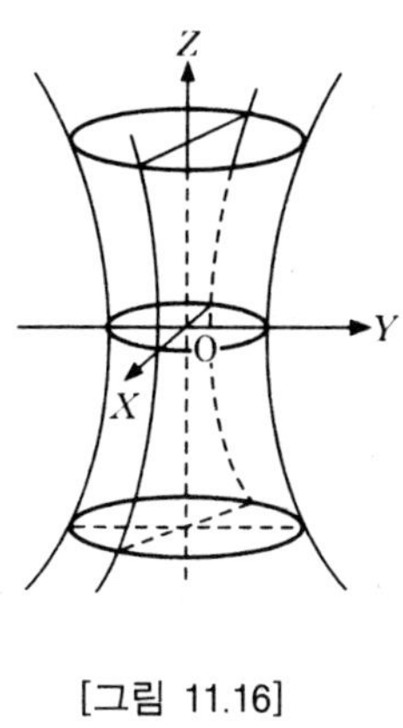


[그림 11.16]

(3) 이엽쌍곡선(hyperboloid of two sheets)

방정식

$$\frac{x^2}{a^2}-\frac{y^2}{b^2}-\frac{z^2}{c^2}=1$$

이 그리는 곡면을 이엽쌍곡선이라 한다. 이 곡면은 $x$축에 대하여 대칭이고 원점을 대칭점으로 가진다. 이 때 $x$축을 이 곡면의 **축**, 원점을 **중심**이라 한다.

이 곡면의 $x=k$ 위의 단면은 타원이다. $|k|=a$일 때 점타원이고 $k$의 절대값이 커짐에 따라 그 타원도 점점 커진다. 따라서 이 곡면은 $k$가 커지는 방향에 따라 무한히 확장되는 두 부분으로 이루어진다.

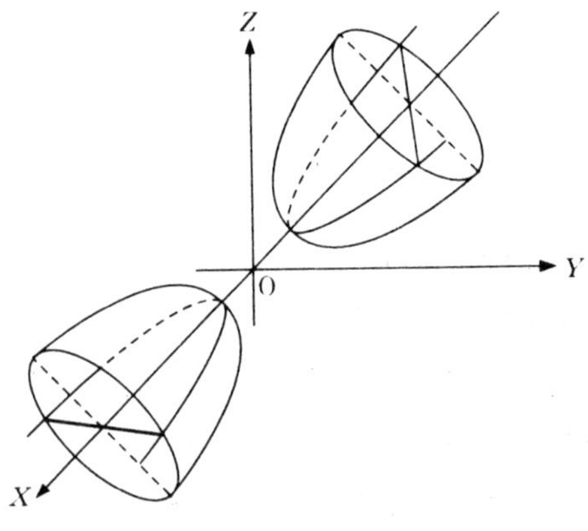


[그림 11.17]

(4) 타원포물선(eliptic paraboloid)

방정식

$$\frac{x^2}{a^2}+\frac{y^2}{b^2}=\frac{z}{c}$$

이 그리는 곡면을 타원포물면이라 한다.

이 곡면은 $z$축에 대하여 대칭이다. 이 $z$축을 그 곡면의 **축**이라 하고 이 축이 그 곡면의 한 점에서 만나는 바로 그 점을 이 곡면의 **꼭지점**(vertex)이라 한다. 이 곡면의 평면 $z=k$ 위의 단면은 $k=0$일 때 점타원으로 시작하여 $k$가 $c$와 같은

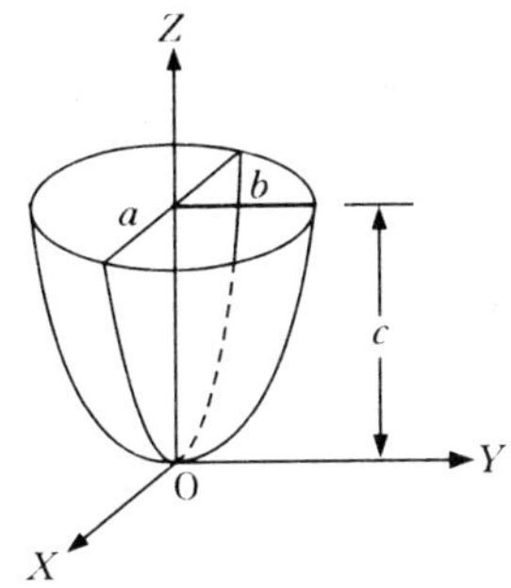


[그림 11.18]

부호로 점점 커지면 그 타원도 따라서 커진다. 그러므로 $xy$평면의 한쪽에만 있으면 $k$가 커지는 방향으로 무한히 확장한다.

(5) **쌍곡포물면**(hyperblic paraboloid)

방정식

$$\frac{x^2}{a^2}-\frac{y^2}{b^2}=\frac{z}{c}$$

이 그리는 곡면을 쌍곡포물면이라 한다.

이 곡면은 $z$축에 대하여 대칭이다. 이 $z$축을 그 곡면의 **축**이라 하고 이 축과 그 곡면과의 교점을 이 곡면의 **꼭지점**이라 한다.

이 곡면의 평면 $x=h$ 위의 단면은 $c$의 부호에 따라 위나 아래로 오목한 포물선이다.

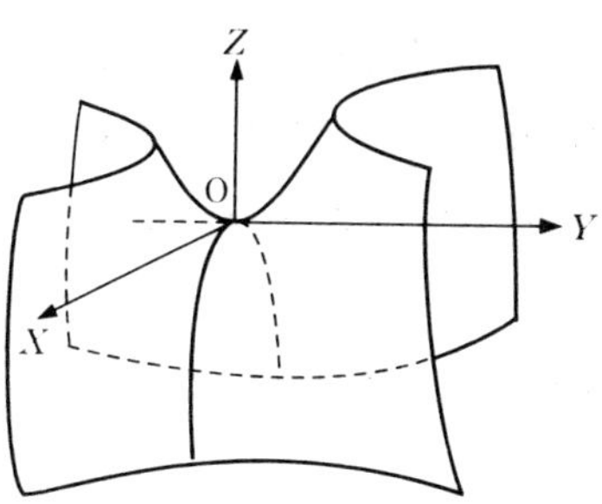


[그림 11.19]

또 평면 $y=k$ 위의 단면은 $x=h$ 위의 단면과 방향이 반대인 포물선이다. 따라서 이 곡면은 꼭지점에서 "말안장"과 같은 모양이고 사방으로 무한히 확장된다.

(6) **타원추면**(elliptic cone)

방정식

$$\frac{x^2}{a^2}+\frac{y^2}{b^2}=\frac{z}{c}$$

이 그리는 곡면을 타원추면이라 한다.

이 곡면은 $z$축에 대하여 대칭이고 원점을 대칭점으로 한다. 여기서 $z$축과 원점을 각각 이 곡면의 **축**과 **꼭지점**이라 한다.

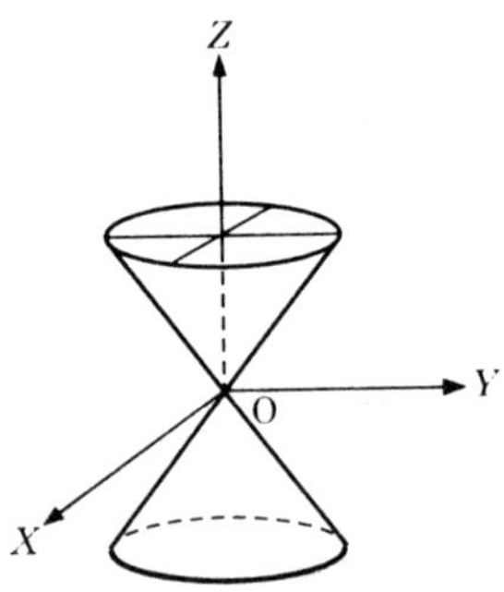


[그림 11.20]

이 곡면의 평면 $z=k$ 위의 단면은 $k=0$일 때의 점타원으로부터 시작하여 절대값이 커짐에 따라 점점 커지는 타원들이다. 따라서 이 곡면은 $k$의 절대값이 커지는 두 방향으로 무한히 확장된다. 그리고 $zx$평면이나 $yz$평면의 교적은 한 쌍의 교선(퇴화된 쌍곡선)이므로 이 평면은 하나의 단엽쌍곡면과 하나의 이엽쌍곡면 사이에 한정된 곡면이라 생각할 수 있다.

(7) **타원주면**(elliptic cylinder), **포물주면**(parabolic cylinder), **쌍곡주면**(hyperbolic cylinder)

다음과 같은 두 변수의 방정식

$$\frac{x^2}{a^2}+\frac{y^2}{b^2}=1,$$

$$\frac{x^2}{a^2}=\frac{y}{b},$$

$$\frac{x^2}{a^2}-\frac{y^2}{b^2}=1$$

은 앞절에서 설명했듯이 변수 1개가 없으므로 기둥, 즉 주면의 방정식이다. 차례로 타원주면, 포물주면, 쌍곡주면이라 한다. 이러한 곡면은 $xy$평면에 수직인 원(element)을 가지고 있으며 $xy$평면의 교적이 각각 원, 포물선, 쌍곡선이므로 이와 같은 이름을 붙인 것이다.

## 연습문제 11.5

**1.** 다음 방정식의 자취를 제 1 팔분공간에 그리고 이름을 말하여라.

(1) $x^2+2y^2+3z^2=6$
(2) $\frac{x^2}{9}+\frac{z^2}{16}=1+\frac{y^2}{25}$
(3) $4y^2=x^2+4z^2$
(4) $2x+z^2=4$
(5) $x^2=y^2+z^2+4$
(6) $x^2+4y^2+16z^2=64$
(7) $x^2-4y^2+9z^2=36$
(8) $x^2-4y^2+9y^2=0$

**2.** 다음 방정식을 인수분해하고 그 각각의 그래프를 그려라.

(1) $z^2-2z-3=0$
(2) $x^2-y^2=0$
(3) $x^2z+y^2z=0$

**3.** 제 1 팔분공간에서 각 좌표평면과 다음 곡면으로 둘러싸인 입체의 모양을 그려라.

(1) $x^2+y^2+z^2=25,\ y=4$
(2) $y^2+z^2=25,\ x^2+z^2=25$
(3) $4x^2+y^2+4z^2=64,\ x^2+y^2=16$
(4) $4x^2+4y^2+z^2=64,\ y+z=4$
(5) $x^2+y^2=16,\ x+t+z=8$
(6) $x^2+y^2+4z=64,\ x^2+y^2+z^2$
(7) $x^2+y^2=64-8z,\ x=4,\ y=4$
(8) $x^2+y^2=z^2+9,\ z=4$

**4.** 구 $x^2+y^2+z^2=6x+8z$의 중심과 반지름을 구하여라.

**5.** 제1팔분공간의 세 좌표평면에 접하며 반지름이 3인 구의 방정식을 구하여라.

**6.** 평면 $6x+6y+7z=22$에 접하고 중심이 원점에 있는 구의 방정식을 구하여라.

**7.** 세 점 (1, 0, 0), (0, 2, 3), (2, 2, 2)를 지나는 유심이차곡면 $Ax^2+By^2+Cz^2=k$의 방정식을 구하여라.

**8.** $yz$교적이 타원 $y^2+2z^2=1$이고 꼭지점이 점 (2, 0, 0)에 있는 추의 방정식을 구하여라.

CHAPTER

# 12 편미분법

## 12.1 2변수함수의 극한과 연속

〈정의 12.1〉

$D$가 실수의 순서쌍 $(x, y)$들의 집합이고, $R$이 실수 $z$들의 집합일 때, $D$의 각 원소 $(x, y)$에 $R$의 원소 $z$를 하나씩 대응시키는 대응규칙 $f$를 두 변수 $x$, $y$의 함수라 하고

$$z=f(x, y)$$

로 나타낸다. 이때 $D$를 함수 $f$의 **정의역**, $R$을 $f$의 **치역**이라 한다. 여기서 독립적으로 변하는 두 변수 $x$, $y$를 가진 함수 $f$를 **2변수함수**(function of two variable)라 하고, $x$, $y$를 독립변수, $z$를 종속변수라 한다.

2변수함수 $z=f(x, y)$의 그래프는 실수의 순서 3원들의 집합

$$G=\{(x, y, z) \mid (x, y)\in D,\ z=f(x, y)\}$$

이며, 공간의 한 곡면(surface)을 나타낸다.

일반적으로 독립적으로 변하는 $n$개의 변수 $x, y, z, \cdots, w$에 대해서 한 순서 $n$원소 $(x, y, z, \cdots, w)$에 단 하나의 값 $u$를 대응시키는 대응규칙 $f$를 $n$개의 변수 $x, y, z, \cdots, w$의 함수라 하고

$$u=f(x, y, z, \cdots, w)$$

로 나타내며 **$n$변수함수**(function of $n$ variable)라 한다.

또, 2개 이상의 변수를 갖는 함수를 통틀어 **다변수함수**라 한다.

**예제 12.1** $f(x, y)=x^2+y^2$은 모두 실수 $x$, $y$에 대하여 하나의 실수가 대응되는 2변수 함수이다. 물론 이 함수의 정의역은 $R^2$이며 공변역은 이 함수에 의한 임의의 점 $(x, y)$에 대한 상은 $x^2+y^2$이다. 그러므로 $f(0, 0)=0$, $f(0, 1)=1$, $f(1, 2)=5$, $f(-2, 2)=8$이다.

**예제 12.2** 2변수함수 $f(x, y)=\sqrt{4-x^2-y^2}$의 정의역과 치역을 구하고 그래

프의 개형을 구하여라.

**풀이** 이 함수 $f$의 정의역 $D$는 $D=\{(x,\ y)\,|\,x^2+y^2\leq 2^2\}$이다. 따라서 이 함수의 치역은 $\{z\,|\,0\leq z\leq 2\}$가 된다. 그러므로 이 함수 $f$의 그래프는 그림 12.1과 같다. ■

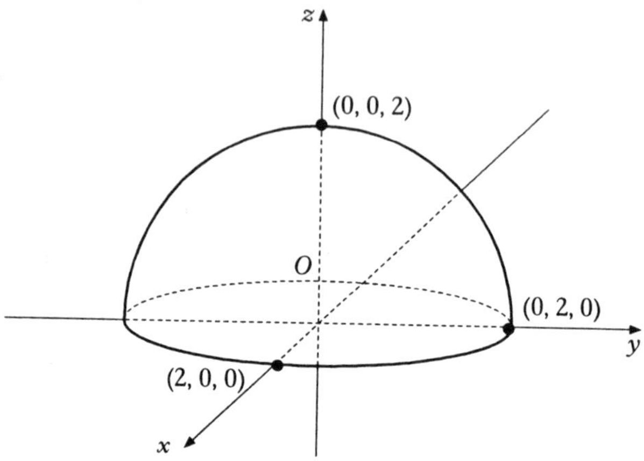


[그림 12.1]

**예제 12.3** 2변수함수 $f(x,\ y)=4x^2+y^2$의 그래프를 그려라.

**풀이** $f$의 그래프는 타원형의 포물면인 $z=4x^2+y^2$을 갖고 있다. 만약 $k>0$이면 수평면 $z=k$에서의 자취는 타원이다. 수직방향의 자취는 포물선이다. ■

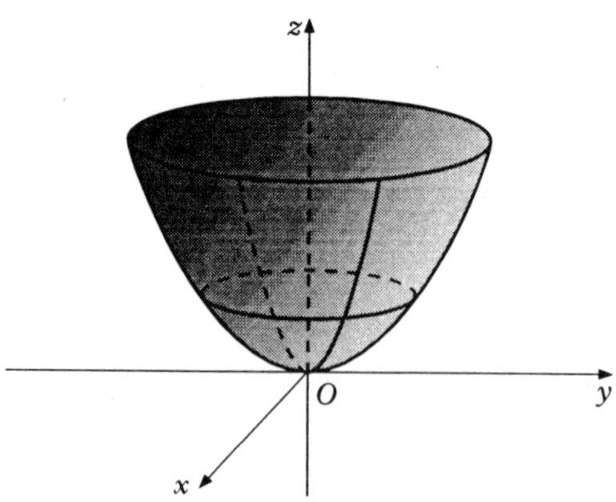


[그림 12.2]

〈정의 12.2〉 (극한의 직관적 정의)

2변수함수 $f(x, y)$가 $xy$-평면상의 한 점 $(a, b)$를 중심으로 하여 각 방향으로 충분히 가까이 있는 모든 점(점 $(a, b)$는 제외)들을 $z$축상의 한 고정점 $A$의 아래 위로 충분히 가깝게 있는 점($A$ 자신을 포함하여)들에 대응시킬 때, 함수 $f(x, y)$는 점 $(a, b)$에서 **극한값** $A$를 갖는다고 말하고, $\lim\limits_{\substack{x\to a\\ y\to b}} f(x, y)=A$라 쓴다.

〈정의 12.3〉 (극한의 $\varepsilon$-$\delta$방법에 의한 정의)

2변수함수 $f(x, y)$에 대하여, 임의의 양수 $\varepsilon$에 대하여 이에 대응되는 양수 $\delta$가 존재하여 $0<\sqrt{(x-a)^2+(y-b)^2}<\delta$인 모든 점 $(x, y)$에 대하여 $|f(x, y)-A|<\varepsilon$이 성립할 때, 함수 $f(x, y)$는 점 $(a, b)$에서 **극한값** $A$를 갖는다고 하고 $\lim\limits_{\substack{x\to a\\ y\to b}} f(x, y)=A$로 나타낸다.

**예제 12.4** $f(x, y)=x+y$가 점 $(1, 1)$에서 극한값 2이다. 이것을 $\varepsilon$-$\delta$ 방법으로 증명하여라.

**풀이** 임의의 $\varepsilon>0$에 대하여 $0<\sqrt{(x-1)^2+(y-1)^2}<\delta$일 때 $|x+y-2|<\varepsilon$이 성립하는 $\delta>0$를 구하면 된다. 그런데

$$|x+y-2|=|(x-1)+(y-1)|\leq|x-1|+|y-1|$$

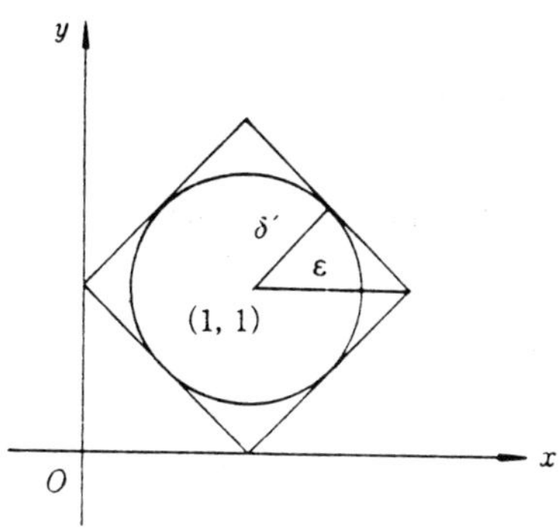


[그림 12.3]

이므로 $0<\sqrt{(x-1)^2+(y-1)^2}<\delta$일 때 $|x-1|+|y-1|<\varepsilon$이 성립하게 되는 $\delta$를 찾으면 된다. $0<\sqrt{(x-1)^2+(y-1)^2}<\delta$일 때 $|x-1|+|y-1|<\varepsilon$이 성립하면, 그림에 의하여 $\delta$와 $\varepsilon$ 사이에 $0<\delta\leq\frac{\varepsilon}{\sqrt{2}}$인 관계가 성립됨을 알 수 있다. ■

〈정의 12.4〉 (극한의 접근에 의한 정의)

2변수함수 $f(x, y)$에 대하여, 점 $(x, y)$와 점 $(a, b)$와의 거리 $\sqrt{(x-a)^2+(y-b)^2}$을 적당히 작게 함으로써(단, $\sqrt{(x-a)^2+(y-b)^2})\neq 0)$ $f(x, y)$와 $A$ 사이의 거리 $|f(x, y)-A|$를 얼마든지 작게 할 수 있을 때, 함수 $f(x, y)$는 점 $(a, b)$에서 극한값 $A$를 갖는다고 하고 $\lim\limits_{\substack{x\to a\\ y\to b}} f(x, y)=A$라 쓴다.

**예제 12.5** 함수 $f(x, y)=xy$가 점 (2, 3)에서 극한값 6을 가짐을 접근방법에 의해 설명하여라.

**풀이** $|x-2|$와 $|y-3|$을 둘 다 작게 함으로써

$$|f(x, y)-6|=|xy-3x+3x-6|\leq|x(y-3)|+3|x-2|$$

를 얼마든지 작게 취할 수 있다. ■

**예제 12.6** $(x, y)\to(0, 0)$일 때 $f(x, y)=\frac{x^2-y^2}{x^2+y^2}$의 극한값을 구하여라.

**풀이** (i) 절선 $PAO$를 따라 가까이 가면

$$\lim_{x\to 0}\{\lim_{y\to 0} f(x, y)\}=\lim_{x\to 0}\left(\frac{x^2}{x^2}\right)=1$$

(ii) 절선 $PBO$를 따라 가까이 가면

$$\lim_{y\to 0}\{\lim_{x\to 0} f(x, y)\}=\lim_{y\to 0}\left(-\frac{y^2}{y^2}\right)=-1$$

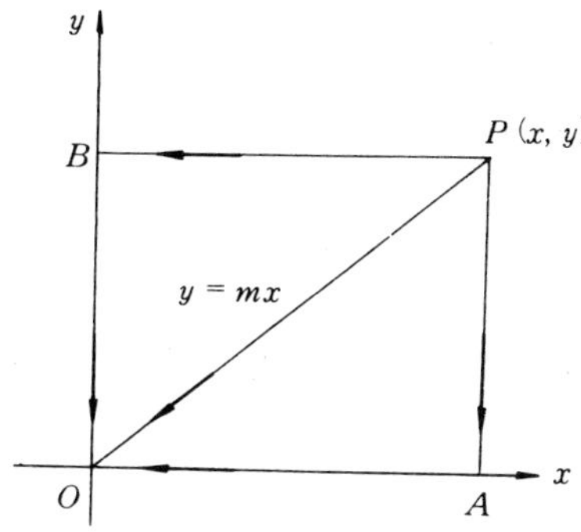


[그림 12.4]

(iii) 기울기가 $m$인 직선 $\overline{PO}$를 따라서 가까이 가면 직선 $\overline{PO}$ 위에는 $\lim_{\substack{y=mx \\ x\to 0}} f(x,\ y)=\dfrac{1-m^2}{1+m^2}$이 되어 $m$값에 따라서 $f(x,\ y)$의 값이 달라진다.
그러므로 $\lim_{\substack{x\to 0 \\ y\to 0}} \dfrac{x^2-y^2}{x^2+y^2}$은 존재하지 않는다. ■

주의 (2) $(x,\ y)\to(a,\ b)$일 때 $f(x,\ y)$의 극한이 $c$라 함은 $(x,\ y)$가 $(a,\ b)$에 가까이 가는 방법 여하에도 불구하고 $f(x,\ y)$는 $c$에 가까이 간다는 뜻이다.

〈정의 12.5〉 (연속성의 직관적 정의)

2변수함수 $f(x,\ y)$가 다음 세 조건을 모두 만족하면 $f(x,\ y)$는 점 $(a,\ b)$에서 **연속**이라고 한다.

(i) $f(a,\ b)$가 정의된다.

(ii) $\lim_{\substack{x\to a \\ y\to b}} f(x,\ y)$가 존재한다.

(iii) $f(a,\ b)=\lim_{\substack{x\to a \\ y\to b}} f(x,\ y)$

〈정의 12.6〉 (연속성의 $\varepsilon$-$\delta$방법에 의한 정의)

함수 $f(x,\ y)$가 점 $(a,\ b)$와 이 근방에서 정의되어 있을 때, 임의의 양수 $\varepsilon$에 대하여 이에 대응하는 적당한 양수 $\delta$가 존재하여

$$0<\sqrt{(x-a)^2+(y-b)^2}<\delta$$

을 만족하는 $(x, y)$에 대하여

$$|f(x, y)-f(a, b)|<\varepsilon$$

이 성립하면 2변수함수 $f(x, y)$는 점 $(a, b)$에서 연속이라고 한다.

**예제 12.7** 다음 함수의 원점에서의 연속성을 조사하여라.

$$f(x, y)=\begin{cases} \dfrac{x^2y}{x^4+y^2} & (x, y)\neq(0, 0) \\ 0 & (x, y)=(0, 0) \end{cases}$$

**풀이** 곡선 $y=x^2$에 따라서 원점에 가까이 가면

$$\lim_{\substack{x\to 0\\ y\to 0}}\frac{x^2y}{x^4+y^2}=\lim_{\substack{x\to 0\\ y\to 0}}\frac{x^4}{x^4+x^4}=\frac{1}{2}$$

곡선 $y=x$에 따라서 원점에 가까이 가면

$$\lim_{\substack{x\to 0\\ y\to 0}}\frac{x^2y}{x^4+y^2}=\lim_{\substack{x\to 0\\ y\to 0}}\frac{x^3}{x^4+x^2}=0$$

따라서 $\lim_{\substack{x\to 0\\ y\to 0}}\dfrac{x^2}{yx^4+y^2}$의 값은 존재하지 않는다. 따라서 $f(x, y)$는 $(0, 0)$에서 연속이 아니다. ■

**예제 12.8** $f(x, y)=x^2+xy+2y^2$으로 정의된 함수 $f$는 평면상의 모든 점에서 연속임을 보이시오.

**풀이** 점 $(a, b)$를 평면상의 임의의 점이라 하면 $\lim_{\substack{x\to a\\ y\to b}}xy=ab$ 이므로

$$\lim_{\substack{x\to a\\ y\to b}}(x^2+xy+2y^2)=a^2+ab+2b^2$$

이다. 즉,

$$\lim_{\substack{x\to a\\ y\to b}} f(x,\ y)=f(a,\ b)$$

이므로 $f(x,\ y)$는 $(a,\ b)$에서 연속이다. ■

**정리 12.1** 2변수함수 $f\cdot g$가 점 $(x,\ y)$에서 연속이면

(i) $f\pm g$도 $(x,\ y)$에서 연속이다.

(ii) $fg$와 $kf$도 $(x,\ y)$에서 연속이다($k$는 상수).

(iii) $\frac{f}{g}$도 $(x,\ y)$에서 연속이다(단 $g(x,\ y)\neq 0$).

**증명** 1변수 함수인 경우와 같은 방법으로 증명된다. ■

위 정리에 의해 $x$, $y$에 관한 다항식함수나 유리함수가 연속함수임을 알 수 있다.

**정리 12.2** $f$는 점 $(x_0,\ y_0)$에서 연속인 2변수함수이고 $g$는 $f(x_0,\ y_0)$에서 연속인 1변수함수이면 합성함수 $g\circ f$는 $(x_0,\ y_0)$에서 연속인 2변수함수이다.

**증명** $f$가 1변수함수인 경우와 같은 방법으로 증명되어진다. ■

정리 12.1과 정리 12.2에 의해 $\sin\frac{y}{x}(x\neq 0)$라든지 $xy\log(x^2+y^2)$ 등의 함수가 연속임을 알 수 있다.

## 연습문제 12.1

**1.** 다음 극한값을 구하여라.

(1) $\lim\limits_{\substack{x\to 0\\ y\to 0}} \dfrac{ax^2+by^2}{\sqrt{x^2+y^2}}$　(2) $\lim\limits_{\substack{x\to 0\\ y\to 0}} x\sin\dfrac{y}{x}$

(3) $\lim\limits_{\substack{x\to 0\\ y\to 0}} (x^3+y^3+\cos xy)$　(4) $\lim\limits_{\substack{x\to 0\\ y\to 0}} \dfrac{\sin(x-y)}{x-y}$

(5) $\lim\limits_{(x,\,y)\to(0,\,0)} \dfrac{xy}{x^2+y^2}$　(6) $\lim\limits_{(x,\,y)\to(0,\,0)} \dfrac{xy^2}{x^2+y^2+y^4}$

(7) $\lim\limits_{(x,\,y)\to(0,\,0)} \dfrac{\sin\pi x\cdot\sin\pi y}{\sin^2\pi x+\sin^2\pi y}$　(8) $\lim\limits_{(x,\,y)\to(1,\,1)} \dfrac{(x-1)^{\frac{3}{2}}+y^{\frac{3}{2}}-1}{(x^2-1)^{\frac{3}{2}}-y+1}$

(9) $\lim\limits_{(x,\,y)\to(0,\,0)} \dfrac{(ax^2+bxy+cy^2)^{\frac{3}{2}}}{\sqrt{x^2+y^2}}$

**2.** 다음 2변수함수의 정의역을 구하여라.

(1) $\frac{1}{3}\sqrt{36-9x^2-4y^2}$　(2) $z=2x^2+y^2$

(3) $z=\sqrt{25x^2+16y^2-400}$　(4) $z=-\sqrt{2x-y-1}$

**3.** 다음 함수의 영역을 구하여라.

(1) $f(x,\ y)=\sqrt{4-(x^2+y^2)}$　(2) $f(x,\ y)=\dfrac{1}{\sqrt{1-(x^2+y^2)}}$

**4.** 다음 극한값을 구하여라.

$$\lim_{\substack{x\to 1\\ y\to 1}} \frac{x(1-y^n)+y(x^n-1)-x^n+y^n}{(x-1)(1-y)(x-y)}$$

**5.** $(x,\ y)=(0,\ 0)$일 때는 $f(0,\ 0)=0$이고, $(x,\ y)\neq(0,\ 0)$일 때 다음 식으로 정의되는 함수 $f(x,\ y)$들의 연속성을 조사하여라.

(1) $\dfrac{x^2y^2}{x^2+y^2}$　(2) $\dfrac{xy}{x^2+y^2}$

(3) $\dfrac{xy^2}{x^2+y^4}$　(4) $xy\log(x^2+y^2)$

(5) $e^{-\frac{|x+y|}{x^2+y^2}}$　(6) $|x|^y$

## 12.2 편도함수

〈정의 12.7〉

2변수함수 $z=f(x, y)$에서 $y=y_0$를 일정한 값이라 하고, $f(x, y)$를 $x$만의 함수라 할 때 $x=x_0$에서의 미분계수

$$\lim_{\Delta x \to 0} \frac{f(x_0+\Delta x, y_0)-f(x_0, y_0)}{\Delta x}$$

가 존재하면, $f(x, y)$는 점 $(x_0, y_0)$에서 $x$에 관해 **편미분가능**(partially differentiable)이라 하고 이 극한값을 점 $(x_0, y_0)$에서의 $f(x, y)$의 $x$에 관한 **편미분계수**(partial differential coefficient)라 하며 $f_x(x_0, y_0)$로 나타낸다.

정의역의 모든 점 $(x, y)$에 대해 극한값

$$\lim_{\Delta x \to 0} \frac{f(x+\Delta x, y)-f(x, y)}{\Delta x}$$

가 존재하면 $f(x, y)$는 $x$에 관해 **편미분가능**(partially differentiable)하다고 하고, 그 극한값을 함수값으로 가지는 함수를 $x$에 관한 $f(x, y)$의 **편도함수**(partial derivative)라 한다. $x$에 관한 $f(x, y)$의 편도함수는

$$\frac{\partial z}{\partial x}, \quad \frac{\partial f}{\partial x}, \quad \frac{\partial}{\partial x}f(x, y) \quad z_x, \quad f_x, \quad f_x(x, y),$$

등으로 나타내며, 편도함수를 구하는 연산법을 **편미분법**(partial differentiation)이라 한다.

$f(x, y)$의 $y$에 관한 편도함수도 마찬가지로 정의한다. 즉,

$$f_y(x, y)=\lim_{\Delta y \to 0} \frac{f(x, y+\Delta y)-f(x, y)}{\Delta y}$$

이다.

주의 (1) 편도함수의 여러 가지 기호는 다음과 같다.

Lagrange기호 : $f_x$, $f_y$, $z_x$, $z_y$, $f_x(x, y)$, $f_y(x, y)$

Arbogast기호 : $D_x f$, $D_y f$, $D_x z$, $D_y z$, $D_x f(x, y)$, $D_y f(x, y)$

Leibniz기호 : $\frac{\partial f}{\partial x}$, $\frac{\partial f}{\partial y}$, $\frac{\partial z}{\partial x}$, $\frac{\partial z}{\partial y}$, $\frac{\partial}{\partial x}f(x, y)$, $\frac{\partial}{\partial x}f(x, y)$

**예제 12.9** $f(x, y)=2x^3y^2+2y+4x$일 때 $(x, y)$에서의 $f_x$, $f_y$를 구하고, $f_x(1, 2)$, $f_y(1, 2)$를 구하시오.

**풀이** $f_x(x, y)=6x^2y^2+4$

$f_y(x, y)=4x^3y+2$

따라서, $f_x(1, 2)=28$, $f_y(1, 2)=10$이다. ■

**예제 12.10** $f(x, y)=2x+4y+x^2+\ln(x^2+y^2)$에서 $f$의 편도함수를 각각 구하시오.

**풀이**

$$\frac{\partial f}{\partial x}=2+0+2x+\frac{2x}{x^2+y^2}=2+2x+\frac{2x}{x^2+y^2}$$

$$\frac{\partial f}{\partial y}=0++4+0+\frac{2y}{x^2+y^2}=4+\frac{2y}{x^2+y^2}$$ ■

점 $(a, b)$에서 편미분계수를 구하는데 그 극한이 존재한다면 정의 12.7을 변형하여 다음과 같이 나타낼 수 있다.

$$f_x(a, b)=\lim_{x\to a}\frac{f(x, b)-f(a, b)}{x-a},$$

$$f_y(a, b)=\lim_{y\to b}\frac{f(a, y)-f(a, b)}{y-b}$$

**예제 12.11** 함수 $f(x, y)=\begin{cases}\dfrac{xy(x^2-y^2)}{x^2+y^2} & (x, y)\neq(0, 0)\\ 0 & (x, y)=(0, 0)\end{cases}$

에서 $f_x(0, y)=-y$임을 보여라.

**풀이** (i) 만약 $y\neq 0$이면 위 식에서

$$f_x(0,\ y)=\lim_{x\to 0}\frac{f(x,\ y)-f(0,\ y)}{x-0}$$
$$=\lim_{x\to 0}\frac{\dfrac{xy(x^2-y^2)}{x^2+y^2}-0}{x}$$
$$=\lim_{x\to 0}\frac{y(x^2-y^2)}{x^2+y^2}$$
$$=-\frac{y^3}{y^2}$$
$$=-y$$

(ii) 만약 $y=0$이면 위 식에서

$$f_x(0,\ 0)=\lim_{x\to 0}\frac{f(x,\ 0)-f(0,\ 0)}{x-0}$$
$$=\lim_{x\to 0}\frac{0-0}{x}$$
$$-0$$

따라서, $y\neq 0$일 때 $f_x(0,\ y)=-y$이고 $f_x(0,\ 0)=0$이므로 $f_x(0,\ y)=-y$이다. ■

**예제 12.12** $f(x,\ y)=\tan^{-1}\dfrac{y}{x}$의 편도함수를 구하여라.

**풀이** $$\frac{\partial}{\partial x}\left(\tan^{-1}\frac{y}{x}\right)=\frac{1}{1+\left(\dfrac{y}{x}\right)^2}\cdot\left(-\frac{y}{x^2}\right)=\frac{-y}{x^2+y^2}$$

$$\frac{\partial}{\partial y}\left(\tan^{-1}\frac{y}{x}\right)=\frac{1}{1+\left(\dfrac{y}{x}\right)^2}\cdot\frac{1}{x}=\frac{x}{x^2+y^2}$$ ■

### ◆ 편미분계수의 기하학적 의미

3차원 공간에 직교좌표계를 정하고 $(x,\ y,\ z)$를 공간좌표로 보면, $z=f(x,\ y)$는 곡면의 방정식이 된다.

$y=y_0$로 고정하고 $z=f(x,\ y_0)$를 $x$만의 함수로 보면, 이것은 곡면 $z=f(x,\ y)$를 xy-평면에 평행인 평면 $y=y_0$로 잘라서 생기는 곡면상의 곡선이 된다.

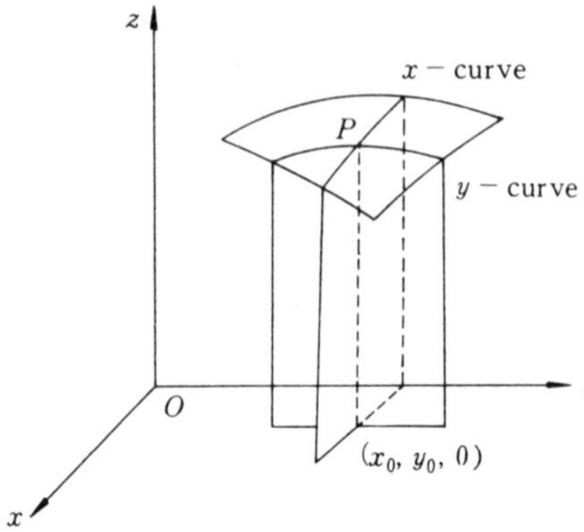


[그림 12.5]

이런 뜻에서 곡선 $z=f(x,\ y_0)$, $z=f(x_0,\ y)$를 각각 $x$-curve, $y$-curve라 부른다. 따라서 $f_x(x_0,\ y_0)$, $f_y(x_0,\ y_0)$는 각각 $x$-curve, $y$-curve의 점 $p(x_0,\ y_0,\ z_0)$에 있어서의 접선의 기울기가 된다.

〈정의 12.8〉

2변수함수 $z=f(x,\ y)$에 대해서 $f_x(a,\ b)$ 및 $f_y(a,\ b)$가 존재할 때, $z$는 점 $(a,\ b)$에서 **편미분가능**이라고 한다.

## 연습문제 12.2

**1.** 다음 함수의 원점에서의 편미분계수를 구하여라.

(1) $f(x,\ y)=\sqrt{xy}$

(2) $f(x,\ y)=\sqrt{x^2+y^2}$

(3) $f(x,\ y)=\begin{cases} \dfrac{xy}{\sqrt{x^2+y^2}} & (x,\ y)\neq(0,\ 0) \\ 0 & (x,\ y)=(0,\ 0) \end{cases}$

(4) $f(x, y)=\begin{cases} xy\sin\dfrac{1}{\sqrt{x^2+y^2}} & (x, y)\neq(0, 0) \\ 0 & (x, y)=(0, 0) \end{cases}$

**2.** 다음 함수의 편도함수를 구하여라.

(1) $z=\dfrac{x-y}{x+y}$

(2) $z=x\sin(y-x)$

(3) $z=\cot^{-1}\dfrac{y}{x}$

(4) $u=xy+yz+zx$

(5) $z=(x^2+y^2)\tan^{-1}\dfrac{y}{x}$

(6) $z=y\ln\sin x$

(7) $z=x^2\tan^{-1}\dfrac{y}{x}-y^2\tan^{-1}\dfrac{x}{y}$

(8) $u=\ln(x^3+y^3+z^3-3xyz)$

(9) $z=x\ln\dfrac{y}{x}$

(10) $z=\sin^{-1}\dfrac{y}{\sqrt{x^2+y^2}}$

**3.** $f(x, y)=2x^2-xy$일 때 $f_x(2, 3)$, $f_y(2, 3)$을 구하여라.

**4.** $f(x, y)=\ln(x^2y-xy^2)$일 때 $f_x(3, 2)$, $f_y(3, 2)$를 구하여라.

**5.** $u=\ln(\tan x+\tan y+\tan z)$일 때 다음 등식이 성립됨을 증명하여라.

$$\frac{\partial u}{\partial x}\sin 2x+\frac{\partial u}{\partial y}\sin 2y+\frac{\partial u}{\partial z}\sin 2z=2$$

**6.** $z=f(x+ht, y+kt)$일 때 $z_t=hz_x+kz_y$임을 증명하여라($h$, $k$는 상수).

**7.** $x=r\cos\psi$, $y=r\sin\psi$일 때 다음 등식을 증명하여라.

(1) $\dfrac{\partial x}{\partial r}=\dfrac{\partial r}{\partial x}$

(2) $\dfrac{\partial x}{\partial \theta}=r^2\dfrac{\partial \theta}{\partial x}$

(3) $\dfrac{\partial y}{\partial r}=\dfrac{\partial r}{\partial y}$

(4) $\dfrac{\partial y}{\partial \theta}=r^2\dfrac{\partial \theta}{\partial y}$

## 12.3 고차(계)편도함수

〈정의 12.9〉

2변수함수 $z=f(x, y)$의 편도함수 $z_x$, $z_y$는 또 하나의 2변수함수이므로, 이 함수의 편도함수가 또 다시 존재하면, 이것을 주어진 함수의 **제 2 차편도함수**(partial derivative of 2nd order)라 하고 다음 기호로 쓴다.

$$\frac{\partial}{\partial x}\left(\frac{\partial z}{\partial x}\right)=\frac{\partial^2 z}{\partial x \partial x}=\frac{\partial^2 z}{\partial x^2}=z_{xx}=f_{xx}=f_{xx}(x, y)$$

$$\frac{\partial}{\partial y}\left(\frac{\partial z}{\partial x}\right)=\frac{\partial^2 z}{\partial y \partial x}=z_{xy}=f_{xy}=f_{xy}(x, y)$$

$$\frac{\partial}{\partial x}\left(\frac{\partial z}{\partial y}\right)=\frac{\partial^2 z}{\partial x \partial y}=z_{yx}=f_{yx}=f_{yx}(x, y)$$

$$\frac{\partial}{\partial y}\left(\frac{\partial z}{\partial y}\right)=\frac{\partial^2 z}{\partial y \partial y}=\frac{\partial^2 z}{\partial y^2}=z_{yy}=f_{yy}=f_{yy}(x, y)$$

마찬가지로 **제 3 차편도함수**도 다음과 같이 나타낸다.

$$\frac{\partial}{\partial x}\left(\frac{\partial^2 z}{\partial x^2}\right)=\frac{\partial^3 z}{\partial x \partial x^2}=\frac{\partial^3 z}{\partial x^3}=z_{xxx}=f_{xxx}=f_{xxx}(x, y)$$

$$\frac{\partial}{\partial y}\left(\frac{\partial^2 z}{\partial x^2}\right)=\frac{\partial^3 z}{\partial y \partial x^2}=z_{xxy}=f_{xxy}=f_{xxy}(x, y)$$

$$\frac{\partial}{\partial x}\left(\frac{\partial^2 z}{\partial x \partial y}\right)=\frac{\partial^3 z}{\partial x \partial x \partial y}=\frac{\partial^3 z}{\partial x^2 \partial y}=z_{yxx}=f_{yxx}=f_{yxx}(x, y)$$

$$\frac{\partial}{\partial x}\left(\frac{\partial^2 z}{\partial y \partial x}\right)=\frac{\partial^3 z}{\partial x \partial y \partial x}=f_{xyx}=f_{xyx}(x, y)$$

이와 같은 방법을 계속하면 **제 $n$ 차편도함수**도 나타낼 수 있다.

**예제 12.13** $f(x, y)=x^3y+4xy^2$에서 $f_{xx}$, $f_{xy}$, $f_{yx}$, $f_{yy}$, $f_{xxx}$를 구하여라.

**풀이** $f_{xx}(x, y)=f_x(3x^2y+4y^2)=6xy$

$f_{xy}(x, y)=f_y(3x^2y+4y^2)=3x^2+8y$

$f_{yx}(x, y)=f_x(x^3+8xy)=3x^2+8y$

$f_{yy}(x, y)=f_y(x^3+8xy)=8x$

$f_{xxx}(x,\ y)=f_x(6xy)=6y$ ■

**예제 12.14** $V=x^3+y^3+2^3-3xy$일 때, $V_{xyz}=V_{zyx}$임을 밝혀라.

**풀이** $V_x=3x^2-3yz,\ V_{xy}=V_y(3x^2-3yz)=-3z,\ V_{xyz}=V_z(-3z)=-3$

$V_z=3z^2-3xy,\ V_{zy}=V_y(3z^2-3xy)=-3x,\ V_{zyx}=V(-3x)=-3$ ■

**예제 12.15** 함수 $f(x,\ y)=x^3+x^2y^3-2y^2$의 2계 편도함수를 모두 구하여라.

**풀이** $f_x(x,\ y)=3x^2+2xy^3,\ f_y(x,\ y)=3x^2y^2-4y$

이므로 2계 편도함수는

$$f_{xx}=\frac{\partial}{\partial x}(3x^2+2xy^3)=6x+2y^3$$

$$f_{xy}=\frac{\partial}{\partial y}(3x^2+2xy^3)=6xy^2$$

$$f_{yx}=\frac{\partial}{\partial x}(3x^2y^2-4y)=6xy^2$$

$$f_{yy}=\frac{\partial}{\partial x}(3x^2y^2-4y)=6x^2y-4$$

이다. ■

**정리 12.3** (Schwarz의 정리) 2변수함수 $f(x,\ y)$가 점 $(x,\ y)$ 근방에서 $f_{xy}(x,\ y),\ f_{yx}(x,\ y)$가 존재하고 연속이면, $f_{xy}(x,\ y)=f_{yx}(x,\ y)$이다.

**주의** (1) 일반적으로 고차편도함수에서도 그것이 연속일 때는 편미분의 순서를 바꿔도 된다. 예를 들면

$$\frac{\partial^3 z}{\partial x\partial y\partial x}=\frac{\partial}{\partial x}\left(\frac{\partial^2 z}{\partial y\partial x}\right)=\frac{\partial}{\partial x}\left(\frac{\partial^2 z}{\partial x\partial y}\right)=\frac{\partial^3 z}{\partial x^2\partial y}$$

(2) 편도함수가 연속이 아닌 경우에는 편미분의 순서를 바꾸면 다른 결과가 나온다. 즉, $f_{xy}\neq f_{yx}$인 예를 들면

$$f(x,\ y)=\begin{cases} \dfrac{xy(x^2-y^2)}{x^2+y^2} & (x,\ y)\neq(0,\ 0) \\ 0 & (x,\ y)=(0,\ 0) \end{cases}$$

에 대해서

$$f_x(0,\ y)=\lim_{h\to 0}\frac{1}{h}\{f(h,\ y)-f(0,\ y)\}=\lim_{h\to 0}\frac{y(h^2-y^2)}{h^2+y^2}=-y$$

$$f_y(x,\ 0)=\lim_{k\to 0}\frac{1}{k}\{f(x,\ k)-f(x,\ 0)\}=\lim_{k\to 0}\frac{x(x^2-k^2)}{x^2+k^2}=x$$

$$\therefore\ f_{xy}(0,\ 0)=\lim_{k\to 0}\frac{1}{k}\{f_x(0,\ k)-f_x(0,\ 0)\}=\lim_{k\to 0}\frac{1}{k}(-k)=-1$$

$$f_{yx}(0,\ y)=\lim_{h\to 0}\frac{1}{h}\{f_y(h,\ 0)-f_y(0,\ 0)\}=\lim_{h\to 0}\frac{1}{h}\cdot h=1$$

## 연습문제 12.3

**1.** 다음 각 함수의 제 2 차편도함수를 구하여라.

(1) $u=\dfrac{xy}{\sqrt{x^2-y^2}}$ (2) $u=\sin^{-1}\dfrac{x}{y}$

(3) $u=\dfrac{y\sin^{-1}x}{x^2+y^2}$ (4) $u=x^2$

(5) $z=x^3y+3x^2y^3$ (6) $z=e^{xy}\sin xy$

**2.** $f(x,\ y)=e^{-(x^2+y^2)}$일 때 $f_{xy}(-2,\ -3)$을 구하여라.

**3.** $f(x,\ y)=\tan^{-1}(x+y)$일 때 $f_{xx}(1,\ 2)$를 구하여라.

**4.** $(x,\ y)=(0,\ 0)$일 때는 $f(0,\ 0)=0$, $(x,\ y)\neq(0,\ 0)$일 때는 $f(x,\ y)=x^2\tan^{-1}\dfrac{y}{x}-y^2\tan^{-1}\dfrac{x}{y}$에 대해서 $f_{xy}(0,\ 0)$, $f_{yx}(0,\ 0)$을 구하여라(단, $f(x,\ 0)=\lim\limits_{y\to 0}f(x,\ y)$, $f(0,\ y)=\lim\limits_{y\to 0}f(x,\ y)$로 한다).

**5.** $z=e^{\alpha x}(\cos\beta y+\sin\beta y)$일 때 $\dfrac{\partial^2 z}{\partial x^2}+\dfrac{\partial^2 z}{\partial y^2}$를 구하여라(단, $\alpha$, $\beta$ : 상수).

**6.** $u=x^2+y^2+z^2$일 때 $\dfrac{\partial^2 u}{\partial x^2}+\dfrac{\partial^2 u}{\partial y^2}+\dfrac{\partial^2 u}{\partial z^2}$를 구하여라.

**7.** 점 $(x, y)$의 극좌표를 $(r, \theta)$로 하고 $u=\ln r$, $v=\theta$라 할 때 다음 식이 성립함을 증명하여라.

$$u_x=v_y, \quad u_y=-v_x, \quad u_{xx}+u_{yy}=0, \quad v_{xx}+v_{yy}=0$$

**8.** $u=f(x, y)$, $x=e^s\cos t$, $y=e^s\sin t$일 때 다음 식을 증명하여라.

$$u_{xx}+u_{yy}=e^{-2s}(u_{ss}+u_{tt})$$

**9.** (1) $u=\dfrac{1}{\sqrt{x^2+y^2+z^2}}$일 때, $\Delta u=u_{xx}+u_{yy}+u_{zz}=0$임을 증명하여라.

(2) $r^2=(x-a)^2+(y-b)^2+(z-c)^2$일 때 $\Delta\left(\dfrac{1}{r}\right)=0$임을 증명하여라.

## 12.4 합성함수의 편미분법

> 정리 12.4 (chain rule) 2변수함수 $z=f(x, y)$가 연속인 1차편도함수 $f_x$와 $f_y$를 가지고 $x=u(t)$, $y=v(t)$일 때, $x$, $y$가 각각 $t$에 관하여 미분가능하면
>
> $$\frac{dz}{dt}=\frac{\partial z}{\partial x}\frac{dx}{dt}+\frac{\partial z}{\partial y}\frac{dy}{dt}$$
>
> 이다.

증명 $t$의 증분 $\Delta t$에 대한 $x$, $y$, $z$의 증분을 각각 $\Delta x$, $\Delta y$, $\Delta z$라 하면

$$\frac{dz}{dt}=\lim_{\Delta t\to 0}\frac{\Delta z}{\Delta t} \qquad ①$$

그런데

$$\begin{aligned}\Delta z &= f(x+\Delta x,\ y+\Delta y)-f(x,\ y)\\ &= \{f(x+\Delta x,\ y+\Delta y)-f(x,\ y+\Delta y)\}+\{f(x,\ y+\Delta y)-f(x,\ y)\}\end{aligned}$$

이다. 우변의 제 1 항, 제 2 항에 각각 평균값 정리를 쓰면

$$\Delta z=\Delta x f_x(x+\theta_1\Delta x,\ y+\Delta y)+\Delta y f_y(x,\ y+\theta_2\Delta y)$$
$$(\text{단, } 0<\theta_1<1,\ 0<\theta_2<1)$$

이므로

$$\frac{\Delta z}{\Delta t}=f_x(x+\theta_1\Delta x,\ y+\Delta y)\frac{\Delta x}{\Delta t}+f_y(x,\ y+\theta_2\Delta y)\frac{\Delta y}{\Delta t} \qquad ②$$

이다. $f_x(x,\ y)$, $f_y(x,\ y)$는 미분가능하므로 연속이고 $x=u(t)$, $y=v(t)$는 미분가능하므로 ①, ②에 의해

$$\frac{dz}{dt}=f_x(x,\ y)\frac{dx}{dt}+f_y(x,\ y)\frac{dy}{dt}=\frac{\partial z}{\partial x}\frac{dx}{dt}+\frac{\partial z}{\partial y}\frac{dy}{dt}$$

이다. ■

**예제 12.16** $z=x^2e^y$, $x=\sin t$, $y=t^3$에서 $\dfrac{dz}{dt}$를 구하여라.

**풀이** $\dfrac{\partial z}{\partial x}=2xe^y$, $\dfrac{\partial z}{\partial x}=x^2e^y$, $\dfrac{dx}{dt}=\cos t$, $\dfrac{dy}{dt}=3t^2$ 이므로

$$\begin{aligned}\frac{dz}{dt}&=\frac{\partial z}{\partial x}\frac{dx}{dt}+\frac{\partial z}{\partial y}\frac{dy}{dt}=2xe^y\cos t+x^2e^y3t^2\\ &=2\sin te^{t^3}\cos t+3\sin^2 te^{t^3}t^2\end{aligned}$$

■

**정리 12.5** 3변수함수 $u=f(x,\ y,\ z)$는 연속인 1계 편도함수를 갖고, $x$, $y$ 및 $z$가 각각 미분가능한 $t$의 함수이면

$$\frac{du}{dt}=\frac{\partial u}{\partial x}\frac{dx}{dt}+\frac{\partial u}{\partial y}\frac{dy}{dt}+\frac{\partial u}{\partial z}\frac{dz}{dt}$$

이다.

증명 앞의 정리와 같은 방법으로 증명할 수 있다. ■

예제 12.17 $f(x, y, z)=2x^2+3y^2+4z^2$이고 $x=t^2$, $y=t+2$, $z=3t$일 때 $\frac{df}{dt}$를 구하여라.

풀이 $\frac{\partial f}{\partial x}=4x$, $\frac{\partial f}{\partial y}=6y$, $\frac{\partial f}{\partial z}=8z$, $\frac{dx}{dt}=2t$, $\frac{dy}{dt}=1$, $\frac{dz}{dt}=3$

이므로

$$\begin{aligned}\frac{df}{dt}&=4x\cdot 2t+6y\cdot 1+8z\cdot 3\\&=4t^2\cdot 2t+6(t+2)+24t\\&=8t^3+6t+12+24t\\&=2(4t^3+15t+6)\end{aligned}$$

■

**정리 12.6** 2변수함수 $z=f(x, y)$는 연속인 1계 편도함수를 갖고, $y$는 미분가능한 $x$의 함수 $y=g(x)$이면

$$\frac{dz}{dx}=\frac{\partial z}{\partial x}+\frac{\partial z}{\partial y}\frac{dy}{dx}$$

이다.

증명 chain rule에서 $x=t$이고 $y=g(x)$인 경우이므로 명백하다. ■

예제 12.18 $z=x^4+y^4$이고 $y=\cos x+e^x$일 때 $\frac{\partial z}{\partial x}$와 $\frac{dz}{dx}$를 구하여라.

풀이 $\frac{\partial z}{\partial x}=4x^3$이고 $\frac{\partial z}{\partial y}=4y^3$, $\frac{dy}{dx}=-\sin x+e^x$이므로

$$\begin{aligned}\frac{dz}{dx}&=4x^3+4y^3(e^x-\sin x)\\&=4x^3+4(\cos x+e^x)^3(e^x-\sin x)\end{aligned}$$

$$=4\{x^3+(\cos x+e^x)^3(e^x-\sin x)\}$$ ■

> **정리 12.7** 2변수함수 $z=f(x, y)$는 연속인 1계 편도함수를 갖고 $x=\theta(s, t)$, $y=\sigma(s, t)$이고, $x$, $y$ 또한 연속인 1계 편도함수를 가지면
>
> (i) $\dfrac{\partial z}{\partial s}=\dfrac{\partial z}{\partial x}\dfrac{\partial x}{\partial s}+\dfrac{\partial z}{\partial y}\dfrac{\partial y}{\partial s}$
>
> (ii) $\dfrac{\partial z}{\partial t}=\dfrac{\partial z}{\partial x}\dfrac{\partial x}{\partial t}+\dfrac{\partial z}{\partial y}\dfrac{\partial y}{\partial t}$
>
> 이다.

**증명** chain rule에서

(i) $\phi$, $\psi$에서 $t$를 상수로 보고 모두 $s$만의 함수로 생각하면 명백하다.

(ii) $\phi$, $\psi$에서 $s$를 상수로 보고 모두 $t$만의 함수로 생각하면 명백하다. ■

**예제 12.19** $z=f(x, y)$, $x=r\cos\theta$, $y=r\sin\theta$일 때, 다음 등식을 증명하여라.

$$\left(\frac{\partial z}{\partial x}\right)^2+\left(\frac{\partial z}{\partial y}\right)^2=\left(\frac{\partial z}{\partial r}\right)^2+\frac{1}{r^2}\left(\frac{\partial z}{\partial \theta}\right)^2$$

**풀이** $z$는 $x$, $y$의 함수이고, $x$, $y$는 다같이 $r$, $\theta$의 함수이므로

$$\frac{\partial z}{\partial r}=\frac{\partial z}{\partial x}\frac{\partial x}{\partial r}+\frac{\partial z}{\partial y}\frac{\partial y}{\partial r}=\frac{\partial z}{\partial x}\cos\theta+\frac{\partial x}{\partial r}\sin\theta$$

$$\frac{\partial z}{\partial \theta}=\frac{\partial z}{\partial x}\frac{\partial x}{\partial \theta}+\frac{\partial z}{\partial y}\frac{\partial y}{\partial \theta}=\frac{\partial z}{\partial x}(-r\sin\theta)+\frac{\partial z}{\partial y}r\cos\theta$$

$$\therefore \left(\frac{\partial z}{\partial r}\right)^2+\frac{1}{r^2}\left(\frac{\partial z}{\partial \theta}\right)^2$$

$$=\left(\frac{\partial z}{\partial x}\cos\theta+\frac{\partial z}{\partial y}\sin\theta\right)^2+\left(-\frac{\partial z}{\partial x}\sin\theta+\frac{\partial z}{\partial y}\cos\theta\right)^2$$

$$=\left(\frac{\partial z}{\partial r}\right)^2+\left(\frac{\partial z}{\partial \theta}\right)^2$$ ■

**정리 12.8** 3변수함수 $u=f(x, y, z)$가 연속인 1계 편도함수를 가지며, 또 $x$, $y$ 및 $z$가 각각 $s$와 $t$의 연속함수이고 1계 편도함수를 가지면

(i) $\dfrac{\partial u}{\partial s}=\dfrac{\partial u}{\partial x}\dfrac{\partial x}{\partial s}+\dfrac{\partial u}{\partial y}\dfrac{\partial y}{\partial s}+\dfrac{\partial u}{\partial z}\dfrac{\partial z}{\partial s}$

(ii) $\dfrac{\partial u}{\partial t}=\dfrac{\partial u}{\partial x}\dfrac{\partial x}{\partial t}+\dfrac{\partial u}{\partial y}\dfrac{\partial y}{\partial t}+\dfrac{\partial u}{\partial z}\dfrac{\partial z}{\partial t}$

이다.

**증명** 앞 정리의 증명에 따르면 된다. ■

**주의** (1) 위의 chain rule은 다음과 같이 일반화할 수 있다.
즉, $z=f(u_1, u_2, \cdots, u_n)$, $u_i=\phi_i(x_1, x_2, \cdots, x_n)$ $(i=1, 2, \cdots, n)$일 때

$$\frac{\partial z}{\partial x_m}=\frac{\partial f}{\partial u_1}\frac{\partial u_1}{\partial x_m}+\frac{\partial f}{\partial u_2}\frac{\partial u_2}{\partial x_m}+\cdots+\frac{\partial f}{\partial u_n}\frac{\partial u_n}{\partial x_m}$$

**예제 12.20** $x=r$, $y=r\cos t$, $z=r\sin t$이고 $u=xy+xz+yz$이라 할 때 $\dfrac{\partial u}{\partial r}$, $\dfrac{\partial u}{\partial t}$를 구하여라.

**풀이**

$$\begin{aligned}\frac{\partial u}{\partial r}&=\frac{\partial u}{\partial x}\cdot\frac{\partial x}{\partial r}+\frac{\partial u}{\partial y}\cdot\frac{\partial y}{\partial r}=\frac{\partial u}{\partial z}\cdot\frac{\partial z}{\partial r}\\&=(y+z)\cdot 1+(x+z)\cdot\cos t+(x+y)\cdot\sin t\\&=y+z+x\cos t+z\cos t+x\sin t+y\sin t\\&=r\cos t+r\sin t+r\cos t+r\sin t\cos t+r\sin t+r\cos t\sin t\\&=2r(\cos t+\sin t)+r(2\sin t\cdot\cos t)\\&=2r(\cos t+\sin t)+r\sin 2t\end{aligned}$$

$$\begin{aligned}\frac{\partial u}{\partial t}&=\frac{\partial u}{\partial x}\cdot\frac{\partial x}{\partial t}+\frac{\partial u}{\partial y}\cdot\frac{\partial y}{\partial t}=\frac{\partial u}{\partial z}\cdot\frac{\partial z}{\partial t}\\&=(y+z)\cdot 0+(x+z)\cdot(-r\sin t)+(x+y)\cdot r\sin t\\&=(r+r\sin t)(-r\sin t)+(r+r\cos t)\cdot r\cos t\\&=-r^2\sin t-r^2\sin^2 t+r^2\cos t+r^2\cos^2 t\\&=r\cos t+r\sin t+r\cos t+r\sin t\cos t+r\sin t+r\cos t\sin t\end{aligned}$$

$$= r^2(\cos t - \sin t) + r^2(\cos^2 t - \sin^2 t)$$
$$= r^2(\cos t - \sin t) + r^2 \cos 2t$$

을 얻는다. ■

**예제 12.21** $x^3 + x^2y - 10y^4 = 0$에서 $\dfrac{dy}{dx}$를 구하여라.

**풀이** $f(x, y) = x^3 + x^2y - 10y^4 = 0$라 하고

$$\frac{dy}{dx} = -\frac{\dfrac{\partial f}{\partial x}}{\dfrac{\partial f}{\partial y}} = -\frac{3x^2 + 2xy}{x^2 - 40y^3}$$ ■

**정리 12.9** 음함수 $f(x, y) = 0$에서 (단, $f_y(x, y) \neq 0$)

(i) $\dfrac{dy}{dx} = -\dfrac{f_x(x, y)}{f_y(x, y)}$

(ii) $\dfrac{d^2y}{dx^2} =$

$$\frac{f_{xx}(x, y)\{f_y(x, y)\}^2 - 2f_{xy}(x, y)f_x(x, y)f_y(x, y) + f_{yy}(x, y)\{f_x(x, y)\}^2}{\{f_y(x, y)\}^3}$$

이다.

**증명** $f(x, y) = 0$에서는 독립변수가 1개이므로 $x = x$, $y = \psi(x)$라 생각하여 chain rule을 적용하면

(i) $\dfrac{\partial f}{\partial x}\dfrac{dx}{dx} + \dfrac{\partial f}{\partial y}\dfrac{dy}{dx} = 0$에서 $\dfrac{\partial f}{\partial x} \neq 0$이므로 $\dfrac{dy}{dx} = -\dfrac{f_x(x, y)}{f_y(x, y)}$

(ii) $$\frac{d^2y}{dx^2} = \frac{\partial}{\partial x}\left(-\frac{f_x}{f_y}\right) + \frac{\partial}{\partial y}\left(-\frac{f_x}{f_y}\right)\frac{dy}{dx}$$
$$= -\frac{f_{xx}f_y - f_xf_{yx}}{\{f_y\}^2} - \frac{f_{xy}f_y - f_xf_{yy}}{\{f_y\}^2}\left(-\frac{f_x}{f_y}\right)$$
$$= -\frac{f_{xx}\{f_y\}^2 - f_{yx}f_xf_xf_y - f_{xy}f_xf_y + f_{yy}\{f_x\}^2}{\{f_y\}^3}$$
$$= \frac{f_{xx}(x, y)\{f_y(x, y)\}^2 - 2f_{xy}(x, y)f_x(x, y)f_y(x, y) + f_{yy}(x, y)\{f_x(x, y)\}^2}{\{f_y(x, y)\}^3}$$ ■

**예제 12.22** 타원 $\frac{x^2}{a^2}+\frac{y^2}{b^2}=1$ 위의 한 점 $(x_1, y_1)$에서의 접선의 방정식을 구하여라.

**풀이** $f(x, y)=\frac{x^2}{a^2}+\frac{y^2}{b^2}-1$이라고 하면 $\frac{\partial f}{\partial x}=\frac{2x}{a^2}$, $\frac{\partial f}{\partial y}=\frac{2y}{b^2}$이므로

$\frac{dy}{dx}=-\frac{b^2x}{a_2y}$이고 $\left[\frac{dy}{dx}\right]_{\substack{x=x_1\\y=y_1}}=-\frac{b^2x_1}{a_2y_1}$이다.

따라서 구하는 접선의 방정식은

$$y-y_1=-\frac{b^2x_1}{a^2y_1}(x-x_1)$$

이고, $\frac{x_1^2}{a^2}+\frac{y_1^2}{b^2}=1$을 위 식에 대입하면

$$\frac{x_1x}{a^2}+\frac{y_1y}{b^2}=1$$

이다. ■

## 연습문제 12.4

**1.** 다음 함수에서 $\frac{dz}{dt}$를 구하여라.

(1) $z=x^3+y^3,\ x=t,\ y=t^3$

(2) $z=\frac{y}{x},\ x=\cos t,\ y=\sin t$

(3) $z=\tan^{-1}(xy),\ x=\sin t,\ y=\sec t$

(4) $z=x\sin y,\ x=\frac{1}{t},\ y=\tan^{-1}t$

**2.** 다음 함수에 $f_x$, $f_y$ 및 $f_z$를 구하여라.

(1) $f(u, v)=uv,\ u=\ln(x+y+z),\ v=e^{x-y-z}$

(2) $f(u, v)=u\ln v,\ u=x\sin y+y\sin z,\ v=x\cos y+y\cos z$

**3.** $z=f(x,\ y)$가 $x+\mathrm{a}y$의 함수가 되기 위한 필요조건은 $\dfrac{\partial x}{\partial r}=a\dfrac{\partial r}{\partial x}$임을 밝혀라.

**4.** $x=r\cos\theta,\ y=r\sin\theta$ 일 때 $\dfrac{\partial z}{\partial r}=\dfrac{\partial x}{\partial r}$임을 밝혀라.

**5.** 직교좌표계를 극좌표계로 바꾸는 변환 $x=r\cos\theta,\ y=r\sin\theta$에서 $r$과 $\theta$를 $x$와 $y$의 함수로 표시하지 말고 $\dfrac{\partial r}{\partial x}$과 $\dfrac{\partial \theta}{\partial x}$를 구하여라.
$\left(\text{Hint : 양변을 } x\text{에 관하여 편미분한 다음 } \dfrac{\partial r}{\partial x}\text{와 } \dfrac{\partial \theta}{\partial x}\text{에 대하여 풀어라}\right)$.

## 12.5 전 미 분

〈정의 12.10〉

함수 $z=f(x,\ y)$에서 $x$가 어떤 값 $x$로부터 $x+\Delta x$로, $y$가 어떤 값 $y$로부터 $y+\Delta y$로 변할 때, 함수값이 변한 양 $f(x+\Delta x,\ y+\Delta y)-f(x,\ y)$를 점 $(x,\ y)$에서 증분 $\Delta x,\ \Delta y$에 대응하는 $z$의 **증분**이라 하고 $\Delta z$로 나타낸다. 즉,

$$\Delta z=f(x+\Delta x,\ y+\Delta y)-f(x,\ y)$$

이다.

정리 12.10 함수 $z=f(x,\ y)$에서, 세 함수 $f(x,\ y),\ f_x(x,\ y),\ f_y(x,\ y)$가 모두 점 $(x,\ y)$ 근방에서 연속이면

$$\Delta z\fallingdotseq f_x(x,\ y)\Delta x+f_y(x,\ y)\Delta y$$

이다.

증 명 $\Delta z=f(x+\Delta x,\ y+\Delta y)-f(x,\ y)$
$=\{f(x+\Delta x,\ y+\Delta y)-f(x,\ y+\Delta y)\}+\{f(x,\ y+\Delta y)-f(x,\ y)\}$

우변의 제 1 항과 제 2 항에 각각 평균값 정리를 적용하면

$$\frac{f(x+\Delta x,\ y+\Delta y)-f(x,\ y+\Delta y)}{\Delta x}=f_x(x+\theta_1\Delta x,\ y+\Delta y)\quad (0<\theta_1<1)$$

즉,

$$f(x+\Delta x,\ y+\Delta y)-f(x,\ y+\Delta y)=\Delta x f_x(x+\theta_1\Delta x,\ y+\Delta y)$$

마찬가지로 우변의 제 3 항과 4 항에 평균값 정리를 적용하면

$$f(x,\ y+\Delta y)-f(x,\ y)=\Delta y f_y(x,\ y+\theta_2\Delta y)\quad (0<\theta_2<1)$$
$$\therefore\ \Delta z=\Delta x f_x(x+\theta_1\Delta x,\ y+\Delta y)+\Delta y f_y(x,\ y+\theta_2\Delta y)$$

여기서,

$$f_x(x+\theta_1\Delta x,\ y+\Delta y)=f_x(x,\ y)+\varepsilon_1$$
$$f_y(x,\ y+\theta_2\Delta y)=f_y(x,\ y)+\varepsilon_2$$

라 두면, $f_x(x,\ y)$, $f_y(x,\ y)$가 연속이므로 $(\Delta x,\ \Delta y)\to(0,\ 0)$일 때 $(\varepsilon_1,\ \varepsilon_2)\to(0,\ 0)$이 되고

$$\Delta z=\Delta x f_x(x,\ y)+\Delta y f_y(x,\ y)+\varepsilon_1\Delta x+\varepsilon_2\Delta y$$

로 표현되어진다. 그런데 $(\Delta x,\ \Delta y)\to(0,\ 0)$일 때 $\varepsilon_1\Delta x$, $\varepsilon_2\Delta y$는 $f_x(x,\ y)\Delta x$, $f_y(x,\ y)\Delta y$보다 고위의 부한소이므로 $\Delta z$는 다음과 같다.

$$\Delta z\fallingdotseq f_x(x,\ y)\Delta x+f_y(x,\ y)\Delta y$$ ■

〈정의 12.11〉

함수 $z=f(x,\ y)$가 점 $(x,\ y)$ 근방에서 미분가능이고

$$f(x+\Delta x,\ y+\Delta y)-f(x,\ y)$$
$$=f_x(x,\ y)\Delta x+f_y(x,\ y)\Delta y+\varepsilon_1\cdot\Delta x+\varepsilon_2\cdot\Delta y,$$
$$\lim_{\substack{\Delta x\to 0\\ \Delta y\to 0}}\frac{\varepsilon_1\Delta x+\varepsilon_2\Delta y}{\sqrt{(\Delta x)^2+(\Delta y)^2}}=0$$

이 성립할 때, $f(x, y)$는 점 $(x, y)$에서 전미분가능(totally differentiable)이라고 한다.

정리 12.11 함수 $z=f(x, y)$가 한 점 $(x, y)$ 근방에서 연속인 편도함수를 가지면, $f(x, y)$는 점 $(x, y)$에서 전미분가능하다.

〈정의 12.12〉

함수 $z=f(x, y)$가 점 $(x, y)$에서 전미분가능할 때

$$f_x(x, y)\Delta x+f_y(x, y)\Delta y$$

를 함수 $z=f(x, y)$의 점 $(x, y)$에서의 증분 $\Delta x$와 $\Delta y$에 따르는 전미분(total differential)이라 하고, 기호 $dz$로 나타낸다. 즉,

$$dz=f_x(x, y)\Delta x+f_y(x, y)\Delta y$$

특히, $f(x, y)=x$일 때는 $dx=\Delta x$, $f(x, y)=y$일 때는 $dy=\Delta y$이므로 전미분은 다음과 같이 나타낼 수 있다.

$$dz=f_x(x, y)dx+f_y(x, y)dy$$

주의 (1) 전미분은 다변수함수 $z=f(x_1, x_2, \cdots, x_n)$에 대해서도 마찬가지로 적용되며 $dz=f_{x_1}dx_1+f_{x_2}dx_2+\cdots+f_{x_n}dx_n$이다.

**예제 12.23** $z=f(x, y)=x^2+3xy-y^2$일 때 전미분 $dz$를 구하여라.

풀이 $\frac{\partial z}{\partial x}=2x+3y$, $\frac{\partial z}{\partial y}=3x-2y$이므로

$$dz=(2x+3y)dx+(3x-2y)dy$$ ■

**예제 12.24** 가로 $x$, 세로 $y$인 직사각형의 면적 $S$에 대한 전미분 $dS$와 증분 $\Delta S$를 구하고, 그 차이와 $dS$를 그림에서 지적하여라.

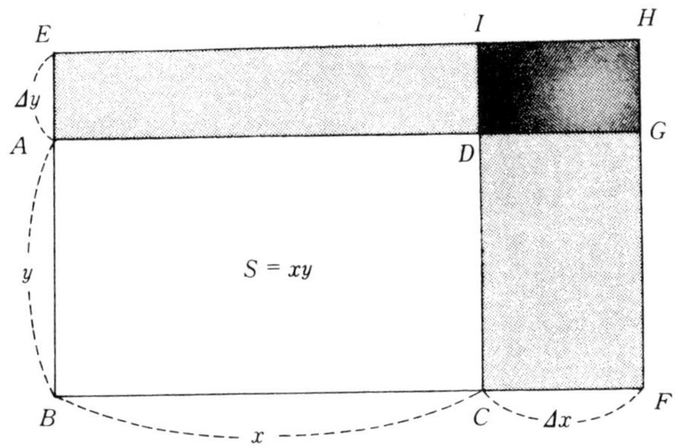


[그림 12.6]

**풀이** $S=xy$이므로

$$dS=\frac{\partial S}{\partial x}dx+\frac{\partial S}{\partial y}dydy=y\,dx+x\,dy$$
$$\Delta S=(x+\Delta x)(y+\Delta y)-xy=y\Delta x+x\Delta y+\Delta x\Delta y$$

이고 $\Delta x=dx$, $\Delta y=dy$이므로 $\Delta S-dS=\Delta x\cdot\Delta y=\square DGHI$이고

$$dS=\square ADIE+\square CDGF$$

이다. ■

**예제 12.25** 금속으로 된 원통형의 붓꽂이가 있다. 내부의 밑면의 반지름의 길이는 4cm, 높이는 8cm이다. 그리고 금속의 두께는 1mm이다. 이 금속의 부피의 근사값을 구하여라.

**풀이** 붓꽂이의 내부의 부피를 $V$, 반지름의 길이를 $r$, 높이를 $h$라 하면 $V=\pi r^2h$이다.
이때 $V$의 전미분 $dV$는 $V$가 변화한 양이므로 곧 금속의 부피가 된다.
이때 $r=4$, $h=8$, $\Delta r=0.1$, $\Delta h=0.1$이므로

$$dV=\frac{\partial V}{\partial r}\Delta r+\frac{\partial V}{\partial h}\Delta h$$
$$=2\pi rh\Delta r+\pi r^2\Delta h$$

$$=2\pi\cdot 4\cdot 8\cdot 0.1+\pi\cdot 4^2\cdot 0.1$$
$$=8\pi$$

따라서, 부피의 근사값은 $8\pi\,\text{cm}^3$이다. ■

## 연습문제 12.5

**1.** 다음 함수의 전미분을 구하여라.

(1) $z=(x^2-y^2)^3$ (2) $z=\ln\sqrt{1+x^2+y^2}$

(3) $z=\sin^{-1}\left(\dfrac{x}{y}\right)$ (4) $z=xy^2z^3$

**2.** 직사각형의 두 변을 재서 각각 5.3 cm와 12 cm를 얻었다. 이때 다같이 0.1 cm의 오차가 생겼다면, 면적을 계산할 때 생길 수 있는 최대오차를 구하여라.

**3.** $z=x^2-2xy+3y^2$에서 $x=2$, $y=1$, $\Delta x=0.3$, $\Delta y=0.1$일 때 $dz$를 구하여라.

**4.** $x=r\cos\theta$, $y=r\sin\theta$일 때 $dx$, $dy$를 구하고, 다음 식을 증명하여라.

(1) $x\,dy-y\,dx=r^2d\theta$ (2) $x\,dx+y\,dx=r\,dr$

(3) $(dx)^2+(dy)^2=r^2(d\theta)^2+(dr)^2$

**5.** $\dfrac{x^2}{a^2}+\dfrac{y^2}{b^2}+\dfrac{z^2}{c^2}=1$에서 $x$, $y$을 독립변수로 하는 $dz$, $d^2z$를 구하여라.

**6.** $u=f(ax+by+c)$일 때 다음 등식을 증명하여라.

$$d^nu=f^{(n)}(ax+by+c)(adx+bdy)^n$$

## 12.6 Taylor 정리의 확장

정리 12.12 (Taylor정리) 함수 $z=f(x, y)$가 점 $(a, b)$에서 연속인 제 $n$차 편도함수를 가지면

$$f(a+h, b+k)=f(a, b)+\left(h\frac{\partial}{\partial x}+k\frac{\partial}{\partial y}\right)f(a, b)$$
$$+\left(h\frac{\partial}{\partial x}+k\frac{\partial}{\partial y}\right)^2 f(a, b)+\cdots$$
$$+\frac{1}{(n-1)!}\left(h\frac{\partial}{\partial x}+k\frac{\partial}{\partial y}\right)^{n-1} f(a, b)$$
$$+\left(h\frac{\partial}{\partial x}+k\frac{\partial}{\partial y}\right)^n f(a+\theta h, b+\theta k)$$

(단, $0<\theta<1$)이다.

〈따름정리 12.13〉

$$f(x, y)=f(a, b)+\left\{(x-a)\frac{\partial}{\partial x}+(y-b)\frac{\partial}{\partial y}\right\}f(a, b)$$
$$+\frac{1}{2!}\left\{(x-a)\frac{\partial}{\partial x}+(y-b)\frac{\partial}{\partial y}\right\}^2 f(a, b)+\cdots$$
$$+\frac{1}{(n-1)!}\left\{(x-a)\frac{\partial}{\partial x}+(y-b)\frac{\partial}{\partial y}\right\}^{n-1} f(a, b)$$
$$+\frac{1}{n!}\left\{(x-a)\frac{\partial}{\partial x}+(y-b)\frac{\partial}{\partial y}\right\}^n$$
$$\cdot f(a+\theta(x-a), b+\theta(y-b)) \qquad (0<\theta<1)$$

예제 12.26 $f(x, y)=x^2+4xy+3y^2+2x+4y+1$을 $(x-1)$, $(y-2)$의 다항식으로 나타내어라.

풀이 $f_x=2x+4y+2$, $f_y=4x+6y+4$, $f_{xx}=2$, $f_{xy}=4$, $f_{yx}=4$, $f_{yy}=6$, $f_{xxx}=f_{xxy}=f_{xyy}=f_{yyy}=\cdots=0$이므로

$$f(1,\ 2)=32,\quad f_x(1,\ 2)=12,\quad f_y(1,\ 2)=20,$$
$$f_{xx}(1,\ 2)=2,\ f_{xy}(1,\ 2)=4,\quad f_{yy}(1,\ 2)=6$$

이다.

$$\begin{aligned}\therefore\ f(x,\ y)&=32+12(x-1)+20(y-2)\\&\quad+\frac{1}{2!}\{2(x-1)^2+8(x-1)(y-2)+6(y-2)^2\}\\&=32+12(x-1)+20(y-2)+(x-1)^2\\&\quad+4(x-2)(y-2)+3(y-2)^2\end{aligned}$$

■

**정리 12.14** (Maclaurin의 정리)

$$\begin{aligned}f(x,\ y)&=f(0,\ 0)+\left(x\frac{\partial}{\partial x}+y\frac{\partial}{\partial y}\right)f(0,\ 0)\\&\quad+\frac{1}{2!}\left(x\frac{\partial}{\partial x}+y\frac{\partial}{\partial y}\right)^2 f(0,\ 0)+\cdots\\&\quad+\frac{1}{(n-1)!}\left(x\frac{\partial}{\partial x}+y\frac{\partial}{\partial y}\right)^{n-1} f(0,\ 0)\\&\quad+\frac{1}{n!}\left(x\frac{\partial}{\partial x}+y\frac{\partial}{\partial y}\right)^n f(\theta x,\ \theta y)\qquad(0<\theta<1)\end{aligned}$$

**증명** Taylor의 정리에서 $a=b=0$, $h=x$, $k=y$라 하면, Maclaurin의 정리가 나온다. ■

**예제 12.27** $f(x,\ y)=e^{x+y}$을 Maclaurin의 급수로 전개하여라.

**풀이** $f_x=f_y=f_{xx}=f_{xy}=f_{yy}=\cdots=e^{x+y}$

$\left(x\frac{\partial}{\partial x}+y\frac{\partial}{\partial y}\right)^k f(0,\ 0)=(x+y)^k$이다$(k=1,\ 2,\ \cdots)$.

$$\therefore\ e^{x+y}=1+(x+y)+\frac{1}{2!}(x+y)^2+\cdots+\frac{1}{k!}(x+y)^k+\cdots$$

■

## 연습문제 12.6

**1.** $f(x, y)=x\ln(x-y)$의 (2, 1)에 관한 Taylor 급수를 구하여라.

**2.** $f(x, y)=ax^2+2hxy+by^2+2gx+2fy+c$일 때 $f(x+x_0, y+y_0)$를 $x$, $y$의 멱으로 전개하여라.

**3.** $\sqrt{x+h}\sin(y+k)$에 Taylor의 정리를 적용하여라.

**4.** 다음 함수의 주어진 점에 관한 전개식을 구하여라.

(1) $f(x, y)=x^2+xy$, (2, 3) (2) $f(x, y)=x^2+2xy^2$, (1, 1)

**5.** 다음 함수를 Maclaurin의 급수로 전개하여라.

(1) $f(x, y)=\sin(x+y)$ (2) $f(x, y)=e^{xy}$

**6.** $y=f(x, y)=e^x\ln(1+y)$를 (0, 0)을 중심으로 하여 전개하되, 3차 항까지만 구하여라.

**7.** 다음 함수에 Maclaurin의 정리를 적용하여라.

(1) $e^{ax}\cos by$ (3차 항까지) (2) $\sqrt{1-x^2-y^2}$ (4차 항까지)

**8.** 임의의 실수 $t$에 대하여 항상 $f(xt, yt)=t^n f(x, y)$이면
$\left(x\dfrac{\partial}{\partial x}+y\dfrac{\partial}{\partial y}\right)^k f(x, y)=n(n-1)\cdots(n-k+1)f(x, y)$가 됨을 증명하여라.

## 12.7 2변수함수의 극치

〈정의 12.13〉

함수 $z=f(x, y)$에서, 점 $(a, b)$ 근방의 임의의 점$(a+h, b+k)$에 대하여

(i) $f(a, b)\geq f(a+h, b+k)$이면, 점 $(a, b)$를 극대점(relative maximum point), $f(a, b)$를 $f(x, y)$의 극대값(relative maximum value)이라 하고

(ii) $f(a, b)\leq f(a+h, b+k)$이면, 점 $(a, b)$를 극소점(relative minimum point),

$f(a, b)$를 $f(x, y)$의 극소값(relative minimum valus)이라 한다. 또 극대값, 극소값을 통틀어 $f(x, y)$의 극치(extremum)라 한다.

---

**정리 12.15** 함수 $z=f(x, y)$가 점 $(a, b)$에서 극치를 취하면

$$f_x(a, b)=0, \quad f_y(a, b)=0$$

이다.

---

**주의** 쌍곡포물선 $z=\frac{x^2}{a^2}-\frac{y^2}{b^2}$에서 $f_x(x, y)=\frac{2x}{a^2}$이고, $f_y(x, y)=-\frac{2y}{b^2}$이므로 $f_x(0, 0)=f_y(0, 0)=0$이다. 그러나 쌍곡포물면에서 알 수 있듯이 원점은 극대점도 극소점도 아니다. 이러한 점을 **안장점**(saddle point)이라 한다.

다음 정리는 2변수함수에 대한 극치 판정법이다.

---

**정리 12.16** 함수 $z=f(x, y)$가 점 $(a, b)$ 근방에서 연속인 2계편도함수를 가지고 $x=a$, $y=b$에서 $f_x(a, b)=0$, $f_y(a, b)=0$ 일 때

$$\Delta=f_{xx}(a, b)f_{yy}(a, b)-f_{xy}^2(a, b)\text{라 두면}$$

다음이 성립한다.

(i) $\Delta>0$이고 $f_{xx}(a, b)<0$이면, $f(x, y)$는 $(a, b)$에서 극대

(ii) $\Delta>0$이고 $f_{xx}(a, b)>0$이면, $f(x, y)$는 $(a, b)$에서 극소

(iii) $\Delta<0$이면, $f(x, y)$는 $(a, b)$에서 극치를 갖지 않는다.

(iv) $\Delta=0$이면, $f(x, y)$는 이것만으로는 극치의 판정이 안된다.

---

**예제 12.28** 직방체의 모서리의 합이 일정할 때 그 체적이 최대가 되는 것을 구하여라.

**풀이** 구하는 직방체의 가로, 세로, 높이를 각각 $x$, $y$, $z$라 하면

$$x+y+z=a \text{ (일정)}$$

이고 체적은 $xyz$이므로 이것은

$$f(x,\ y)=xy(a-x-y)$$

로 표시된다.

그런데 $x$, $y$의 움직이는 구간은

$$0<x<a \quad 0<y<a \quad 0<a-x-y$$

이므로 그림 12.7의 삼각형 $OAB$의 부분이다. 여기서 $f(x,\ y)$는 그 주변에서 0이 되고 내부에서 양이 되므로 이것이 최대가 되는 것은 삼각형의 내부에 있음을 알 수 있다. 따라서

$$\begin{cases} f_x(x,\ y)=y(a-x-y)-xy=y(a-2x-y)=0 \\ f_y(x,\ y)=x(a-x-y)-xy=x(a-x-2y)=0 \end{cases}$$

에서

$$x=y=\frac{a}{3},\quad z=\frac{a}{3}$$

를 얻는다. 또한

$f_{xx}(x,\ y)=-2y,\quad f_{yy}(x,\ y)=-2x$이고

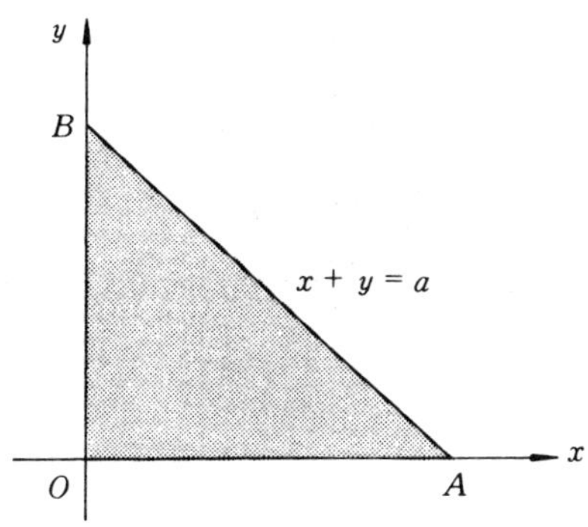


[그림 12.7]

$$f_{xy}(x,\ y)=a-2x-2y \text{이므로 } \left(\frac{a}{3},\ \frac{a}{3}\right)\text{에서}$$

$$\varDelta=f_{xx}\left(\frac{a}{3},\ \frac{a}{3}\right)f_{yy}\left(\frac{a}{3},\ \frac{a}{3}\right)-f_{xy}^2\left(\frac{a}{3},\ \frac{a}{3}\right)=\frac{a^2}{3}>0$$

$$f_{xx}\left(\frac{a}{3},\ \frac{a}{3}\right)<0$$

이므로 $f(x,\ y)$는 $\left(\frac{a}{3},\ \frac{a}{3}\right)$에서 최대값을 가진다. 즉, 직방체가 입방체일 때 체적은 최대가 된다. ■

**예제 12.29** 함수 $f(x,\ y)=\frac{x^2}{a^2}+\frac{y^2}{b^2}$의 극치를 구하여라.

**풀이**

$$\begin{cases} f_x(x,\ y)=\dfrac{2x}{a^2}=0 \\ f_y(x,\ y)=\dfrac{2y}{b^2}=0 \end{cases}$$

에서 $x=0,\ y=0$을 얻는다. 다음

$$f_{xx}(x,\ y)=\frac{2}{a^2},\quad f_{xy}(x,\ y)=0,\quad f_{yy}(x,\ y)=\frac{2}{b^2}\text{에서}$$

$$f_{xx}(0,\ 0)f_{yy}(0,\ 0)-\{f_{xy}(0,\ 0)\}^2=\frac{4}{a^2b^2}>0$$

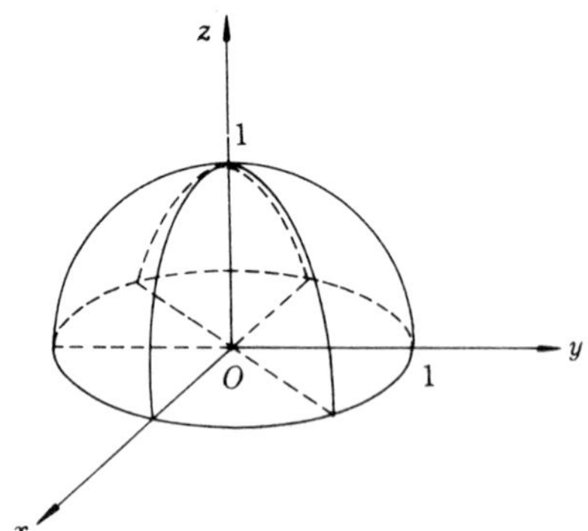


[그림 12.8]

이고 $f_{xx}(0, 0)=\frac{2}{a^2}>0$이므로 $f(x, y)$는 $x=0$, $y=0$에서 극소가 되며 극소값은 0이 된다. ■

주의 (2) 쌍곡포물면 $f(x, y)=\frac{x^2}{a^2}-\frac{y^2}{b^2}$에서는 $b^2$ 대신 $-b^2$을 대입하면 되므로 $f_x(0, 0)=f_y(0, 0)=0$이지만 $\Delta=-\frac{4}{a^2b^2}<0$이 되어 (iii)에 의해 (0, 0)에서 $f(x, y)$는 극치를 취하지 못한다.

**예제 12.30** $f(x, y)=x^3-3xy+y^3$의 극치를 구하여라.

**풀이** $f_x=3x^2-3y$, $f_y=-3x+3y^2$, $f_{xx}=6x$, $f_{xy}=-3$, $f_{yy}=6y$이므로 $f_x(0, 0)=f_y(0, 0)=0$이고 $f_x(1, 1)=f_y(1, 1)=0$이다.

$$\Delta=f_{xx}(0, 0)f_{yy}(0, 0)-f^2{}_{xy}(0, 0)=-9<0$$
$$\Delta=f_{xx}(1, 1)f_{yy}(1, 1)-f^2{}_{xy}(1, 1)=27>0$$

또, $f_{xx}(1, 1)=6>0$이므로 $f(1, 1)=-1$은 극소값이다. ■

**예제 12.31** 반지름 $r$인 원에 내접하는 삼각형의 최대면적과 그 모양을 구하여라.

**풀이** $\triangle ABC$의 면적을 $S$, 원의 중심에서 세 꼭지점에 이르는 반지름에 의해 만들어지는 중심각을 $x$, $y$, $z$라 하면, $x+y+z=2\pi$이고

$$S=\frac{r^2}{2}(\sin x+\sin y+\sin z)=\frac{r^2}{2}\{\sin x+\sin y-\sin(x+y)\}$$

이다. $f(x, y)=\sin x+\sin y-\sin(x+y)$라 하면
$f_x=\cos x-\cos(x+y)$, $f_y=\cos y-\cos(x+y)$이므로

$$f_2\left(\frac{2\pi}{3}, \frac{2\pi}{3}\right)=f_y\left(\frac{2\pi}{3}, \frac{2\pi}{3}\right)=0$$

이다. $\left(\frac{2}{3}\pi, \frac{2}{3}\pi\right)$에서 $\Delta$의 부호를 조사하면

$$f_{xx}=-\sin x+\sin(x+y),\quad f_{xy}=\sin(x+y)$$

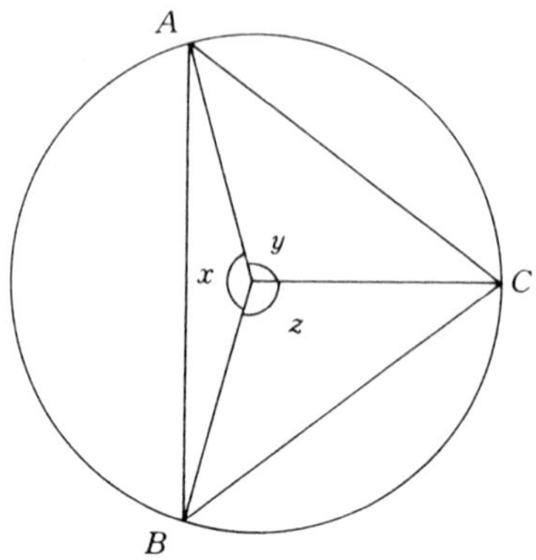


[그림 12.9]

$f_{yy}=-\sin y+\sin(x+y)$이므로

$$\begin{aligned}\Delta&=f_{xx}\left(\frac{2\pi}{3}, \frac{2\pi}{3}\right)f_{yy}\left(\frac{2\pi}{3}, \frac{2\pi}{3}\right)-f_{xy}^2\left(\frac{2\pi}{3}, \frac{2\pi}{3}\right)\\&=(-\sqrt{3})(-\sqrt{3})-\left(-\frac{\sqrt{3}}{2}\right)^2=\frac{9}{4}>0\end{aligned}$$

이다. 여기서 $f_{xx}\left(\frac{2\pi}{3}, \frac{2\pi}{3}\right)=-\sqrt{3}<0$이므로 $f(x, y)$는 이 점에서 극대값을 가진다. 즉,

$$S=\frac{r^2}{2}f\left(\frac{2\pi}{3}, \frac{2\pi}{3}\right)=\frac{3\sqrt{3}}{4}r^2$$

은 면적의 극대값이자 최대값이다.

$x=y=\frac{2\pi}{3}$이면 $z=\frac{2\pi}{3}$이므로, 정삼각형일 때 최대면적이 된다. ■

---

**정리 12.17** 음함수 $f(x, y)=0$가 주어졌을 때 점 $(a, b)$에서 $f(a, b)=0$, $f_x(a, b)=0$이고 $f_y(a, b)\neq 0$인 경우

(i) $\frac{f_{xx}}{f_y}>0$이면, $x=ha$에 대하여 $y=b$는 극대가 되고,

(ii) $\frac{f_{xx}}{f_y}<0$이면, $x=a$에 대하여 $y=b$는 극소가 된다.

**예제 12.32** $f(x,\ y)=x^4+2x^2+y^3-y=0$에서 $y$의 극치를 구하여라.

**풀이** $f_x=4x(x^2+1)$, $f_y=3y^2-1$, $f_{xx}=4(3x^2+1)$이므로

$f=0$, $f_x=0$을 연립해서 풀면 다음 세 가지 경우가 나온다.

(i) $x=y=0$ (ii) $x=0,\ y=1$ (iii) $x=0,\ y=-1$

$y''=-\dfrac{4(3x^2+1)}{3y^2-1}$이므로

(i) $x=y=0$이면, $y''=4>0$

∴ $y$는 극소값 0을 갖는다.

(ii) $x=0,\ y=1$이면, $y''=-2<0$

∴ $y$는 극대값 1을 갖는다.

(iii) $x=0,\ y=-1$이면, $y''=-2<0$

∴ $y$는 극대값 $-1$을 갖는다. ■

**예제 12.33** $f(x,\ y)=x^4+2a^2x^2+ay^3-a^3y=0\ (a>0)$에서 $y$의 극대·극소값을 구하여라.

**풀이** $f_x=4(x^3+a^2x)=0$과 $f=0$을 연립해서 풀면

(i) $\begin{cases} x=0 \\ y=0 \end{cases}$ (ii) $\begin{cases} x=0 \\ y=a \end{cases}$ (iii) $\begin{cases} x=0 \\ y=-a \end{cases}$

$f_y=3ay^2-a^3$, $f_{xx}=4(3x^2+a^2)$이므로

$$\frac{d^2y}{dx^2}=-\frac{4(3x^2+a^2)}{3ay^2-a^3}$$

(i)일 때 $\dfrac{d^2y}{dx^2}=\dfrac{4}{a}>0$이므로 $y$는 극소값 0을 갖는다.

(ii)일 때 $\dfrac{d^2y}{dx^2}=-\dfrac{2}{a}<0$이므로 $y$는 극대값 $a$를 갖는다.

(iii)일 때 $\dfrac{d^2y}{dx^2}=-\dfrac{2}{a}>0$이므로 $y$는 극대값 $-a$를 갖는다. ■

## 연습문제 12.7

**1.** 다음 각 함수의 극치를 구하여라.

(1) $x^2+2xy+y^2-3x+2$　　(2) $4xy-x^4-y^4$

(3) $x^2+2xy+y^2-x+4$　　(4) $2x^4-x^2+3y^2$

(5) $xy-\ln(x^2+y^2)$　　(6) $x^2+1+2x\sin y$

(7) $\cos(x+y)+\sin x+\cos y$　　(8) $xy+\dfrac{a}{x}+\dfrac{a}{y}\quad(a>0)$

**2.** $z=f(x, y)$, $\phi(x, y)=0$일 때 $z$를 $x$의 함수로 생각하고, 그의 극대½극소를 구하는 방법을 설명하여라.

**3.** 2변수 $x$ 및 $y$ 사이에 $x^3+y^3=3xy$인 관계가 있을 때, $x^2+y^2$의 극대값 및 극소값을 구하여라.

**4.** $y^2-x^3$의 극대ʌ극소를 구하여라.

**5.** 세 변의 길이의 합이 일정한 삼각형 중 그 면적이 최대인 것을 구하여라.

**6.** 둘레의 길이가 일정한 삼각형을 그 한 변을 $x$축으로 하여 회전하였을 때 생기는 입체의 체적을 최대가 되게 하여라.

**7.** 다음 $x$의 함수 $y$의 극대·극소를 구하여라.

$$\begin{cases} x=a(t-\sin t) \\ y=a(1-\cos t) \end{cases}$$

**8.** 다음 함수의 극치를 구하여라.

$$f(x, y)=\frac{x+2y+3}{\sqrt{x^2+y^2+1}}$$

CHAPTER

# 13 중 적 분

## 13.1 2중적분

〈정의 13.1〉

$xy$-평면상의 영역 $D=\{(x, y)|a\leq x\leq b, c\leq y\leq d\}$에서 구간 $[a, b]$, $[c, d]$를 각각 $n$, $m$개의 분점에 따라

$$a=x_0<x_1<x_2<\cdots<x_{n-1}<x_n=b$$
$$c=y_0<y_1<y_2<\cdots<y_{m-1}<y_m=d$$

와 같이 나누어 각 분점에서부터 $y$축 및 $x$축에 평행선을 그어 $D$를 $mn$개의 직사각형으로 나누었을 때, 이들 직사각형의 집합을 영역 $D$의 **분할**(partition)이라 하고 $P$로 나타낸다. 또 이들 직사각형에서 가장 긴 대각선의 길이를 $P$의 Norm이라 하고 $\delta$로 나타낸다.

분할 $P$의 직사각형 $x_{i-1}\leq x\leq x_i$, $y_{k-1}\leq y\leq y_k$ $(i=1, 2, \cdots, n\ ; k=1, 2, \cdots, m)$를 분할 $P$의 **분할사각형**(partitioning rectangle)이라 하고 $D_{ik}$로 나타내며 그 면적을 $\Delta D_{ik}$로 표시한다.

함수 $z=f(x, y)$가 영역 $D$에서 연속이고, 점 $(\xi_i, \eta_k)$를 분할사각형 $D_{ik}$의 임의의 점이라 할 때 합 $\sum_{i,k} f(\xi_i, \eta_k)\ \Delta D_{ik}$를 분할 $P$에 대한 $f(x, y)$의 Riemann합이라 한다.

여기서 $P$의 Norm $\delta$가 0에 한없이 가까워지도록 $P$를 세분해 가면 $D$의 분할방법이나 $(\xi_i, \eta_k)$의 선택방법에 상관없이 Riemann 합이 일정한 값에

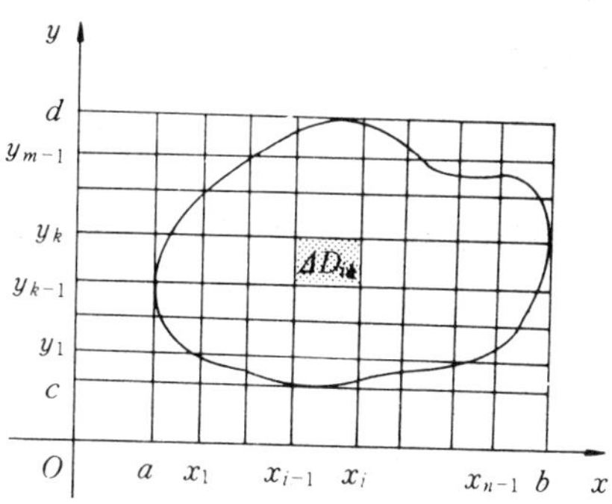


[그림 13.1]

수렴하면 $z=f(x,\ y)$는 $D$에서 적분가능(integrable)이라 하고, 이 극한값을 영역 $D$에 대한 $f(x,\ y)$의 2중적분(double integral)이라 하며 다음과 같이 나타낸다.

$$\lim_{\delta \to 0} \sum_{i,\ k} f(\xi_i,\ \eta_k) \Delta D_{ik} = \iint_D f(x,\ y)\, dD = \iint_D f(x,\ y)\, dx\, dy$$

특히 여기에서 $f(x,\ y)_{\gamma}0$인 경우 $f(\xi_i,\ \eta_k)\ \Delta D_{ik}$는 그림 13.2에서 보듯이 $D_{ik}$를 밑면으로 하고 높이가 $f(\xi_i,\ \eta_k)$인 수직기둥의 체적이다.

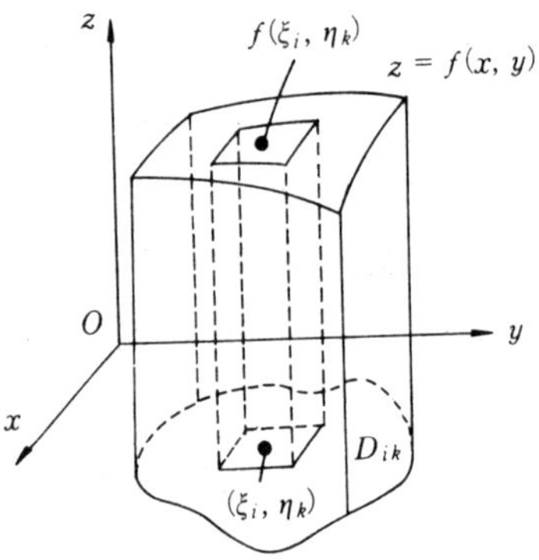


[그림 13.2]

$f(x,\ y)dD$는 이런 수직기둥 체적들의 합의 극한이므로 결국 기하학적 의미는 밑변을 $D$로 하고 윗면이 $z=f(x,\ y)$인 수직기둥의 체적이다.

이와 같이, 1변수함수의 적분인 단일적분(simple integral)을 2변수함수에 대해서 확장한 것이 2중적분이다.

2중적분에 있어서도 단일적분일 때와 같이 다음 성질이 성립함을 알 수 있다.

정리 13.1

(i) $f(x,\ y)$가 $D$에서 연속이면 적분가능하다.

(ii) $D=D_1 \cup D_2,\ D_1 \cap D_2 = \phi$일 때

$$\iint_D f(x,\ y)dD=\iint_{D_1} f(x,\ y)dD+\iint_{D_2} f(x,\ y)dD$$

(iii) $a$, $b$가 상수일 때

$$\iint_D \{af(x,\ y)+bg(x,\ y)\}dD=a\iint_D f(x,\ y)dD+b\iint_D g(x,\ y)dD$$

(iv) $f(x,\ y)$가 $D$에서 적분가능이면, $|f(x,\ y)|$도 적분가능이고

$$\left|\iint_D f(x,\ y)dD\right| \leq \iint_D |f(x,\ y)|dD$$

(v) $D$에서 $f(x,\ y)$의 상한, 하한을 각각 $M$, $m$이라 하고 $D$의 면적을 $\Delta D$라 하면, 다음 등식을 만족하는 $\mu$가 적어도 하나 존재한다(평균값의 정리).

$$\iint_D f(x,\ y)dD=\mu\Delta D \qquad (m\leq\mu\leq M)$$

정리 13.2 $xy$-평면상의 두 곡선 $y=\varphi_1(x)$, $y=\varphi_2(x)$에 대해서, 함수 $z=f(x,\ y)$가 $D=\{(x,\ y)\,|\,a\leq x\leq b,\ \varphi_1(x)\leq y\leq\varphi_2(x)\}$에서 연속이면

$$F(x)=\int_{\varphi_1(x)}^{\varphi_2(x)} f(x,\ y)dy$$

도 $[a,\ b]$에서 연속이다 .

증명

$$\begin{aligned}
F(x+h)-F(x)&=\int_{\varphi_1(x+h)}^{\varphi_2(x+h)} f(x+h,\ y)dy-\int_{\varphi_1(x)}^{\varphi_2(x)} f(x,\ y)dy\\
&=\int_{\varphi_1(x+h)}^{\varphi_1(x)} f(x+h,\ y)dy+\int_{\varphi_1(x)}^{\varphi_2(x)} f(x+h,\ y)dy\\
&\quad+\int_{\varphi_2(x)}^{\varphi_2(x+h)} f(x+h,\ y)dy-\int_{\varphi_1(x)}^{\varphi_2(x)} f(x,\ y)dy\\
&=\int_{\varphi_1(x)}^{\varphi_2(x)} \{f(x+h,\ y)-f(x,\ y)\}dy\\
&\quad+\int_{\varphi_1(x+h)}^{\varphi_1(x)} f(x+h,\ y)dy+\int_{\varphi_2(x)}^{\varphi_2(x+h)} f(x+h,\ y)dy.
\end{aligned}$$

$f(x,\ y)$가 연속이므로 $\lim_{h\to 0}|f(x+h,\ y)-f(x,\ y)|=0,\ \lim_{h\to 0}|\varphi_1(x+h)-\varphi_1(x)|=0,$ $\lim_{h\to 0}|\varphi_2(x+h)-\varphi_2(x)|=0$이다. 따라서 $\lim_{h\to 0}F(x+h)=F(x)$이고 $F(x)$는 $[a,\ b]$에서 연속이다. ▨

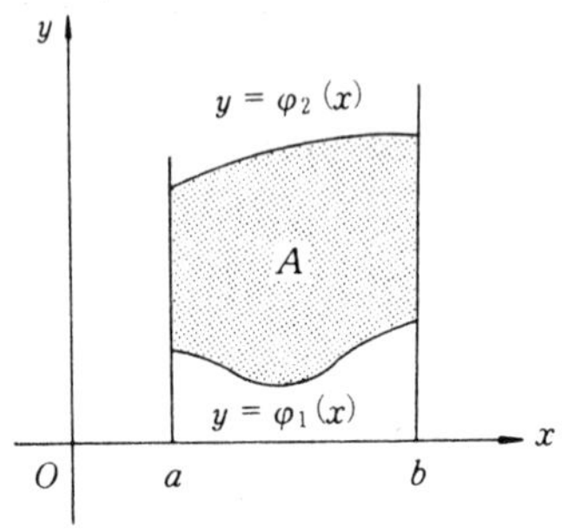


[그림 13.3]

주의 (1) 정리 13.2의 영역과 같이 $D=\{(x,\ y)\,|\,a\le x\le b,\ \varphi_1(x)\le y\le \varphi_2(x)\}$를 종선형 폐영역이라 하고, 반대로 $D=\{(x,\ y)\,|\,\phi_1(y)\le x\le \phi_2(y),\ c\le y\le d\}$를 횡선형 폐영역이라 한다.

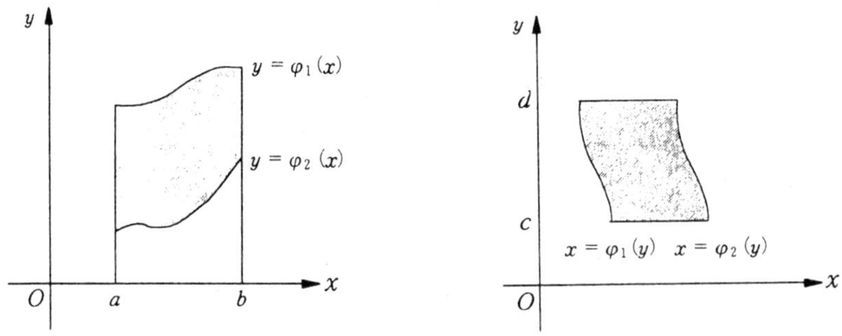


종선형 폐영역 횡선형 폐영역

[그림 13.4]

**정리 13.3** (반복적분, interated integral)

(i) 함수 $z=f(x,\ y)$가 직사각형 영역 $D=\{(x,\ y)\,|\,a\le x\le b,\ c\le y\le d\}$에서 연속이면

$$\iint_D f(x, y)dx\,dy=\int_a^b\left\{\int_c^d f(x, y)dy\right\}dx$$

이다.

(ii) 함수 $z=f(x, y)$가 직사각형 영역 $D=\{(x, y)\mid a\leq x\leq b, c\leq y\leq d\}$에서 연속이면

$$\iint_D f(x, y)dx\,dy=\int_c^d\left\{\int_a^b f(x, y)dx\right\}dy$$

이다.

증명 (i) $z=f(x, y)$에서 $x$를 고정한 다음 $y$에 관해 적분한 값을 $F(x)=\int_c^d f(x, y)dy$라 두면 $x_{i-1}<\xi_i<x_i$인 $\xi_i$에 대하여

$$F(\xi_i)=\int_c^d f(\xi_i, y)dy=\sum_{k=1}^{m}\int_{y_{k-1}}^{y_k} f(\xi_i, y)dy \quad ①$$

$\int_{y_{k-1}}^{y_k} f(\xi_i, y)dy$에 대하여 평균값 정리를 적용하면

$$\int_{y_{k-1}}^{y_k} f(\xi_i, y)dy=f(\xi_i, \eta_k)(y_k-y_{k-1}) \quad (\text{단, } y_{k-1}<\eta_k<y_k) \quad ②$$

인 $\eta_k$가 적어도 하나 존재한다. ①, ②에서 $F(\xi_i)=\sum_{k=1}^{m} f(\xi_i, \eta_k)(y_k-y_{k-1})$이므로

$$\sum_{i=1}^{n} F(\xi_i)(x_i-x_{i-1})=\sum_{i=1}^{n}\sum_{k=1}^{m} f(\xi_i, \eta_k)(y_k-y_{k-1})(x_i-x_{i-1}).$$

양변에 극한을 취하면

$$\begin{aligned}\text{좌변}&=\lim_{n\to\infty}\sum_{i=1}^{n} F(\xi_i)(x_i-x_{i-1})=\int_a^b F(x)dx\\ &=\int_a^b\left\{\int_c^d f(x, y)dy\right\}dx \quad ③\end{aligned}$$

이고,

$$\text{우변} = \lim_{\substack{n\to\infty \\ m\to\infty}} \sum_{i=1}^{n} \sum_{k=1}^{m} f(\xi_i,\ \eta_k)(y_k - y_{k-1})(x_i - x_{i-1})$$

$$= \lim_{\substack{n\to\infty \\ m\to\infty}} \sum_{i=1}^{n} \sum_{k=1}^{m} f(\xi_i,\ \eta_k)\Delta D_{ik} = \iint_D f(x,\ y)\,dx\,dy \qquad ④$$

③, ④에서 $\iint_D f(x,\ y)dx\,dy = \int_a^b \left\{ \int_c^d f(x,\ y)dy \right\} dx$

(ii) (i)과 같은 방법으로 하면

$$\iint_D f(x,\ y)dx\,dy = \int_c^d \left\{ \int_a^b f(x,\ y)dx \right\} dy$$ ■

**정리 13.4 (반복적분)**

(i) 함수 $z=f(x,\ y)$가 종선형 폐영역 $D=\{(x,\ y)\,|\,a \le x \le b,\ \varphi_1(x) \le y \le \varphi_2(x)\}$에서 연속이면

$$\iint_D f(x,\ y)dx\,dy = \int_a^b \left\{ \int_{\varphi_1(x)}^{\varphi_2(x)} f(x,\ y)dy \right\} dx$$

이다.

(ii) 함수 $z=f(x,\ y)$가 횡선형 폐영역 $D=\{(x,\ y)\,|\,\phi_1(y) \le x \le \phi_2(y),\ c \le y \le d\}$에서 연속이면 2중적분은 다음과 같이 반복적분으로 구할 수 있다.

$$\iint_D f(x,\ y)dx\,dy = \int_c^d \left\{ \int_{\varphi_1(x)}^{\varphi_2(x)} f(x,\ y)dx \right\} dy$$

증명 (i) 정리 13.3의 증명에서 $F(x) = \int_{\varphi_1(x)}^{\varphi_2(x)} f(x,\ y)dy$라 두어 같은 방법으로 전개시키면 된다. ■

주의 (2) 평면상의 모든 폐영역은 종선형과 횡선형 두 가지 방법으로 나타낼 수 있으며 어떤 경우이든지 간에 적분순서는 상수구간으로 나타낸 변수를 나중에 적분한다.

(3) 영역 $D$가 그림 13.5와 같이 종선형 폐영역이면서 횡선형 폐영역이면

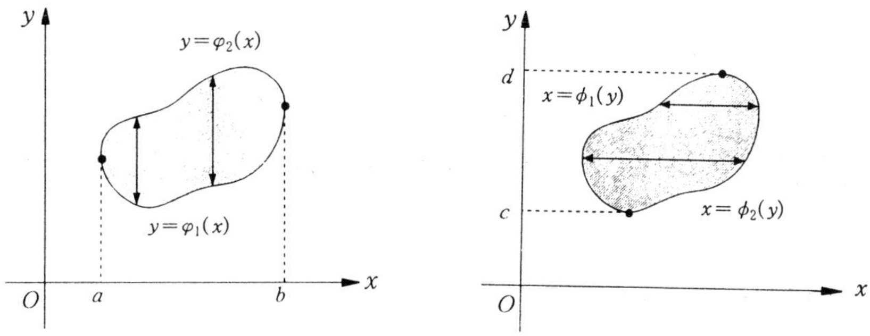


[그림 13.5]

$$\iint_D f(x,\ y)dx\,dy=\int_a^b\left\{\int_{\varphi_1(x)}^{\varphi_2(x)}f(x,\ y)dy\right\}dx$$
$$=\int_c^d\left\{\int_{\varphi_1(y)}^{\varphi_2(y)}f(x,\ y)dx\right\}dy$$

즉, 적분의 순서를 바꿔도 된다.

(4) $\int_a^b\left\{\int_{\varphi_1(x)}^{\varphi_2(x)}f(x,\ y)dy\right\}dx$는 $\int_a^b\int_{\varphi_1(x)}^{\varphi_2(x)}f(x, y)dy\,dx$ 또는 $\int_a^b dx\int_{\varphi_1(x)}^{\varphi_2(x)}f(x,\ y)dy$로도 적는다.

(5) 특히, $F(x,\ y)=h(x)\cdot g(y)$와 같이 변수분리형이면

$$\int_c^d\int_a^b f(x,\ y)dx\,dy=\left\{\int_a^b h(x)dx\right\}\left\{\int_c^d g(y)dy\right\}$$

이다.

**예제 13.1** $D=\int_0^a\int_0^{\frac{y^2}{a}}e^{\frac{x}{y}}dx\,dy$를 구하여라.

**풀이** $D=\int_0^a\left[\int_0^{\frac{y^2}{a}}e^{\frac{2}{y}}dx\right]dy$

$=\int_0^a\left[ye^{\frac{x}{y}}\right]^{\frac{y^2}{a}}dy$

$=\int_0^a(ye^{\frac{y}{a}}-y)dy$

$=\left[aye^{\frac{y}{a}}-a^2e^{\frac{y}{a}}-\frac{1}{2}y^2\right]_0^a$

$$=\frac{1}{2}a^2$$ ■

**예제 13.2** $D=\{(x,\ y)\,|\,x^2+y^2\le a^2,\ x\ge 0,\ y\ge 0\}$일 때 $A=\iint_D xy\,dx\,dy$를 구하여라.

**풀이** $D=\{(x,\ y)\,|\,0\le x\le a,\ 0\le y\le\sqrt{a^2-x^2}\}$이므로

$$A=\int_0^a\left(\int_0^{\sqrt{a^2-x^2}}xy\,dy\right)dx=\int_0^a\left[\frac{xy^2}{2}\right]_0^{\sqrt{a^2-x^2}}dx$$

$$=\frac{1}{2}\int_0^a x(a^2-x^2)\,dx=\frac{1}{2}\left[\frac{a^2x^2}{2}-\frac{x^4}{4}\right]_0^a=\frac{a^4}{8}$$ ■

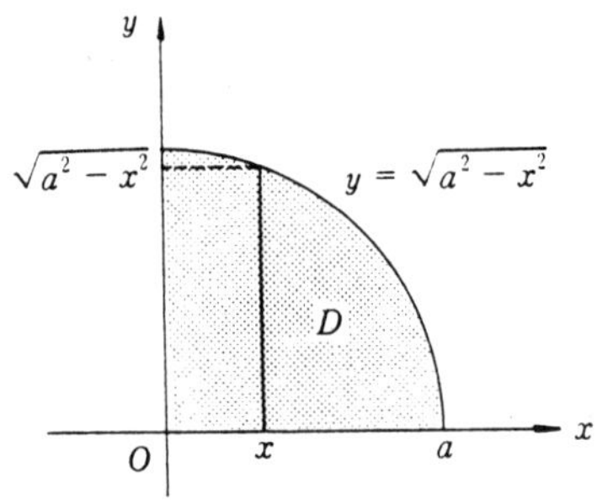


[그림 13.6]

**예제 13.3** $D$가 다음 (1), (2), (3)의 경우에 대해서 2중적분 $A=\iint_D x^3y\,dx\,dy$를 구하여라.

(1) $D$가 $a\le x\le b,\ c\le y\le d$인 직사각형 영역

(2) $D$가 $y=x^2,\ x=2$ 및 $x$축으로 둘러싸인 영역

(3) $D$가 $x^2+y^2=1,\ y=x$ 및 $y$축으로 둘러싸인 1사분면의 영역

**풀이** (1) 변수분리형이므로

$$A=\left(\int_a^b x^3dx\right)\left(\int_c^d y\,dy\right)=\left[\frac{x^4}{4}\right]_a^b\left[\frac{y^2}{2}\right]_c^d=\frac{1}{8}(b^4-a^4)(d^2-c^2)$$

(2) $$A=\int_0^2\int_0^{x^2}x^3y\,dy\,dx=\int_0^2\left[x^3\frac{y^2}{2}\right]_0^{x^2}dx=\int_0^2\frac{x^7}{2}dx=\left[\frac{x^8}{16}\right]_0^2=16$$

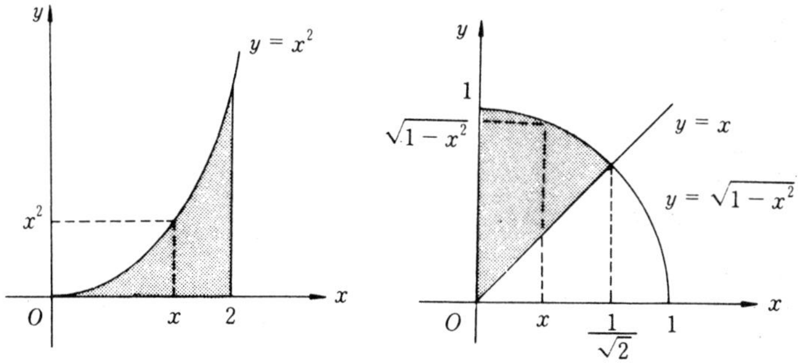


[그림 13.7]

$$(3)\ A=\int_0^{\frac{1}{\sqrt{2}}}\int_x^{\sqrt{1-x^2}} x^3y\,dy\,dx=\int_0^{\frac{1}{\sqrt{2}}} x^3\left[\frac{y^2}{2}\right]_x^{\sqrt{1-x^2}} dx$$

$$=\int_0^{\frac{1}{\sqrt{2}}} x^3\cdot\frac{1-x^2-x^2}{2}dx=\frac{1}{2}\int_0^{\frac{1}{\sqrt{2}}}(x^3-2x^5)\,dx$$

$$=\frac{1}{2}\left[\frac{x^4}{4}-\frac{x^6}{3}\right]_0^{\frac{1}{\sqrt{2}}}=\frac{1}{96}$$

주의 (6) 위의 (3), (4)의 경우 적분순서를 바꿔서 계산하면 다음과 같다.

$$(3)\ A=\int_0^4\int_{\sqrt{y}}^2 x^3y\,dx\,dy=\int_0^4 y\left[\frac{x^4}{4}\right]_{\sqrt{y}}^2 dy=\int_0^4 y\left(4-\frac{y^2}{4}\right)dy$$

$$=\left[2y^2-\frac{y^4}{16}\right]_0^4 16$$

$$(4)\ A=\int_0^{\frac{1}{\sqrt{2}}}\int_0^y x^3y\,dx\,dy+\int_{\frac{1}{\sqrt{2}}}^1\int_0^{\sqrt{1-y^2}} x^3y\,dx\,dy=\frac{1}{192}+\frac{1}{192}=\frac{1}{96}$$

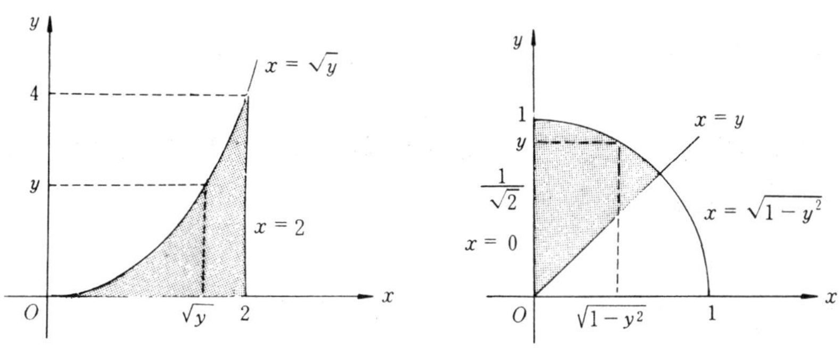


[그림 13.8]

## 연습문제 13.1

**1.** 다음 2중적분을 구하여라.

(1) $\int_0^{-2}\int_0^3 x^2 dx\,dy$ (2) $\int_0^4\int_{-y}^{y^2} xy\,dx\,dy$

(3) $\int_1^4\int_y^{y^2}(-x^2\sqrt{y})dx\,dy$ (4) $\int_{-1}^3\int_0^{3y}(x^2+y^2)dx\,dy$

(5) $\int_0^{\pi}\int_0^{y^2}\sin\frac{x}{y}\,dx\,dy$ (6) $\int_0^1\int_{x^2}^x\sqrt{\frac{x}{y}}\,dx$

(7) $(x-y)dy$ (8) $\int_2^4 dx\int_1^{x^2}\frac{x}{y^2}dy$

(9) $\iint_D e^{px+qy}dx\,dy \quad (pq\neq 0), \qquad D: 0\leq x\leq a,\ \ 0\leq y\leq a$

(10) $\iint_D dx\,dy, \qquad D: y\leq 2x,\ \ x\leq 2y,\ \ x+y\leq 3$

(11) $\iint_D(x^2-3xy)dx\,dy, \qquad D: 1\leq x\leq 2,\ \ \frac{1}{x}\leq y\leq 2$

(12) $\iint_D ye^{xy}dx\,dy, \qquad D: 1\leq x\leq 2,\ \ \frac{1}{x}\leq y\leq 2$

(13) $\iint_D x^2y\,dx\,dy, \qquad D: y\leq x-2,\ \ x+x^2\leq 4$

(14) $\iint_D\sqrt{4ay-x^2}\,dx\,dy, \quad D: x^2+y^2\leq 2ay$

**2.** 2중적분 $I=\iint_D x\,dx\,dy$를 다음 각 영역에서 구하여라.

(1) $x^2+y^2\leq 4,\ \ x+y\geq 2$ (2) $\sqrt{\frac{x}{a}}+\sqrt{\frac{y}{b}}b\leq 1,\ \ x\geq 0,\ y\geq 0$

**3.** 적분영역 $A$가 원점을 중심으로 하는 반지름 $a$의 원의 제 1 상한의 부분일 때 $A=\iint_A xy\,dx\,dy$를 구하여라.

**4.** 평면 $\frac{x}{a}+\frac{y}{b}+\frac{z}{c}=1$과 세 좌표면에 의하여 만들어지는 삼각뿔의 체적을 구하여라.

## 13.2 극좌표에 의한 2중적분

**정리 13.5**

(i) 극좌표에 의한 영역 $D=\{(r,\ \theta)\,|\,a\leq r\leq b,\ \alpha\leq\theta\leq\beta\}$에서 함수 $f(x,\ y)$가 연속이면

$$\iint_D f(x,\ y)dx\,dy=\int_\alpha^\beta\left\{\int_a^b f(r\cos\theta,\ r\sin\theta)r\,dr\right\}d\theta$$

(ii) 극좌표에 의한 영역 $D=\{(r,\ \theta)\,|\,\varphi_1(\theta)\leq r\leq\varphi_2(\theta),\ \alpha\leq\theta\leq\beta\}$에서 함수 $f(x,\ y)$가 연속이면

$$\iint_D f(x,\ y)dx\,dy=\int_\alpha^\beta\left\{\int_{\varphi_1(\theta)}^{\varphi_2(\theta)} f(r\cos\theta,\ r\sin\theta)r\,dr\right\}d\theta$$

이다.

**증명** (i) 직각좌표 $(x,\ y)$를 극좌표 $(r,\ \theta)$로 치환하면

$$x=r\cos\theta,\qquad y=r\sin\theta$$

이다. 이때 영역 $D$를 직사각형으로 분할하는 대신 극 $O$를 시점으로 하는 반직선과 극을 중심으로 하는 동심원으로 그림 13.9와 같이 분할하면

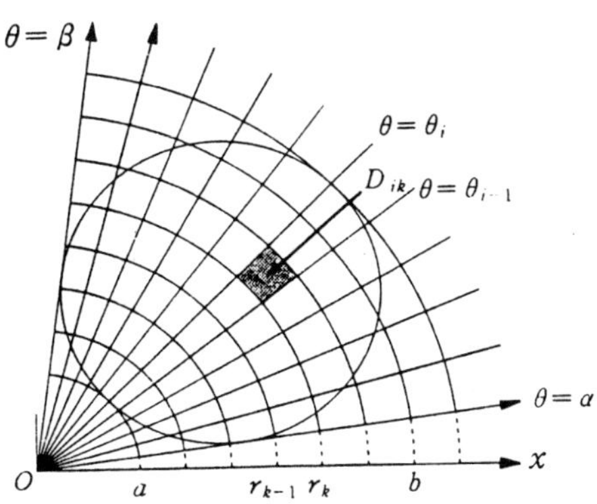


[그림 13.9]

$$a=r_0<r_1<\cdots<r_{m-1}<r_m=b$$
$$\alpha=\theta_0<\theta_1<\cdots<\theta_{n-1}<\theta_n=\beta$$

영역 $D$는 $mn$개의 소영역 $D_{ik}$로 분할되고, $\Delta\theta_i=\theta_i-\theta_{i-1}$, $\Delta r_k=r_k-r_{k-1}$로 두면 $D_{ik}$의 면적 $\Delta D_{ik}$는

$$\Delta D_{ik}=\frac{1}{2}(r_k^2-r_{k-1}^2)\Delta\theta_i=\frac{1}{2}(r_k+r_{k-1})(r_k-r_{k-1})\Delta\theta_i\fallingdotseq r_k\Delta r_k\Delta\theta_i\,.$$

따라서

$$\sum_{i=1}^{n}\sum_{k=1}^{m}f(r_k\cos\theta_i,\ r_k\sin\theta_i)\Delta D_{ik}=\sum_{i=1}^{n}\left\{\sum_{k=1}^{m}f(r_k\cos\theta_i,\ r_k\sin\theta_i)r_k\Delta r_k\right\}\Delta\theta_i$$

이때 $r$와 $\theta$의 분할을 한없이 잘게 세분할 때, 위 Riemann합의 극한값은 $\int_\alpha^\beta\left\{\int_a^b f(r\cos\theta,\ r\sin\theta)r\,dr\right\}d\theta$이 된다. 그러므로

$$\iint_D f(x,\ y)dx\,dy=\int_\alpha^\beta\left\{\int_a^b f(r\cos\theta,\ r\sin\theta)r\,dr\right\}d\theta$$

(ii) (i)과 마찬가지로 하면 된다. ■

**예제 13.4** $D=\{(x,\ y)\,|\,1\leq x^2+y^2\leq 4,\ 0\leq y\leq\sqrt{3}\,x\}$일 때 $\iint_D(x^2+y^2)^{\frac{3}{2}}dx\,dy$의 값을 구하여라.

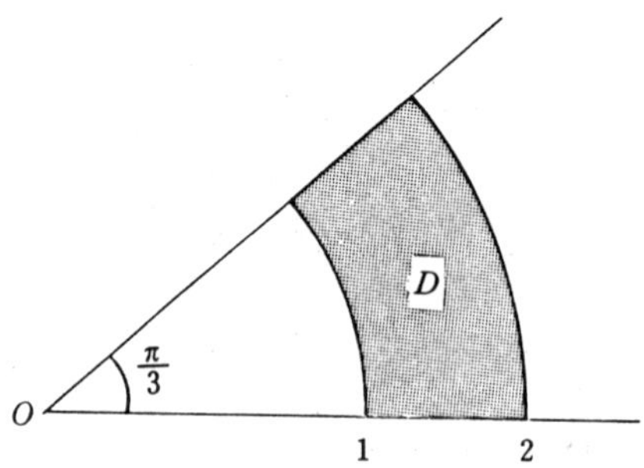


[그림 13.10]

**풀이** $D=\left\{(r,\ \theta)\,\middle|\,1\le r\le 2,\ 0\le\theta\le\frac{\pi}{3}\right\}$이므로

$(x^2+y^2)^{\frac{3}{2}}=(r^2\cos^2\theta+r^2\sin^2\theta)^{\frac{3}{2}}=r^3$이다. 그러므로

$$\iint_D (x^2+y^2)^{\frac{3}{2}}dx\,dy=\int_0^{\frac{\pi}{3}}\int_1^2 r^3\cdot r\,dr\,d\theta=\int_0^{\frac{\pi}{3}}\left[\frac{r^2}{5}\right]_1^2 d\theta$$

$$=\left[\frac{31}{5}\theta\right]_0^{\frac{\pi}{3}}=\frac{31}{15}\pi$$

■

**예제 13.5** $D=\{(x,\ y)\,|\,x^2+y^2-2x\le 0,\ x^2+y^2\ge 1\}$일 때 $\iint_D \sqrt{x^2+y^2}\,dx\,dy$를 구하여라.

**풀이** $r^2-2r\cos\theta\le 0$이고 $r^2\ge 1$이므로 $1\le r\le 2\cos\theta$, $r=1$, $r=2\cos\theta$를 연립하여 풀면 $\theta=\frac{\pi}{3}$, $-\frac{\pi}{3}$이다. 그러므로

$$\iint_D \sqrt{x^2+y^2}\,dx\,dy=\int_{-\frac{\pi}{3}}^{\frac{\pi}{3}}\int_1^{2\cos\theta} r\cdot r\,dr\,d\theta=\frac{1}{3}\int_{-\frac{\pi}{3}}^{\frac{\pi}{3}}(8\cos^3\theta-1)d\theta$$

$$=\frac{8}{3}\int_{-\frac{\pi}{3}}^{\frac{\pi}{3}}\cos\theta(1-\sin^2\theta)d\theta-\left[\frac{1}{3}\theta\right]_{-\frac{\pi}{3}}^{\frac{\pi}{3}}$$

$$=2\sqrt{3}-\frac{2}{9}\pi$$

이다. ■

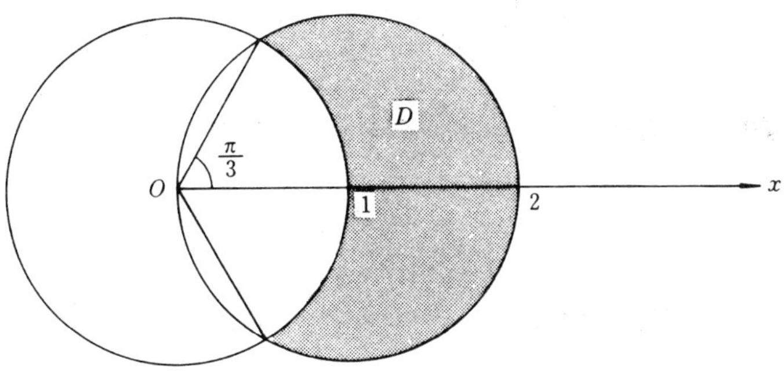


[그림 13.11]

〈정의 13.2〉 (광의의 2중적분)

영역 $D$ 내에 $f(x, y)$가 불연속인 점이 유한개 있으면 그 근방을 $D$에서 제외한 부분 $D'$에 있어서의 적분

$$\iint_{D'} f(x, y)dx\,dy$$

를 구하고, $D'$를 점차 확대시켜 $D$에 한없이 가까이 갈 때의 극한값으로서

$$\iint_{D} f(x, y)dx\,dy$$

를 정의한다.

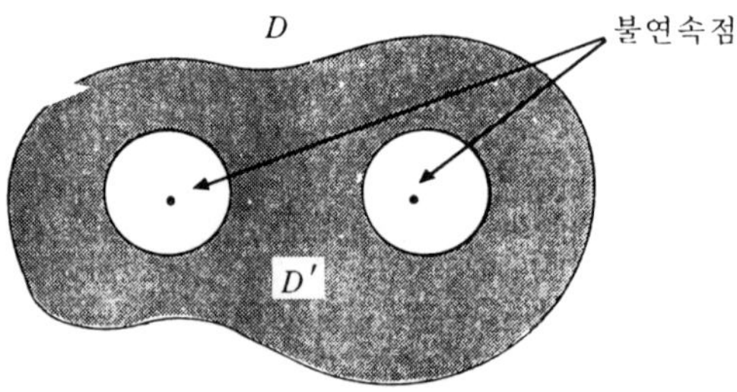


[그림 13.12]

**예제 13.6** $D=\{(x, y)\,|\,x^2+y^2\leq 1\}$일 때 다음을 구하여라.

$$A=\iint_D \frac{dx\,dy}{(x^2+y^2)^{\frac{\alpha}{2}}} \quad (\text{단, } 0<\alpha<2)$$

**풀이** 피적분함수는 원점 (0, 0)에서 불연속이지만

$$D_n=\left\{(x, y)\,\middle|\,\frac{1}{n^2}\leq x^2+y^2\leq 1\right\}$$

에서는 연속이고, $n\to\infty$일 때 $D_n\to D$이다.

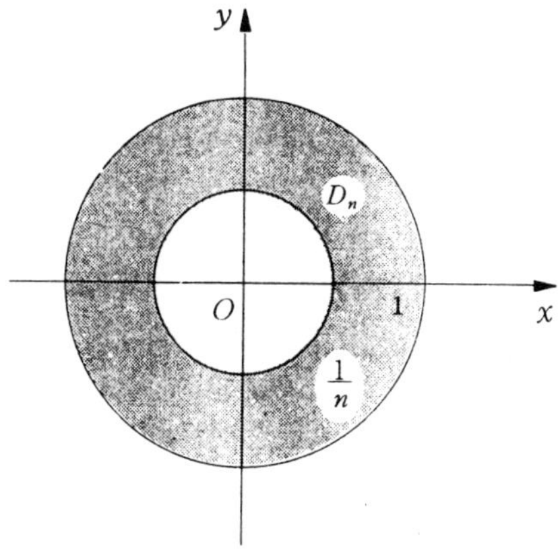


[그림 13.13]

$x=r\cos\theta,\ y=r\sin\theta$라 치환하면

$$A_n=\iint_D \frac{dx\,dy}{(x^2+y^2)^{\frac{\alpha}{2}}}=\int_0^{2\pi}\int_{\frac{1}{n}}^{1}\frac{r}{r^\alpha}dr\,d\theta$$
$$=\int_0^{2\pi}\frac{1}{2-\alpha}\Big[r^{2-\alpha}\Big]_{\frac{1}{n}}^{1}d\theta=\frac{1}{2-\alpha}\left\{1-\left(\frac{1}{n}\right)^{2-\alpha}\right\}\int_0^{2\pi}d\theta$$
$$=\frac{2\pi}{2-\alpha}\left\{1-\left(\frac{1}{n}\right)^{2-\alpha}\right\}$$

이다. 그러므로

$$A=\iint_D \frac{dx\,dy}{(x^2+y^2)^{\frac{\alpha}{2}}}=\lim_{n\to\infty}A_n=\lim_{n\to\infty}\frac{2\pi}{2-\alpha}\left\{1-\left(\frac{1}{n}\right)^{2-\alpha}\right\}$$
$$=\frac{2\pi}{2-\alpha}$$ ■

〈정의 13.3〉

영역 $D$가 유계가 아닐 때는 $D$ 내에 $f(x,\ y)$가 적분가능한 부분 $D'$($D'$를 점차 확대하여 $D$가 될 수 있는 것)에서의 유한적분 $\iint_{D'} f(x,\ y)dx\,dy$를 구하고, $D'$를 $D$로 보낸 극한값으로서 $\iint_D (x,\ y)dx\,dy$를 정의한다.

**예제 13.7** $I=\int_0^\infty e^{-x^2}dx$를 구하여라.

**풀이** $I=\int_0^\infty e^{-x^2}dx=\int_0^\infty e^{-y^2}dy$이므로 2중적분에서 변수분리형의 성질에서

$$I^2=\left(\int_0^\infty e^{-y^2}dx\right)\left(\int_0^\infty e^{-y^2}dy\right)\int_0^\infty\int_0^\infty e^{-(x^2+y^2)}dx\,dy$$
$$=\iint_D e^{-(x^2+y^2)}dx\,dy$$

이 적분영역 $D$는 제 1 사분면 전체의 집합이므로 유계가 아니다. 극좌표 $x=r\cos\theta,\ y=r\sin\theta$로 변환하고

$$D_n=\left\{(r,\ \theta)\,\middle|\,0\le r\le n,\ 0\le\theta\le\frac{\pi}{2}\right\}$$

라 두면, $n\to\infty$일 때 $D_n\to D$이다.

$$I_n^2=\iint_{D_n} e^{-r^2}r\,dr\,d\theta=\left(\int_0^{\frac{\pi}{2}}d\theta\right)\left(\int_0^n e^{-r^2}r\,dr\right)$$
$$=\frac{\pi}{2}\cdot\left[-\frac{1}{2}e^{-r^2}\right]_0^n=\frac{\pi}{2}\left(\frac{1}{2}-\frac{1}{2e^{n^2}}\right)$$

이고

$$I^2=\left(\lim_{n\to\infty}I_n^2\right)^2=\lim_{n\to\infty}I_n^2=\lim_{n\to\infty}\frac{\pi}{2}\left(\frac{1}{2}-\frac{1}{2e^{n^2}}\right)=\frac{\pi}{4}$$

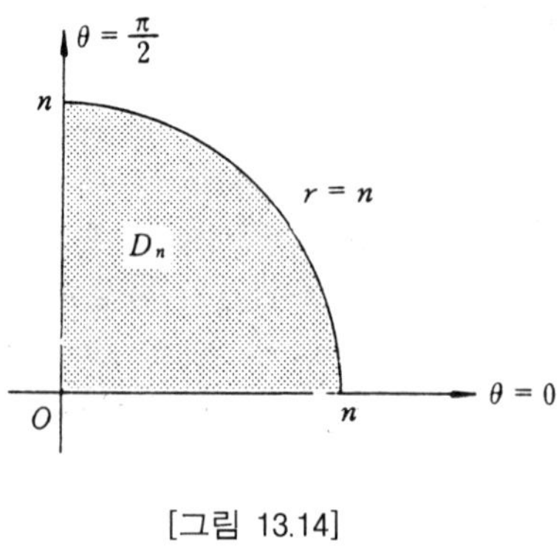


[그림 13.14]

이므로 $I=\dfrac{\sqrt{\pi}}{2}$이다.

다른 방법으로 풀어보자.

$f(a)=\int_0^a e^{-x^2}dx \ (a>0)$라 두면

$$\{f(a)\}^2=\int_0^a e^{-x^2}dx\int_0^a e^{-y^2}dy=\int_0^a\int_0^a e^{-x^2-y^2}dx\,dy=\iint_D e^{-x^2-y^2}dD$$

에서 $D$는 한 변의 길이가 $a$이고, 두 변의 좌표축에 평행인 정사각형이다. 그러므로 원점을 중심으로 하고, 반지름 $a$인 4분원과 반지름 $\sqrt{2}a$인 제 1 사분면에 있는 4분원을 각각 $D_1$, $D_2$라 하면

$$\iint_{D_1} e^{-x^2-y^2}dD_1<\iint_D e^{-x^2-y^2}dD<\iint_{D_2} e^{-x^2-y^2}dD_2$$

이다. 이 부등식에서 적분을 극좌표로 나타내면

$$\int_0^{\frac{\pi}{2}}\int_0^a e^{-r^2}r\,dr\,d\theta<\{f(a)\}^2<\int_0^{\frac{\pi}{2}}\int_0^{\sqrt{2}a} e^{-r^2}r\,dr\,d\theta$$

이므로

$$\frac{\pi}{4}(1-e^{-a^2})<\{f(a)\}^2<\frac{\pi}{4}(1-e^{-2a^2})$$

이다. 여기서 $a\to\infty$이면 양쪽 끝변의 값은 어느 것이나 $\dfrac{\pi}{4}$에 가까워지므

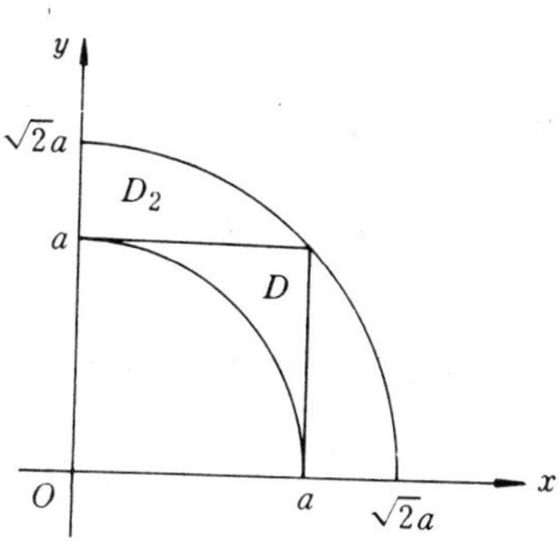


[그림 13.15]

로 $\lim_{a\to\infty} \{f(a)^2\} = \frac{\pi}{4}$이다. 따라서

$$\int_0^{\infty} e^{-x^2} dx = \frac{\sqrt{\pi}}{2}$$

이다. ■

## 연습문제 13.2

**1.** 다음 2중적분을 주어진 영역에서 구하여라.

(1) $I = \iint_D (x^2+y^2)dx\,dy \qquad D : r \leq 2a\cos\theta$

(2) $I = \iint_D (x^2+y^2)dx\,dy \qquad D : x^2+y^2 \leq 2$

(3) $I = \iint_D (x^2+y^2)dx\,dy \qquad D : x^2+y^2 \geq a^2,\ x^2+y^2 \leq b^2\ (b>a>0)$

(4) $I = \iint_D (x^2+y^2)dx\,dy \qquad D : r \leq a(1+\cos\theta)\ (a>0)$

**2.** $D : a \leq x \leq b,\ c \leq y \leq d$에서 연속인 함수 $f(x, y)$에 대해서 $\frac{\partial^2 F(x, y)}{\partial x \partial y} = f(x, y)$가 성립할 때 다음 등식을 증명하여라.

$$\iint_D f(x,y)dx\,dy = F(b,d) - F(b,c) - F(a,d) + F(a,c)$$

**3.** 변환 $x = u(1-v),\ y = uv$에 의해서 다음 식을 증명하여라.

$$\int_0^c dx \int_0^{c-x} \frac{y}{x+y} e^{\left(\frac{y}{x+y}\right)^2} dy = \frac{e-1}{4}c^2 \qquad (c>0)$$

**4.** 변환 $x = r\cos\theta,\ y = r\sin\theta$를 함으로써 다음 등식을 증명하여라.

$$\iint_D f'(x^2+y^2)dx\,dy = \pi\{f(a^2) - f(0)\} \qquad D : x^2+y^2 \leq a^2$$

## 13.3 2중적분의 응용

> 정리 13.6 (직각좌표에 의한 평면적)
>
> (i) 곡선 $y=\varphi_1(x)$, $y=\varphi_2(x)$와 직선 $x=a$, $x=b$로 둘러싸인 부분의 면적 $D$는 다음과 같다.
>
> $$D=\int_a^b\int_{\varphi_1(x)}^{\varphi_2(x)}dy\,dx=\int_a^b\left\{\int_{\varphi_1(x)}^{\varphi_2(x)}dy\right\}dx \quad (\text{단, } \varphi_1(x)<\varphi_2(x),\ a<b)$$
>
> (ii) 곡선 $x=\phi_1(y)$, $x=\phi_2(y)$와 직선 $y=c$, $y=d$로 둘러싸인 부분의 면적 $D$는 다음과 같다.
>
> $$D=\int_c^d\int_{\varphi_1(y)}^{\varphi_2(y)}dx\,dy=\int_c^d\left\{\int_{\varphi_1(y)}^{\varphi_2(y)}dx\right\}dy \quad (\text{단, } \phi_1(y)<\phi_2(y),\ c<d)$$

증명 2중적분의 정의에서 알 수 있다. ■

**예제 13.8** 곡선 $xy=2$, $4y=x^2$과 직선 $y=4$로 둘러싸인 부분의 면적을 구하여라.

**풀이** 주어진 두 곡선의 교점은 (2, 1)이다.

$$D=\int_1^4\int_{\frac{2}{y}}^{2\sqrt{y}}dx\,d=\int_1^4\left(2\sqrt{y}-\frac{2}{y}\right)dy=\frac{28}{3}-2\log 4$$ ■

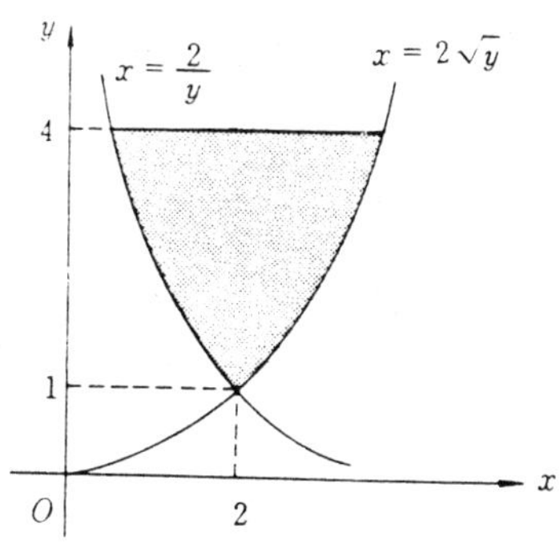


[그림 13.16]

**정리 13.7** (극좌표에 의한 평면적)

(i) 극좌표곡선 $r=r_1(\theta)$, $r=r_2(\theta)$와 동경직선 $\theta=\alpha$, $\theta=\beta$로 둘러싸인 평면적 $D$는

$$D=\int_{\alpha}^{\beta}\int_{r_1(\theta)}^{r_2(\theta)} r\,dr\,d\theta$$

(ii) 극좌표곡선 $\theta=\theta_1(r)$, $\theta=\theta_2(r)$과 원 $r=a$, $r=b$로 둘러싸인 평면적 $D$는

$$D=\int_{a}^{b}\int_{\theta_1(r)}^{\theta_2(r)} r\,d\theta\,dr$$

이다.

**증명** 극좌표에 의한 2중적분의 정의에서 알 수 있다. ■

**예제 13.9** 원 $r=2a\cos\theta$의 내부에 있고, 원 $r=a$의 외부에 있는 부분의 면적을 구하여라.

**풀이** 두 원의 교점을 구하면 $\left(a,\ \frac{\pi}{3}\right)$, $\left(a,\ -\frac{\pi}{3}\right)$이다. 대칭성의 면적이므로

$$D=2\int_{0}^{\frac{\pi}{3}}\int_{a}^{2a\cos\theta} r\,dr\,d\theta=\int_{0}^{\frac{\pi}{3}}(4a^2\cos^2\theta-a^2)\,d\theta=\left(\frac{\pi}{3}+\frac{\sqrt{3}}{2}\right)a^2$$

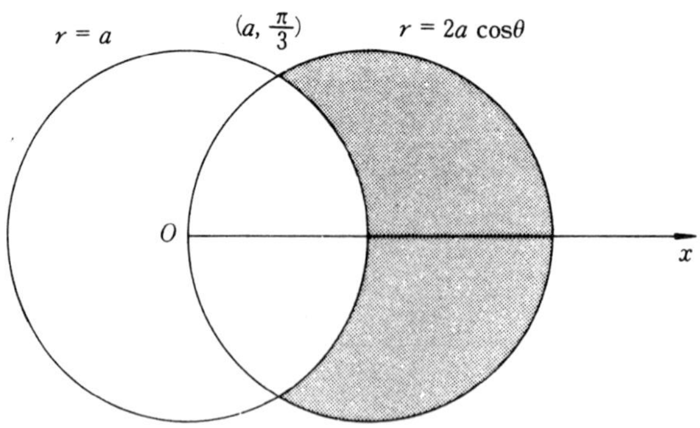


[그림 13.17]

이다. ■

**정리 13.8** (직각좌표에 의한 수직주의 체적)

(i) $D=\{(x, y) | a \le x \le b, \varphi_1(x) \le y \le \varphi_2(x)\}$이고, $S$는 $z=f(x, y)$로 정의된 곡면일 때, $f(x, y)$가 $D$에서 정의된 연속함수이면 $D$와 $S$를 각각 밑면과 윗면으로 하는 수직기둥의 체적 $V$는 다음과 같다.

$$V=\int_a^b \int_{\varphi_1(x)}^{\varphi_2(x)} f(x, y) dy dx$$

(ii) $D=\{(x, y) | \phi_1(y) \le x \le \phi_2(y), c \le y \le d\}$이고 $S$가 $z=f(x, y)$로 정의된 곡면일 때 $f(x, y)$가 $D$에서 정의된 연속함수이면 $D$와 $S$를 밑면과 윗면으로 하는 수직기둥의 체적 $V$는 다음과 같다.

$$V=\int_c^d \int_{\varphi_1(y)}^{\varphi_2(y)} f(x, y) dx dy$$

**증명** 2중적분의 정의에서 알 수 있다. ■

**예제 13.10** 평면 $x+y+z=1$에 의하여 둘러싸이고 제 1 팔분면에 있는 입체의 체적을 구하여라.

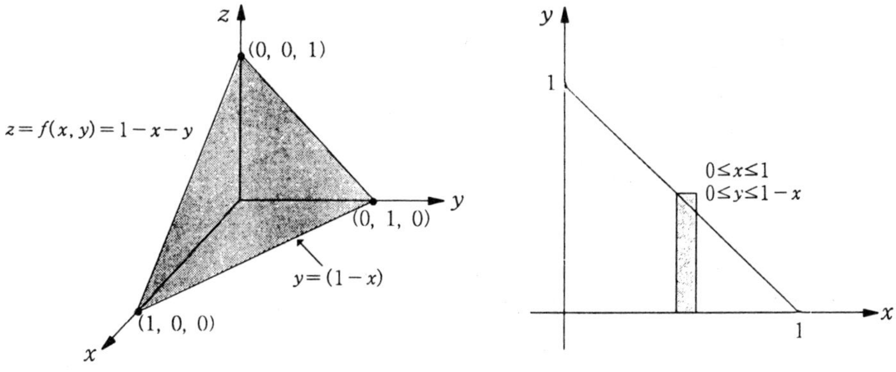


[그림 13.18]

**풀이** 그림 13.18은 입체와 $xy$-평면에 있는 영역 $D$를 나타낸다. $D$는 좌표축 $x=0$과 $y=0$, 그리고 직선 $x+y=1$(혹은 $y=1-x$)에 의해서 둘러싸여 있으므로 $y$는 $0\leq y\leq 1-x$이고 $x$는 $0\leq x\leq 1$이다. 즉, 입체의 체적은

$$\iint_D z dD=\int_0^1\left[\int_0^{1-x}(1-x-y)\,dy\right]dx=\int_0^1\left[y-xy-\frac{y^2}{2}\right]_0^{1-x}dx$$
$$=\int_0^1\left[(1-x)-x(1-x)-\frac{(1-x)^2}{2}\right]^x dx$$
$$=\int_0^1\left(\frac{1}{2}-x+\frac{x^2}{2}\right)dx=\left[\frac{x}{2}-\frac{x^2}{2}+\frac{x^3}{2}\right]_0^1=\frac{1}{6}$$

■

**예제 13.11** 곡면 $z=xy$, 주면 $y=x^2$, $y^2=x$ 및 평면 $z=0$에 의해서 둘러싸인 입체의 체적을 구하여라.

**풀이** 주어진 입체의 부피를 $V$라 하면
$D=\{(x, y)\,|\,0\leq x\leq 1,\ x^2\leq y\leq\sqrt{x}\}$이므로

$$V=\iint_D xy\,dx\,dy=\int_0^1\int_{x^2}^{\sqrt{x}} xy\,dy\,dx=\int_0^1\left[\frac{xy^2}{2}\right]_{x^2}^{\sqrt{x}}dx$$
$$=\frac{1}{2}\int_0^1(x^2-x^5)\,dx=\frac{1}{12}$$

이다. ■

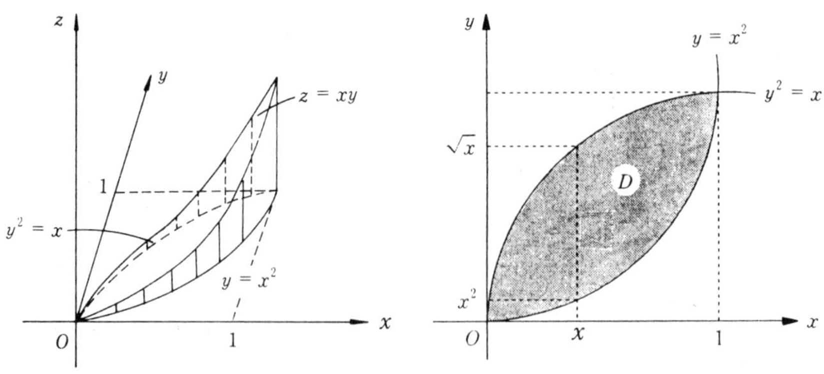


[그림 13.19]

〈정의 13.4〉

$xy$-평면의 극좌표 $r$, $\theta$와 직교좌표 $z$로 구성된 점 $(r, \theta, z)$를 **주면좌표** (cylinderical coordinates) 혹은 원주좌표라 한다.

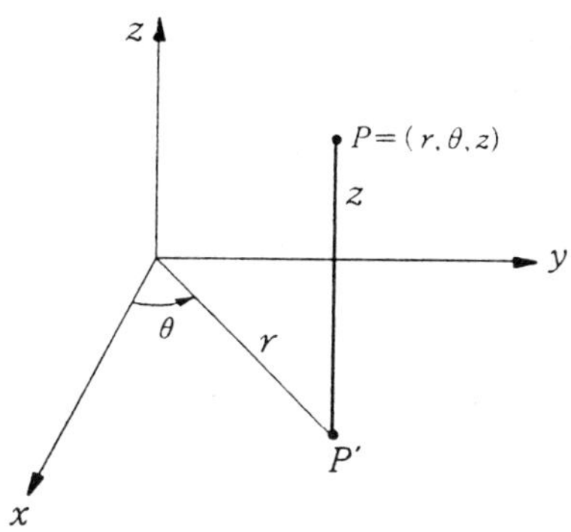


[그림 13.20]

주의 (1) 원주좌표 혹은 주면좌표라고 부르는 이유는 곡면 $r=a$($a$는 상수)가 원기둥이기 때문이다.

**예제 13.12** 평면 $z=x+y$와 원뿔 $z^2=x^2+y^2$을 주면좌표로 나타내어라.

**풀이** 직각좌표 $p(x, y, z)$와 주면좌표 $p(r, \theta, z)$와의 관계는

$$x=r\cos\theta,\quad y=r\sin\theta,\quad z=z$$

$$r^2=x^2+y^2,\quad \theta=\tan^{-1}\frac{y}{x}$$

이므로 평면은 $z=r(\cos\theta+\sin\theta)$이고 원뿔은 $z=r$이다. ■

**정리 13.9** (주면좌표에 의한 수직주의 체적) 극좌표에 의한 평면적의 공식에서의 영역 $D$와 곡면 $z=F(r, \theta)$를 각각 밑면과 윗면으로 하는 수직기둥의 체적은 다음과 같다.

(i) $V=\int_{\alpha}^{\beta}\int_{r_1(\theta)}^{r_2(\theta)} F(r, \theta)r\,dr\,d\theta$ (ii) $V=\int_{a}^{b}\int_{\theta_1(r)}^{\theta_2(r)} F(r, \theta)r\,d\theta\,dr$

증명 극좌표에 의한 2중적분의 정의에서 알 수 있다. ■

**예제 13.13** 구 $x^2+y^2+z^2=a^2$의 내부에 있는 원통 $x^2+y^2=ax$ 부분의 체적을 구하여라.

**풀이** 원주좌표에 의하면 주어진 구와 원통의 방정식은

$$r^2+z^2=a^2, \quad r=a\cos\theta$$

가 된다. 따라서 입체의 체적 $V$는 다음과 같이 구해진다.

$$V=4\int_0^{\frac{\pi}{2}}\alpha\theta\int_0^{a\cos\theta} r\sqrt{a^2-r^2}\,dr=4\int_0^{\frac{\pi}{2}}\left[-\frac{1}{3}(a^2-r^2)^{\frac{3}{2}}\right]_0^{a\cos\theta}d\theta$$

$$=\int_0^{\frac{\pi}{2}}a^3\int_0^{\frac{\pi}{2}}(1-\sin^2\theta)\,d\theta=\frac{4}{3}a^2\left(\frac{\pi}{2}-\frac{2}{3}\right)=\frac{2}{3}\left(\pi-\frac{4}{3}\right)a^3$$ ■

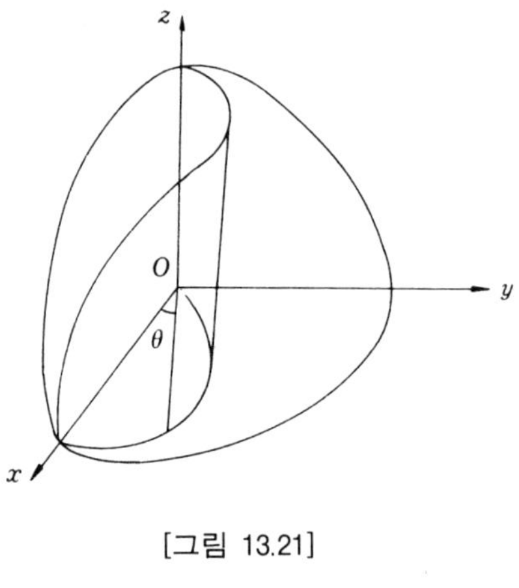


[그림 13.21]

**정리 13.10** (곡면적) 함수 $z=f(x, y)$로 정의된 곡면 위에서 폐곡선 $C$로 둘러싸인 곡면적을 $S$라 하면

(i) $S=\iint_D\sqrt{+1\left(\frac{\partial z}{\partial x}\right)^2+\left(\frac{\partial z}{\partial y}\right)^2}\,dx\,dy$

(ii) $S=\iint_{D'}\sqrt{+1\left(\frac{\partial x}{\partial y}\right)^2+\left(\frac{\partial x}{\partial z}\right)^2}\,dy\,dz$

(iii) $S=\iint_{D''}\sqrt{1+\left(\frac{\partial y}{\partial x}\right)^2+\left(\frac{\partial y}{\partial z}\right)^2}\,dx\,dz$

(단, $D$, $D'$, $D''$는 $C$를 각각 $xy$, $yz$, $zx$-평면에 정사영한 영역이다)

**증명** (i) $yz$-평면에 평행인 평면군 $x=x_1$, $x=x_2$, $\cdots$, $x=x_n$과 $zx$-평면에 평행인 평면군 $y=y_1$, $y=y_2$, $\cdots$, $y=y_m$으로 끊고 $D$의 분할 중 하나를 $D_i$라 하면, $D_i$ 중의 임의의 한 점 $(\xi_i, \eta_i)$에 대응하는 곡면상의 한 점을 $M(\xi_i, \eta_i, \zeta_i)$라 하자.

$M$에서 접평면의 방정식은 다음과 같다.

$$z-\zeta_i=f_x(\xi_i, \eta_i)(x-\xi_i)+f_y(\xi_i, \eta_i)(y-\eta_i)$$

이 접평면이 $xy$-평면과 이루는 각을 $\theta$라 하면

$$\cos\theta=\frac{1}{\sqrt{1+\{f_x(\xi_i, \eta_i)\}^2+\{f_y(\xi_i, \eta_i)\}^2}}$$

이고, 또 소영역 $D_i$에 대응하는 접평면을 $S_i$라 하면 $\Delta S_i\cos\theta=\Delta D_i$이므로 $\Delta S_i=\Delta D_i\sec\theta$이다.

$\sum\Delta S_i=\sum\Delta D_i\sec\theta=\sum\sqrt{1+\{f_x(\xi_i, \eta_i)\}^2+\{f_y(\xi_i, \eta_i)\}^2}\cdot\Delta D_i$이므로

$$S=\lim_{\delta\to 0}\sum\Delta S_i=\iint_D\sqrt{1+\left(\frac{\partial z}{\partial x}\right)^2+\left(\frac{\partial z}{\partial y}\right)^2}\,dx\,dy$$

이다.

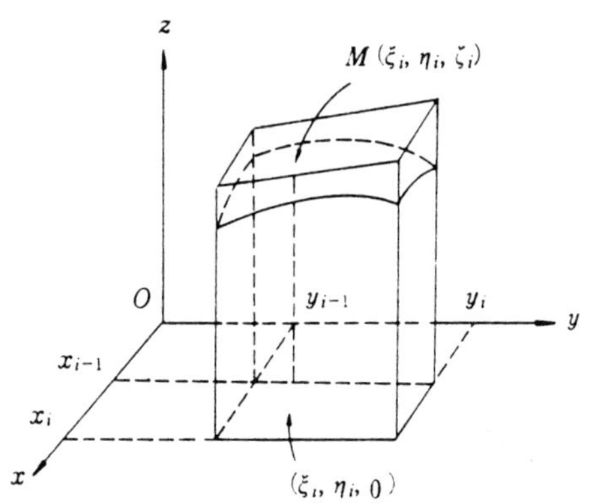


[그림 13.22]

(ii)와 (iii)도 (i)과 같은 방법으로 전개한다. ■

주의 (2) 곡면 $z=f(x, y)$의 한 점 $p(x, y, z)$에서의 접평면의 방정식은

$$Z-z=\frac{\partial f}{\partial x}(X-x)+\frac{\partial f}{\partial y}(Y-y)$$

(3) 곡면 $z=f(x, y)$상의 한 점 $p(x, y, z)$에서의 접평면이 $xy$-평면과 이루는 각을 $\theta$라 하면

$$\cos\theta=\frac{1}{\sqrt{1+\left(\frac{\partial f}{\partial x}\right)^2+\left(\frac{\partial f}{\partial y}\right)^2}}$$

이다.

**예제 13.14** 좌표평면과 평면 $z=x$에 의해서 잘린 주면 $x^2+y^2=a^2$의 제 1 팔분공간에 놓인 부분의 면적을 구하여라.

**풀이** 구하려는 곡면을 $zx$-평면에 정사영하면 $z=0$, $z=x$, $x=a$로 둘러싸인 $\triangle BOC$가 된다. 주면 $y=\sqrt{a^2-x^2}$에 대하여

$$\frac{\partial y}{\partial x}=-\frac{x}{\sqrt{a^2-x^2}}, \quad \frac{\partial y}{\partial z}=0$$

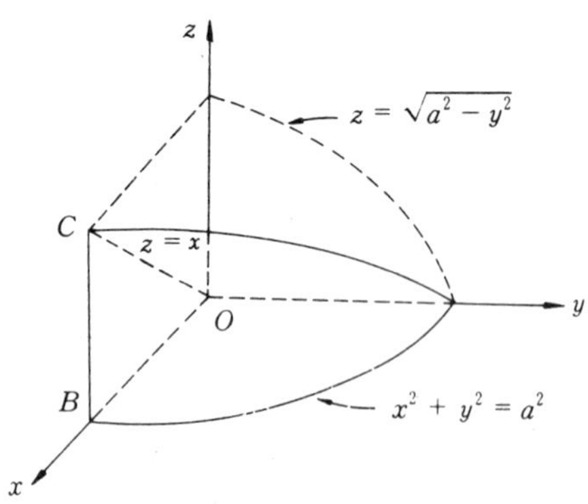


[그림 13.23]

이므로 (iii)에 의하여

$$S=\int_0^a\int_0^x \frac{a}{\sqrt{a^2-x^2}}dz\,dx=a\int_0^a \frac{x\,dx}{\sqrt{a^2-x^2}}=a^2$$

이다. 이 때 적분순서를 바꾸면, $S=\int_z^a\int_0^a \frac{a}{\sqrt{a^2-x^2}}dx\,dz$로 계산이 어려우므로 순서에 주의한다. (ii)에 의한 방법으로 구하면 $\frac{\partial x}{\partial y}=-\frac{y}{\sqrt{a^2-y^2}}$이고 $\frac{\partial x}{\partial z}=0$이므로

$$S=\int_0^a\int_0^{\sqrt{a^2-y^2}} \frac{a}{\sqrt{a^2-y^2}}dz\,dy=a\int_0^a dy=a^2$$ ■

**정리 13.11 (주면좌표에 의한 곡면적)** 방정식 $z=f(x, y)$, $x=r\cos\theta$, $y=r\sin\theta$로 정의된 곡면 위에서의 폐곡선 $C$로 둘러싸인 곡면적을 $S$라 하면

$$S=\iint_R \sqrt{r^2+\left(r\frac{\partial z}{\partial r}\right)^2+\left(\frac{\partial z}{\partial \theta}\right)^2}\,dr\,d\theta$$

(단, $R$은 $C$를 $xy$-평면에 정사영한 영역의 극방정식)이다.

**증명** $x=r\cos\theta$, $y=r\sin\theta$에서

$$\frac{\partial z}{\partial r}=\frac{\partial z}{\partial x}\frac{\partial x}{\partial r}+\frac{\partial z}{\partial y}\frac{\partial y}{\partial r}=\frac{\partial z}{\partial x}\cos\theta+\frac{\partial z}{\partial y}\sin\theta \qquad ①$$

$$\frac{\partial z}{\partial \theta}=\frac{\partial z}{\partial x}\frac{\partial x}{\partial \theta}+\frac{\partial z}{\partial y}\frac{\partial y}{\partial \theta}=\frac{\partial z}{\partial x}(-r\sin\theta)+\frac{\partial z}{\partial y}r\cos\theta$$

이므로,

$$\frac{1}{r}\frac{\partial z}{\partial \theta}=-\frac{\partial z}{\partial x}\sin\theta+\frac{\partial z}{\partial y}\cos\theta \qquad ②$$

①$^2$+②$^2$하면 $\left(\frac{\partial z}{\partial r}\right)^2+\frac{1}{r^2}\left(\frac{\partial z}{\partial \theta}\right)^2=\left(\frac{\partial z}{\partial x}\right)^2+\left(\frac{\partial z}{\partial y}\right)^2$이므로

$$\sqrt{1+\left(\frac{\partial z}{\partial x}\right)^2+\left(\frac{\partial z}{\partial y}\right)^2}=\sqrt{1+\left(\frac{\partial z}{\partial r}\right)^2+\frac{1}{r^2}\left(\frac{\partial z}{\partial \theta}\right)^2}$$
$$=\frac{1}{r}\sqrt{r^2+\left(r\frac{\partial z}{\partial r}\right)^2+\left(\frac{\partial z}{\partial \theta}\right)^2}$$

이다. 2중적분의 극좌표에서 $dx\,dy$는 $r\,dr\,d\theta$로 변형되므로

$$S=\iint_D\sqrt{1+\left(\frac{\partial z}{\partial x}\right)^2+\left(\frac{\partial z}{\partial y}\right)^2}\,dx\,dy=\iint_R\sqrt{r^2+\left(r\frac{\partial z}{\partial r}\right)^2+\left(\frac{\partial z}{\partial \theta}\right)^2}\,dr\,d\theta$$

이다. ■

**예제 13.15** $D=\{(x,\ y)\,|\,0\le x\le 1,\ 0\le y\le 1\}$ 위에 있는 곡면 $z=\frac{2}{3}(x^{\frac{3}{2}}+y^{\frac{3}{2}})$의 부분면적을 구하여라.

**풀이** $\frac{\partial z}{\partial x}=\sqrt{x}$, $\frac{\partial z}{\partial y}=\sqrt{y}$ 이므로

$$S=\iint_D\sqrt{1+x+y}\,dx\,dy=\int_0^1\int_0^1\sqrt{1+x+y}\,dx\,dy$$
$$=\int_0^1\frac{2}{3}\left[(1+x+y)^{\frac{3}{2}}\right]_0^1dy=\frac{2}{3}\int_0^1\left[(2+y)^{\frac{3}{2}}-(1+y)^{\frac{3}{2}}\right]dy$$
$$=\frac{4}{15}\left[(2+y)^{\frac{5}{2}}-(1+y)^{\frac{5}{2}}\right]_0^1=\frac{4}{15}(1+9\sqrt{3}-2\sqrt{2})$$

이다. ■

**예제 13.16** 구면 $x^2+y^2+z^2=a^2$이 직주면 $r=a\cos 2\theta$에 의해서 잘리어지는 부분의 곡면적을 구하여라.

**풀이** 구하는 곡면적을 $S$라 두면 $z=\sqrt{a^2-x^2-y^2}$ 이므로

$$\frac{\partial z}{\partial x}=\frac{-x}{\sqrt{a^2-x^2-y^2}},\qquad \frac{\partial z}{\partial y}=\frac{-y}{\sqrt{a^2-x^2-y^2}}$$

이다. 그러므로

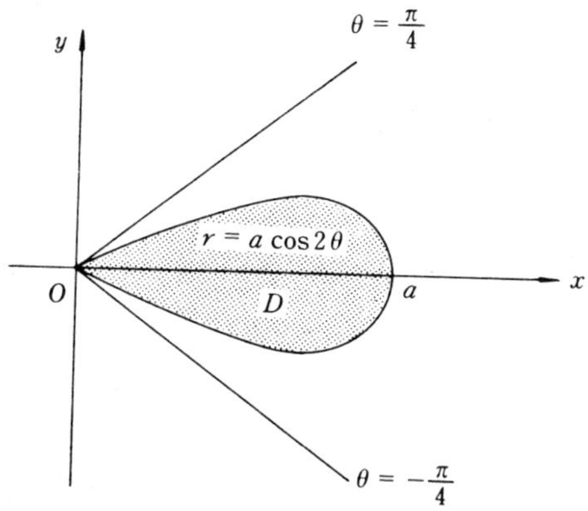


[그림 13.24]

$$
\begin{aligned}
S&=4\iint_D \frac{a}{\sqrt{a^2-x^2-y^2}}dx\,dy=8\int_0^{\frac{\pi}{4}}\int_0^{a\cos 2\theta}\frac{ar}{\sqrt{a^2-r^2}}dr\,d\theta \\
&=8a\int_0^{\frac{\pi}{4}}\left[-\sqrt{a^2-r^2}\,\right]_0^{a\cos 2\theta}d\theta=8a^2\int_0^{\frac{\pi}{4}}(1-\sin 2\theta)d\theta \\
&=2a^2(\pi-2)
\end{aligned}
$$

## 연습문제 13.3

**1.** 정사각형 $D=\{(x,\ y)|0\le x\le 1,\ 0\le y\le 1\}$을 밑면으로 하고, 포물면 $z=4-x^2-y^2$을 윗면으로 하는 수직기둥의 체적을 구하여라.

**2.** 중적분을 써서 다음 면적을 구하여라.

(1) 원 $r=3$의 외부와 원 $r=2\sqrt{3}\sin\theta$의 내부에 있는 부분

(2) 포물선 $r=3\sec^2\frac{1}{2}\theta$의 오른쪽에 놓인 부분 중에 원 $r=6$의 내부의 부분

(3) Cardioid $r=a(1+\cos\theta)$

(4) Lemniscate $r^2=a^2\cos 2\theta$

**3.** 포물면 $z=4-x^2-y^2$과 $xy$-평면으로 둘러싸인 입체의 체적을 구하여라.

**4.** 2중적분으로 구면 $x^2+y^2+z^2$의 표면적을 구하여라.

**5.** 구면 $x^2+y^2+z^2=a^2$과 주면 $x^2+y^2=ay$로 둘러싸인 입체의 체적을 구하여라.

**6.** 다음 곡면에서 평면 $x=0$, $x=1$, $y=0$, $y=1$로 둘러싸인 부분의 면적을 구하여라.

(1) $x+2y+z=4$ (2) $z=x^{\frac{3}{2}}+\sqrt{3}\,y$

**7.** 다음 곡면과 영역 $D$를 윗면, 밑면으로 하는 수직기둥의 체적을 구하여라.

(1) $z=1-r^2$, $D=\left\{(r,\ \theta,\ z)\,\middle|\,0\le r\le 1,\ 0\le\theta\le\frac{\pi}{2},\ z=0\right\}$

(2) $z=2-2r^2$, $D=\left\{(r,\ \theta,\ z)\,\middle|\,0\le r\le\cos\theta,\ 0\le\theta\le\frac{\pi}{2},\ z=0\right\}$

## 13.4 3중적분

〈정의 13.5〉

3차원 공간에서 영역 $S$를 평면 $x=a$, $x=b$와 기둥면 $y=\varphi_1(x)$, $y=\varphi_2(x)$와 곡면 $z=\phi_1(x,\ y)$, $z=\phi_2(x,\ y)$로 둘러싸인 영역이라 하자. 영역

$$S=\{(x,\ y,\ z)\,|\,a\le x\le b,\ \varphi_1(x)\le y\le\varphi_2(x),\ \phi_1(x,\ y)\le z\le\phi_2(x,\ y)\}$$

가 각 좌표평면에 평행한 평면들에 의하여 유한개의 작은 육면체들로 분할되어, $S$의 내부 또는 경계면에 놓인 $n$개의 육면체들 $V_i(i=1,\ 2,\ \cdots,\ n)$라 하고, 이들 육면체의 집합을 영역 $S$의 **분할**(partition), 또 $V_i$의 대각선 중에서 가장 긴 길이를 Norm이라 하고 $\delta$로 나타내며, 각 $V_i$의 체적을 $\Delta V_i$로 표시한다.

3변수함수 $u=f(x,\ y,\ z)$가 영역 $S$에서 연속일 때, 각 직육면체 $V_i$ 마다 임의의 점 $(\xi_i,\ \eta_i,\ \zeta_i)$를 잡아, 합 $\sum_{i=1}^{n}f(\xi_i,\ \eta_i,\ \zeta_i)\Delta V_i$를 만든다. $S$의 분할을 $\delta\to 0$이 되도록 세분해 갈 때, 위 합이 $S$의 분할 방법이나, 점 $(\xi_i,\ \eta_i,\ \zeta_i)$의

선택방법에 관계 없이 일정한 값에 수렴하면, 이 값을 영역 $S$에 대한 $f(x, y, z)$의 3중적분(triple integral)이라 하고 다음과 같이 나타낸다.

$$\lim_{\delta \to 0} \sum_{i=1}^{n} f(\xi_i, \eta_i, \zeta_i) \Delta x_i \Delta y_i \Delta z_i = \iiint_S f(x, y, z) dx dy dz$$

3중적분을 계산할 때는 2중적분 때와 마찬가지로 실제 계산에서는 다음과 같이 반복적분으로 바꾸어 구할 수 있다. 즉,

$$\iiint_S f(x, y, z) dx dy dz = \int_a^b \int_{\varphi_1(x)}^{\varphi_2(x)} \int_{\phi_1(x,y)}^{\phi_2(x,y)} f(x, y, z) dz dy dx$$

$$= \int_a^b \left[ \int_{\varphi_1(x)}^{\varphi_2(x)} \left\{ \int_{\phi_1(x,y)}^{\phi_2(x,y)} f(x, y, z) dz \right\} dy \right] dx$$

이다. 특히 $f(x, y, z) = 1$이면 $\iiint_S dx dy dz$는 $S$의 체적을 나타낸다.

**예제 13.17** $\int_2^3 \int_1^2 \int_2^5 xy^2 dz dx dy$를 구하여라.

**풀이** $\int_2^3 \int_1^2 \int_2^5 xy^2 dz\, dy\, dx = \int_2^3 \int_1^2 [xy^2 z]_2^5 dy\, dx - \int_2^3 \int_1^2 3xy^2 dy\, dx$

$$= \int_2^3 [xy^3]_1^2 dx = \int_2^3 7x\, dx = \frac{35}{2}$$ ■

**주의** (1) 영역 $S$가 $S = \{(x, y, z) | \phi_1(y, z) \le x \le \phi_2(y, z),\ a \le y \le b,\ \varphi_1(y) \le z \le \varphi_2(y)\}$로 정의되었을 경우 이 $S$에 대한 $f(x, y, z)$의 3중적분은

$$\iiint_S f(x, y, z) dx dy dz = \int_a^b \int_{\varphi_1(y)}^{\varphi_2(y)} \int_{\phi_1(y,z)}^{\phi_2(y,z)} f(x, y, z) dx dz dy$$

이다.

**예제 13.18** 두 평면 $z=0$, $z=x$와 곡면 $y^2 = 4-2x$로 둘러싸인 입체의 체적을 구하여라.

**풀이** 구하는 입체의 체적을 $A$라고 하면

$$A=\int_0^2\int_{-\sqrt{4-2x}}^{\sqrt{4-2x}}\int_0^x dz\,dy\,dx=\int_0^2\int_{-\sqrt{4-2x}}^{\sqrt{4-2x}} x\,dy\,dx$$
$$=\int_0^2\Big[xy\Big]_{-\sqrt{4-2x}}^{\sqrt{4-2x}}dx=\int_0^2 2x\sqrt{4-2x}\,dx$$

이고, $4-2x=t$라고 두면 $-2dx=dt$이다. 따라서

$$A=-\int_4^0\frac{1}{2}(4-t)\sqrt{t}\,dt=-\left[\frac{A}{3}t^{\frac{3}{2}}-\frac{1}{5}t^{\frac{5}{2}}\right]_4^0=\frac{32}{3}-\frac{32}{5}=\frac{64}{15}$$

이다. ■

**정리 13.12** (주면좌표에서의 3중적분) 3변수함수 $u=f(x, y, z)$가 주면좌표로 표시된 영역

$$S=\{(r, \theta, z)\,|\,a\le r\le b,\ \varphi_1(r)\le\theta\le\varphi_2(r),\ \phi(r, \theta)\le z\le\phi_2(r, \theta)\}$$

에서 연속이면

$$\iiint_S f(x, y, z)dx\,dy\,dz=\int_a^b\int_{\varphi_1(r)}^{\varphi_2(r)}\int_{\phi_1(r,\theta)}^{\phi_2(r,\theta)} f(r\cos\theta,\ r\sin\theta,\ z)r\,dz\,d\theta\,dr$$

이다.

**주의** (2) 직교좌표에서의 3중적분과 마찬가지로 5가지의 다른 반복적분이 가능하므로 편의에 따라 선택한다.

**예제 13.19** 구 $x^2+y^2+z^2=4$와 원기둥 $(x-1)^2+y^2=1$로 둘러싸인 영역의 체적을 구하여라. 제 1 팔분면에 있는 영역은 그림 13.21에 나타나 있다($a=2$).

**풀이** 변수 $x$와 $y$가 $x^2+y^2$의 모양으로 구와 원기둥의 방정식에 있으므로 주면좌표를 사용한다. 주면좌표에서 구의 방정식은 $r^2+z^2=4$이고 원기둥의 방정식은 $r=2\cos\theta$이다. 정리 13.12를 이용하면

$$V=\int_{-\frac{\pi}{2}}^{\frac{\pi}{2}}\int_{0}^{2\cos\theta}\int_{-\sqrt{4-r^2}}^{\sqrt{4-r^2}} r\,dz\,dr\,d\theta$$

이다. 영역과 적분은 동시에 반평면 $\theta=0$과 평면 $z=0$에 대해서 대칭이므로

$$\begin{aligned}V&=4\int_{0}^{\frac{\pi}{2}}\int_{0}^{2\cos\theta}\int_{0}^{\sqrt{4-r^2}} r\,dz\,dr\,d\theta=4\int_{0}^{\frac{\pi}{2}}\int_{0}^{2\cos\theta}(4-r^2)^{\frac{1}{2}}r\,dr\,d\theta\\&=-2\int_{0}^{\frac{\pi}{2}}\left[\frac{2}{3}(4-r^2)^{\frac{3}{2}}\right]_{0}^{2\cos\theta}d\theta=\frac{4}{3}\int_{0}^{\frac{\pi}{2}}[8-(4-4\cos^2\theta)^{\frac{3}{2}}]\,d\theta\\&=\frac{32}{3}\int_{0}^{\frac{\pi}{2}}(1-\sin^3\theta)\,d\theta=\frac{16}{9}(3\pi-4)\end{aligned}$$

■

직교좌표에서 원기둥 $x^2+y^2=a^2$과 원뿔 $x^2+y^2=a^2z^2$은 주면좌표계에서 표현하면 각각 $r=a$, $r=az$이므로 원기둥과 원뿔에 관한 3중적분은 주면좌표를 이용하면 쉽게 3중적분을 구할 수 있다.

3중적분에서는 주면좌표를 이용하는 것 외에도 구면좌표를 이용하는 방법이 있다.

〈정의 13.6〉

$P$가 3차원 공간상의 한 점일 때 $(x, y, z)$를 $P$의 직교좌표라 했을 때 수 $r$, $\theta$, $\varphi$를 다음과 같이 정의한다.

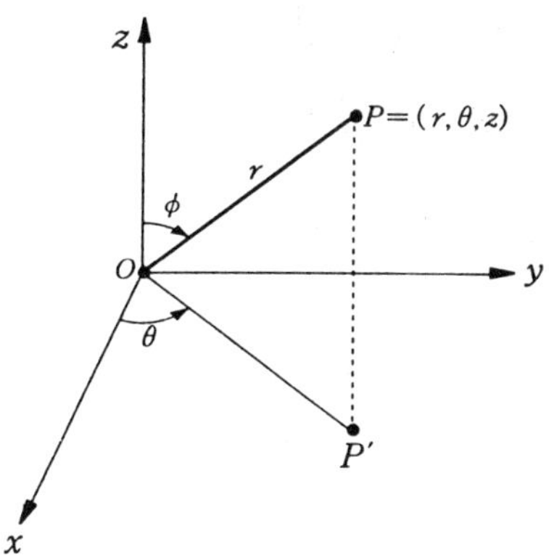


[그림 13.25]

$r$=원점 $O$와 $P$점 사이의 거리

$\theta$=양의 $x$축과 선분 $OP'$가 이루는 각(여기서 $P'$는 점 $P$를 $xy$-평면으로 정사영시킨 점이다.)

$\phi$=양의 $z$축과 $OP$가 이루는 각

이 때 순서쌍 $(r, \theta, \phi)$를 점 $P$의 구면좌표(spherical coordinate)라 한다.

주의 (3) 구면좌표라 부르는 이유는 측면 $r=a$($a$는 상수)는 구를 나타내기 때문이다.

한 점 $P$의 구면좌표 $(r, \theta, \phi)$와 직교좌표 $(x, y, z)$의 대수적인 관계식은 다음과 같다.

$$x=r\sin\phi\cos\theta, \quad y=r\sin\phi\sin\theta, \quad z=r\cos\phi$$

이고

$$r=\sqrt{x^2+y^2+z^2}, \quad \tan\theta=\frac{y}{x}, \quad \cos\theta=\frac{z}{\sqrt{x^2+y^2+z^2}}$$

이다.

**예제 13.20** 한 점 $P$의 구면좌표가 $\left(4, \frac{\pi}{6}, \frac{2\pi}{3}\right)$일 때 $P$의 직교좌표와 주면좌표를 구하여라.

**풀이**

$$x=4\sin\frac{2\pi}{3}\cos\frac{\pi}{6}=4\left(\frac{\sqrt{3}}{2}\right)\left(\frac{\sqrt{3}}{2}\right)=3$$

$$y=4\sin\frac{2\pi}{3}\cos\frac{\pi}{6}=4\left(\frac{\sqrt{3}}{2}\right)\left(\frac{1}{2}\right)=\sqrt{3}$$

$$z=4\cos\frac{2\pi}{3}=4\left(-\frac{1}{2}\right)=-2$$

그러므로 $P$의 직교좌표는 $(3, \sqrt{3}, -2)$이다. $r^2=x^2+y^2=9+3=12$이므로 $P$의 주면좌표는 $\left(2\sqrt{3}, \frac{\pi}{6}, -2\right)$이다. ■

구면좌표에서 $r=a$는 구면을 나타내고 $\theta=a$, $\phi=a$는 각각 반평면과 원뿔을 나타낸다. 이처럼 구, 평면, 원뿔의 구면좌표방정식은 매우 간단히 표현되므로 이들에 관한 문제에 구면좌표가 많이 이용된다.

**정리 13.13** (구면좌표에서의 3중적분) 3변수함수 $f(x, y, z)$가 구면좌표로 표시된 영역

$$S=\{(r, \theta, \phi) \mid a \le r \le b,\ \varphi_1(r) \le \theta \le \varphi_2(r),\ \phi_1(r, \theta) \le \phi \le \phi_2(r, \theta)\}$$

에서 연속이면

$$\iiint_S f(x, y, z)\,dx\,dy\,dz=\int_a^b \int_{\varphi_1(r)}^{\varphi_2(r)} \int_{\phi_1(r, \theta)}^{\phi_2(r, \theta)} f(r\sin\phi\cos\theta,\ r\sin\phi\sin\theta,\ r\cos\phi)r^2\sin\phi\,d\phi\,d\theta\,dr$$

이다.

**예제 13.21** 반지름이 $a$인 구의 체적을 구하여라.

**풀이** 구하는 체적을 $V$라 하면

$$\begin{aligned} V&=\int_0^{2\pi} d\phi \int_0^{\pi} d\theta \int_0^{a} r^2\sin\ dr=\int_0^{2\pi} d\phi \int_0^{\pi} \frac{1}{3}a\sin\theta\,d\theta \\ &=\int_0^{2\pi}\left[\frac{1}{3}a^3(-\cos\theta)\right]_0^{\pi} d\phi=\frac{2}{3}a^2\int_0^{2\pi} d\phi=\frac{4}{3}\pi a^3 \end{aligned}$$

이다. ■

**예제 13.22** 영역 $S$가 3개의 부등식 $\sqrt{x^2+y^2} \le z$, $x^2+y^2+z^2 \le 1$, $z \ge 0$을 만족하는 영역일 때 $\iiint_S z\,dx\,dy\,dz$를 구면좌표를 이용하여 구하여라.

**풀이** $S$를 구면좌표로 나타내면 $z \ge 0$은 $\phi < \frac{\pi}{2}$에 대응하고 $x^2+y^2+z^2 \le 1$은 $r \le 1$에 대응하며 이것은 반구면체 $x^2+y^2+z^2 \le 1$의 상반을 나타낸다. 곡

면 $z=\sqrt{x^2+y^2}$은 반원뿔을 나타내고 원뿔과 $xz$-평면과의 단면적은 양의 $z$-축과 각 $\phi=\frac{\pi}{4}$를 이루는 한 쌍의 직선 $z^2=x^2$, 즉 $z=\partial x$이다. $z=r\cos\phi$이므로 적분은 다음과 같다.

$$\begin{aligned}\iiint_S z\,dx\,dy\,dz&=\iiint_S \rho\cos\phi\rho^2\sin\phi\,d\rho\,d\theta\,d\phi\\&=\int_0^{2\pi}\int_0^{\frac{\pi}{4}}\sin\phi\cos\phi\int_0^1\rho^3 d\rho\,d\phi\,d\theta\\&=\frac{1}{4}\int_0^{2\pi}\int_0^{\frac{\pi}{4}}\frac{1}{2}\sin 2\phi\,d\phi\,d\theta=\frac{1}{16}\int_0^{2\pi}d\theta=\frac{\pi}{8}d\theta\end{aligned}$$

**예제 13.23** 두 평면 $z=bx$, $z=cx$ $(b>c)$에 의해서 원주 $x^2+y^2=2ax$가 잘리는 부분의 체적을 구하여라.

**풀이** 구하는 체적을 $V$라 하면

$$\begin{aligned}V&=\iiint_V dx\,dy\,dz=\int_0^{2a}dx\int_{-\sqrt{2ax-x^2}}^{\sqrt{2ax-x^2}}dy\int_{cx}^{bx}dz\\&=\int_0^{2a}dx\int_{-\sqrt{2ax-x^2}}^{\sqrt{2ax-x^2}}(b-c)x\,dy=2(b-c)\int_0^{2a}x\sqrt{2ax-x^2}\,dx\\&=2(b-c)\int_0^{2a}x\sqrt{a^2-(x-a)^2}\,dx\end{aligned}$$

여기서 $x-a=t$로 놓으면

$$\begin{aligned}V&=2(b-c)\int_{-a}^{a}(t+a)\sqrt{a^2-t^2}\,dt\\&=2(b-c)\left\{\int_{-a}^{a}t\sqrt{a^2-t^2}\,dt+a\int_{-a}^{a}\sqrt{a^2-t^2}\,dt\right\}\\&=2(b-c)\left[-\frac{1}{3}(a^2-t^2)^{\frac{3}{2}}+\frac{a}{2}\left(t\sqrt{a^2+t^2}+a^2\sin^{-1}\frac{t}{a}\right)\right]_{-a}^{a}\\&=\pi(b-c)a^3\end{aligned}$$

## 연습문제 13.4

**1.** 다음 3중적분을 구하여라.

(1) $\int_0^{\frac{\pi}{2}}\int_0^{\frac{\pi}{2}}\int_0^{xy}\cos\frac{z}{x}\,dz\,dy\,dx$

(2) $\int_0^{\frac{\pi}{2}}d\theta\int_0^{a}r\,dr\int_{1-\cos\theta}^{1+\cos\theta}z\,dz$

(3) $\int_2^{3}\int_1^{2}\int_2^{5}xy^2dz\,dy\,dx$

(4) $\int_0^{2\pi}d\theta\int_0^{\alpha}d\varphi\int_0^{\frac{c}{\cos\varphi}}\cos\varphi\sin\varphi\,dr$

(5) $\int_{\frac{\pi}{6}}^{\frac{\pi}{2}}\int_0^{\cos y}\int_y^{x-y}\sin(y+z)\,dz\,dx\,dy$

(6) $\int_0^{2\pi}d\theta\int_0^{\tan^{-1}\frac{a}{h}}d\varphi\int_0^{h\sec\varphi}r^2\sin\varphi\,dr$

(7) $\iiint_S\frac{dx\,dy\,dz}{(x+y+z+a)^3}$,   $S: x\geq 0,\ y\geq 0,\ z\geq 0,\ x+y+z\leq 0$

(8) $\iiint_S\sin(x+y+z)dx\,dy\,dz$,   $S: 0\leq y\leq x\leq\frac{\pi}{2},\ 0\leq z\leq x+y$

**2.** 영역 $S$가 포물기둥면 $z=2-\frac{1}{2}x^2$과 세 좌표평면으로 둘러싸인 영역일 때, 이에 대한 함수 $f(x, y, z)=2xyz$의 3중적분을 구하여라.

**3.** 수면 $x^2+z^2=1$과 세 평면 $x=y,\ y=0,\ z=0$으로 둘러싸인 입체의 제1 팔분공간에 놓인 부분의 체적을 구하여라.

**4.** 극좌표변환에 의해 다음 3중적분을 구하여라(단, 3중적분에서 극좌표변환은 $x=r\sin\theta\cos\varphi,\ y=r\sin\theta\sin\varphi,\ z=r\cos\theta$에 의해서 $dx\,dy\,dz=r^2\sin\theta\,dr\,d\theta\,d\varphi$이다).

(1) $\iiint_S x^2dx\,dy\,dz$,   $S: x^2+y^2+z^2\leq a^2$

(2) $\iiint_S(lx^2+my^2+nz^2)dx\,dy\,dz$,   $S: x^2+y^2+z^2\leq a^2$

# 부 록

# Ⅰ. 수학공식

다음 수학공식과 그래프는 초등수학에 있어서 계산에 관한 것을 요약하여 앞으로 공부에 참고가 되도록 수록한 것이다.

## 기 하

다음 공식에서 $r$은 반경, $h$는 높이, $l$은 빗변, $b$는 밑변, $B$는 밑면의 면적, $\theta$는 호도(라디안)법으로 잰 중심각을 나타낸다.

1. 삼각형. 면적$=\frac{1}{2}bh$.
2. 직사각형. 면적$=bh$, 대각선$=\sqrt{b^2+h^2}$.
3. 사다리꼴. 면적$=\frac{1}{2}h(b_1+b_2)$
4. 원. 호$=r\theta$, 원주$=2\pi r$, 면적$=\pi r^2$
5. 부채꼴. 면적$=\frac{1}{2}r^2\theta$.
6. 궁형. 면적$=\frac{1}{2}r^2(\theta-\sin\theta)$.
7. 직육면체. 세 모서리를 $a$, $b$, $c$라 하면

   면적$=abc$, 대각선$=\sqrt{a^2+b^2+c^2}$
8. 각주. 체적$=Bh$.
9. 각추. 체적$=\frac{1}{3}Bh$.
10. 직원주. 측면적$=2\pi rh$, 체적$=\pi r^2h$.
11. 직원추. 측면적$=\pi rl$, 체적$=\frac{1}{3}\pi r^2h$.
12. 구. 표면적$=4\pi r^2$, 체적$=\frac{4}{3}\pi r^3$.
13. 구대. 체적$=\frac{1}{3}\pi h^2(3r-h)$
14. 각추대. 체적$=\frac{1}{3}h(B_1+B_2+\sqrt{B_1B_2})$
15. 직원추대. 측면적$=\pi l(r_1+r_2)$, 체적$=\frac{1}{3}\pi h(r_1^2+r_2^2+r_1r_2)$.
16. 다면대. 체적$=\frac{1}{6}h(B_1+4B_m+B_2)$

## 대 수

17. 이차방정식의 근의 공식. $ax^2+bx+c=0$, $a\neq0$ 이면

$$x=\frac{-b\pm\sqrt{b^2-4ac}}{2a}$$

18. **ln의 성질**

(a) $\ln(MN)=\ln M+\ln N$ (b) $\ln\left(\frac{M}{N}\right)=\ln M-\ln N$

(c) $\ln M^n=n\ln M$ (d) $\ln\sqrt[n]{M}=\frac{1}{n}\ln M$

(e) $\ln_b b=1$ (f) $\ln_b 1=0$

19. 계승. $n!=1\cdot2\cdot3\cdots(n-1)\cdot n$, $0!=1$

20. 이항전개

$$(a+b)^n=a^n+{}_nC_1a^{n-1}b+{}_nC_2a^{n-2}b^2+\cdots+C^nC_ra^{n-r}b^r+\cdots+b^n$$

여기서

$${}_nC_1=\frac{n}{1},\quad {}_nC_2=\frac{n(n-1)}{1\cdot2},\quad {}_nC_r=\frac{n!}{r!(n-r)}$$

21. 등차계수. $a$를 초항, $d$를 공차, $n$을 항수, $l$을 미항, $S$를 총합이라 하면

$$l=a+(n-1)d,\quad S=\frac{1}{2}n(a+l),\quad S=\frac{1}{2}n[2a+(n-1)d]$$

22. 등비급수. $a$를 초항, $r$을 공비, $n$을 항수, $l$을 미항, $S$를 총합이라면

$$l=ar^{n-1},\quad S=a\frac{1-r^n}{1-r},\quad S=\frac{a-rl}{1-r}$$

23. 무한등비급수. $r^2<1$ 이면, $S=\dfrac{a}{(1-r)}$

## 삼 각 법

24. 호도와 도수. $360°=2\pi$ 라디안$=1$회전

1라디안=57.2957……도. 1도=0.0174532……라디안

25. 특수각에 관한 삼각함수치

| 각 (도 수) | sin | cos | tan | cot | sec | csc | 각 (라디안) |
|---|---|---|---|---|---|---|---|
| 0° | | 1 | 0 | ∞ | 1 | ∞ | 0 |
| 30° | $\frac{1}{2}$ | $\frac{1}{2}\sqrt{3}$ | $\frac{1}{3}\sqrt{3}$ | $\sqrt{3}$ | $\frac{2}{3}\sqrt{3}$ | 2 | $\frac{1}{6}\pi$ |
| 45° | $\frac{1}{2}\sqrt{2}$ | $\frac{1}{2}\sqrt{2}$ | 1 | 1 | $\sqrt{2}$ | $\sqrt{2}$ | $\frac{1}{4}\pi$ |

| 각 (도 수) | sin | cos | tan | cot | sec | csc | 각 (라디안) |
|---|---|---|---|---|---|---|---|
| 60° | $\frac{1}{2}\sqrt{3}$ | $\frac{1}{2}$ | $\sqrt{3}$ | $\frac{1}{3}\sqrt{3}$ | 2 | $\frac{2}{3}\sqrt{3}$ | $\frac{1}{3}\pi$ |
| 90° | 1 | 0 | $\infty$ | 0 | $\infty$ | 1 | $\frac{1}{2}\pi$ |
| 180° | 0 | $-1$ | 0 | $\infty$ | $-1$ | $\infty$ | $\pi$ |
| 270° | $-1$ | 0 | $\infty$ | 0 | $\infty$ | $-1$ | $\frac{3}{2}\pi$ |
| 360° | 0 | 1 | 0 | $\infty$ | 1 | $\infty$ | $2\pi$ |

## 26. 기본항등식

$\csc x = \dfrac{1}{\sin x}$ $\sec x = \dfrac{1}{\cos x}$ $\cot x = \dfrac{1}{\tan x}$

$\tan x = \dfrac{\sin x}{\cos x}$ $\cot x = \dfrac{\cos x}{\sin x}$ $\sin^2 x + \cos^2 x = 1$

$1 + \tan^2 x = \sec^2 x$ $1 + \cot^2 x = \csc^2 x$

## 27. 환원관계

| 각 | sine | cosine | tangent | cotangent | secant | cosecant |
|---|---|---|---|---|---|---|
| $-x$ | $-\sin x$ | $\cos x$ | $-\tan x$ | $-\cot x$ | $\sec x$ | $-\csc x$ |
| $90° - x$ | $\cos x$ | $\sin x$ | $\cot x$ | $\tan x$ | $\csc x$ | $\sec x$ |
| $90° + x$ | $\cos x$ | $-\sin x$ | $-\cot x$ | $-\tan x$ | $-\csc x$ | $\sec x$ |
| $180° - x$ | $\sin x$ | $-\cos x$ | $-\tan x$ | $-\cot x$ | $-\sec x$ | $\csc x$ |
| $180° + x$ | $-\sin x$ | $-\cos x$ | $\tan x$ | $\cot x$ | $-\sec x$ | $-\csc x$ |
| $270° - x$ | $-\cos x$ | $-\sin x$ | $\cot x$ | $\tan x$ | $-\csc x$ | $-\sec x$ |
| $270° + x$ | $-\cos x$ | $\sin x$ | $-\cot x$ | $-\tan x$ | $\csc x$ | $-\sec x$ |
| $360° - x$ | $-\sin x$ | $\cos x$ | $-\tan x$ | $-\cot x$ | $\sec x$ | $-\csc x$ |

## 28. 두 각의 합과 차에 관한 공식

$$\sin(x \pm y) = \sin x \cos y \pm \cos x \sin y$$

$$\cos(x \pm y) = \cos x \cos y \mp \sin x \sin y$$

$$\tan(x \pm y) = \frac{\tan x \pm \tan y}{1 \mp \tan x \tan y}$$

## 29. 배각의 공식

$$\sin 2x = 2\sin x \cos x, \quad \cos 2x = \cos^2 x - \sin^2 x$$

$$\tan 2x = \frac{2\tan x}{1-\tan^2 x}$$

**30. 반각의 공식**

$$\sin\frac{x}{2} = \pm\sqrt{\frac{1-\cos x}{2}}, \quad \cos\frac{x}{2} = \pm\sqrt{\frac{1+\cos x}{2}}$$

$$\tan\frac{x}{2} = \pm\sqrt{\frac{1-\cos x}{1+\cos x}} = \frac{1-\cos x}{\sin x} = \frac{\sin x}{1+\cos x}$$

**31. 합의 공식**

$$\sin x + \sin y = 2\sin\frac{1}{2}(x+y)\cos\frac{1}{2}(x-y)$$

$$\sin x - \sin y = 2\cos\frac{1}{2}(x+y)\sin\frac{1}{2}(x-y)$$

$$\cos x + \cos y = 2\cos\frac{1}{2}(x+y)\cos\frac{1}{2}(x-y)$$

$$\cos x - \cos y = -2\sin\frac{1}{2}(x+y)\sin\frac{1}{2}(x-y)$$

**32. 곱의 공식**

$$\sin x\ \sin y = \frac{1}{2}\cos(x-y) - \frac{1}{2}\cos(x+y)$$

$$\sin x\ \cos y = \frac{1}{2}\sin(x-y) + \frac{1}{2}\sin(x+y)$$

$$\cos x\ \cos y = \frac{1}{2}\cos(x-y) + \frac{1}{2}\cos(x+y)$$

**33. 역삼각함수의 공식** ($a>0$ 일 때)

$\sin^{-1}(-a) = -\sin^{-1}a$ $\qquad$ $\cot^{-1}(-a) = \pi - \tan^{-1}\frac{1}{a}$

$\cos^{-1}(-a) = \pi - \cos^{-1}a$ $\qquad$ $\sec^{-1}(-a) = \cos^{-1}\left(\frac{1}{a}\right) - \pi$

$\tan^{-1}(-a) = -\tan^{-1}a$ $\qquad$ $\csc^{-1}(-a) = \sin^{-1}\left(\frac{1}{a}\right) - \pi$

$\sin^{-1}a = \cos^{-1}\sqrt{1-a^2}$ $\qquad$ $\cos^{-1}a = \sin^{-1}\sqrt{1-a^2}$

($a>0$, $b>0$ 일 때)

$$\sin^{-1}a - \sin^{-1}b = \sin^{-1}(a\sqrt{1-b^2} - b\sqrt{1-a^2})$$

$$\tan^{-1}a - \tan^{-1}b = \tan^{-1}\frac{a-b}{1+ab}$$

$$\cos^{-1}a + \cos^{-1}b = \begin{cases} \cos^{-1}\{ab - \sqrt{(1-a^2)(1-b^2)}\} & (a^2+b^2>1 \text{ 일 때}) \\ \dfrac{\pi}{2} & (a^2+b^2=1 \text{ 일 때}) \\ \pi - \cos^{-1}\{\sqrt{(1-a^2)(1-b^2)} - ab\} & (a^2+b^2<1 \text{ 일 때}) \end{cases}$$

$$\tan^{-1}a+\tan^{-1}b=\begin{cases}\tan^{-1}\dfrac{a+b}{1-ab} & (ab<1\text{ 일 때})\\ \dfrac{\pi}{2} & (a=b\text{ 일 때})\\ \pi-\tan^{-1}\dfrac{a+b}{ab-1} & (ab>1\text{ 일 때})\end{cases}$$

**34.** **임의의 삼각형에 관한 공식.** 변의 길이를 $a$, $b$, $c$ : 그 대각을 $A$, $B$, $C$ : $s=\frac{1}{2}(a+b+c)$ ; 외접원의 반경을 $R$ : 내접원의 반경을 $r$이라 하면

사인법칙. $\dfrac{a}{\sin A}=\dfrac{b}{\sin B}=\dfrac{c}{\sin C}=2R$

코사인법칙. $a^2=b^2+c^2-2bc\cos A$

$$r=\sqrt{\frac{(s-a)(s-b)(s-c)}{S}}$$

$$\text{면적}=\frac{1}{2}ab\sin C=\frac{a^2\sin B\sin C}{2\sin(B+C)}=\sqrt{s(s-a)(s-b)(s-c)}$$

## 평면해석기하

**35.** 두 점 $P_1(x_1, y_1)$과 $P_2(x_2, y_2)$에 관하여

거리 $P_1P_2$. $d=\sqrt{(x_1-x_2)^2+(y_1-y_2)^2}$

$P_1P_2$의 기울기. $m=\dfrac{y_1-y_2}{x_1-x_2}$

$P_1P_2$의 중점. $x=\dfrac{1}{2}(x_1+x_2)$, $y=\dfrac{1}{2}(y_1+y_2)$

**36.** 기울기가 $m_1$, $m_2$인 두 직선 사이의 각

$$\tan\theta=\frac{m_1-m_2}{1+m_1m_2}$$

평행인 직선에 대해서는 $m_1=m_2$, 수직인 직선에 대해서는 $m_1=-\dfrac{1}{m_2}$이다.

**37.** 직선의 방정식

점—기울기형. $y-y_1=m(x-x_1)$

기울기—절편형. $y=mx+b$

두 점형. $\dfrac{y-y_1}{x-x_1}=\dfrac{y_2-y_1}{x_2-x_1}$

절편형. $\dfrac{x}{a}+\dfrac{y}{b}=1$

수평선. $y=b$

수직선. $x=a$

**38.** $P(x_1, y_1)$에서 수직 $Ax+By+C=0$에 이르는 거리

$$d=\frac{Ax_1+By+C}{\pm\sqrt{A^2+B^2}}$$

39. 직교좌표와 극좌표와의 관계

$$x=r\cos\theta \qquad r=\pm\sqrt{x^2+y^2}$$

$$y=r\sin\theta \qquad \theta=\tan^{-1}\frac{y}{x}$$

40. 원의 방정식. 중심이 $(h, k)$, 반경이 $r$

$$(x-h)^2+(y-k)^2=r^2$$

41. 타원의 방정식. 중심이 $(h, k)$, 반장축이 $a$, 반공액축이 $b$

$$\frac{(x-h)^2}{a^2}-\frac{(y-k)^2}{b^2}=1 \text{ 혹은 } \frac{(y-k)^2}{a^2}-\frac{(x-h)^2}{b^2}=1$$

42. 쌍곡선의 방정식 중심이 $(h, k)$, 반관축이 $a$, 반공액축이 $b$

$$\frac{(x-h)^2}{a^2}-\frac{(y-h)^2}{b^2}=1 \text{ 혹은 } \frac{(y-h)^2}{a^2}-\frac{(x-h)^2}{b^2}=1$$

원점을 중심으로 가지는 직교쌍곡선. $xy=C$

43. 포물선의 방정식. 정점이 $(h, k)$, 집점거리가 $p$,

$$(y-k)^2=4p(x-h) \text{ 혹은 } (x-h)^2=4p(y-k)$$

## 입체해석기하

44. 두 점 $P_1(x_1, y_1, z_1)$, $P_2(x_2, y_2, z_2)$에 대하여

거리 $P_1P_2$. $d=\sqrt{(x_1-x_2)^2+(y_1-y_2)^2+(z_1-z_2)^2}$

$P_1P_2$의 방향수. $[x_1-x_2, y_1-y_2, z_1-z_2]$

$P_1P_2$의 중점. $x=\frac{1}{2}(x_1+x_2)$, $y=\frac{1}{2}(y_1+y_2)$

$$z=\frac{1}{2}(z_1+z_2)$$

45. 방향수가 $[a_1, b_1, c_1]$, $[a_2, b_2, c_2]$인 두 직선 사이의 각

$$\cos\theta=\pm\frac{a_1a_2+b_1b_2+c_1c_2}{\sqrt{a_1^2+b_1^2+c_1^2}\ \sqrt{a_2^2+b_2^2+c_2^2}}$$

평행인 직선. $\frac{a_1}{a_2}=\frac{b_1}{b_2}=\frac{c_1}{c_2}$

수직인 직선. $a_1a_2+b_1b_2+c_1c_2=0$

46. 점 $P(x_1, y_1, z_1)$을 지나고 방향수가 $[A, B, C]$인 직선과 수직인 평면의 방정식

$$A(x-x_1)+B(y-y_1)+C(z-z_1)=0$$

47. $P(x_1, y_1, z_1)$을 지나고 방향수가 $[a, b, c]$인 직선의 방정식

$$\frac{x-x_1}{a}=\frac{y-y_1}{b}=\frac{z-z_1}{c}$$

48. $P(x_1, y_1, z_1)$에서 평면 $Ax+By+Cz+D=0$에 이르는 거리

$$d=\frac{Ax_1+By_1+Cz_1+D}{\pm\sqrt{A^2+B^2+C^2}}$$

49. 직교좌표와 주면좌표와의 관계

$x=r\cos\theta$ $\quad y=r\sin\theta$ $\quad z=z$

$x=\pm\sqrt{x^2+y^2}$ $\quad \theta=\tan^{-1}\dfrac{y}{x}$ $\quad z=z$

50. 직교좌표와 구면좌표와의 관계

$x=\sin\theta\cos\phi$ $\quad y=r\sin\theta\sin\phi$ $\quad z=r\cos\theta$

$r\pm\sqrt{x^2+y^2+z^2}$ $\quad \phi=\tan^{-1}\dfrac{y}{x}$ $\quad \theta=\tan^{-1}\dfrac{\sqrt{x^2+y^2}}{z}$

# Ⅱ. 함수의 그래프

### 1. Sine곡선

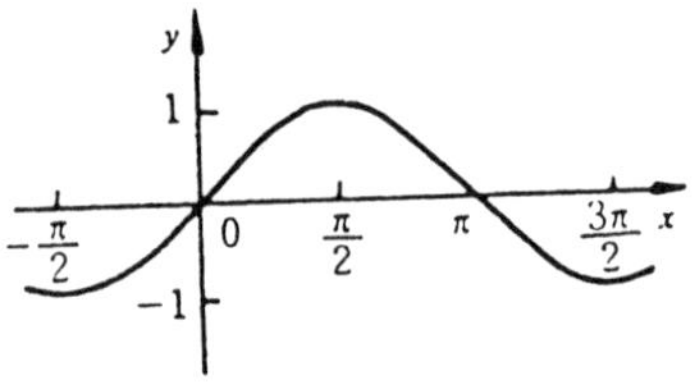


$y = \sin x$

### 2. Cosine곡선

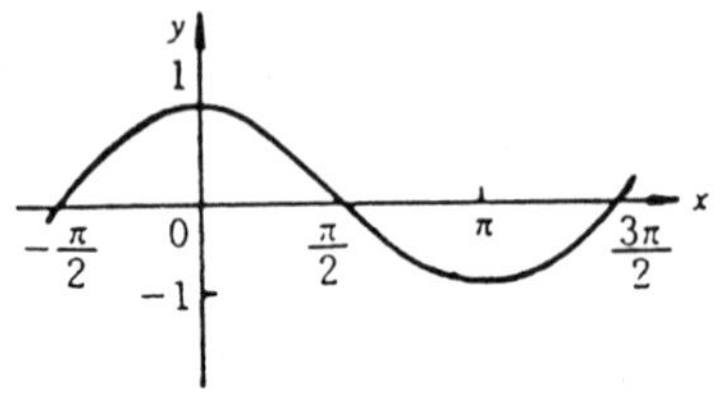


$y = \cos x$

### 3. Tangent곡선

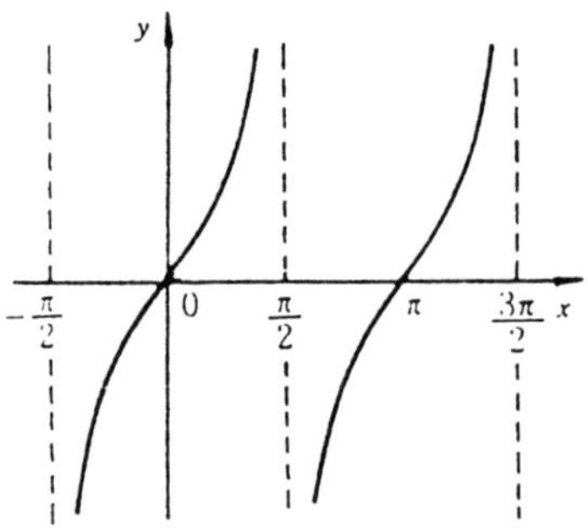


$y = \tan x$

### 4. Secant곡선

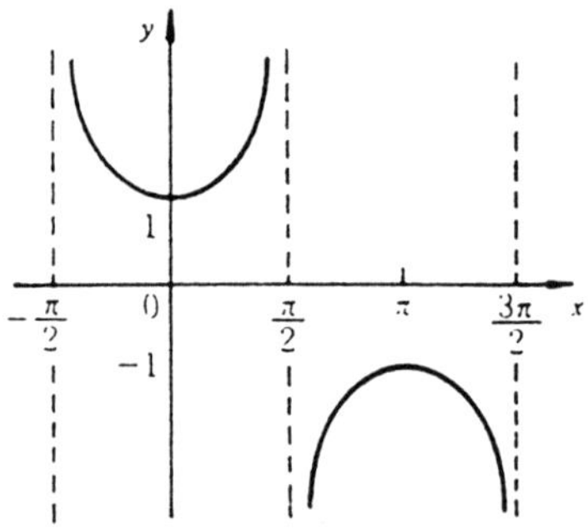


$y = \sec x$

### 5. Inverse sine곡선

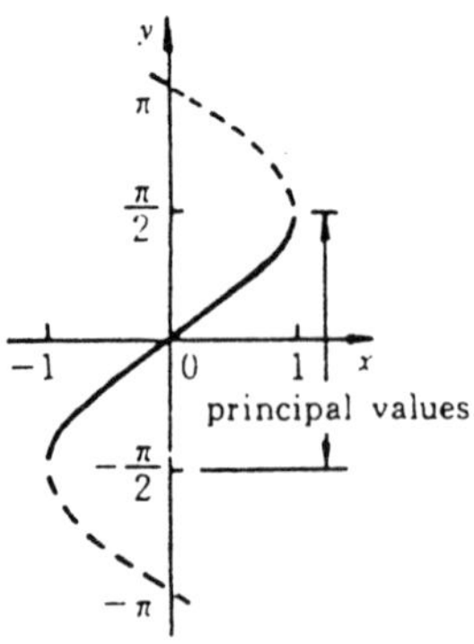


$y = \sin^{-1} x$

### 6. Inverse cosine곡선

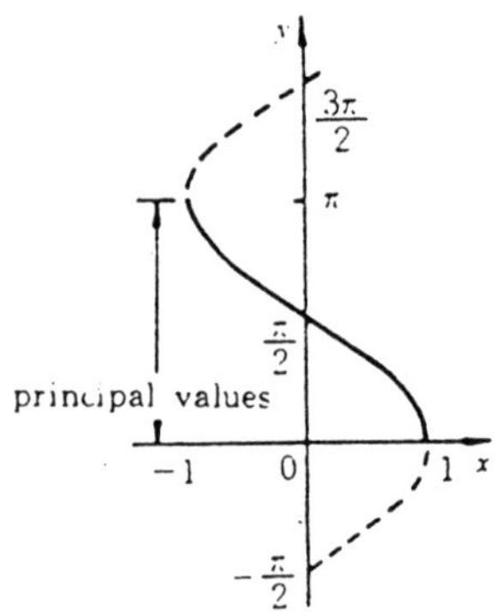


$y = \cos^{-1} x$

### 7. Inverse tangent 곡선

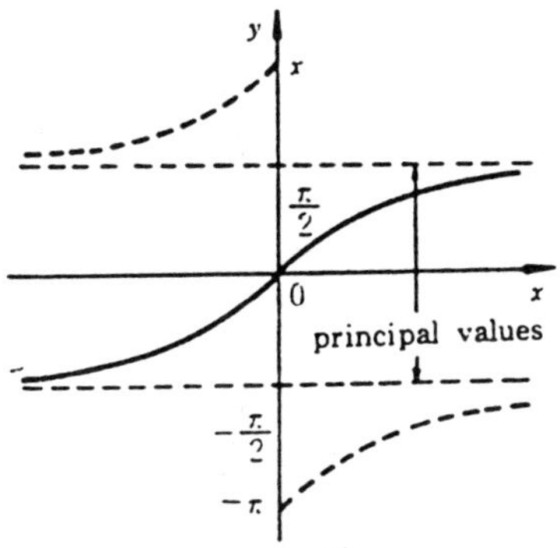


$y=\tan^{-1}x$

### 8. Inverse secant 곡선

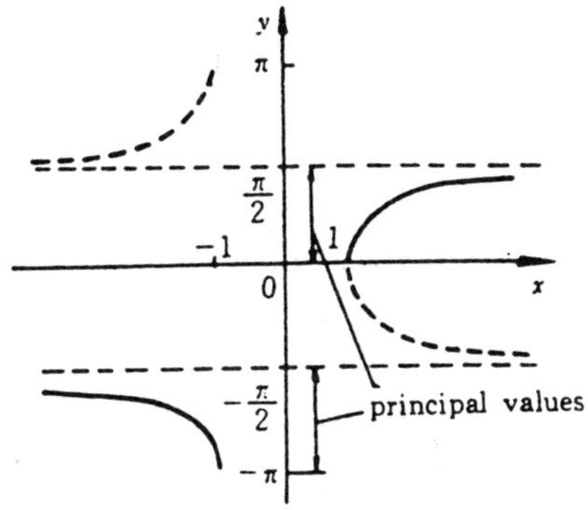


$y=\sec^{-1}x$

### 9. Log 곡선

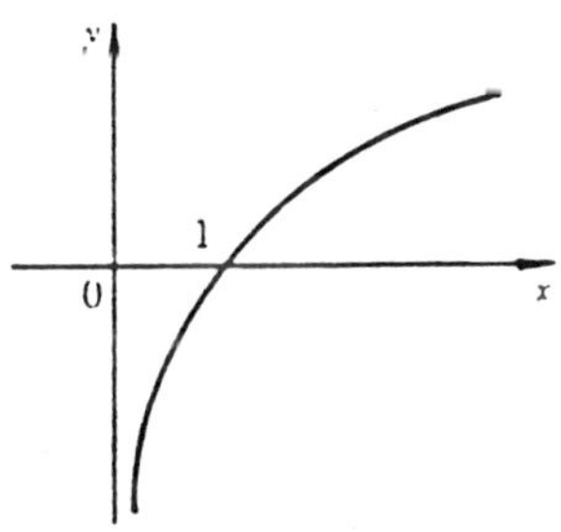


$y=\log_b x$.  $(b>1)$

### 10. 지수곡선

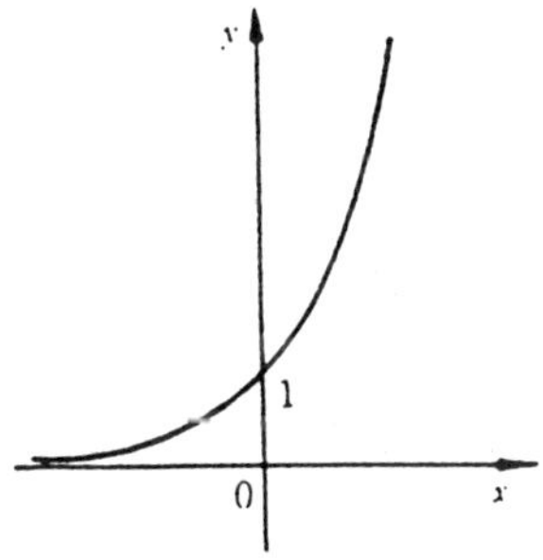


$y=e^x$

### 11. Hyperbolic sine 곡선

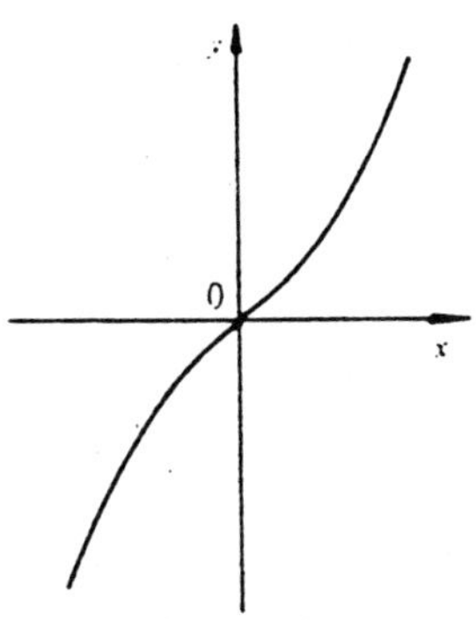


$v=\sinh x$

### 12. Hyperbolic cosine 곡선

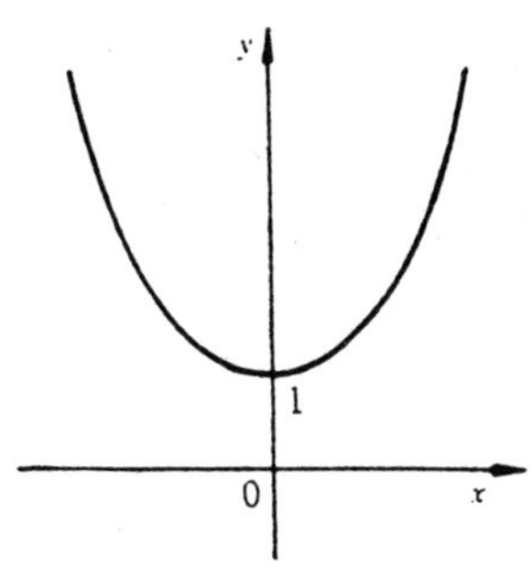


$y=\cosh x$

13. 3차포물선

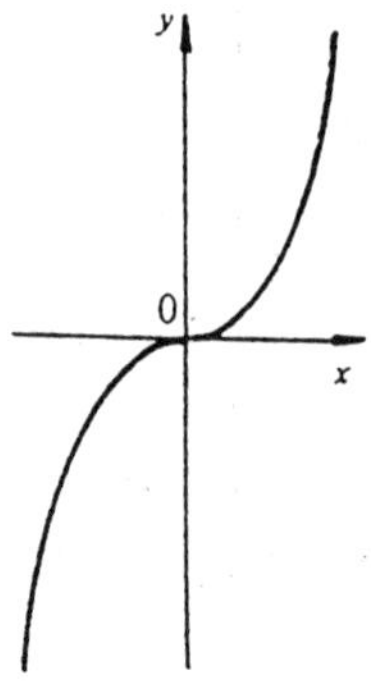

$y = ax^3, \quad (a>0)$

14. 반 3차포물선

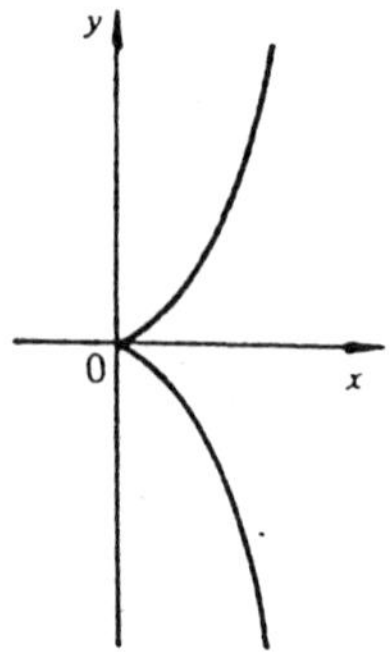

$y^2 = ax^3, \quad (a>0)$

15. 확률곡선

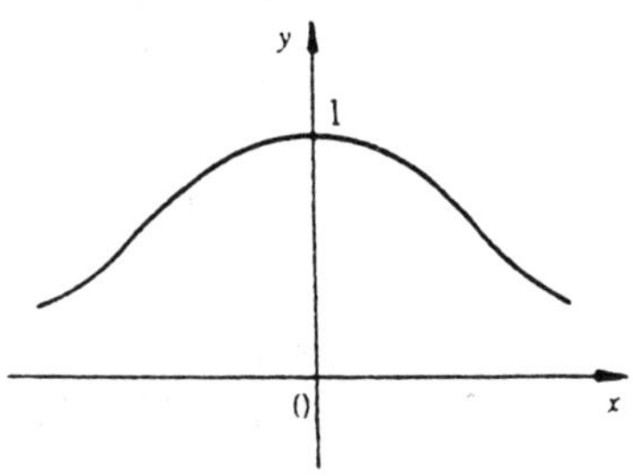

$y = e^{-x^2}$

16. 포 물 호

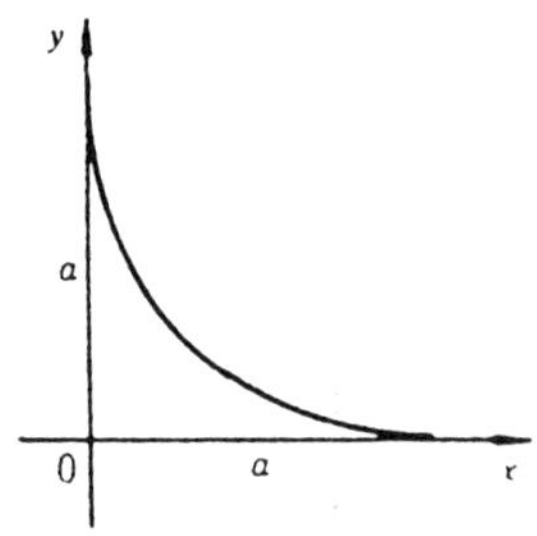

$x^{\frac{1}{2}} + y^{\frac{1}{2}} = a^{\frac{1}{2}}$

17. Descartes의 Folium

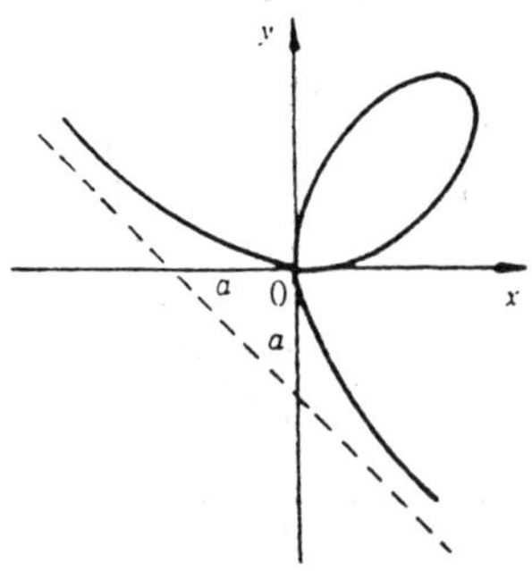

$x^3 + y^3 - 3axy = 0$

18. The cissoid of Diocles

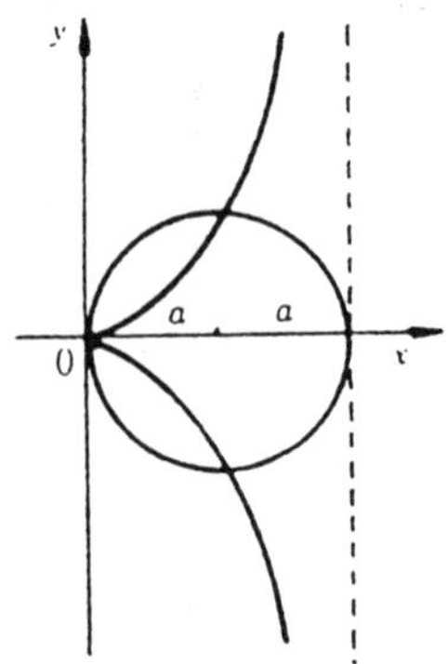

$y^2 = x^2/(2a-x)$

19. Astroid

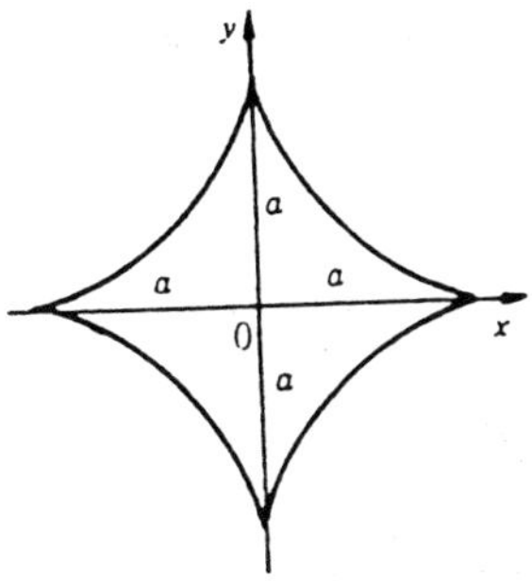


$x^{\frac{2}{3}}+y^{\frac{2}{3}}=a^{\frac{2}{3}}$

20. The witch of Agnesi

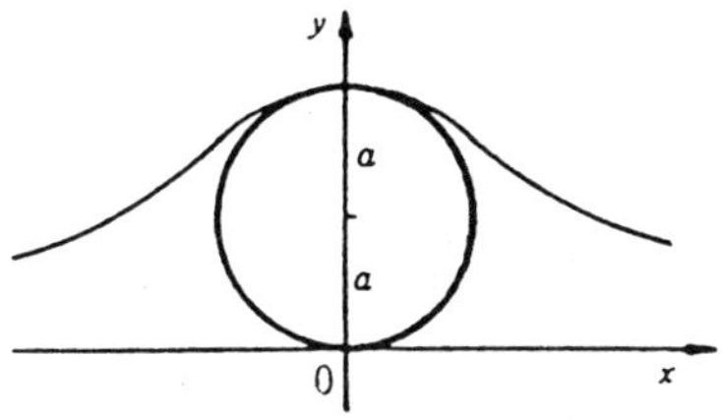


$x^2y=4a^2(2a-y)$

21. Strophold

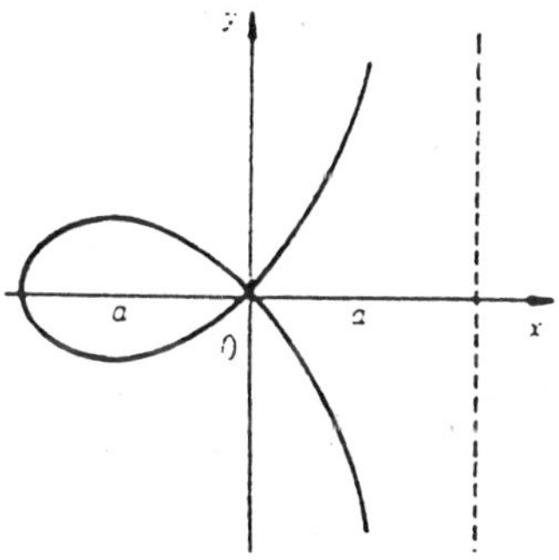


$y^2=x^2\frac{a-x}{a-x}$

22. Tractrix

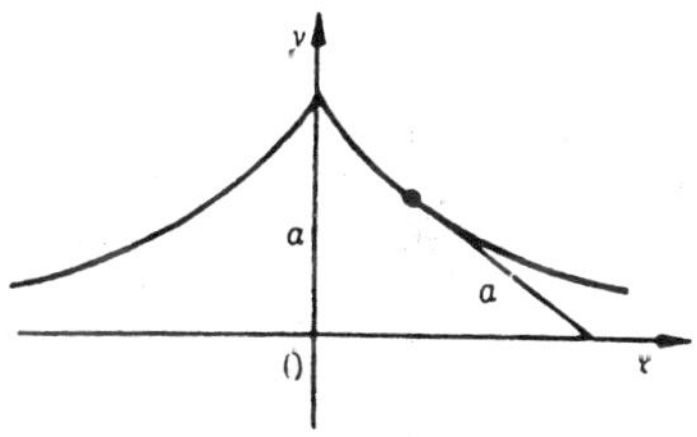


$x=\frac{a}{2}\ln\frac{a+\sqrt{a^2-y^2}}{a-\sqrt{a^2-y^2}}\sqrt{a^2-y^2}$

23. Cardioid

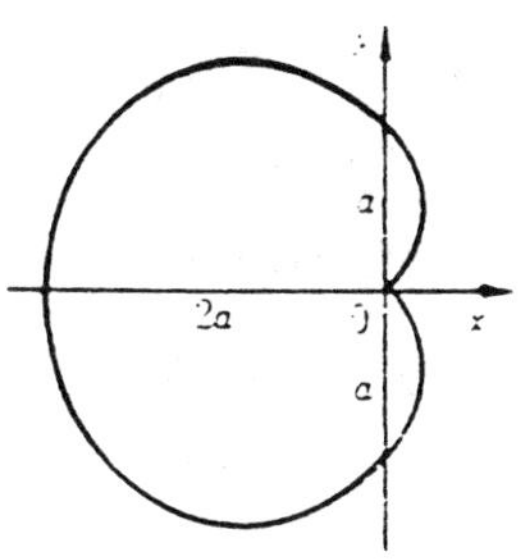


$r=a(1-\cos\theta)$

24. Limacon

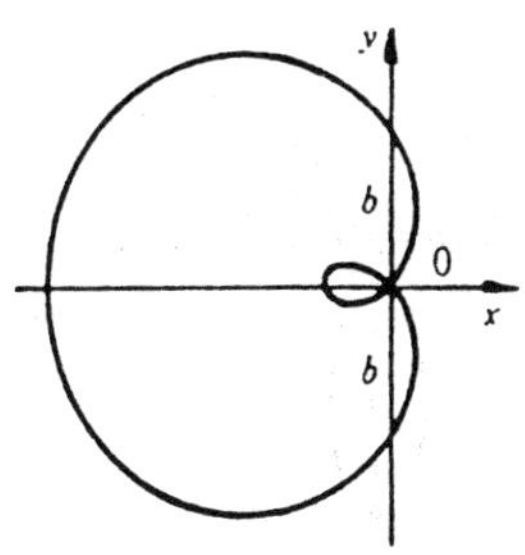


$r=b-a\cos\theta,\quad (b<a)$

25. Spiral of Archimedes

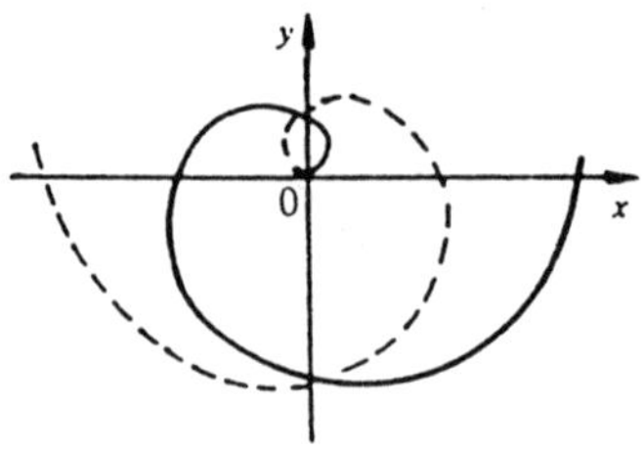


$r = a\theta$

26. Hyperbolic spiral

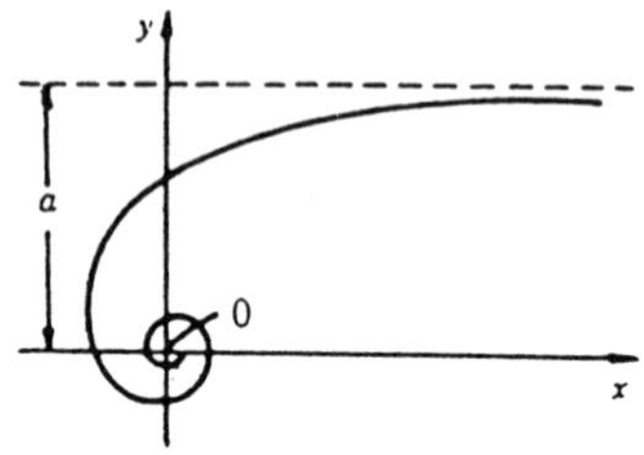


$r\theta = a$

27. Bernoulli lemniscate

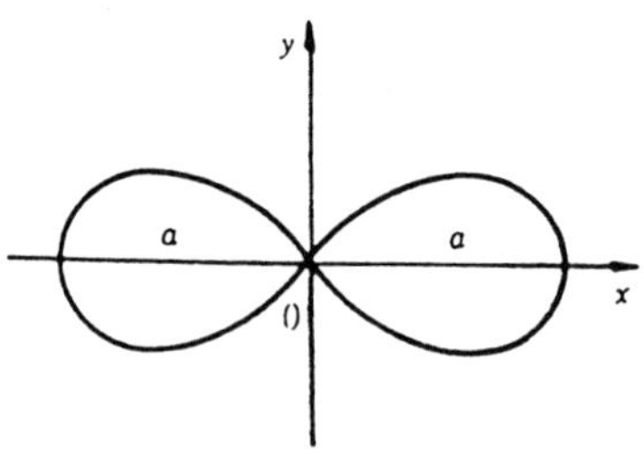


$r^2 = a^2\cos 2\theta$

28. The conchoid of Nicomedes.

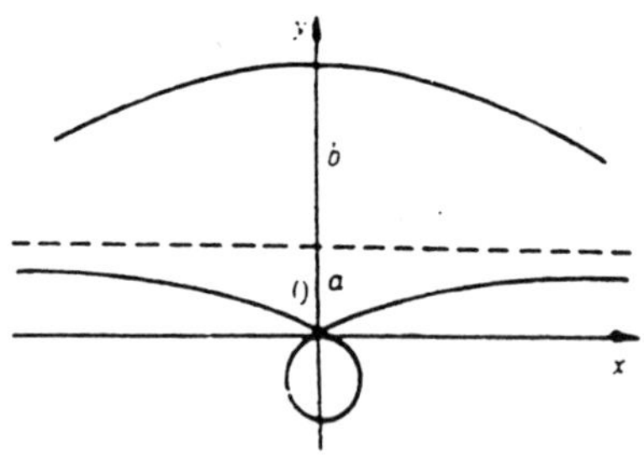


$r = a\csc\theta + b$, $(a < b)$

29. 3엽장미선

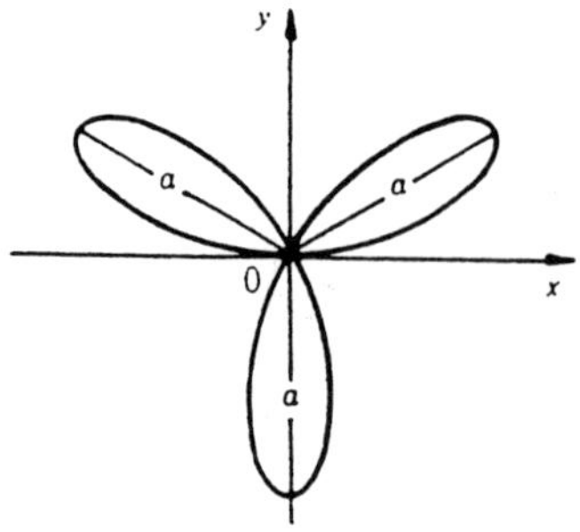


$r = a\sin 3\theta$

30. 4엽장미선

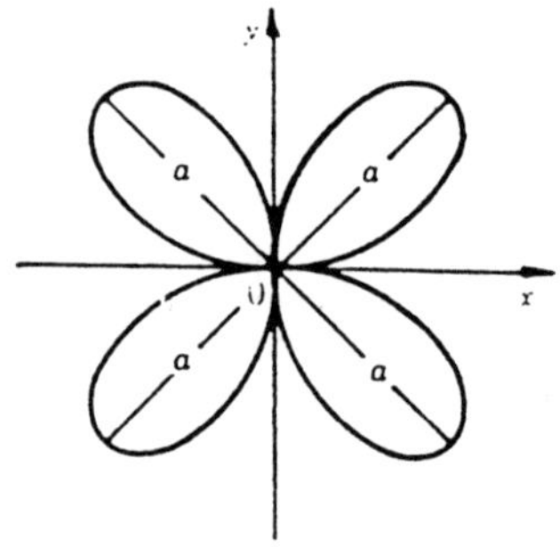


$r = a\sin 2\theta$

31. Cycloid

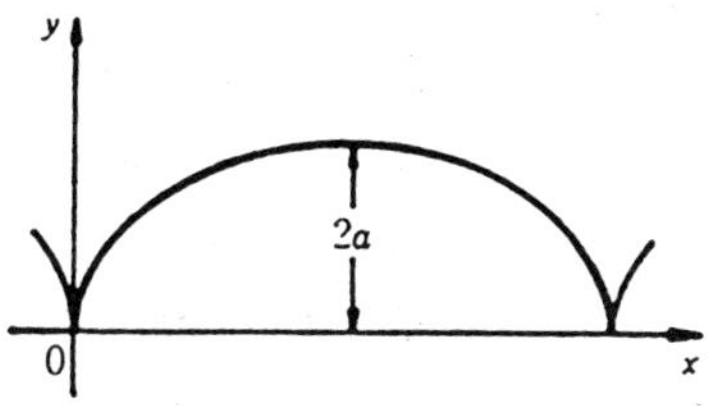


$$\begin{cases} x = a(\theta - \sin\theta) \\ y = a(1 - \cos\theta) \end{cases}$$

32. Trochoid

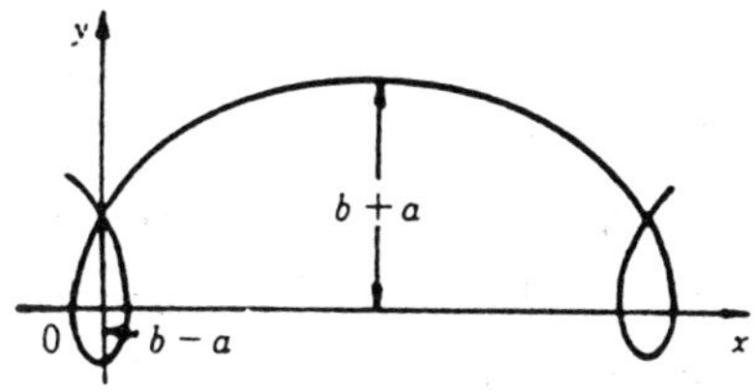


$$\begin{cases} x = a\theta - b\sin\theta \\ y = a - b\cos\theta, \ (a < b) \end{cases}$$

# Ⅲ. 그리스 문자

| | | | | | | | | |
|---|---|---|---|---|---|---|---|---|
| $A$ | $\alpha$ | Alpha | $E$ | $\epsilon$ | Epsilon | $I$ | $\iota$ | Iota |
| $B$ | $\beta$ | Beta | $Z$ | $\varsigma$ | Zeta | $K$ | $\kappa$ | Kappa |
| $\Gamma$ | $\gamma$ | Gamma | $H$ | $\eta$ | Eta | $\Lambda$ | $\lambda$ | Lambda |
| $\Delta$ | $\delta$ | Delta | $\Theta$ | $\theta$ | Theta | $M$ | $\mu$ | Mu |
| $N$ | $\nu$ | Nu | $P$ | $\rho$ | Rho | $\Phi$ | $\phi$ | Phi |
| $\Xi$ | $\xi$ | Xi | $\Sigma$ | $\sigma$ | Sigma | $X$ | $\chi$ | Chi |
| $O$ | $o$ | Omicron | T | $\tau$ | Tau | $\Psi$ | $\phi$ | Psi |
| $\Pi$ | $\pi$ | Pi | $\Upsilon$ | $\upsilon$ | Upsilon | $\Omega$ | $\omega$ | Omega |

# Ⅳ. 기 호

| | | | |
|---|---|---|---|
| $\pm$ | 플러스 혹은 마이너스 | $\mp$ | 마이너스 혹은 플러스 |
| $=$ | 같다 | $\neq$ | 같지 않다 |
| $\equiv$ | 항등적으로 같다. | $\not\equiv$ | 항등적으로 같지 않다 |
| $\times$, $\cdot$ | 곱하기 | $\div$, / | 나누기 |
| $>$ | 보다 크다 | $<$ | 보다 작다 |
| $\leq$ | 보다 크거나 같다 | $\geq$ | 보다 작거나 같다 |
| $\cong$ | 합동이다 | $\approx$ | 근사적으로 같다 |
| $\sim$ | 닮았다 | $\rightarrow$ | 접근한다 |
| $\propto$ | 비례한다 | ln | 자연 log |
| $\perp$ | 수직이다 | $\parallel$ | 평행이다 |
| $\sqrt{\ }$ | 제곱근 | $\sqrt[n]{\ }$ | $n$승근 |
| $i$ | 허수단위 $\sqrt{-1}$ | $\infty$ | 무한대 |
| ${}_nC_r$ | $\dfrac{n!}{r!(n-r)!}$ | ${}_nP_r$ | $\dfrac{n!}{(n-r)!}$ |
| $\vert a\vert$ | $a$의 절대치 | $\cdots$ | 등등 |

# V. 적분표(적분상수생략)

## $a+bu$ 형

1. $\int (a+bu)^n du = \frac{(a+bu)^{n+1}}{b(n+1)}, \quad n \neq -1$

2. $\int \frac{du}{a+bu} = \frac{1}{b} \ln(a+bu)$

3. $\int \frac{u\,du}{a+bu} = \frac{1}{b^2}[(a+bu) - a\ln(a+bu)]$

4. $\int \frac{u^2 du}{a+bu} = \frac{1}{b^3}\left[\frac{1}{2}(a+bu)^2 - 2a(a+bu)^2 - 2(a+bu) + a^2\ln(a+bu)\right]$

5. $\int \frac{du}{u(a+bu)} = -\frac{1}{a}\ln\frac{a+bu}{u}$

6. $\int \frac{du}{u(a+bu)} = -\frac{1}{au} + \frac{b}{a^2}\ln\frac{a+bu}{u}$

7. $\int \frac{u\,du}{(a+bu)} = \frac{1}{b^2}\left[\frac{a}{a+bu} + \ln(a+bu)\right]$

8. $\int \frac{u^2 du}{(a+bu)^2} = \frac{1}{b^2}\left[(a+bu) - \frac{a^2}{a+bu} - 2a\ln(a+bu)\right]$

9. $\int \frac{du}{u(a+bu)^2} = \frac{1}{a(a+bu)} - \frac{1}{a^2}\ln\frac{a+bu}{u}$

10. $\int \frac{du}{u^2(a+bu)^2} = -\frac{a+2bu}{a^2u(a+bu)} + \frac{2b}{a^3}\ln\frac{a+bu}{u}$

## $\sqrt{a+bu}$ 형

11. $\int u\sqrt{a+bu}\,du = -\frac{2(2a-3bu)(a+bu)^{\frac{3}{2}}}{15b^2}$

12. $\int u^n\sqrt{a+bu}\,du = \frac{2u^n(a+bu)^{\frac{3}{2}}}{b(2n+3)} - \frac{2an}{b(2n+3)}\int u^{n-1}\sqrt{a+bu}\,du$

13. $\int \frac{u\,du}{\sqrt{a+bu}} = -\frac{2(2a-bu)\sqrt{a+bu}}{3b^2}$

14. $\int \frac{u^n du}{\sqrt{a+bu}} = \frac{2u^n\sqrt{a+bu}}{b(2n+1)} - \frac{2an}{b(2n+1)}\int \frac{u^{n-1}du}{\sqrt{a+bu}}$

15. $\int \frac{du}{u\sqrt{a+bu}} = \frac{1}{\sqrt{a}}\ln\left(\frac{\sqrt{a+bu}-\sqrt{a}}{\sqrt{a+bu}+\sqrt{a}}\right) \quad (a>0)$

$$=\frac{2}{\sqrt{-a}}\tan^{-1}\sqrt{\frac{a+bu}{-a}} \quad (a<0)$$

16. $$\int\frac{du}{u^n\sqrt{a+bu}}=-\frac{\sqrt{a+bu}}{a(n-1)u^{n-1}}-\frac{b(2n-3)}{2a(n-1)}\int\frac{du}{u^{n-1}\sqrt{a+bu}}$$

17. $$\int\frac{\sqrt{a+bu}}{u}dn=2\sqrt{a+bu}+a\int\frac{du}{u\sqrt{a+bu}}$$

18. $$\int\frac{\sqrt{a+bu}}{u^n}du=-\frac{(a+bu)^{\frac{3}{2}}}{a(n-1)u^{n-1}}-\frac{b(2n-5)}{2a(n-1)}\int\frac{\sqrt{a+bu}}{u^{n-1}}du$$

## $\sqrt{u^2\pm a^2}$ 형

19. $$\int\frac{du}{u^2+a^2}=\frac{1}{a}\tan^{-1}\frac{u}{a}$$

20. $$\int\frac{du}{u^2-a^2}=\frac{1}{2a}\ln\frac{u-a}{u+a}$$

21. $$\int\frac{du}{\sqrt{u^2\pm a^2}}=\ln(u+\sqrt{u^2\pm a^2})$$

22. $$\int\frac{u^2du}{\sqrt{u^2\pm a^2}}=\frac{1}{2}u\sqrt{u^2\pm a^2}\mp\frac{1}{2}a^2\ln(u+\sqrt{u^2\pm a^2})$$

23. $$\int\frac{du}{u\sqrt{u^2+a^2}}=-\frac{1}{a}\ln\left(\frac{a+\sqrt{u^2+a^2}}{u}\right)$$

24. $$\int\frac{du}{u\sqrt{u^2-a^2}}=\frac{1}{a}\sec^{-1}\frac{u}{a}$$

25. $$\int\frac{du}{u^2\sqrt{u^2\pm a^2}}=\mp\frac{\sqrt{u^2\pm a^2}}{a^2u}$$

26. $$\int\sqrt{u^2\pm a^2}\,du=\frac{1}{2}u\sqrt{u^2\pm a^2}\pm\frac{1}{2}a^2\ln(u+\sqrt{u^2\pm a^2})$$

27. $$\int u^2\sqrt{u^2\pm a^2}\,du=\frac{1}{4}u(u^2\pm a^2)^{\frac{3}{2}}\mp\frac{1}{8}a^2u\sqrt{u^2\pm a^2}-\frac{1}{8}a^4\ln(u+\sqrt{u^2\pm a^2})$$

28. $$\int\frac{\sqrt{u^2+a^2}}{u}du=\sqrt{u^2+a^2}-a\ln\left(\frac{a+\sqrt{u^2+a^2}}{u}\right)$$

29. $$\int\frac{\sqrt{u^2-a^2}}{u}du=\sqrt{u^2-a^2}-a\sec^{-1}\frac{u}{a}$$

30. $$\int\frac{\sqrt{u^2\pm a^2}}{u^2}du=-\frac{\sqrt{u^2\pm a^2}}{u}+\ln(u+\sqrt{u^2\pm a^2})$$

31. $$\int(u^2\pm a^2)^{\frac{3}{2}}du=\frac{1}{4}u(u^2\pm a^2)^{\frac{3}{2}}\pm\frac{3}{8}a^2u\sqrt{u^2\pm a^2}+\frac{3}{8}a^4\ln(u+\sqrt{u^2\pm a^2})$$

32. $\int \frac{(u^2+a^2)^{\frac{3}{2}}}{u} du = \frac{1}{3}(u^2+a^2)^{\frac{3}{2}} + a^2\sqrt{u^2+a^2} - a^3 \ln\left(\frac{a+\sqrt{u^2+a^2}}{u}\right)$

33. $\int \frac{(u^2+a^2)^{\frac{3}{2}}}{u} du = \frac{1}{3}(u^2-a^2)^{\frac{3}{2}} - a^2\sqrt{u^2-a^2} + a^3 \sec^{-1}\frac{u}{a}$

34. $\int \frac{du}{(u^2 \pm a^2)^{\frac{3}{2}}} = \pm \frac{u}{a^2\sqrt{u^2 \pm a^2}}$

35. $\int \frac{u^2 du}{(u^2 \pm a^2)^{\frac{3}{2}}} = -\frac{u}{\sqrt{u^2 \pm a^2}} + \ln(u + \sqrt{u^2 \pm a^2})$

36. $\int \frac{du}{u(u^2+a^2)^{\frac{3}{2}}} = \frac{1}{a^2\sqrt{u^2+a^2}} - \frac{1}{a^3} \ln\left(\frac{a+\sqrt{u^2+a^2}}{u}\right)$

37. $\int \frac{du}{u(u^2-a^2)^{\frac{3}{2}}} = -\frac{1}{a^2\sqrt{u^2-a^2}} - \frac{1}{a^3} \sec^{-1}\frac{u}{a}$

## $\sqrt{a^2-u^2}$ 형

38. $\int \frac{du}{a^2-u^2} = \frac{1}{2a} \ln \frac{a+u}{a-u}$

39. $\int \frac{du}{\sqrt{a^2-u^2}} = \sin^{-1}\frac{u}{a}$

40. $\int \frac{u^2 du}{\sqrt{a^2-u^2}} = -\frac{1}{2}u\sqrt{a^2-u^2} + \frac{1}{2}a^2 \sin^{-1}\frac{u}{a}$

41. $\int \frac{du}{u\sqrt{a^2-u^2}} = -\frac{1}{a} \ln\left(\frac{a+\sqrt{a^2-u^2}}{u}\right)$

42. $\int \frac{du}{u^2\sqrt{a^2-u^2}} = -\frac{\sqrt{a^2-u^2}}{a^2 u}$

43. $\int \sqrt{a^2-u^2}\, du = \frac{1}{2}u\sqrt{a^2-u^2} + \frac{1}{2}a^2 \sin^{-1}\frac{u}{a}$

44. $\int u^2\sqrt{a^2-u^2}\, du = -\frac{1}{4}u(a^2-u^2)^{\frac{3}{2}} + \frac{1}{8}a^2 u\sqrt{a^2-u^2} + \frac{1}{8}a^4 \sin^{-1}\frac{u}{a}$

45. $\int \frac{\sqrt{a^2-u^2}}{u} du = \sqrt{a^2-u^2} - a \ln\left(\frac{a+\sqrt{a^2-u^2}}{u}\right)$

46. $\int \frac{\sqrt{a^2-u^2}}{u^2} du = -\frac{\sqrt{a^2-u^2}}{u} - \sin^{-1}\frac{u}{a}$

47. $\int \frac{du}{(a^2-u^2)^{\frac{3}{2}}} = \frac{u}{a^2\sqrt{a^2-u^2}}$

48. $\int \frac{u^2du}{(a^2-u^2)^{\frac{3}{2}}} = \frac{u}{\sqrt{a^2-u^2}} - \sin^{-1}\frac{u}{a}$

49. $\int \frac{du}{u(a^2-u^2)^{\frac{3}{2}}} = \frac{1}{a^2\sqrt{a^2-u^2}} - \frac{1}{a^3}\ln\left(\frac{a+\sqrt{a^2-u^2}}{u}\right)$

50. $\int \frac{du}{u^2(a^2-u^2)^{\frac{3}{2}}} = -\frac{\sqrt{a^2-u^2}}{a^4u} + \frac{u}{a^4\sqrt{a^2-u^2}}$

51. $\int (a^2-u^2)^{\frac{3}{2}}du = \frac{1}{4}u(a^2-u^2)^{\frac{3}{2}} + \frac{3}{8}a^2u\sqrt{a^2-u^2} + \frac{3}{8}a^4\sin^{-1}\frac{u}{a}$

52. $\int \frac{(a^2-u^2)^{\frac{3}{2}}}{u}du = \frac{1}{3}(a^2-u^2)^{\frac{3}{2}} + a^2\sqrt{a^2-u^2} - a^3\ln\left(\frac{a+\sqrt{a^2-u^2}}{u}\right)$

## 삼각함수형

53. $\int \sin u\, du = -\cos u$

54. $\int \sin^2 u\, du = \frac{1}{2}u - \frac{1}{2}\sin u \cos u$

55. $\int \sin^3 u\, du = -\cos u + \frac{1}{3}\cos^3 u$

56. $\int \sin^n u\, du = -\frac{1}{n}\sin^{n-1}u \cos u + \frac{n-1}{n}\int \sin^{n-2}u\, du$

57. $\int \cos u\, du = \sin u$

58. $\int \cos^2 u\, du = \frac{1}{2}u + \frac{1}{2}\sin u \cos u$

59. $\int \cos^3 u\, du = \sin u - \frac{1}{3}\sin^3 u$

60. $\int \cos^n u\, du = \frac{1}{n}\cos^{n-1} u \sin u + \frac{n-1}{n}\int \cos^{n-2}u\, du$

61. $\int \tan u\, du = \ln \sec u$

62. $\int \tan^n u\, du = \frac{\tan^{n-1}u}{n-1} - \int \tan^{n-2} u\, du$

63. $\int \cot u\, du = \ln \sin u$

64. $\int \cot^n u\, du = -\frac{\cot^{n-1} u}{n-1} - \int \cot^{n-2} u\, du$

65. $\int \sec u\, du = \ln(\sec u + \tan u)$

66. $\int \sec^2 u \, du = \tan u$

67. $\int \sec^n u \, du = \dfrac{\sec^{n-2} u \tan u}{n-1} + \dfrac{n-2}{n-1} \int \sec^{n-2} u \, du$

68. $\int \csc u \, du = \ln(\csc u - \cot u)$

69. $\int \csc^2 u \, du = -\cot u$

70. $\int \csc^n u \, du = -\dfrac{\csc^{n-2} u \cot u}{n-1} + \dfrac{n-2}{n-1} \int \csc^{n-2} u \, du$

71. $\int \sec u \tan u \, du = \sec u$

72. $\int \csc u \cot u \, du = -\csc u$

73. $\int \sin au \sin bu \, du = \dfrac{\sin(a-b)u}{2(a-b)} - \dfrac{\sin(a+b)u}{2(a+b)}$

74. $\int \sin au \cos bu \, du = -\dfrac{\cos(a-b)u}{2(a-b)} - \dfrac{\cos(a+b)u}{2(a+b)}$

75. $\int \cos au \cos bu \, du = \dfrac{\sin(a-b)u}{2(a-b)} + \dfrac{\sin(a+b)u}{2(a+b)}$

76. $\int \sin^m u \cos^n u \, du = \dfrac{\sin^{m+1} u \cos^{n-1} u}{m+n} + \dfrac{n-1}{m+n} \int \sin^m u \cos^{n-2} u \, du$

77. $\int \sin^m u \cos^n u \, du = -\dfrac{\sin^{m-1} u \cos^{n+1} u}{m+n} + \dfrac{m-1}{m+n} \int \sin^{m-2} u \cos^n u \, du$

## 여러 가지 형

78. $\int e^u \, du = e^u$

79. $\int a^u \, du = \dfrac{a^u}{\ln a}$

80. $\int u e^{au} \, du = e^{au} \dfrac{(au-1)}{a^2}$

81. $\int u^2 e^{au} du = \dfrac{e^{au}(a^2u^2 - 2au + 2)}{a^3}$

82. $\int u^n \ln u \, du = u^{n+1} \left[ \dfrac{\ln u}{n+1} - \dfrac{1}{(n+1)^2} \right]$

83. $\int u \sin u \, du = \sin u - u \cos u$

84. $\int u^2 \sin u \, du = 2u \sin u - (u^2 - 2) \cos u$

85. $\int u \cos u \, du = \cos u + u \sin u$

86. $\int u^2 \cos u \, du = (u^2 - 2)\sin u + 2u \cos u$

87. $\int e^{au} \sin bu \, du = \dfrac{e^{au}(a \sin bu - b \cos bu)}{a^2 + b^2}$

88. $\int e^{au} \cos bu \, du = \dfrac{e^{au}(a \cos bu + b \sin bu)}{a^2 + b^2}$

89. $\int \sin^{-1} u \, du = u \sin^{-1} u + \sqrt{1 - u^2}$

90. $\int \tan^{-1} u \, du = u \tan^{-1} u - \frac{1}{2} \ln(1 + u^2)$

91. $\int \sinh u \, du = \cosh u$

92. $\int \cosh u \, du = \sinh u$

93. $\int \tanh u \, du = \ln(\cosh u)$

94. $\int \coth u \, du = \ln(\sinh u)$

95. $\int \operatorname{sech} u \, du = 2\tan^{-1} e^n$

96. $\int \operatorname{csch} u \, du = \ln\left(\tanh \frac{1}{2} u\right)$

## Wallis의 공식

97. $\int_0^{\frac{\pi}{2}} \sin^n x \, dx = \int_0^{\frac{\pi}{2}} \cos^n x \, dx$

$$= \begin{cases} \dfrac{1}{2} \cdot \dfrac{3}{4} \cdot \dfrac{5}{6} \cdots\cdots \dfrac{2n-1}{2n} \cdot \dfrac{\pi}{2} & (n\text{이 우수일 때}) \\ \dfrac{2}{3} \cdot \dfrac{4}{5} \cdot \dfrac{6}{7} \cdots\cdots \dfrac{2n}{2n+1} & (n > 1,\ n\text{이 기수일 때}) \end{cases}$$

98. $\int_0^{\frac{\pi}{2}} \sin^m x \cos^n x \, dx$

$$= \begin{cases} \dfrac{2 \cdot 4 \cdot 6 \cdots\cdots (n-1)}{(m+1)(m+3)(m+5)\cdots(m+n)} & (n > 1,\ n\text{은 기수}) \\ \dfrac{2 \cdot 4 \cdot 6 \cdots\cdots (m-1)}{(n+1)(n+3)(n+5)\cdots(n+m)} & (m > 1,\ m\text{은 기수}) \\ \dfrac{1 \cdot 3 \cdots (m-1) \cdot 1 \cdot 3 \cdots (n-1)}{2 \cdot 4 \cdot 6 \cdots (m+n)} \cdot \dfrac{\pi}{2} & (m,\ n\text{ 모두 우수}) \end{cases}$$

# Ⅵ. 수 표

제곱 · 세제곱 · 제곱근 · 세제곱근 · 역수의 표

| $n$ | $n^2$ | $n^3$ | $\sqrt{n}$ | $\sqrt[3]{n}$ | $\frac{1}{n}$ | $n$ | $n^2$ | $n^3$ | $\sqrt{n}$ | $\sqrt[3]{n}$ | $\frac{1}{n}$ |
|---|---|---|---|---|---|---|---|---|---|---|---|
| 1 | 1 | 1 | 1.0000 | 1.0000 | 1.0000 | 51 | 2601 | 132651 | 7.1414 | 3.7084 | 0.0196 |
| 2 | 4 | 8 | 1.4142 | 1.2599 | 0.5000 | 52 | 2704 | 140608 | 7.2111 | 3.7325 | 0.0192 |
| 3 | 9 | 27 | 1.7321 | 1.4422 | 0.3333 | 53 | 2809 | 148877 | 7.2801 | 3.7563 | 0.0189 |
| 4 | 16 | 64 | 2.0000 | 1.5784 | 0.2500 | 54 | 2916 | 157464 | 7.3485 | 3.7798 | 0.0185 |
| 5 | 25 | 125 | 2.2361 | 1.7100 | 0.2000 | 55 | 3025 | 166375 | 7.4162 | 3.8030 | 0.0182 |
| 6 | 36 | 216 | 2.4495 | 1.8171 | 0.1667 | 56 | 3136 | 175616 | 7.4833 | 3.8359 | 0.0179 |
| 7 | 49 | 343 | 2.6458 | 1.9129 | 0.1429 | 57 | 3249 | 185193 | 7.5498 | 3.8485 | 0.0175 |
| 8 | 64 | 512 | 2.8284 | 2.0000 | 0.1250 | 58 | 3364 | 195112 | 7.6158 | 3.8709 | 0.0172 |
| 9 | 81 | 729 | 3.0000 | 2.0801 | 0.1111 | 59 | 3481 | 205379 | 7.6811 | 3.8930 | 0.0169 |
| 10 | 100 | 1000 | 3.1623 | 2.1544 | 0.1000 | 60 | 3600 | 216000 | 7.7460 | 3.9149 | 0.0167 |
| 11 | 121 | 1331 | 3.3166 | 2.2240 | 0.0909 | 61 | 3721 | 226981 | 7.8103 | 3.9365 | 0.0164 |
| 12 | 144 | 1728 | 3.4641 | 2.2894 | 0.0833 | 62 | 3844 | 238328 | 7.8740 | 3.9579 | 0.0161 |
| 13 | 169 | 2197 | 3.6056 | 2.3513 | 0.0769 | 63 | 3969 | 250047 | 7.9373 | 3.9791 | 0.0159 |
| 14 | 196 | 2744 | 3.7417 | 2.4101 | 0.0714 | 64 | 4096 | 262144 | 8.0000 | 4.0000 | 0.0156 |
| 15 | 225 | 3375 | 3.8730 | 2.4662 | 0.0667 | 65 | 4225 | 274625 | 8.0623 | 4.0207 | 0.0154 |
| 16 | 256 | 4096 | 4.0000 | 2.5198 | 0.0625 | 66 | 4356 | 287496 | 8.1240 | 4.0412 | 0.0152 |
| 17 | 289 | 1913 | 4.1231 | 2.5713 | 0.0588 | 67 | 4489 | 300763 | 8.1854 | 4.0615 | 0.0149 |
| 18 | 324 | 5832 | 4.2426 | 2.6207 | 0.0556 | 68 | 4624 | 314432 | 0.2462 | 4.0817 | 0.0147 |
| 19 | 361 | 6859 | 4.3589 | 2.6684 | 0.0526 | 69 | 4761 | 328509 | 8.3066 | 4.1016 | 0.0145 |
| 20 | 400 | 8000 | 4.4721 | 2.7142 | 0.0500 | 70 | 4900 | 343000 | 8.3666 | 4.1213 | 0.0143 |
| 21 | 441 | 9261 | 4.5826 | 2.7589 | 0.0476 | 71 | 5041 | 357911 | 8.4262 | 4.1408 | 0.0141 |
| 22 | 484 | 10648 | 4.6904 | 2.8020 | 0.0455 | 72 | 5184 | 373248 | 8.4853 | 4.1602 | 0.0139 |
| 23 | 529 | 12167 | 4.7958 | 0.8439 | 0.0435 | 73 | 5329 | 389017 | 8.5440 | 4.1793 | 0.0137 |
| 24 | 576 | 13824 | 4.8990 | 2.8845 | 0.0417 | 74 | 5476 | 405224 | 8.6023 | 4.1983 | 0.0135 |
| 25 | 625 | 15625 | 5.0000 | 2.9240 | 0.0400 | 75 | 5625 | 421875 | 8.6603 | 4.2172 | 0.0133 |
| 26 | 676 | 17576 | 5.0990 | 2.9625 | 0.0385 | 76 | 5776 | 438976 | 8.7178 | 4.2358 | 0.0132 |
| 27 | 729 | 19683 | 5.1962 | 3.0000 | 0.0370 | 77 | 5929 | 456533 | 8.7750 | 4.2543 | 0.0130 |
| 28 | 784 | 21952 | 5.2915 | 3.0366 | 0.0357 | 78 | 6084 | 474552 | 8.8318 | 4.2727 | 0.0128 |
| 29 | 841 | 24389 | 5.3852 | 3.0723 | 0.0345 | 79 | 6241 | 493039 | 8.8882 | 4.2908 | 0.0127 |
| 30 | 900 | 27000 | 5.4772 | 3.1072 | 0.0333 | 80 | 6400 | 512000 | 8.9443 | 4.3089 | 0.0125 |
| 31 | 961 | 29791 | 5.5678 | 3.1414 | 0.0323 | 81 | 6561 | 531441 | 9.0000 | 4.3267 | 0.0123 |
| 32 | 1024 | 32768 | 5.6569 | 3.1748 | 0.0313 | 82 | 6724 | 551368 | 9.0554 | 4.3445 | 0.0122 |
| 33 | 1089 | 35937 | 5.7446 | 3.2075 | 0.0303 | 83 | 6889 | 571787 | 9.1104 | 4.3621 | 0.0120 |
| 34 | 1156 | 39304 | 5.8310 | 3.2396 | 0.0294 | 84 | 7056 | 592704 | 9.1652 | 4.3795 | 0.0119 |
| 35 | 1225 | 42875 | 5.9161 | 3.2711 | 0.0268 | 85 | 7225 | 614125 | 9.2195 | 4.3968 | 0.0118 |
| 36 | 1296 | 46656 | 6.0000 | 3.3019 | 0.0278 | 86 | 7396 | 636056 | 9.2716 | 4.4140 | 0.0116 |
| 37 | 1369 | 50653 | 6.0828 | 3.3322 | 0.0270 | 87 | 7569 | 658503 | 9.3274 | 4.4310 | 0.0115 |
| 38 | 1444 | 54872 | 6.1644 | 3.3620 | 0.0263 | 88 | 7744 | 681472 | 9.3808 | 4.4480 | 0.0114 |
| 39 | 1521 | 59319 | 6.2450 | 3.3912 | 0.0256 | 89 | 7921 | 704969 | 9.4340 | 4.4647 | 0.0112 |
| 40 | 1600 | 64000 | 6.3246 | 3.4200 | 0.0250 | 90 | 8100 | 729000 | 9.4868 | 4.4814 | 0.0111 |
| 41 | 1681 | 68921 | 6.4031 | 3.4482 | 0.0244 | 91 | 8281 | 753571 | 9.5394 | 4.4979 | 0.0110 |
| 42 | 1764 | 74088 | 6.4807 | 3.4760 | 0.0238 | 92 | 8464 | 778688 | 9.5917 | 4.5144 | 0.0109 |
| 43 | 1849 | 79507 | 605524 | 3.5034 | 0.0233 | 93 | 8649 | 804357 | 9.6437 | 4.6437 | 0.0108 |
| 44 | 1936 | 85184 | 6.6332 | 3.5303 | 0.0227 | 94 | 8836 | 830584 | 9.6954 | 4.5468 | 0.0106 |
| 45 | 2025 | 91125 | 6.7082 | 3.5569 | 0.0222 | 95 | 9025 | 857375 | 9.7468 | 4.5629 | 0.0105 |
| 46 | 2116 | 97336 | 6.7823 | 3.5830 | 0.0217 | 96 | 9216 | 884736 | 9.7980 | 4.5789 | 0.0104 |
| 47 | 2209 | 103823 | 6.8557 | 3.6088 | 0.0213 | 97 | 9409 | 912673 | 9.8489 | 4.5947 | 0.0103 |
| 48 | 2304 | 110592 | 6.9282 | 3.6342 | 0.0208 | 98 | 9604 | 941192 | 9.8905 | 4.6104 | 0.0102 |
| 49 | 2401 | 117649 | 7.0000 | 3.6593 | 0.0204 | 99 | 9801 | 970299 | 9.9499 | 4.6261 | 0.0101 |
| 50 | 2500 | 125000 | 7.0711 | 3.6840 | 0.0200 | 100 | 10000 | 100000 | 100000 | 4.6416 | 0.0100 |

## 상용대수

| N | 0 | 1 | 2 | 3 | 4 | 5 | 6 | 7 | 8 | 9 |
|---|---|---|---|---|---|---|---|---|---|---|
| 10 | 0000 | 0043 | 0086 | 0128 | 0170 | 0212 | 0253 | 0294 | 0334 | 0374 |
| 11 | 0414 | 0453 | 0492 | 0531 | 0569 | 0607 | 0645 | 0682 | 0719 | 0755 |
| 12 | 0792 | 0828 | 0864 | 0899 | 0934 | 0969 | 1004 | 1038 | 1072 | 1106 |
| 13 | 1139 | 1173 | 1206 | 1239 | 1271 | 1303 | 1335 | 1367 | 1399 | 1430 |
| 14 | 1461 | 1492 | 1523 | 1553 | 1584 | 1614 | 1644 | 1673 | 1703 | 1732 |
| 15 | 1761 | 1790 | 1818 | 1847 | 1875 | 1903 | 1931 | 1959 | 1987 | 2014 |
| 16 | 2041 | 2068 | 2095 | 2122 | 2148 | 2175 | 2201 | 2227 | 2253 | 2279 |
| 17 | 2304 | 2330 | 2355 | 2380 | 2405 | 2430 | 2455 | 2480 | 2504 | 2529 |
| 18 | 2553 | 2577 | 2601 | 2625 | 2648 | 2672 | 2695 | 2718 | 2742 | 2765 |
| 19 | 2788 | 2810 | 2833 | 2856 | 2878 | 2900 | 2923 | 2945 | 2967 | 2989 |
| 20 | 3010 | 3032 | 3054 | 3075 | 3096 | 3118 | 3139 | 3160 | 3181 | 3201 |
| 21 | 3222 | 3243 | 3263 | 3284 | 3304 | 3324 | 3345 | 3365 | 3385 | 3404 |
| 22 | 3424 | 3444 | 3464 | 3483 | 3502 | 3522 | 3541 | 3560 | 3579 | 3598 |
| 23 | 3617 | 3636 | 3655 | 3674 | 3692 | 3711 | 3729 | 3747 | 3766 | 3784 |
| 24 | 3802 | 3820 | 3838 | 3856 | 3874 | 3892 | 3909 | 3927 | 3945 | 3962 |
| 25 | 3979 | 3997 | 4014 | 4031 | 4048 | 4065 | 4082 | 4099 | 4116 | 4133 |
| 26 | 4150 | 4166 | 4183 | 4200 | 4216 | 4232 | 4249 | 4265 | 4281 | 4298 |
| 27 | 4314 | 4330 | 4346 | 4362 | 4378 | 4393 | 4409 | 4425 | 4440 | 4456 |
| 28 | 4472 | 4487 | 4502 | 4518 | 4533 | 4548 | 4564 | 4579 | 4594 | 4609 |
| 29 | 4624 | 4639 | 4654 | 4669 | 4683 | 4698 | 4713 | 4728 | 4742 | 4757 |
| 30 | 4771 | 4786 | 4800 | 4814 | 4829 | 4843 | 4857 | 4871 | 4886 | 4900 |
| 31 | 4914 | 4928 | 4942 | 4955 | 4969 | 4983 | 4997 | 5011 | 5024 | 5038 |
| 32 | 5051 | 5065 | 5079 | 5092 | 5105 | 5119 | 5132 | 5145 | 5159 | 5172 |
| 33 | 5185 | 5198 | 5211 | 5224 | 5237 | 5250 | 5263 | 5276 | 5289 | 5302 |
| 34 | 5315 | 5328 | 5340 | 5353 | 5366 | 5378 | 5391 | 5403 | 5416 | 5428 |
| 35 | 5441 | 5453 | 5465 | 5478 | 5490 | 5502 | 5514 | 5527 | 5539 | 5551 |
| 36 | 5563 | 5575 | 5587 | 5599 | 5611 | 5623 | 5635 | 5647 | 5658 | 5670 |
| 37 | 5682 | 5694 | 5705 | 5717 | 5729 | 5740 | 5752 | 5763 | 5775 | 5786 |
| 38 | 5798 | 5809 | 5821 | 5832 | 5843 | 5855 | 5866 | 5877 | 5888 | 5899 |
| 39 | 5911 | 5922 | 5933 | 5944 | 5955 | 5966 | 5977 | 5988 | 5999 | 6010 |
| 40 | 6021 | 6031 | 6042 | 6053 | 6064 | 6075 | 6085 | 6096 | 6107 | 6117 |
| 41 | 6128 | 6138 | 6149 | 6160 | 6170 | 6180 | 6191 | 6201 | 6212 | 6222 |
| 42 | 6232 | 6243 | 6253 | 6263 | 6274 | 6284 | 6294 | 6304 | 6314 | 6325 |
| 43 | 6335 | 6345 | 6355 | 6365 | 6375 | 6385 | 6395 | 6405 | 6415 | 6425 |
| 44 | 6435 | 6444 | 6454 | 6464 | 6474 | 6484 | 6493 | 6503 | 6513 | 6522 |
| 45 | 6532 | 6542 | 6551 | 6561 | 6571 | 6580 | 6590 | 6599 | 6609 | 6618 |
| 46 | 6628 | 6637 | 6646 | 6656 | 6665 | 6675 | 6684 | 6693 | 6702 | 6712 |
| 47 | 6721 | 6730 | 6739 | 6749 | 6758 | 6767 | 6776 | 6785 | 6794 | 6803 |
| 48 | 6812 | 6821 | 6830 | 6839 | 6848 | 6857 | 6866 | 6875 | 6884 | 6893 |
| 49 | 6902 | 6911 | 6920 | 6928 | 6937 | 6946 | 6955 | 6964 | 6972 | 6981 |
| 50 | 6990 | 6998 | 7007 | 7016 | 7024 | 7033 | 7042 | 7050 | 7059 | 7067 |
| 51 | 7076 | 7084 | 7093 | 7101 | 7110 | 7118 | 7126 | 7135 | 7143 | 7152 |
| 52 | 7160 | 7168 | 7177 | 7185 | 7193 | 7202 | 7210 | 7218 | 7226 | 7235 |
| 53 | 7243 | 7251 | 7259 | 7267 | 7275 | 7284 | 7292 | 7300 | 7308 | 7316 |
| 54 | 7324 | 7332 | 7340 | 7348 | 7356 | 7364 | 7372 | 7380 | 7388 | 7396 |

## 상용대수

| N | 0 | 1 | 2 | 3 | 4 | 5 | 6 | 7 | 8 | 9 |
|---|---|---|---|---|---|---|---|---|---|---|
| 55 | 7404 | 7412 | 7419 | 7427 | 7435 | 7443 | 7451 | 7459 | 7466 | 7474 |
| 56 | 7482 | 7490 | 7497 | 7505 | 7513 | 7520 | 7528 | 7536 | 7543 | 7551 |
| 57 | 7559 | 7566 | 7574 | 7582 | 7589 | 7597 | 7604 | 7612 | 7619 | 7627 |
| 58 | 7634 | 7642 | 7649 | 7657 | 7664 | 7672 | 7679 | 7686 | 7694 | 7701 |
| 59 | 7709 | 7716 | 7723 | 7731 | 7738 | 7745 | 7752 | 7760 | 7767 | 7774 |
| 60 | 7782 | 7789 | 7796 | 7803 | 7810 | 7818 | 7825 | 7832 | 7839 | 7846 |
| 61 | 7853 | 7860 | 7868 | 7875 | 7882 | 7889 | 7896 | 7903 | 7910 | 7917 |
| 62 | 7924 | 7931 | 7938 | 7945 | 7952 | 7959 | 7966 | 7973 | 7980 | 7987 |
| 63 | 7993 | 8000 | 8007 | 8014 | 8021 | 8028 | 8035 | 8041 | 8048 | 8055 |
| 64 | 8062 | 8069 | 8075 | 8082 | 8089 | 8096 | 8102 | 8109 | 8116 | 8122 |
| 65 | 8129 | 8136 | 8142 | 8149 | 8156 | 8162 | 8169 | 8176 | 8182 | 8189 |
| 66 | 8195 | 8202 | 8209 | 8215 | 8222 | 8228 | 8235 | 8241 | 8248 | 8254 |
| 67 | 8261 | 8267 | 8274 | 8280 | 8287 | 8203 | 8299 | 8306 | 8312 | 8319 |
| 68 | 8325 | 8331 | 8338 | 8344 | 8351 | 8357 | 8363 | 8370 | 8376 | 8382 |
| 69 | 8388 | 8395 | 8401 | 8407 | 8414 | 8420 | 8426 | 8432 | 8439 | 8445 |
| 70 | 8451 | 8457 | 8463 | 8470 | 8476 | 8482 | 8488 | 8494 | 8500 | 8506 |
| 71 | 8513 | 8519 | 8525 | 8531 | 8537 | 8543 | 8549 | 8555 | 8561 | 8567 |
| 72 | 8573 | 8579 | 8585 | 8591 | 8597 | 8603 | 8609 | 8615 | 8621 | 8627 |
| 73 | 8633 | 0630 | 8645 | 8651 | 8675 | 8663 | 8669 | 8675 | 8681 | 8686 |
| 74 | 8692 | 8698 | 8704 | 8710 | 8716 | 8722 | 8727 | 8733 | 8739 | 8745 |
| 75 | 8751 | 8756 | 8762 | 8768 | 8774 | 8779 | 8785 | 8791 | 8797 | 8802 |
| 76 | 8808 | 8814 | 8820 | 8825 | 8831 | 8837 | 8842 | 8848 | 8854 | 8859 |
| 77 | 8865 | 8871 | 8876 | 8882 | 8887 | 8893 | 8899 | 8904 | 8910 | 8915 |
| 78 | 8921 | 8927 | 8932 | 8938 | 8943 | 8949 | 8954 | 8960 | 8965 | 8971 |
| 79 | 8976 | 8982 | 8987 | 8993 | 8998 | 9004 | 9009 | 9015 | 9020 | 9025 |
| 80 | 9031 | 9036 | 9042 | 9047 | 9053 | 9058 | 9063 | 9069 | 9074 | 9079 |
| 81 | 9085 | 9090 | 9096 | 9101 | 9106 | 9112 | 9117 | 9122 | 9128 | 9133 |
| 82 | 9138 | 9143 | 9149 | 9154 | 9159 | 9165 | 9170 | 9175 | 9180 | 9186 |
| 83 | 9191 | 9196 | 9201 | 9206 | 9212 | 9217 | 9222 | 9227 | 9232 | 9238 |
| 84 | 9243 | 9248 | 9253 | 9258 | 9263 | 9269 | 9274 | 9279 | 9284 | 9289 |
| 85 | 9294 | 9299 | 9304 | 9309 | 9315 | 9320 | 9325 | 9330 | 9335 | 9340 |
| 86 | 9345 | 9350 | 9355 | 9360 | 9365 | 9370 | 9375 | 9380 | 9385 | 9390 |
| 87 | 9395 | 9400 | 9405 | 9410 | 9415 | 9420 | 9425 | 9430 | 9435 | 9440 |
| 88 | 9445 | 9450 | 9455 | 9460 | 9465 | 9469 | 9474 | 9479 | 9484 | 9489 |
| 89 | 9494 | 9499 | 9504 | 9509 | 9513 | 9518 | 9523 | 9528 | 9533 | 9538 |
| 90 | 9542 | 9547 | 9552 | 9557 | 9562 | 9566 | 9571 | 9576 | 9581 | 9586 |
| 91 | 9590 | 9595 | 9600 | 9605 | 9609 | 9614 | 9619 | 9624 | 9628 | 9633 |
| 92 | 9638 | 9643 | 9647 | 9652 | 9657 | 9661 | 9666 | 9671 | 9675 | 9680 |
| 93 | 9685 | 9689 | 9694 | 9699 | 9703 | 9708 | 9713 | 9717 | 9722 | 9727 |
| 94 | 9731 | 9736 | 9741 | 9745 | 9750 | 9754 | 9759 | 9763 | 9768 | 9773 |
| 95 | 9777 | 9782 | 9786 | 9791 | 9795 | 9800 | 9805 | 9809 | 9814 | 9818 |
| 96 | 9823 | 9827 | 9832 | 9836 | 9841 | 9845 | 9850 | 9854 | 9859 | 9863 |
| 97 | 9868 | 9872 | 9877 | 9881 | 9886 | 9890 | 9894 | 9899 | 9903 | 9908 |
| 98 | 9912 | 9917 | 9921 | 9926 | 9930 | 9934 | 9939 | 9943 | 9948 | 9952 |
| 99 | 9956 | 9961 | 9965 | 9969 | 9974 | 9978 | 9983 | 9987 | 9991 | 9996 |

## 자연대수

| N | 0 | 1 | 2 | 3 | 4 | 5 | 6 | 7 | 8 | 9 |
|---|---|---|---|---|---|---|---|---|---|---|
| 1.0 | 0.0000 | 0100 | 0193 | 0296 | 0392 | 0488 | 0583 | 0677 | 0770 | 0862 |
| 1.1 | 0953 | 1044 | 1133 | 1222 | 1310 | 1398 | 1484 | 1570 | 1655 | 1740 |
| 1.2 | 1823 | 1906 | 1989 | 2070 | 2151 | 2231 | 2311 | 2390 | 2469 | 2546 |
| 1.3 | 2624 | 2700 | 2776 | 2852 | 2927 | 3001 | 3075 | 3148 | 3221 | 3293 |
| 1.4 | 3365 | 3436 | 3507 | 3577 | 3646 | 3716 | 3784 | 3853 | 3920 | 3988 |
| 1.5 | 0.4055 | 4121 | 4187 | 4253 | 4318 | 4383 | 4447 | 4511 | 4574 | 4637 |
| 1.6 | 4700 | 4762 | 4824 | 4886 | 4947 | 5008 | 5008 | 5128 | 5188 | 5247 |
| 1.7 | 5306 | 5365 | 5423 | 5481 | 5539 | 5596 | 5653 | 5710 | 5766 | 5822 |
| 1.8 | 5878 | 5933 | 5988 | 6043 | 6098 | 6152 | 6206 | 6259 | 6313 | 6366 |
| 1.9 | 6419 | 6471 | 6523 | 6575 | 6627 | 6678 | 6729 | 6780 | 6831 | 6881 |
| 2.0 | 0.6931 | 6981 | 7031 | 7080 | 7129 | 7178 | 7227 | 7275 | 7324 | 7372 |
| 2.1 | 7419 | 7467 | 7514 | 7561 | 7608 | 7655 | 7701 | 7747 | 7793 | 7839 |
| 2.2 | 7885 | 7930 | 7975 | 8020 | 8065 | 8109 | 8154 | 8198 | 8242 | 8286 |
| 2.3 | 8329 | 8372 | 8416 | 8459 | 8502 | 8544 | 8587 | 8629 | 8671 | 8713 |
| 2.4 | 8755 | 8796 | 8838 | 8879 | 8920 | 8961 | 9002 | 9042 | 9083 | 9120 |
| 2.5 | 0.9163 | 9203 | 9243 | 9282 | 9322 | 9361 | 9400 | 9439 | 9478 | 9517 |
| 2.6 | 9555 | 9594 | 9632 | 9670 | 9708 | 9746 | 9783 | 9821 | 9858 | 9895 |
| 2.7 | 9933 | 9969 | *0006 | *0043 | *0080 | *0116 | *0152 | *0188 | *0225 | *0260 |
| 2.8 | 1.0296 | 0332 | 0367 | 0403 | 0438 | 0473 | 0508 | 0543 | 0578 | 0613 |
| 2.9 | 0647 | 0682 | 0716 | 0750 | 0784 | 0818 | 0852 | 0886 | 0919 | 0953 |
| 3.0 | 1.0986 | 1019 | 1053 | 1086 | 1119 | 1151 | 1184 | 1217 | 1249 | 1282 |
| 3.1 | 1314 | 1346 | 1378 | 1410 | 1442 | 1474 | 1506 | 1537 | 1569 | 1600 |
| 3.2 | 1632 | 1663 | 1694 | 1725 | 1756 | 1787 | 1817 | 1848 | 1878 | 1909 |
| 3.3 | 1939 | 1969 | 2000 | 2030 | 2060 | 2090 | 2119 | 2149 | 2179 | 2208 |
| 3.4 | 2238 | 2267 | 2296 | 2326 | 2355 | 2384 | 2413 | 2442 | 2470 | 2499 |
| 3.5 | 1.2528 | 2556 | 2585 | 2613 | 2641 | 2669 | 2698 | 2726 | 2754 | 2782 |
| 3.6 | 2806 | 2837 | 2865 | 2892 | 2920 | 2947 | 2975 | 3002 | 3029 | 3056 |
| 3.7 | 3083 | 3110 | 3137 | 3164 | 3191 | 3218 | 3244 | 3271 | 3297 | 3324 |
| 3.8 | 3350 | 3376 | 3403 | 3429 | 3455 | 3481 | 3507 | 3533 | 3558 | 3584 |
| 3.9 | 3610 | 3635 | 3661 | 3686 | 3712 | 3737 | 3762 | 3788 | 3813 | 3838 |
| 4.0 | 1.3863 | 3888 | 3913 | 3938 | 3962 | 3987 | 4012 | 4036 | 4061 | 4085 |
| 4.1 | 4110 | 4134 | 4159 | 4183 | 4207 | 4231 | 4255 | 4279 | 4303 | 4327 |
| 4.2 | 4351 | 4375 | 4398 | 4422 | 4446 | 4469 | 4493 | 4516 | 4540 | 4563 |
| 4.3 | 4586 | 4609 | 4633 | 4656 | 4679 | 4702 | 4725 | 4748 | 4770 | 4793 |
| 4.4 | 4816 | 4839 | 4861 | 4884 | 4907 | 4929 | 4951 | 4974 | 4996 | 5019 |
| 4.5 | 1.5041 | 5063 | 5085 | 5107 | 5129 | 5151 | 5173 | 5195 | 5217 | 5239 |
| 4.6 | 5261 | 5282 | 5304 | 5326 | 5347 | 5369 | 5390 | 5412 | 5433 | 5454 |
| 4.7 | 5476 | 5497 | 5518 | 5539 | 5560 | 5581 | 5602 | 5623 | 5644 | 5665 |
| 4.8 | 5686 | 5707 | 5728 | 5748 | 5769 | 5790 | 5810 | 5831 | 5851 | 5872 |
| 4.9 | 5892 | 5913 | 5933 | 5953 | 5974 | 5994 | 6014 | 6034 | 6054 | 6074 |
| 5.0 | 1.6094 | 6114 | 6134 | 6154 | 6174 | 6194 | 6214 | 6233 | 6253 | 6273 |
| 5.1 | 6292 | 6312 | 6332 | 6351 | 6371 | 6390 | 6409 | 6429 | 6448 | 6467 |
| 5.2 | 6487 | 6506 | 6525 | 6544 | 6563 | 6582 | 6601 | 6620 | 6639 | 6658 |
| 5.3 | 6677 | 6696 | 6715 | 6734 | 6752 | 6771 | 6790 | 6808 | 6827 | 6845 |
| 5.4 | 6864 | 6882 | 6901 | 6919 | 6938 | 6956 | 6974 | 6993 | 7011 | 7029 |

## 자연대수

| N | 0 | 1 | 2 | 3 | 4 | 5 | 6 | 7 | 8 | 9 |
|---|---|---|---|---|---|---|---|---|---|---|
| 5.5 | 1.7047 | 7066 | 7084 | 7102 | 7120 | 7138 | 7156 | 7174 | 7192 | 7210 |
| 5.6 | 7228 | 7246 | 7263 | 7281 | 7299 | 7317 | 7334 | 7352 | 7370 | 7387 |
| 5.7 | 7405 | 7422 | 7440 | 7457 | 7457 | 7492 | 7509 | 7527 | 7544 | 7561 |
| 5.8 | 7579 | 7596 | 7613 | 7630 | 7647 | 7664 | 7681 | 7699 | 7771 | 7733 |
| 5.9 | 7750 | 7766 | 7783 | 7800 | 7817 | 7834 | 7851 | 7867 | 7884 | 7901 |
| 6.0 | 1.7918 | 7934 | 7951 | 7967 | 7984 | 8001 | 8017 | 8034 | 8050 | 8066 |
| 6.1 | 8083 | 8099 | 8116 | 8132 | 8148 | 8165 | 8181 | 8197 | 8213 | 8229 |
| 6.2 | 8245 | 8262 | 8278 | 8294 | 8310 | 8326 | 8342 | 8358 | 8374 | 8390 |
| 6.3 | 8405 | 8421 | 8437 | 8453 | 8469 | 8485 | 8500 | 8516 | 8532 | 8547 |
| 6.4 | 8563 | 8579 | 8594 | 8610 | 8625 | 8641 | 8656 | 8672 | 8687 | 8703 |
| 6.5 | 1.8718 | 8733 | 8749 | 8764 | 8779 | 8795 | 8810 | 8825 | 8840 | 8856 |
| 6.6 | 8871 | 8886 | 8901 | 8916 | 8931 | 8946 | 8961 | 8976 | 8991 | 9006 |
| 6.7 | 9021 | 9036 | 9051 | 9066 | 9081 | 9095 | 9110 | 9125 | 9140 | 9155 |
| 6.8 | 9169 | 9184 | 9199 | 9213 | 9228 | 9242 | 9257 | 9272 | 9286 | 9301 |
| 6.9 | 9315 | 9330 | 9344 | 9359 | 9373 | 9387 | 9402 | 9416 | 9430 | 9445 |
| 7.0 | 1.9459 | 9473 | 9488 | 9502 | 9516 | 9530 | 9544 | 9559 | 9573 | 9587 |
| 7.1 | 9601 | 9615 | 9629 | 9643 | 9657 | 9671 | 9685 | 9699 | 9713 | 9727 |
| 7.2 | 9741 | 9755 | 9769 | 9782 | 9796 | 9810 | 9824 | 9838 | 9851 | 9865 |
| 7.3 | 9879 | 9892 | 9906 | 9920 | 9933 | 9947 | 9961 | 9974 | 9988 | *0001 |
| 7.4 | 2.0015 | 0028 | 0042 | 0055 | 0069 | 0082 | 0096 | 0109 | 0122 | 0136 |
| 7.5 | 2.0149 | 0162 | 0176 | 0189 | 0202 | 0215 | 0229 | 0242 | 0255 | 0268 |
| 7.6 | 0281 | 0295 | 0308 | 0321 | 0334 | 0347 | 0360 | 0373 | 0386 | 0399 |
| 7.7 | 0412 | 0425 | 0438 | 0451 | 0464 | 0477 | 0490 | 0503 | 0516 | 0528 |
| 7.8 | 0541 | 0554 | 0567 | 0580 | 0592 | 0605 | 0618 | 0631 | 0643 | 0656 |
| 7.9 | 0669 | 0681 | 0694 | 0707 | 0719 | 0732 | 0744 | 0757 | 0769 | 0782 |
| 8.0 | 2.0794 | 0807 | 0819 | 0832 | 0844 | 0857 | 0869 | 0882 | 0894 | 0909 |
| 8.1 | 0919 | 0931 | 0943 | 0956 | 0968 | 0980 | 0992 | 1005 | 1017 | 1026 |
| 8.2 | 1041 | 1054 | 1066 | 1078 | 1090 | 1102 | 1114 | 1126 | 1138 | 1150 |
| 8.3 | 1163 | 1175 | 1187 | 1199 | 1211 | 1223 | 1235 | 1247 | 1258 | 1270 |
| 8.4 | 1282 | 1294 | 1306 | 1318 | 1330 | 1342 | 1353 | 1365 | 1377 | 1389 |
| 8.5 | 2.1401 | 1412 | 1424 | 1436 | 1448 | 1495 | 1471 | 1483 | 1494 | 1506 |
| 8.6 | 1518 | 1529 | 1541 | 1552 | 1564 | 1576 | 1587 | 1599 | 1610 | 1622 |
| 8.7 | 1633 | 1645 | 1656 | 1668 | 1679 | 1691 | 1702 | 1713 | 1725 | 1736 |
| 8.8 | 1748 | 1759 | 1770 | 1782 | 1793 | 1804 | 1815 | 1827 | 1838 | 1849 |
| 8.9 | 1861 | 1872 | 1883 | 1894 | 1905 | 1917 | 1928 | 1939 | 1950 | 1961 |
| 9.0 | 2.1972 | 1983 | 1994 | 2006 | 2017 | 2028 | 2039 | 2050 | 2061 | 2072 |
| 9.1 | 2083 | 2094 | 2105 | 2116 | 2127 | 2138 | 2148 | 2159 | 2170 | 2181 |
| 9.2 | 2192 | 2203 | 2214 | 2225 | 2235 | 2246 | 2257 | 2268 | 2279 | 2289 |
| 9.3 | 2300 | 2311 | 2322 | 2332 | 2343 | 2354 | 2364 | 2375 | 2386 | 2396 |
| 9.4 | 2407 | 2418 | 2428 | 2439 | 2450 | 2460 | 2471 | 2481 | 2492 | 2502 |
| 9.5 | 2.2513 | 2523 | 2534 | 2544 | 2555 | 2565 | 2576 | 2586 | 2597 | 2607 |
| 9.6 | 2618 | 2628 | 2638 | 2649 | 2659 | 2670 | 2680 | 2690 | 2701 | 2711 |
| 9.7 | 2721 | 2732 | 2742 | 2752 | 2762 | 2773 | 2783 | 2793 | 2803 | 2814 |
| 9.8 | 2824 | 2834 | 2844 | 2854 | 2865 | 2875 | 2885 | 2895 | 2905 | 2915 |
| 9.9 | 2925 | 2935 | 2946 | 2956 | 2966 | 2976 | 2986 | 2996 | 3006 | 3016 |

## 삼각함수

| Deg. | Rad. | Sin | Cos | Tan | Cot | | |
|---|---|---|---|---|---|---|---|
| 0 | 0.0000 | 0.0000 | 1.0000 | 0.0000 | | 1.5708 | 90 |
| 1 | 0.0175 | 0.0175 | 0.9998 | 0.0175 | 57.290 | 1.5533 | 89 |
| 2 | 0.0349 | 0.0349 | 0.9994 | 0.0349 | 28.636 | 1.5359 | 88 |
| 3 | 0.0524 | 0.0523 | 0.9986 | 0.0524 | 19.081 | 1.5184 | 87 |
| 4 | 0.0698 | 0.0698 | 0.9976 | 0.0699 | 14.301 | 1.5010 | 86 |
| 5 | 0.0873 | 0.0872 | 0.9962 | 0.0875 | 11.430 | 1.4935 | 85 |
| 6 | 0.1047 | 0.1045 | 0.9945 | 0.1051 | 9.5144 | 1.4661 | 84 |
| 7 | 0.1222 | 0.1219 | 0.9925 | 0.1228 | 8.1443 | 1.4486 | 83 |
| 8 | 0.1396 | 0.1392 | 0.9903 | 0.1405 | 7.1154 | 1.4312 | 82 |
| 9 | 0.1571 | 0.1564 | 0.9877 | 0.1584 | 6.3138 | 1.4137 | 81 |
| 10 | 0.1745 | 0.1736 | 0.9848 | 0.1763 | 5.6713 | 1.3663 | 80 |
| 11 | 0.1920 | 0.1908 | 0.9816 | 0.1944 | 5.1446 | 1.3788 | 79 |
| 12 | 0.2094 | 0.2079 | 0.9781 | 0.2126 | 4.7046 | 1.3614 | 78 |
| 13 | 0.2269 | 0.2250 | 0.9744 | 0.2309 | 4.3315 | 1.3439 | 77 |
| 14 | 0.2443 | 0.2419 | 0.9703 | 0.2493 | 4.0108 | 1.3265 | 76 |
| 15 | 0.2618 | 0.2588 | 0.9659 | 0.2679 | 3.7321 | 1.3090 | 75 |
| 16 | 0.2793 | 0.2756 | 0.9613 | 0.2867 | 3.4874 | 1.2915 | 74 |
| 17 | 0.2967 | 0.2924 | 0.9563 | 0.3057 | 3.2709 | 1.2741 | 73 |
| 18 | 0.3142 | 0.3090 | 0.9511 | 0.3249 | 3.0777 | 1.2566 | 72 |
| 19 | 0.3316 | 0.3256 | 0.9455 | 0.3443 | 2.9042 | 1.2392 | 71 |
| 20 | 0.3491 | 0.3420 | 0.9397 | 0.3640 | 2.7475 | 1.2217 | 70 |
| 21 | 0.3665 | 0.3584 | 0.9336 | 0.3839 | 2.6051 | 1.2043 | 69 |
| 22 | 0.3840 | 0.3746 | 0.9272 | 0.4040 | 2.4751 | 1.1868 | 68 |
| 23 | 0.4014 | 0.3907 | 0.9205 | 0.4245 | 2.3559 | 1.1694 | 67 |
| 24 | 0.4189 | 0.4067 | 0.9135 | 0.4452 | 2.2460 | 1.1519 | 66 |
| 25 | 0.4363 | 0.4226 | 0.9063 | 0.4663 | 2.1445 | 1.1345 | 65 |
| 26 | 0.4538 | 0.4384 | 0.8988 | 0.4877 | 2.0503 | 1.1170 | 64 |
| 27 | 0.4712 | 0.4540 | 0.8910 | 0.5095 | 1.9626 | 1.0996 | 63 |
| 28 | 0.4887 | 0.4695 | 0.8829 | 0.5317 | 1.8807 | 1.0821 | 62 |
| 29 | 0.5061 | 0.4848 | 0.8746 | 0.5543 | 1.8040 | 1.0547 | 61 |
| 30 | 0.5236 | 0.5000 | 0.8660 | 0.5774 | 1.7321 | 1.0472 | 60 |
| 31 | 0.5411 | 0.5150 | 0.8572 | 0.6009 | 1.6643 | 1.0297 | 59 |
| 32 | 0.5585 | 0.5299 | 0.8480 | 0.6249 | 1.6003 | 1.0123 | 58 |
| 33 | 0.5760 | 0.5446 | 0.8387 | 0.6494 | 1.5399 | 0.9948 | 57 |
| 34 | 0.5934 | 0.5592 | 0.8290 | 0.6745 | 1.4826 | 0.9774 | 56 |
| 35 | 0.6109 | 0.5736 | 0.8192 | 0.7002 | 1.4281 | 0.9599 | 55 |
| 36 | 0.6283 | 0.5878 | 0.8090 | 0.7265 | 1.3764 | 0.9425 | 54 |
| 37 | 0.6458 | 0.6018 | 0.7986 | 0.7536 | 1.3270 | 0.9250 | 53 |
| 38 | 0.6632 | 0.6157 | 0.7880 | 0.7813 | 1.2799 | 0.9706 | 52 |
| 39 | 0.6807 | 0.6293 | 0.7771 | 0.8098 | 1.2349 | 0.8901 | 51 |
| 40 | 0.6981 | 0.6428 | 0.7660 | 0.8391 | 1.1918 | 0.8727 | 50 |
| 41 | 0.7156 | 0.6561 | 0.7547 | 0.8693 | 1.1504 | 0.8552 | 49 |
| 42 | 0.7330 | 0.6691 | 0.7431 | 0.9004 | 1.1105 | 0.8378 | 48 |
| 43 | 0.7505 | 0.6820 | 0.7314 | 0.9325 | 1.0724 | 0.8203 | 47 |
| 44 | 0.7679 | 0.6947 | 0.7193 | 0.9657 | 1.0355 | 0.8029 | 46 |
| 45 | 0.7854 | 0.7071 | 0.7071 | 1.0000 | 1.0000 | 0.7854 | 45 |
| | | Cos | Sin | Cot | Tan | Rad. | Deg. |

## 지수함수와 쌍곡선함수

| $x$ | $e^x$ | $e^{-x}$ | $\sinh x$ | $\cosh x$ | $\tanh x$ |
|---|---|---|---|---|---|
| 0 | 1.0000 | 1.0000 | .00000 | 1.0000 | .00000 |
| 0.1 | 1.1052 | .90484 | .10017 | 1.0050 | .09967 |
| 0.2 | 1.2214 | .81873 | .20134 | 1.0201 | .19738 |
| 0.3 | 1.3499 | .74082 | .30452 | 1.0453 | .29131 |
| 0.4 | 1.4918 | .67032 | .41075 | 1.0811 | .37995 |
| 0.5 | 1.6487 | .60653 | .52110 | 1.1276 | .46212 |
| 0.6 | 1.8222 | .54881 | .63665 | 1.1855 | .53705 |
| 0.7 | 2.0138 | .49659 | .75858 | 1.2552 | .60437 |
| 0.8 | 2.2255 | .44933 | .88811 | 1.3374 | .66404 |
| 0.9 | 2.4596 | .40657 | 1.0265 | 1.4331 | .71630 |
| 1.0 | 2.7183 | .36788 | 1.1752 | 1.5431 | .76159 |
| 1.1 | 3.0042 | .33287 | 1.3356 | 1.6685 | .80050 |
| 1.2 | 3.3201 | .30119 | 1.5095 | 1.8107 | .83365 |
| 1.3 | 3.6693 | .27253 | 1.6984 | 1.9709 | .86172 |
| 1.4 | 4.0552 | .24660 | 1.9043 | 2.1509 | .88535 |
| 1.5 | 4.4817 | .22313 | 2.1293 | 2.3524 | .90515 |
| 1.6 | 4.9530 | .20190 | 2.3756 | 2.5775 | .92167 |
| 1.7 | 5.4739 | .18268 | 2.6456 | 2.8283 | .93541 |
| 1.8 | 6.0496 | .16530 | 2.9422 | 3.1075 | .94681 |
| 1.9 | 6.6859 | .14957 | 3.2682 | 3.4177 | .95624 |
| 2.0 | 7.3891 | .13534 | 3.6269 | 3.7622 | .96403 |
| 2.1 | 8.1662 | .12246 | 4.0219 | 4.1443 | .97045 |
| 2.2 | 9.0250 | .11080 | 4.4571 | 4.5679 | .97574 |
| 2.3 | 9.9742 | .10026 | 4.9370 | 5.0372 | .98010 |
| 2.4 | 11.023 | .09072 | 5.4662 | 5.5569 | .98367 |
| 2.5 | 12.182 | .08208 | 6.0502 | 6.1323 | .98661 |
| 2.6 | 13.464 | .07427 | 6.6947 | 6.7690 | .98903 |
| 2.7 | 14.880 | .06721 | 7.4063 | 7.4735 | .99101 |
| 2.8 | 16.445 | .06081 | 8.1919 | 8.2527 | .99263 |
| 2.9 | 18.174 | .05502 | 9.0596 | 9.1146 | .99396 |
| 3.0 | 20.086 | .04979 | 10.018 | 10.068 | .99505 |
| 3.1 | 22.198 | .04505 | 11.076 | 11.122 | .99595 |
| 3.2 | 24.533 | .04076 | 12.246 | 12.287 | .99668 |
| 3.3 | 27.113 | .03688 | 13.538 | 13.575 | .99728 |
| 3.4 | 29.964 | .03337 | 14.965 | 14.999 | .99777 |
| 3.5 | 33.115 | .03020 | 16.543 | 16.573 | .99818 |
| 3.6 | 36.598 | .02732 | 18.285 | 18.313 | .99851 |
| 3.7 | 40.447 | .02472 | 20.211 | 20.236 | .99878 |
| 3.8 | 44.701 | .02237 | 22.339 | 22.362 | .99900 |
| 3.9 | 49.402 | .02024 | 24.691 | 24.711 | .99918 |
| 4.0 | 54.598 | .01832 | 27.290 | 27.308 | .99933 |
| 4.1 | 60.340 | .01657 | 30.162 | 30.178 | .99945 |
| 4.2 | 66.686 | .01500 | 33.336 | 33.351 | .99955 |
| 4.3 | 73.700 | .01357 | 36.843 | 36.857 | .99963 |
| 4.4 | 81.451 | .01228 | 40.719 | 40.732 | .99970 |
| 4.5 | 90.017 | .01111 | 45.003 | 45.014 | .99975 |
| 4.6 | 99.484 | .01005 | 49.737 | 49.747 | .99980 |
| 4.7 | 109.95 | .00910 | 54.969 | 54.978 | .99983 |
| 4.8 | 121.51 | .00823 | 60.751 | 60.759 | .99986 |
| 4.9 | 134.29 | .00745 | 67.141 | 67.149 | .99989 |
| 5.0 | 148.41 | .00674 | 74.203 | 74.210 | .99991 |

# 찾아보기

[ㅌ]



[ㅍ]



[ㅍ, ㅎ]



[기타]

**미분적분학**

2006년 3월 2일 초 편 발행
2009년 3월 2일 개정판 3쇄 발행

저 자 / 성열욱 · 서창호 · 한근희 · 김찬수
발행자 / 오판근
발행처 / 교우사
주 소 / 서울 동대문구 제기2동 148-19
전 화 / 925-2861(代), 편집부 / 925-2825
팩 스 / 925-2860
E-mail / kyowoo @ kyowoo.co.kr
http: // www. kyowoo. co. kr
등록 / 1994. 3. 24 제6-0256호

ISBN 978-89-8172-576-6 (93410)

값 **23,000**원